미분방정식정설

박동근 · 정진문 지음

KyoWooSa 教友社

머리말

오늘날 빛나는 기계문명의 혜택을 누리는 것은 과학기술의 발전에 의한 것이고, 과학기술의 발전의 기초가 되고 있는 것이 바로 수학이다. 따라서 과학기술자로서는 수학 지식이 불가결한 것은 두말할 나위가 없다.

대학 교양학부에서는 교양수학으로서 선형대수와 미분적분학을 중심으로 가르치고 있으며, 이것에 이어서 미분방정식, Fourier 급수, Laplace 변환 및 벡터해석과 함수론을 가르친다. 어느 과목도 다른 어느 과목에도 뒤질 것은 없으나, 가장 많이 쓰이는 것이 미분방정식, Fourier 급수, Laplace 변환이라 할 수 있다.

본서는 미분방정식이라는 서명으로 미분방정식, Fourier 급수, Laplace 변환을 포함했다. 장래 뒤지지 않을 과학기술자로서, 이공계 학자로서 활약하려는 사람은 어느 분야이건 미분방정식은 기초과목으로서, 전공과목 이수에서 원리를 깨닫기 위하여 필요하고 또 필요하다.

현대의 미분방정식의 이론에 벡터의 개념이 도입되고 있으나 본서에서는 수벡터의 기초개념으로서 충분히 학습할 수 있도록 해설식으로 엮었다. 또한 미분방정식의 수학적 설명을 보다 쉽게 이해할 수 있도록 쉽게 설명하였으며 공업수학에서 이론적 설명이 부족한 부분은 이공계 전반의 학습에 맞도록 수학적 설명을 많이 하였다.
그리하여 본서는 이과계의 미분방정식 또는 해석학의 교재로도, 공학계에서의 공업수학으로 활용할 수 있다.

본서의 학습에는 기본적인 미적분학 및 선형대수의 기초지식이 요망된다. 대학교양수학인 미적분 및 선형대수학 교재를 참고하면 학습에 어려움이 없을 것이다. 독자 여러분의 학습열을 고대한다.

끝으로 본서의 출판에 협조해주신 교우사 여러분께 감사한다.

2008년 3월
저자 씀

차 례

제 1 장

미분방정식

1.1 미분방정식

1 미분방정식의 정의

도함수 또는 미분을 포함하는 방정식을 **미분방정식**이라 한다. 예를 들면,

$$x\frac{dy}{dx}+3y=2x \text{ 또는 } xdy+(3y-2x)dx=0 \tag{1}$$

$$\frac{d^2y}{dx^2}+3\frac{dy}{dx}+2y=x^2 \tag{2}$$

$$\frac{d^3y}{dx^3}-2\frac{d^2y}{dx^2}-\frac{dy}{dx}+2y=0 \tag{3}$$

$$\left(\frac{d^2y}{dx^2}\right)^2=\left(1+\frac{dy}{dx}\right)^3 \tag{4}$$

등은 미분방정식이다. 위 예들은 y의 x에 관한 도함수를 포함하고 있다.

이 경우 y를 **종속변수**, x를 **독립변수**라고 한다. 위 미분방정식에서 (1)은 1계도함수를, (2)와 (4)는 2계도함수를, (3)은 3계도함수를 최고계의 도함수로서 포함하고 있어서 (1)은 **1계미분방정식**, (2), (4)를 **2계미분방정식**, (3)을 **3계미분방정식**이라고 한다. 일반적으로 그 미분방정식에 포함된 최고계도함수의 계수가 n계이면, 그 미분방정식을 **n계미분방정식**이라고 한다.

위의 미분방정식에서와 같이 독립변수가 한 개 뿐이고, 상도함수만을 포함하는 미

분방정식을 **상미분방정식**이라 한다. 독립변수를 2개 이상 포함하고, 미지함수의 편도함수를 포함하는 미분방정식도 있다. 예를 들면

$$\frac{\partial z}{\partial x}=\frac{\partial z}{\partial y} \tag{5}$$

$$\frac{\partial^2 z}{\partial x^2}+\frac{\partial^2 z}{\partial y^2}=x^2+y^2 \tag{6}$$

등이다. 위와 같이 편도함수를 포함하는 미분방정식을 **편미분방정식**이라고 한다. (5), (6)에서 종속변수는 z이고 독립변수는 x와 y이다.

여기서 편미분방정식의 계수도 상미분방정식에서와 같이 정의한다. 곧 (5)는 1계편미분방정식이고, (6)은 2계편미분방정식이다. 앞으로 단지 미분방정식이라면 상미분방정식을 의미하는 것으로 한다.

위에서 들은 미분방정식 이외에 **전미분방정식**이라는 것이 있다. 3변수 x, y, z에 관한 전미분방정식의 일반형은

$$P_1(x,\ y,\ z)dx+P_2(x,\ y,\ z)dy+P_3(x,\ y,\ z)dz=0$$

이다. 전미분방정식은 몇 개의 변수가 있어서 어느 변수를 독립변수, 어느 변수를 종속변수라고 구별함이 없이, 변수와 미분 사이의 관계만 주어진 미분방정식이다.

미분방정식이 그 도함수에 관하여 유리정식이면 최고계도함수의 차수를 그 미분방정식의 **차수**라 한다. 단, 도함수를 포함하는 식이 분수멱인 경우는 분수멱이 없어지도록 유리화한 후 차수를 정한다. 방정식 (1), (2), (3), (4)는 차례로 1계1차, 2계1차, 3계1차, 3계1차, 2계2차의 미분방정식이다. 특히 미분방정식이 1차이며, 모든 도함수의 계수가 상수 또는 독립변수만의 함수로 주어질 때, 그 미분방정식을 **선형미분방정식**이라 한다. 그리고 선형이 아닌 미분방정식을 **비선형**이라 한다. 방정식 (1), (2), (3)은 선형이나 (4)는 비선형이다.

예제 1 다음 미분방정식의 계수와 차수를 말하여라.

(1) $(y'')^{2/3}=1+y'$ (2) $y'''=\sqrt{x+y}$

풀이 (1) 최고계도함수의 멱을 유리화 하기 위하여 양변을 3제곱하면

$$(y'')^2=(1+y')^3$$

y''항의 차수가 2이므로 주어진 미분방정식은 2계 2차이다.

(2) 제곱하여 $(y''')^2=x+y$이므로, 3계 2차미분방정식이고, 선형은 아니다.

2 미분방정식의 형성

[1] 곡선군의 미분방정식

변수 x, y와 상수 c를 포함하는 방정식

$$F(x, y, c)=0 \tag{7}$$

은 곡선의 모임, 즉 곡선군을 나타낸다. 왜냐하면 상수 c에 특정한 값을 주면 특정한 하나의 곡선이 결정되기 때문이다. 이런 의미에서 (7)은 곡선군을 나타낸다고 볼 수 있으며, 이런 상수에는 여러 값을 줄 수 있다는 의미에서 이 c를 **임의상수**라고 한다.

임의상수 1개를 포함하는 곡선군 (7)이 주어질 때, y를 x의 함수로 보고, 이 양변을 x에 관하여 미분하면

$$\frac{\partial}{\partial x}F(x, y, c)+\frac{\partial}{\partial y}F(x, y, c)\frac{dy}{dx}=0 \tag{8}$$

을 얻는다. (7)과 (8)에서 임의상수 c를 소거하면

$$f(x, y, y')=0 \qquad \left(y'=\frac{dy}{dx}\right) \tag{9}$$

을 얻는다. 이 때 1계미분방정식 (9)를 곡선군 (7)의 미분방정식이라 한다. 미분방정식 (9)는 곡선군 (7)의 각 곡선이 공통으로 갖는 성질을 나타내고 있다.

[보기 1] 원점을 중심으로 하고, 반지름이 a인 원

$$x^2+y^2=a^2 \tag{10}$$

을 생각하자. 원점을 중심으로 하는 임의의 원은 모두 (10)식으로 나타낼 수 있다.

a를 소거하기 위하여 (10)의 양변을 x에 관하여 미분하면

$$2x+2y\frac{dy}{dx}=0 \text{ 에서 } \frac{dy}{dx}=-\frac{x}{y} \tag{11}$$

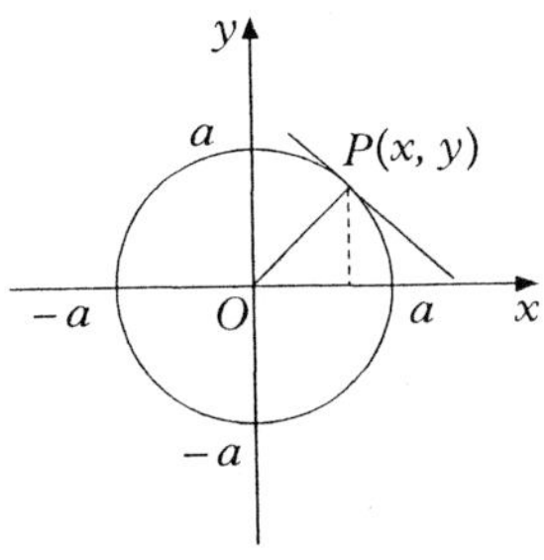

[그림 1.1]

가 된다. 따라서 원점을 중심으로 하는 원의 방정식은 모두 미분방정식 (11)을 만족한다. (11)식은 $\left(\frac{dy}{dx}\right)\left(\frac{y}{x}\right)=-1$로 쓸 수 있다. 이 사실로부터 원점을 중심으로 하는 원주상의 임의의 점 P에서 P와 원점을 맺는 선분(반지름)과, P에서의 접선과는 서로 직교하는 성질이 있음을 알 수 있다. 즉 곡선군의 미분방정식은 곡

선군의 임의상수에 무관한 공통의 성질을 나타내는 것이다.

(7)에서는 임의상수를 1개 포함하고 있으나, 2개의 임의상수를 포함하는 곡선군

$$F(x, y, c_1, c_2)=0 \tag{12}$$

등도 있다. 여기서 c_1, c_2는 임의상수이다.

위에서와 같은 방법으로 두 개의 임의상수를 포함하는 곡선군으로부터는 2계미분방정식이 유도된다. 즉 c_1, c_2가 임의상수인 방정식 (12)를 x에 관하여 두 번 미분하여 얻는 두 방정식과 원방정식 $F=0$에서 임의상수 c_1, c_2를 소거하면, x, y, y' 및 y''을 포함하는 2계미분방정식이 얻어진다.

일반적으로 n개의 임의상수 c_1, c_2, $\cdots$, c_n을 포함하는 원시함수 $F(x, y, c_1, c_2, \cdots, c_n)=0$을 차례로 x에 관하여 n회 미분하여 얻어지는 n개의 방정식과 준방정식 $F=0$에서 c_1, c_2, $\cdots$, c_n을 소거할 수 있으며, 그 결과 얻어지는 방정식은 n계미분방정식 $f(x, y, y', \cdots, y^{(n)})=0$이다.

예제 2 원군 $x^2+y^2-cx=0$의 미분방정식을 구하라.

풀이 양변을 x에 관하여 미분하면

$$2x+2yy'-c=0$$

이 식과 준식에서 c를 소거하면

$$x^2+y^2-x(2x+2yy')=0 \qquad \text{즉 } x^2-y^2+2xyy'=0$$

이것이 원군의 미분방정식이다. □

예제 3 $y=2ax+bx^2$은 포물선군을 표시한다. 임의상수 a, b를 소거하여 포물선군의 미분방정식을 구하라.

풀이 양변을 x에 관하여 두 번 미분하면

$$y'=2a+2bx, \ y''=2b$$

이 두 식과 원식에서 a, b를 소거하면

$$\begin{vmatrix} y & 2x & x^2 \\ y' & 2 & 2x \\ y'' & 0 & 2 \end{vmatrix}=0$$

이고, 이 식을 전개하면 다음 2계 미분방정식을 얻는다.

$$x^2y''-2xy'+2y=0$$ □

위 예제 1의 곡선군은 1개의 임의상수를 포함하고 있어서, 이 곡선군의 미분방정식은 1계미분방정식으로 나타내어지며, 예제 2의 곡선군은 2개의 임의상수를 포함하고 있어서 이 곡선군의 미분방정식은 2계미분방정식으로 나타내어진다. 일반으로 n개의 임의상수를 포함하는 곡선군의 미분방정식은 n계미분방정식으로 나타내진다.

[2] 자연현상의 미분방정식으로의 표현

자연현상을 수학적으로 나타내면 변수와 그들의 도함수를 포함하는 관계식 즉 하나의 미분방정식으로 나타내진다. 다음에 몇 가지 보기를 들어본다.

[보기 2] 높이가 H인 원기둥으로 된 탱크의 밑면에서 물이 샐 때, 수력학의 실험에 의하면, 물의 부피의 시간에 관한 변화량은 깊이의 평방근에 비례하여 변화한다. 만일 어떤 시간 t에서 변화하는 부피를 V로, 물의 깊이를 h로서 각각 표시하면 이 상태는 다음과 같은 미분방정식으로 표시된다.

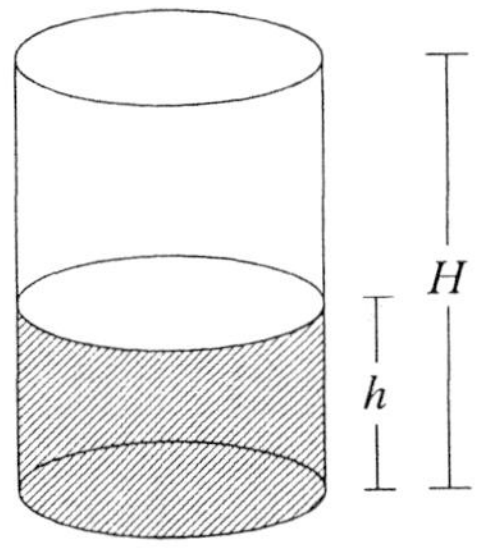

[그림 1.2]

$$\frac{dV}{dt}=k\sqrt{h}$$

이것은 $0\le h\le H$의 범위에서 h를 t의 함수로 정의할 수 있는 미분방정식이다. 이것부터 탱크가 비게 되는 시간, 즉 $h=0$일 때의 t의 값을 구할 수 있다. (부피 V는 높이 h의 함수로서 밑면의 반지름을 r이라면, $V=\pi r^2h$이다.)

[보기 3] 직선운동을 하는 질점의 가속도의 크기가 속도보다 2단위만큼 클 때, 가속도가 속도 v의 시간 t에 대한 도함수라는 것을 이용하면, 다음 미분방정식을 얻는다.

$$\frac{dv}{dt}=v+2$$

이 미분방정식에서 속도 v는 시간 t의 함수로 $v=ce^t-2$이다.

[보기 4] 어린 아이가 장난감을 끌면서 똑바로 걸어오다가 직각으로 방향을 바꾸었다. 장난감의 경로를 구하는 미분방정식을 만들어보자. 장난감을 맨 끈은 팽팽하고 늘어나지 않고 일정한 길이 a를 가진다 하자. 장난감의 운동방향이 항상 똑바른 끈과 같다고 볼 때, 어린 아이가 걸어온 길을 좌표축 ox, oy로 표시하고 장난감의 좌표를 (x, y)라 하면, 장난감의 경로에 그은 접선의 길이는 장난감부터 x축까지는 늘 일정한 길이 a이므로, 그림으로부터

$$\tan\theta = \frac{dy}{dx} = \frac{-y}{\sqrt{a^2-y^2}}$$

임을 알 수 있다. 이것은 x의 함수로서 y를 정하는 미분방정식이고, 이와 같은 함수관계는 장난감의 경로를 결정하는 방정식이다.

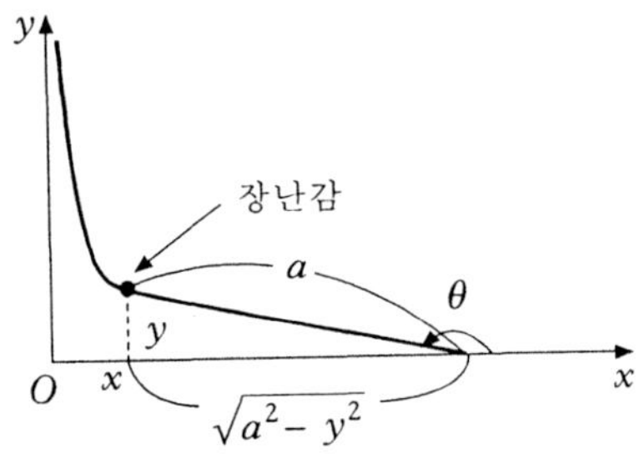

[그림 1.3]

연습문제 (1.1)

1. 다음 미분방정식의 계수 · 차수 · 독립변수 및 종속변수를 말하라.

(1) $y' = x^2 + 5y$

(2) $y'' - 4y' - 5y = e^{3x}$

(3) $\dfrac{\partial u}{\partial t} = 4\dfrac{\partial^2 u}{\partial x^2} + \dfrac{\partial u}{\partial y}$

(4) $\left(\dfrac{d^3 s}{dt^3}\right)^2 + \left(\dfrac{d^2 s}{dt^2}\right)^3 = s - 3t$

(5) $\dfrac{dr}{d\theta} = \sqrt{r\theta}$

(6) $\dfrac{d^2 x}{dy^2} - 3x = \sin y$

(7) $\dfrac{\partial^2 v}{\partial x^2} = \sqrt[3]{\dfrac{\partial v}{\partial y}}$

(8) $(2x+y)dx + (x-3y)dy = 0$

2. 다음 곡선군의 방정식에서 임의상수를 소거하여 최소계수의 미분방정식을 유도하라.

(1) $y=ce^x$ (2) $y=c(x+c)$

(3) $x^2+y^2-2cx=0$ (4) $y=(x+c)^2$

(5) $y=\sin(x+c)$ (6) $x^2+y^2-2cy=0$

3. 다음 방정식에서 [ ]안에 나타낸 임의상수를 소거하여 그의 미분방정식을 유도하라.

(1) $y=cx+\sqrt{1+c^2}$ $[c]$ (2) $y=ae^x+be^{-x}$ $[a,\ b]$

(3) $y=ax+bx^2$ $[a,\ b]$ (4) $(x-a)^2+(y-a)^2=a^2$ $[a]$

(5) $y=a\sin(\omega x+b)$ $[a,\ b]$ (6) $y=ax+\dfrac{b}{x}+c$ $[a,\ b]$

4. xy평면 내의 다음 각 곡선군에 대한 미분방정식을 구하라.

(1) 원점을 지나며, y축상에 중심을 갖는 원군

(2) x축을 공통 축으로 하고 원점을 지나는 포물선군

(3) 직선 $y=x$상에 중심을 두고 y축에 접하는 원군

(4) 좌표축을 축으로 갖고 원점에 중심을 둔 타원군

5. (1) 직선군 $y=cx-c^2$의 미분방정식은 $y=xy'-(y')^2$임을 밝혀라.

(2) 직선군 $y=cx+f(c)$의 미분방정식을 구하라.

6. 다음 사실을 미분방정식으로 나타내라.

(1) 어떤 평면곡선의 기울기는 y좌표와 x좌표의 차와 같다.

(2) 어떤 곡선의 기울기는 어디서나 y좌표의 x좌표에 대한 비와 같다.

(3) 직선운동을 하는 점이 속도의 크기는 직선 위의 정점부터의 거리에 비례한다.

(4) 수직으로 낙하하는 질점의 속도의 크기는 $(t-2)$sec에 비례하여 변한다.

(5) 진공내의 정지에서 낙하하는 물체의 속도는 낙하한 거리의 제곱근에 비례하여 변한다.

(6) 수직으로 낙하하는 질점의 가속도는 일정한 인력에 의해서 생기고 자신의 속도의 2배와 같은 힘의 저항을 받는다.

1.2 미분방정식의 해

1 해의 종류

미분방정식에서 기초적인 문제는 그 미분방정식의 원시함수를 구하는 것이다. 즉 n계 미분방정식을 푼다는 것은 n계의 독립적인 임의상수를 포함하고 준 미분방정식을 만족하는 변수 사이의 관계를 구하는 것이다. 이 변수 사이의 관계를 그 미분방정식의 **해**라고 한다.

미분방정식의 해에 관하여는 다음과 같은 문제들이 있다.

1. 주어진 미분방정식을 만족하는 해가 과연 존재하는지 존재하지 않는지의 문제 (해의 존재성)
2. 해가 존재할 경우는, 그 해를 실제로 구하는 문제 즉 미분방정식을 푸는 문제 (해법)
3. 실제로 구한 해 이외에 해가 또 있는지 없는지의 문제(해의 일의성의 문제)

그러나 이 책에서는 주로 미분방정식의 해를 구하는 방법을 다룰 것이다.

해에서 방정식의 계수와 같은 수의 임의상수를 포함하는 해를 **일반해**라 하고, 일반해의 임의상수에 특별한 값을 준 것을 **특수해**라 하고, 임의상수에 어떠한 값을 주어도 얻을 수 없는 해를 **특이해**라고 한다. 미분방정식을 푼다는 것은 이들 해를 구하는 것을 뜻한다.

[보기 1] 임의의 두 상수 a와 b를 갖는 함수관계

$$y=a\sin 2x+b\cos 2x \tag{1}$$

를 일반해로 갖는 미분방정식을 만들어 보자. 양변을 x에 관하여 두 번 미분하면

$$\frac{dy}{dx}=2a\cos 2x-2b\sin 2x \tag{2}$$

$$\frac{d^2y}{dx^2}=-4a\sin 2x-4b\cos 2x \tag{3}$$

(3)식의 좌변은 (1)의 좌변에 -4를 곱한 것과 같으므로

$$\frac{d^2y}{dx^2}=-4y \tag{4}$$

가 되고, 이것은 2계미분방정식이다. 우리는 (1)에서 두 임의상수 a와 b를 소거하여 방정식 (4)를 얻었으며 (1)은 (4)를 항등적으로 만족하기 때문에 방정식 (4)의 해임은 분명하다. 즉 두 상수 a와 b가 어떤 특정한 값을 가져야 되는 것은 아니다. 따라서 a와 b의 값 여하에 관계없이 (1)은 (4)의 해가 된다. 또한 두 상수 a와 b는 더 적은 개수의 상수로서 대치될 수 없는 상수이다. 이와 같은 상수를 **임의상수**라고 부른다.

위의 보기에서와 같이 두개의 임의상수를 포함하는 관계식에서는 2계미분방정식이 유도되고, 2계미분방정식의 해는 2개의 임의상수를 포함하게 된다.

여기서 우리는 자연히 다음과 같은 의문을 갖게 된다. 즉 일반적으로 n개의 임의상수를 포함한 어떤 관계식에서 얻은 n계미분방정식의 해는 그 관계식 이외에는 해가 없겠는가 하는 의문이 생긴다. 사실상 어떤 조건을 만족하는 해인 특수해와 임의상수에 어떤 특정한 값을 주어도 얻을 수 없는 해인 **특이해**가 존재할 수도 있다.

[보기 2] 다음과 같은 방정식을 생각해 보자.

$$y = xy' + (y')^2 \tag{5}$$

우리들은 쉽게 $y = cx + c^2$이 (5)의 해가 됨을 밝힐 수 있으며, 역으로 (5)는 $y = cx + c^2$의 미분방정식이라는 것도 알 수 있다. 그러나 직접 대입에 의하여 $y = -\frac{x^2}{4}$도 역시 (5)의 해가 됨을 알 수 있으나, 이 함수는 $y = cx + c^2$의 임의상수 c에 어떤 특정한 값을 대입하여도 얻을 수 없다. 이와 같은 일이 비교적 자주 일어나는 것은 아니지만, 이런 경우가 있기 때문에 그들에 대한 고찰도 하지 않으면 안 된다. 그러나 다음과 같은 중요한 정리가 증명되어 있다.

정리 1.1 어떤 조건하에서 n계 미분방정식은 n개의 임의상수를 포함하는 해를 가지며, 이 해는 일의적이다. 만일 다른 해가 있다면 그것은 모두 특수한 경우이다.

일반해의 임의상수에 어떤 특정한 값을 대입해서 얻는 미분방정식의 특수해는 특정조건이 주어질 때 생긴다.

[보기 3] $$\frac{d^2y}{dx^2}=-4y \tag{6}$$

는

$$y=a\sin 2x+b\cos 2x \tag{7}$$

를 일반해로 가지며, 임의 상수 a, b에 특정한 상수를 대입한

$$y=3\sin 2x,\ y=b\cos 2x,\ y=2\sin 2x-5\cos 2x \tag{8}$$

등은 모두 특수해이다.

예제 1 미분방정식 $y''-y=0$의 일반해는 $y=ac^x+be^{-x}$임을 밝혀라. a, b는 임의 상수이다.

풀이 $y=ae^x+be^{-x}$, $y'=ae^x-be^{-x}$, $y''=ae^x+be^{-x}$
제 1 식과 제 3 식을 비교하여

$$y''-y=0$$

즉 $y=ac^x+be^{-x}$은 이 2계미분방정식의 해이고, 2개의 임의상수를 포함하므로 일반해이다. □

예제 2 미분방정식 $y''+y=0$의 일반해는 $y=a\cos x+b\sin x$ (a, b는 임의상수)임을 밝혀라.

풀이 $y=a\cos x+b\sin x$를 2회 미분하여

$$y'=-a\sin x+b\cos x,\ y''=-a\cos x-b\sin x$$
$$\therefore\ y''+y=0$$

이고 a, b는 임의상수이므로 $y=a\sin x+b\cos x$는 $y''+y=0$의 일반해이다. □

예제 3 1계미분 방정식 $y^2(1+y')^2=1$의 일반해는 $(x-c)^2+y^2=1$임을 밝히고, $y=\pm1$는 특이해임을 밝혀라.

풀이 (i) $(x-c)^2+y^2=1$ … ①을 미분하여 c를 소거한다.
$2(x-c)+2yy'=0$에서 $x-c=-yy'$ … ②
②를 ①에 대입하여 $(-yy')^2+y^2=1$이므로, 준미분방정이 얻어진다.
(ii) $\pm yy'=\sqrt{1-y^2}$에서 변수를 분리하여 $\dfrac{\pm yy'}{\sqrt{1-y^2}}=1$ 또는 $\dfrac{d}{dx}\left(\mp\sqrt{1-y^2}\right)=1$

양면을 적분하면 $\mp\sqrt{1-y^2}=x-c$에서 $(x-c)^2+y^2=1$

여기서 c는 임의상수이다. 이 해는 분명히 하나의 임의상수를 포함하므로 주어진 미분방정식의 일반해이다.

(iii) $y=1$과 $y=-1$은 주어진 미분방정식을 만족하는 일반해 이외의 해이다.

이 두 직선 $y=\pm1$은 일반해 $(x-c)^2+y^2=1$이 그리는 원군의 포락선으로서 주어진 미분방정식의 특이해이다. □

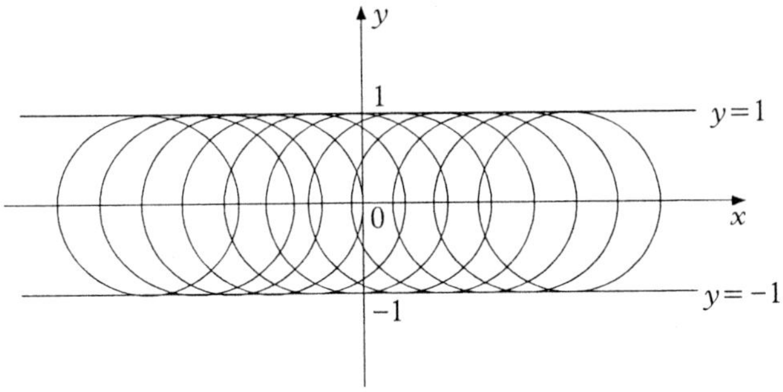

[그림 1.4]

예제 4 $y''+y=0$의 일반해는 $y=a\cos x+b\sin x$이다. 조건 $x=0$일 때 $y=2$, $x=\dfrac{\pi}{2}$일 때 $y=3$를 만족하는 특수해를 구하여라.

풀이 일반해 $y=a\cos x+b\sin x$에 주어진 조건 "$x=0$일 때 $y=2$"를 대입하면

$$2=a\cos 0+b\sin 0=a\text{에서 } a=2$$

$x=\dfrac{\pi}{2}$일 때 $y=3$이므로

$$3=a\cos\frac{\pi}{2}+b\sin\frac{\pi}{2}=b\text{에서 } b=3$$

따라서 구하는 특수해는

$$y=2\cos x+3\sin x$$ □

예제 5 미분방정식

$$\left(\frac{dy}{dx}\right)^2+x\frac{dy}{dx}-y=0$$

의 일반해는 $y=cx+c^2$이고 그 특이해는 $y=-\dfrac{1}{4}x^2$임을 밝혀라.

풀이 $y=cx+c^2$을 x에 관하여 미분하면

$$y'=c$$

$y=cx+c^2$과 $y'=c$를 주어진 미분방정식에 대입하여

$$\text{좌변}=c^2+cx-(cx+c^2)=0$$

따라서 $y=cx+c^2$은 임의상수 c를 포함하고 있는 해이므로 일반해가 된다.

한편 $y=-\frac{1}{4}x^2$이 주어진 미분방정식의 해인지를 본다.

$y=-\frac{1}{4}x^2$, $y'=-\frac{x}{2}$를 주어진 미분방정식에 대입하여

$$\text{좌변}=\left(-\frac{1}{2}x\right)^2+x\left(-\frac{1}{2}x\right)-\left(-\frac{1}{4}x^2\right)=0=\text{우변}$$

따라서 $y=-\frac{1}{4}x^2$은 한 해가 된다. 그런데 일반해 $y=cx+c^2$은 일차식이므로 c에 어떠한 값을 대입하여도 2차식인 해 $y=-\frac{1}{4}x^2$을 얻을 수 없다. 따라서 $y=-\frac{1}{4}x^2$은 특이해이다. □

주어진 미분방정식을 만족하는 함수, 즉 해의 존재 정리와 해의 유일성의 정리를 1계미분방정식에 대하여 알려져 있는 가장 중요한 정리를 증명없이 소개한다.

[2] 해의 존재 정리와 유일성 정리

다음 몇가지 경우에 해가 존재하는지, 해가 유일한지를 살펴보자.

(1) $|y'|+|y|=0$, $y(0)=1$ … 해가 없는 경우

$y\geq 0$, $y'\geq 0$이면 $y'+y=0$에서 일반해는 $y=ce^{-x}$, $y(0)=c=1$이므로 $y=e^{-x}$

$y=e^{-x}>0$이고, $y'=-e^{-x}$에서 $|y'|=|-e^{-x}|>0$이므로 $|y'|+|y|>0$

따라서 $|y'|+|y|\neq 0$이므로 해는 없다.

(2) $y'=2x$, $y(0)=1$ … 유일한 해가 있는 경우

$$y=x^2+c,\ y(0)=c=1\text{에서 } y=x^2+1 \ \cdots \text{ 유일한 해}$$

(3) $xy'=y-2$, $y(0)=2$ … 해가 무수히 있는 경우

$$\frac{dy}{y-2}=\frac{dx}{x},\ \log|y-2|=\log|x|+\log c \quad \therefore\ |y-2|=c|x|$$

$\therefore\ y=2\pm c|x|,\ y(0)=2\pm c|0|=2$에서 c는 부정이다. 따라서 해 $y=2\pm c|x|$에서 c는 부정이므로 해가 무수히 많다.

초기값문제에서 어떤 조건에서 해가 유일한지(유일성), 어떤 경우에 해가 존재하는(해의 존재성)지에 관하여 다음 정리가 있다.

정리 1.2 (해의 존재성)　초기값 미분방정식

$$y'=f(x,\ y),\ y(x_0)=y \tag{9}$$

에서 $f(x,\ y)$는 어떤 4각형 영역 R

$$R=|x-x_0|<a,\ |y-y_0|<b$$

에서 연속이고, R안의 모든 점 $(x,\ y)$에서 유계

$$|f(x,\ y)|\le k$$

이면, (9)는 적어도 한해 $y(x)$를 갖는다.

이 해는 구간 $|x-x_0|<\alpha$의 모든 x에 대하여 적어도 한 해를 갖는다.
단, $\alpha=\min\left\{a,\ \dfrac{b}{k}\right\}$이다.

예제 6 $y'=1+y^2,\ y(0)=0$은 $R:|x|\le 3,\ |y|\le 2$의 모든 점에서 유일한 해가 존재하는가?

풀이 $\dfrac{dy}{1+y^2}=dx$를 적분하면 $\tan^{-1}y=x+c$이므로

$\therefore\ y=\tan(x+c),\ y(0)=\tan c=0$에서 $c=0$ 이므로 $y=\tan x$(변수분리에 의한 해).

$$|f|=|1+y^2|\le K=5,$$

$$\left|\frac{\partial f}{\partial y}\right|=|2y|\le M=4$$

$$\alpha=\min\{a,\ b/k\}=\min\{3,\ 2/5\}=0.4$$

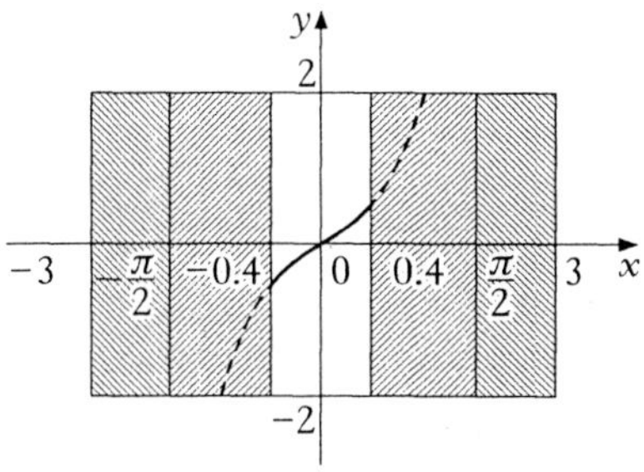

[그림 1.5]

해는 $x=\pm\dfrac{\pi}{2}$에서 불연속이므로, 구간 $|x|\le 3$에서 유효하지 않다. $\alpha\le 0.4$에서 해는 존재하고, 유효하다. □

> **정리 1.3** (해의 유일성) 미분방정식 $y'=f(x, y)$, $y(x_0)=y_0$가 영역 $R: |x-x_0| < a$, $|y-y_0| < b$의 모든 점 (x, y)에서 $f(x, y)$와 $\dfrac{\partial f}{\partial y}$가 연속이고, 유계 즉
>
> $$|f| \le k, \quad \left|\frac{\partial f}{\partial y}\right| \le M$$
>
> 이면 초기값문제는 많아야 하나의 해를 갖는다.

따라서 정리 1.2에 의하여 해가 존재하면 정리 1.3에 의하여 그 해는 유일한 해이다.

예제 7 $y'=2x$, $y(0)=1$은 모든 x에 대하여 유일한 해를 갖는가?

풀이

$$|f(x, y)|=|2x| \le k, \quad \left|\frac{\partial f}{\partial y}\right|=0$$

는 유계이다. 따라서 해는 유일하다. 또 임의의 a, b에 대하여 $(x_0=0, y_0=1)$

$$|x-x_0| < a, \quad |y-y_0| < b$$

인 모든 점 (x, y)에 대하여 $|f(x, y)|=|2x|$가 유계이므로 초기값문제는 해를 갖는다.

따라서 정리 1.3에 의하여 이 해는 유일하다. □

2 미분방정식의 기하학적 의미

미분방정식

$$\frac{dy}{dx}=f(x, y) \tag{10}$$

는 그 해의 존재역의 각 점(x_0, y_0)에서 곡선군의 접선방향 m은

$$m=\left.\frac{dy}{dx}\right|_{(x_0, y_0)}=f(x_0, y_0)$$

에 의하여 주어진다. 각 점에서 그 점과 접선방향으로 그은 짧은 선분으로 나타낸 것을 **선소**(line segment)라고 한다.

[보기 4] 다음 그림은 미분방정식 $\dfrac{dy}{dx}=2x$에 대한 평면상의 여러 점에서의 선소를 나타냈다. 미분방정식의 해곡선은 그들 각 점에 있어서 그 방정식에 의해서 주어진 선소를 연결한 곡선이다. 이 보기에서는 해 곡선은 포물선이다. 이와 같은 그

림은 주어진 미분방정식의 원시함수의 개략적인 관계를 찾는 데 도움을 준다. 그러나 적분곡선들은 일반적으로 대단히 복잡하기 때문에 그러한 그림은 그들의 방정식을 구하는 데 실질적 도움을 주지는 못한다.

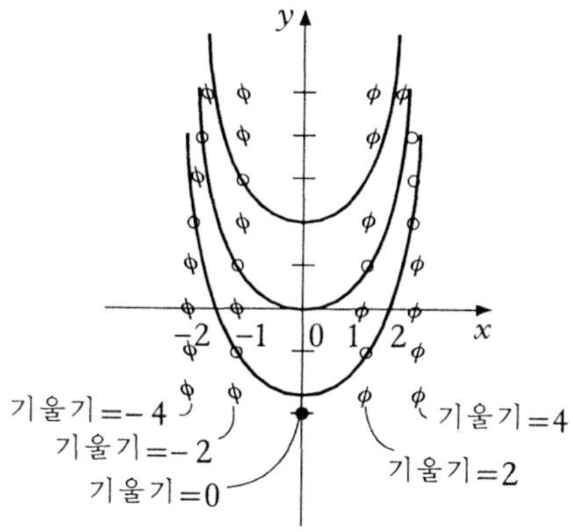

[그림 1.6]

예제 8 방정식 $xy'+y=1$에 대하여 이 방정식을 만족하는 방향을 가지고 있는 선소를 연결하여 해곡선을 찾아내라.

풀이 $y'=\dfrac{1-y}{x}$이므로 필요한 x, y 및 y'의 한 쌍의 값에 대하여 표를 만들고 전평면을 덮을 만하게 조밀한 선소의 군을 만들면 어떤 무늬가 나타나고, 선소들은 어떤 특별한 곡선, 즉 $x=0$과 $y=1$을 점근선으로 하는 직각쌍곡선군을 이루는 것 같이 보인다. 사실상 해곡선은 $y=\dfrac{x+c}{x}$이다. 이와 같은 곡선군은 사실상 미분방정식의 해곡선이다. □

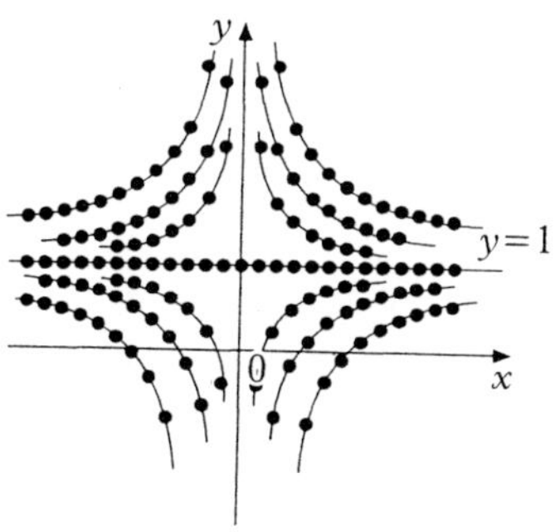

[그림 1.7]

x	-3	-2	-1.5	-1	-0.5	0.1	0.5	1	2	3
y	-2	2	-1	0	6	-5	3	2	-1	1
y'	-1	-0.5	$-\frac{4}{3}$	-1	10	-4	-4	-1	1	0

예제 9 $y'^2-xy'+y=0$ 또는 $2y'=x\pm\sqrt{x^2-4y}$의 적분곡선을 구하라.

풀이 일반으로 x, y의 값의 모든 쌍에 대해서 y'는 두 개의 값을 가진다. 그러나 다음과 같은 평면 위의 두 영역에 주의해야 한다.

(1) $4y>x^2$인 영역에서는 어떤 점에서도 접선방향은 없다. y'의 값은 허수이다.

(2) $4y<x^2$인 영역에서는 두 개의 다른 접선방향이 주어진다.
즉 서로 다른 y'의 두 실수값이 존재한다.

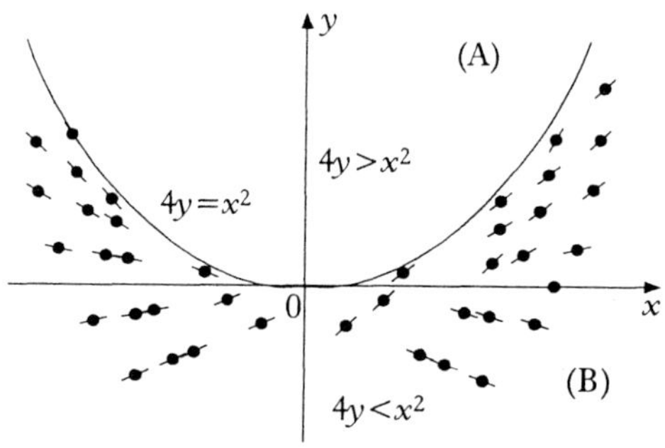

[그림 1.8]

영역 (A)에서는 적분곡선은 없지만 영역 (B)에서는 각 점을 지나는 곡선은 2개 존재하며, 이 방정식은 $y=cx-c^2$이고, 이것은 준미분방정식의 일반해이다. 곡선 $4y=x^2$은 두 영역의 경계선이고 y'이 한 값만을 가지는 점의 자취이다. 이것은 이 미분방정식의 특이해이다. □

연습문제 (1.2)

1. 미분방정식 $y'+y=0$에 대하여 다음을 증명하라.
   (1) $y=ce^{-x}$는 일반해이다. (2) $y=2e^{-x}$는 특수해이다.

2. 미분방정식 $(1+x^2)y'=xy$에 대하여 다음을 밝혀라.
   (1) $c^2x^2-y^2+c^2=0$은 일반해이다. (2) $y=\sqrt{1+x^2}$은 특수해이다.

3. 미분방정식 $(y')^2+xy'=y+1$에 대하여 다음을 밝혀라.
   (1) $y=cx+c^2-1$은 일반해이다. (2) $y=-1$은 특수해이다.
   (3) $y=-\dfrac{x^2}{4}-1$은 특이해이다.

4. 미분방정식 $y=xy'+\sqrt{1+(y')^2}$에 대하여 다음을 밝혀라.
   (1) $y=cx+\sqrt{1+c^2}$은 일반해이다. (2) $y=x+\sqrt{2}$는 특수해이다.
   (3) $x^2+y^2=1(y>0)$은 특이해이다.

5. 다음 각 방정식으로 정의된 적분곡선의 기하학적 성질을 논하고 선소를 그려서 적분곡선을 찾아내어라.
   (1) $y'=y(x-1)$ (2) $y'=x(y-1)$ (3) $y''=x$
   (4) $y''=1-x$ (5) $y'=\dfrac{1}{y}$ (6) $y'=\dfrac{1}{x}$

6. $y'=3y^{\frac{2}{3}}$의 적분곡선은 $y=(x-c)^2$(c는 임의상수)이고, $c=0$일 때 $y=x^2$은 하나의 특수해이다. c에 여러 값을 주어 적분곡선군을 그려서 $y=0$도 또한 해가 되는 이유를 밝히고, $y=0$이 특이해임을 밝혀라.

7. $y'^2-xy'+y=0$의 일반해는 $y=cx-c^2$이고, 특이해는 $4y=x^2$이다. 이 경우 특이해인 곡선 $4y=x^2$은 해곡선군 $y=cx-c^2$의 포락선임을 밝혀라.

1.3 초기조건과 경계조건

[1] 초기조건

일반적으로 미분방정식에서는 몇 개의 임의상수를 포함하는 일반해를 얻는다. 예를 들면 1계미분방정식은 하나의 임의상수 c를 포함하는 일반해

$$f(x,\ y,\ c)=0 \tag{1}$$

을 갖는다. 이것은 무수히 많은 해를 나타내고 있다.

여기서 $x=x_0$일 때 $y=y_0$가 되는 특수해를 구하여 보자. 이 특수해를 얻기 위하여

$$x=x_0,\ y=y_0 \tag{2}$$

를 일반해 (1)에 대입하면

$$f(x_0,\ y_0,\ c)=0$$

이 된다. 이 식을 c에 관한 방정식으로 보고 c에 관하여 풀어서

$$c=c_0 \tag{3}$$

를 얻었다면, 이것을 일반해 (1)에 대입하여 얻은 해

$$f(x,\ y,\ c_0)=0 \tag{4}$$

은 조건 (2)를 만족하는 특수해이다. 이 경우, 조건 (2)를 **초기조건**이라 한다. 조건 (2)를 만족하는 특수해 (4)를 구하는 것을 주어진 미분방정식을 초기조건 (2) 아래서 푼다고 한다.

초기조건 (2)를 간단히 $y(x_0)=y_0$로 나타낸다.

1계미분방정식을 초기조건 (2) 아래서 푼다고 하는 것은 점 $(x_0,\ y_0)$를 지나는 곡선을 구한다는 것과 같다.

많은 경우에 우리는 어떤 특정한 경계 또는 초기조건을 만족하는 미분방정식을 풀어야 할 경우가 있다. 이와 같은 조건들은 물리 및 기하학적 문제를 관찰함으로써 자연적으로 얻어지며, 이런 조건을 만족하는 해를 구하려면 주어진 방정식의 일반해를 구하고, 주어진 조건을 만족하는 특수해를 구하면 된다.

예제 1 1계미분방정식 $2xy'-y=0$의 일반해는 $y^2=cx$(c의 임의상수)이다. 이 미분방정식을 초기조건 $y(1)=4$ 아래서 풀어라.

풀이 초기조건 $x=1$, $y=4$를 $y^2=cx$에 대입하여

$$c=4^2=16$$

$c=16$을 일반해 $y^2=cx$에 대입하여 구하는 해는

$$y^2=16x$$ □

2계미분방정식은 2개의 임의상수 c_1, c_2를 포함하는 일반해

$$F(x, y, c_1, c_2)=0 \tag{5}$$

을 갖는다. 조건

$$x=x_0, \; y=y_0, \; y'=y_0' \tag{6}$$

을 만족하는 특수해를 구하는 문제를 살펴보자.

(5)의 양변을 x에 관하여 미분하여

$$f\left(x, y, \frac{dy}{dx}, c_1, c_2\right)=0 \tag{7}$$

을 얻었다고 하자. 조건 (6)을 (5)와 (7)에 대입하면

$$F(x_0, y_0, c_1, c_2)=0$$
$$f(x_0, y_0, y_0', c_1, c_2)=0$$

을 얻는다. 이 두 식을 연립하여 풀어서 c_1과 c_2의 값으로

$$c_1=a, \; c_2=b$$

를 얻었다면 이것을 일반해 (5)에 대입하여 얻는해

$$F(x, y, a, b)=0 \tag{8}$$

이 구하려는 특수해이다. 여기서 조건 (6)을 2계미분방정식의 **초기조건**이라 한다. 초기조건 (6)을 만족하는 특수해 (8)을 구하는 것을 주어진 2계미분방정식을 초기조건 (6) 아래서 푼다고 한다.

주어진 2계미분방정식을 초기조건 (6) 아래서 푼다고 하는 것은 기하학적으로, 점 (x_0, y_0)를 지나고 그 점에서의 접선의 기울기가 y_0'인 곡선을 구한다는 것이다.

예제 2 2계미분방정식 $y''+9y=3\sin 2x$의 일반해는

$$y=\frac{5}{3}\sin 2x+c_1\cos 3x+c_2\sin 3x$$

(c_1과 c_2는 임의상수)이다. 이 미분방정식을 $x=0,\ y=2,\ y'=0$ 아래서 풀어라.

풀이

$$y=\frac{3}{5}\sin 2x+c_1\cos 3x+c_2\sin 3x \tag{9}$$

를 x에 관하여 미분하면

$$y'=\frac{6}{5}\cos 2x-3c_1\sin 3x+3c_2\cos 3x \tag{10}$$

초기조건 $x=0,\ y=2,\ y'=0$을 (9)와 (10)식에 대입하여

$$c_1=2,\ c_2=-\frac{2}{5}$$

이것을 일반해 (9)에 대입하면 주어진 초기조건을 만족하는 다음 특수해를 얻는다.

$$y=\frac{3}{5}\sin 2x+2\cos 3x-\frac{2}{5}\sin 3x$$ □

일반적으로 n계미분방정식

$$f(x,\ y,\ y',\ y'',\ \cdots,\ y^{(n)})=0$$

의 초기조건은

$$x=x_0,\ y=y_0,\ y'=p_0,\ y''=q_0,\ \cdots,\ y^{(n-1)}=w_0$$

로 주어지고 이 조건 아래서 풀면, 하나의 특수해를 얻을 수 있다.

[2] 경계조건

어떤 2계미분방정식의 일반해를

$$F(x,\ y,\ c_1,\ c_2)=0 \tag{11}$$

이라 하자.

$x=x_0$일 때 $y=y_0$이고, $x=x_1$일 때 $y=y_1$이 되는 특수해를 구해 보자.

$$x=x_0,\ y=y_0;\ x=x_1,\ y=y_1 \tag{12}$$

을 일반해 (11)에 대입하면 각각

$$\begin{cases} F(x_0,\ y_0,\ c_1,\ c_2)=0 \\ F(x_1,\ y_1,\ c_1,\ c_2)=0 \end{cases} \tag{13}$$

이다. (13)을 c_1과 c_2에 관한 연립방정식으로 보고 c_1과 c_2에 관하여 풀어서

$$c_1=a,\ c_2=b$$

를 얻었다면, 이것을 일반해 (11)에 대입하여 구하는 해는

$$F(x,\ y,\ a,\ b)=0 \tag{14}$$

이다. 이 해가 구하려는 특수해이다.

조건 (12)를 **경계조건**이라 한다. 경계조건 (12)를 만족하는 특수해 (14)를 구하는 것을 주어진 2계미분방정식을 경계조건 (12) 아래서 푼다고 한다.
경계조건 (12)를 $y(x_0)=y_0,\ y(x_1)=y_1$로도 나타낸다.

예제 3 2계미분방정식 $y''+y'=0$의 일반해는 $y=c_1+c_2e^{-x}$ (c_1과 c_2는 임의상수)이다. 이 미분방정식을 경계조건 $x=0,\ y=2;\ x=-1,\ y=1+e$ 아래서 풀어라.

풀이 일반해에 경계조건

$$x=0,\ y=2;\ x=-1,\ y=1+e$$

를 대입하면

$$2=c_1+c_2e^0,\ 1+e=c_1+c_2e \text{에서 } c_1=1,\ c_2=1$$

따라서 구하는 특수해는 다음과 같다.

$$y=1+e^{-x}$$

□

[3] Picard의 반복법

$$\text{미분방정식: } y'=f(x,\ y),\ y(x_0)=y_0 \tag{15}$$

의 수치적 해법의 하나인 **Picard의 반복법**을 알아보자.

미분방정식 (15)의 양변을 x에 관하여 구간 $[x_0,\ x]$에서 적분한다. $x=x_0$일 때 $y=y_0$. $x=x$일때, $y=y$이라면

$$\int_{y_0}^{y} dy=\int_{x_0}^{x} f(t,\ y)dt \ (\text{적분변수는 } t)$$

적분하면

$$y-y_0=\int_{x_0}^{x} f(t,\ y)dt \text{에서 } y=y_0+\int_{x_0}^{x} f(t,\ y)dt$$

우변의 적분에서 y를 y_0로 한 y의 근사값을 y_1이라면

$$y_1=y_0+\int_{x_0}^{x} f(t,\ y_0)dt$$

일반적으로 다음 근사공식을 얻는다.

$$\boxed{y_n=y_0+\int_{x_0}^{x} f(t,\ y_{n-1})dt}$$

이 공식이 Picard반복법의 계산공식이다.

예제 4 $y'=1+y^2$, $y(0)=0$의 근사해를 구하라.

풀이 $y_1=y_0+\int_0^x (1+y_0^2)dt=0+\int_0^x (1+0)dt=x$

$y_2=y_0+\int_0^x (1+y_1^2)dt=0+\int_0^x (1+t^2)dt=x+\frac{1}{3}x^3$

$y_3=y_0+\int_0^x (1+y_2^2)dx=0+\int_0^x \{1+(t+\frac{1}{3}t^3)^2\}dt$

$=x+\frac{1}{3}x^3+\frac{2}{15}x^5+\frac{1}{63}x^7+\cdots\cdots$

정확한 해는 $\frac{dy}{1+y^2}=dx$에서 $\tan^{-1}y=x+c$이므로,

$$y=\tan(x+c).\ y(0)=0\text{에서 } y=\tan x$$

$\tan x$를 전개하면

$$y=\tan x=x+\frac{1}{3}x^3+\frac{2}{15}x^5+\frac{17}{315}x^7+\cdots\ \cdots \text{①}$$

근사해 y_n에서 n이 커질수록 참값 ①에 가까워진다. picard의 반복법은 해 y의 근사값을 x만의 함수로 나타낼 수 있는 근사해법이다. □

연습문제 (1.3)

1. 미분방정식 $y'+2y=3e^x$의 일반해는 $y=e^x+ce^{-2x}$(c는 임의상수)임을 밝히고 초기조건 $x=0$, $y=1$ 아래서 풀어라.

2. 미분방정식 $y'-y=2(1-x)$의 일반해는 $y=2x+ce^x$(c는 임의상수)임을 밝히고, 초기조건 $x=0$, $y=2$ 아래서 풀어라.

3. 미분방정식 $(1-x\cot x)y''-xy'+y=0$에 대하여 다음 물음에 답하라.
   (1) $y=c_1\sin x+c_2x$(c_1, c_2는 임의상수)는 일반해임을 밝혀라.
   (2) 초기조건 $x=\frac{\pi}{2}$, $y=1$, $y'=1$ 아래서 풀어라.
   (3) 경계조건 $x=\frac{\pi}{2}$, $y=1$; $x=\pi$, $y=0$ 아래서 풀어라.

4. 물체를 지표에서의 가속도 10m/sec로 수직으로 던졌다. 몇 초 후에 최고점에 도달하는가? 최고높이는 몇 m인가? (단, 중력의 가속도는 9.8m/sec^{2}으로 하고 공기의 저항은 무시한다)

5. 다음 미분방정식을 Picard의 반복법으로 $x=0.2$일때의 y의 근사값을 구하라.

$$y^1=x^2+y^2,\ y(0)=0$$

제 2 장

1계미분방정식의 해법

2.1 1계미분방정식의 해법

1 변수분리

1계미분방정식 $dy/dx=f(x, y)$의 제일 간단한 것은 그 방정식에서 변수들을 분리될 수 있는 경우이고, 이 방정식들은 다음과 같은 형을 갖는다.

$$\frac{dy}{dx}+\frac{M(x)}{N(y)}=0 \tag{1}$$

방정식 (1)의 형식들은 적분학에서 학습하였고, 그것들을 단순히 적분에 의해서 풀 수 있었다. (1)의 형의 모든 방정식들을 다음과 같이 변수를 분리하고 적분하면 해를 구할 수 있다.

방정식 (1)에서 변수를 분리하면

$$M(x)dx+N(y)dy=0 \tag{2}$$

이고, 방정식 (2)를 적분하면

$$\int M(x)dx+\int N(y)dy=c \tag{3}$$

를 얻고, 이것이 일반해이다.

예제 1 $\dfrac{dy}{dx}+e^y\cos x=0$을 풀어라.

풀이 변수를 분리하여 적분하면

$$\int\cos x dx+\int e^{-y}dy=c$$

따라서 구하는 일반해는

$$\sin x-e^{-y}=c \text{ 또는 } e^y=\frac{1}{\sin x-c}$$

y에 관해서 풀면

$$y=\log\frac{1}{\sin x-c} \quad (c\text{는 임의상수})$$ □

※ 본서에서 log는 자연로그를 의미한다.

예제 2 미분방정식 $xy(1+x^2)y'=1-y^2$을 풀어라.

풀이 변수를 분리하여

$$\frac{y}{1-y^2}dy-\frac{dx}{x(1+x^2)}=0$$

또는

$$\frac{y}{1-y^2}dy-\left(\frac{1}{x}-\frac{x}{1+x^2}\right)dx=0$$

적분하면

$$\int\frac{y}{1-y^2}dy-\int\left(\frac{1}{x}-\frac{x}{1+x^2}\right)dx=c \quad (c\text{는 임의상수})$$

또는

$$-\frac{1}{2}\log|1-y^2|-\log|x|+\frac{1}{2}\log(1+x^2)=c$$

$$\therefore \log\frac{\sqrt{1+x^2}}{|x|\sqrt{|1-y^2|}}=c$$

$c=\log a$ $(a>0)$라 놓으면

$$\sqrt{1+x^2}=a|x|\sqrt{1-y^2}$$

그러므로

$$1+x^2=bx^2(1-y^2) \quad (b=\pm a^2\text{는 임의상수})$$ □

※ 앞으로 로그함수의 진수는 양수임을 전제로 하고, 진수에서 절대값 기호를 생략한다.

예제 3 방정식 $\dfrac{dy}{dx}=\dfrac{3x+xy^2}{y+x^2y}$을 풀어라.

풀이 주어진 방정식 $\dfrac{dy}{dx}=\dfrac{x(3+y^2)}{y(1+x^2)}$는 다음과 같이 변수분리된다.

$$\frac{ydy}{y^2+3}=\frac{xdx}{x^2+1}$$

적분하면 $\dfrac{1}{2}\log(y^2+3)=\dfrac{1}{2}\log(x^2+1)+c_1$

또한 $\log\left(\dfrac{y^2+3}{x^2+1}\right)=\log c$에서 $y^2+3=c(x^2+1)$ $(2c_1=c)$ □

[2] 변수분리형으로 분리되는 경우

미분방정식 $$\frac{dy}{dx}=f(ax+by+c)$$

는 다음과 같은 변수변환

$$t=ax+by+c$$

에 의하여 변수분리형이 된다. 양변을 x에 관하여 미분하면

$$\frac{dt}{dx}=a+b\frac{dy}{dx}$$

이 식에 주어진 미분방정식을 대입하면

$$\frac{dt}{dx}=a+bf(t)$$

가 되어 변수분리형이 된다. 해는 적분한 다음 t 대신 $ax+by+c$를 대입한다.

예제 4 미분방정식 $x(y'+1)+\tan(x+y)=0$을 풀어라.

풀이 $t=x+y$라면 $\dfrac{dt}{dx}=1+\dfrac{dy}{dx}$에서 $y'+1=\dfrac{dt}{dx}$이므로

주어진 미분방정식은

$$x\frac{dt}{dx}+\tan t=0$$

변수를 분리하면 $$\frac{\cos t}{\sin t}dt+\frac{dx}{x}=0$$

적분하여 $\log\ \sin t+\log x=\log c$에서 $x\sin t=c$

c가 임의 상수이고, $t=x+y$이므로 구하는 일반해는 $x\sin(x+y)=c$ □

2 동 차 형

[1] 동차미분방정식

$M(x, y)dx+N(x, y)dy=0$에서 M과 N이 x와 y의 같은차수의 동차식일 때, 이 미분방정식을 **동차형**이라고 한다. $M(x, y)$에 대하여

$$M(kx, ky)=k^n M(x, y)$$

가 성립할 때, 함수 $M(x, y)$를 x와 y의 n차의 **동차식**이라고 한다.

준 미분방정식을 도함수에 관하여 풀면,

$$\frac{dy}{dx}=-\frac{M(x, y)}{N(x, y)},\ N(x, y)\neq 0 \tag{4}$$

이다. M, N이 n차 동차식일 때, 분자, 분모를 x^n으로 나누면 (4)식은

$$\frac{dy}{dx}=-\frac{M(1, y/x)}{N(1, y/x)}=g(y/x) \tag{5}$$

인 꼴이 된다. 여기서 g는 y/x의 함수이다. 방정식 (5)에서

$$\frac{y}{x}=v \tag{6}$$

로 놓으면, g가 변수 v만의 함수로 되는 것을 알 수 있다. x는 그대로 독립변수로 보면, y가 x의 함수이므로 v는 x의 함수가 되며, v는 새로운 종속변수가 된다.

관계식 $y=vx$를 x에 관하여 미분하면

$$\frac{dy}{dx}=v+x\frac{dv}{dx} \tag{7}$$

이것을 (5)에 대입하면

$$v+x\frac{dv}{dx}=g(v) \text{ 또는 } (v-g(v))dx+xdv=0$$

변수를 분리하면 $$\frac{dv}{v-g(v)}+\frac{dx}{x}=0$$

이것을 적분하면 $$\int\frac{dv}{v-g(v)}+\log x=c$$

적분결과에 v 대신 $\dfrac{y}{x}$를 대입하면 일반해를 얻는다.

예제 5 $x\dfrac{dy}{dx}=xe^{-y/x}+y$를 풀어라.

풀이 양변을 x로 나누면

$$\frac{dy}{dx}=e^{-y/x}+\frac{y}{x}$$

$y=vx$라면 다음과 같이 변수분리형이 된다.

$$v+x\frac{dv}{dx}=e^{-v}+v \text{ 또는 } e^{v}dv=\frac{dx}{x}$$

적분하면 $e^{v}=\log x+\log c$에서 $e^{v}=\log cx$ 또는 $v=\log(\log cx)$

따라서 주어진 미분방정식의 일반해는

$$y=x\log(\log cx)$$ □

예제 6 $(x^3+y^3)dx-3xy^2dy=0$을 풀어라.

풀이 주어진 방정식은 동차형이다. 변환 $y=vx$, $dy=vdx+xdv$에 의하여

$x^3\{(1+v^3)dx-3v^2(vdx+xdv)\}=0$에서 $(1-2v^3)dx-3v^2xdv=0$

변수를 분리하고, 적분한다.

$$\frac{dx}{x}-\frac{3v^2dv}{1-2v^3}=0 \text{이므로 } \log x+\frac{1}{2}\log(1-2v^3)=\log c_1$$

또는 $2\log x+\log(1-2v^3)=\log c$에서 $x^2(1-2v^3)=c$

$v=\dfrac{y}{x}$이므로 구하는 일반해는

$$x^2(1-2y^3/x^3)=c \text{ 또는 } x^3-2y^3=cx$$ □

[2] 동차형으로 변형되는 경우

미분방정식

$$y'=f\left(\frac{ax+by+c}{px+qy+r}\right)$$

는 변수를 적당히 변환하면, 동차형 또는 변수분리형으로 변형된다.

(i) $\begin{vmatrix} a & b \\ p & q \end{vmatrix}\neq 0$인 경우

연립방정식

$$\begin{cases} ax+by+c=0 \\ px+qy+r=0 \end{cases}$$

의 해를 $x=\xi$, $y=\eta$이라면 $a\xi+b\eta+c=0$, $p\xi+q\eta+r=0$이다.

$X=x-\xi$, $Y=y-\eta$라고 두면 $x=X+\xi$, $y=Y+\eta$이므로

$$ax+by+c=a(X+\xi)+b(Y+\eta)+c=aX+bY+a\xi+b\eta+c=aX+bY,$$
$$px+qy+r=p(X+\xi)+q(Y+\eta)+r=pX+qY+p\xi+q\eta+r=pX+qY$$

이고, $dX=dx$, $dY=dy$이므로

$$\frac{dy}{dx}=\frac{dY}{dX}$$

따라서 주어진 미분방정식 동차형

$$\frac{dY}{dX}=f\left(\frac{aX+bY}{pX+qY}\right)$$

이 되어, 다음과 같이 풀 수 있다.

(ii) $\begin{vmatrix} a & b \\ p & q \end{vmatrix}=0$인 경우

이 경우에는 $\frac{a}{p}=\frac{b}{q}=k$라 놓으면 $a=pk$, $b=qk$이므로,
주어진 미분방정식은

$$\frac{dy}{dx}=f\left(\frac{(px+qy)k+c}{px+qy+r}\right)$$

여기서 $u=px+qy$라 놓으면

$$\frac{du}{dx}=p+q\frac{dy}{dx},\ \frac{dy}{dx}=f\left(\frac{ku+c}{u+r}\right)$$

이므로, 주어진 미분방정식은 다음과 같이 변수분리형이 된다.

$$\frac{du}{dx}=p+qf\left(\frac{ku+c}{u+r}\right)$$

예제 7 $(2x-y+1)-(x-2y+1)\frac{dy}{dx}=0$을 풀어라.

풀이 연립방정식
$$\begin{cases} 2x-y+1=0 \\ x-2y+1=0 \end{cases}$$

을 풀면 $x=-\frac{1}{3}$, $y=\frac{1}{3}$이다.

따라서 $X=x+\frac{1}{3}$, $Y=y-\frac{1}{3}$로 변수를 변환하면 주어진 미분방정식은

$$(2X-Y)-(X-2Y)\frac{dY}{dX}=0 \ \cdots \ ①$$

$Y=VX$라면 $\frac{dY}{dX}=V+X\frac{dV}{dX}$

따라서 미분방정식 ①은

$$(2-V)-(1-2V)\left(V+X\frac{dV}{dX}\right)=0\text{에서 } 2(1-V+V^2)-(1-2V)X\frac{dV}{dX}=0$$

변수를 분리하고 적분하면

$$\frac{2dX}{X}+\frac{-1+2V}{1-V+V^2}dV=0\text{에서 } 2\log X+\log(1-V-V^2)=\log c$$

또는 $\log[X^2\cdot(1-V+V^2)]=\log c$에서 $X^2(1-V+V^2)=c$

$V=\dfrac{Y}{X}$이므로

$$X^2-XY+Y^2=c$$

$X=x+\dfrac{1}{3}$, $Y=y-\dfrac{1}{3}$이므로 $\left(x+\dfrac{1}{3}\right)^2-\left(x+\dfrac{1}{3}\right)\left(y-\dfrac{1}{3}\right)+\left(y-\dfrac{1}{3}\right)^2=c$

또는

$$x^2-xy+y^2-x-y=c$$

□

예제 8 $(x-y+3)-(2x-2y+5)\dfrac{dy}{dx}=0$을 풀어라.

풀이 $u=x-y$라 놓으면 $\dfrac{dy}{dx}=1-\dfrac{du}{dx}$

이므로 주어진 미분방정식은

$$u+3-(2u+5)\left(1-\frac{du}{dx}\right)=0 \text{ 또는 } -u-2+(2u+5)\frac{du}{dx}=0$$

변수를 분리하여

$$dx-\frac{2u+5}{u+2}du=0$$

적분하면

$$x-2u-\log|u+2|=c$$

$u=x-y$이므로 구하는 일반해는

$$-x+2y-\log|x-y+2|=c$$

□

3 변수변환으로 풀 수 있는 경우

[1] $yf(xy)dx+xg(xy)dy=0$꼴의 방정식

$xy=v$로 변환하면 $y=\dfrac{v}{x}$의 미분 $dy=\dfrac{xdv-vdx}{x^2}$에 의하여 변수 y를 소거하면, 준 방정식은 변수분리형으로 변형된다.

예제 9 $y(xy+1)dx+x(1+xy+x^2y^2)dy=0$을 풀어라.

풀이 변환 $xy=v$로 $y=\frac{v}{x}$의 미분 $dy=\frac{xdv-vdx}{x^2}$에 의하여 준방정식은

$$\frac{v}{x}(v+1)dx+x(1+v+v^2)\frac{xdv-vdx}{x^2}=0$$

양변에 x를 곱하면

$$v(v+1)dx+(1+v+v^2)(xdv-vdx)=0$$

또는

$$v^3dx-x(1+v+v^2)dv=0$$

변수를 분리하여

$$\frac{dx}{x}-\frac{dv}{v^3}-\frac{dv}{v^2}-\frac{dv}{v}=0$$

적분하면

$$\log x+\frac{1}{2v^2}+\frac{1}{v}-\log v=c_1\text{에서 } 2v^2\log x+1+2v-2v^2\log v=2c_1v^2$$

또는

$$2v^2\log\left(\frac{v}{x}\right)-2v-1=cv^2 \quad (-2c_1=c)$$

$v=xy$이므로 구하는 일반해는

$$2x^2y^2\log y-2xy-1=cx^2y^2$$ □

예제 10 $y(1-xy+x^2y^2)dx+x(x^2y^2-xy)dy=0$을 풀어라.

풀이 변환 $xy=v$, $y=v/x$, $dy=\frac{xdv-vdx}{x^2}$에 의하여 준방정식은

$$\frac{v}{x}(1-v+v^2)dx+x(v^2-v)\frac{xdv-vdx}{x^2}=0 \text{ 또는 } vdx+x(v^2-v)dv=0$$

또는
$$\frac{dx}{x}+(v-1)dv=0,\ \log x+\frac{1}{2}v^2-v=c$$

$$\therefore \log x=xy-\frac{1}{2}x^2y^2+c$$ □

[2] 여러 가지 경우

앞에서 취급한 꼴이 아닌 방정식들도 적당하게 선택한 변환에 의해서 변수가 분리되는 경우가 있다. 그 변환방법이 일정한 것은 아니다. 즉, 각 경우마다 방정식의 형식을 보고 변환을 생각해야 한다.

예제 11 $(2x^2+3y^2-7)xdx-(3x^2+2y^2-8)ydy=0$을 풀어라.

풀이 예상되는 변환 $x^2=u$, $y^2=v$로 준 방정식은

$$(2u+3v-7)du-(3u+2v-8)dv=0$$

이 되고, 이 방정식은 동차식으로 변형된다.

변환 $u=s+2$, $v=t+1$에 의하여 동차방정식

$$(2s+3t)ds+(3s+2t)dt=0$$

이 되므로 변환 $s=rt$, $ds=rdt+tdr$에 의하여

$(2rt+3t)(rdt+tdr)-(3rt+2t)dt=0$에서 $(2r+3)(rdt+tdr)-(3r+2)dt=0$

정리하면

$$2(r^2-1)dt+(2r+3)tdr=0$$

변수를 분리해서

$$2\frac{dt}{t}+\frac{2r+3}{r^2-1}dr=2\frac{dt}{t}-\frac{1}{2}\frac{dr}{r+1}+\frac{5}{2}\frac{dr}{r-1}=0$$

2를 곱하고, 적분하면

$$4\log t-\log(r+1)+5\log(r-1)=\log c\text{에서 }\frac{t^4(r-1)^5}{r+1}=c$$

$r=\frac{s}{t}$, $s=u-2$, $t=v-1$에서 $s+t=u+v-3$, $s-t=u-v-1$이므로

$$\frac{t^4(r-1)^5}{r+1}=\frac{t^4(s/t-1)^5}{s/t+1}=\frac{t^5(s/t-1)^5}{s+t}=\frac{(s-t)^5}{s+t}=\frac{(u-v-1)^5}{u+v-3}=\frac{(x^2-y^2-1)^5}{x^2+y^2-3}=c$$

$$\therefore\ (x^2-y^2-1)^5=c(x^2+y^2-3)$$

□

연습문제 (2.1)

1. 다음 미분방정식을 풀어라(변수분리형).

(1) $x^2y'+y=0$ (2) $y'\sqrt{1-x^2}+\sqrt{1-y^2}=0$

(3) $x^2y'+y^2=0$ (4) $1-xy'=x^2y$

(5) $1-(1+x^2)yy'=0$ (6) $\sec^2 x\tan y+\sec^2 y\tan x\dfrac{dy}{dx}=0$

(7) $\sqrt{1+y}-\sqrt{1+x}\ \ y'=0$ (8) $(1+y^2)dx+(1+x^2)dy=0$

2. 다음 미분방정식을 풀어라(치환형).

(1) $(x+y)^2y'=1$ (2) $(x-y)^2y'=1$

3. 다음 초기조건을 만족하는 미분방정식의 특수해를 구하라(변수분리형).

(1) $(1+x^2)\dfrac{dy}{dx}-x^2y=0$ ($x=1$일 때 $y=2$)

(2) $2y\dfrac{dy}{dx}=3x^2+2$ ($x=1$일 때 $y=0$)

4. 다음 미분방정식을 풀어라(동차형).

(1) $2xy-(3x^2+y^2)\dfrac{dy}{dx}=0$ (2) $3x^2y\dfrac{dy}{dx}=2xy^2-x^3$

(3) $(3x+y)dx+xdy=0$ (4) $(x^2-y^2)dx+2xydy=0$

(5) $(15x+11y)dx+(9x+5y)dy=0$ (6) $(x^3+y^3)dx-3xy^2dy=0$

5. 다음 미분방정식을 풀어라(동차형으로 변환).

(1) $(6x-2y-3)-(2x+2y-1)\dfrac{dy}{dx}=0$ (2) $(7x-3y+2)-(3x-4y+5)\dfrac{dy}{dx}=0$

(3) $(2x-5y+3)-2(x+2y-3)\dfrac{dy}{dx}=0$ (4) $(7x+y-2)-2(4x+7y-1)\dfrac{dy}{dx}=0$

(5) $2(5x-2y+6)dx-(x+5y+3)dy=0$ (6) $(6x-2y-7)dx-(2x+3y-6)dy=0$

(7) $(6x-2y-7)dx-(3x-y+4)dy=0$ (8) $(2x-4y+1)dx-(x-2y)dy=0$

6. 다음 미분방정식을 풀어라.

(1) $y(1+xy)dx+x(1-xy)dy=0$ (2) $y(xy+1)dx+x(1+xy+x^2y^2)dy=0$

(3) $(1+2xy-x^2y^2)dx+2x^2dy=0$ (4) $(2x^2+3y^2)ydx+(x^2+2y^2)xdy=0$

(5) $(x^2+y^2+a^2)\dfrac{dy}{dx}+2xy=0$ (6) $(y-xy^2+x^2y^3)dx+(x^3y^2+x^2y)dy=0$

2.2 완전미분방정식

1 직접적분에 의한 해법

[1] 직접적분할 수 있는 경우

미분방정식이 어떤 함수 $u(x, y)$의 전미분형으로 주어져 있을 때, 즉 준미분방정식이

$$du(x, y)=\frac{\partial u}{\partial x}dx+\frac{\partial u}{\partial y}dy=0$$

이라는 형태로 주어졌을 때는 이것을 직접 적분하여 다음과 같은 일반해를 얻는다.

$$u(x, y)=c \ (c\text{는 임의상수})$$

또 방정식이 몇 개의 미분의 합으로 주어져 있을 때, 예컨대

$$dM(x, y)+dN(x, y)=0$$

이라는 형태로 미분방정식이 만들어질 때는 이것을 항별적분함으로써 해

$$M(x, y)+N(x, y)=c$$

를 얻는다.

이와 같은 방정식의 변형은 많은 경우 관찰에 의하여 해를 구할 수 있으나, 복잡한 형태는 적분인자를 찾아야 해를 구할 수 있다.

예제 1 $(y+x)dy+ydx=0$을 풀어라.

풀이 준방정식을 직접 적분가능한 꼴로 바꾼다.

$$ydy+(xdy+ydx)=0\text{에서 } d\left(\frac{1}{2}y^2\right)+d(xy)=0$$

이것은 전미분꼴이다. 적분하여 일반해는

$$\frac{1}{2}y^2+xy=c$$

□

예제 2 $(y-x)dy+ydx=0$을 풀어라.

풀이 괄호를 풀고, 양변을 y^2으로 나누면

$$\frac{ydx-xdy}{y^2}+\frac{dy}{y}=0 \text{ 즉 } d\left(\frac{x}{y}\right)+d(\log y)=0$$

적분하면 $\frac{x}{y}+\log y=\log c \quad \therefore \quad y=ce^{-\frac{x}{y}}$ □

예제 3 $(x^2-y^2)dx-2xydy=0$을 풀어라.

풀이 $x^2dx-(y^2dx+2xydy)=0$

로 변형된다. 괄호 안의 식은 $d(y^2x)$이므로 준미분방정식은

$$x^2dx-d(y^2x)=0\text{에서} \qquad \frac{x^3}{3}-y^2x=c$$ □

[2] 식의 변형으로 적분할 수 있는 경우

예제 4 $xdy+3ydx=x^5y^2dx$을 풀어라.

풀이 양변에 x^2을 곱하면

$$x^3dy+3x^2ydx=x^7y^2dx$$

우변에 y^2이 없으면 이것은 적분가능하므로, 양변을 y^2으로 나누어서

$$\frac{d(x^3y)}{y^2}=x^7dx$$

다시 양변을 x^6으로 나누고, 적분하면

$$\frac{d(x^3y)}{(x^3y)^2}=xdx\text{에서} \quad -\frac{1}{x^3y}=\frac{x^2}{2}+c$$ □

예제 5 $(x^2+y^2+y)dx-xdy=0$을 풀어라.

풀이 주어진 방정식을

$$(x^2+y^2)dx+ydx-xdy=0$$

이라 고쳐 쓰면

$$dx+\frac{ydx-xdy}{x^2+y^2}=0 \text{ 또는 } dx-d\left[\arctan\frac{y}{x}\right]=0$$

적분하면 다음 일반해를 얻는다.

$$x-\arctan\frac{y}{x}=c$$ □

예제 6 $xdx+(y-\sqrt{x^2+y^2})\,dy=0$을 풀어라.

풀이 이 방정식은

$$\frac{xdx+ydy}{\sqrt{x^2+y^2}}=dy$$

로 되고, 좌변은 $d(\sqrt{x^2+y^2})$이 되므로 이 미분방정식은

$$d(\sqrt{x^2+y^2})=dy$$

가 된다. 적분하여 다음 일반해를 얻는다.

$$\sqrt{x^2+y^2}=y+c \text{ 또는 } x^2=2cy+c^2$$ □

2 완전미분방정식

임의의 1계미분방정식은

$$M(x,\ y)dx+N(x,\ y)dy=0 \tag{1}$$

의 꼴로 쓰여진다. 만일 이 좌변이 x, y의 하나의 함수 $u(x,\ y)$의 전미분 du와 같다면

$$du=M(x,\ y)dx+N(x,\ y)dy$$

이렇게 되는 경우, (1)의 꼴인 미분방정식을 **완전미분방정식**이라고 한다. 이와 같은 방정식의 일반해는

$$u(x,\ y)=c \quad (c\text{는 임의상수})$$

이다. 단, $u(x,\ y)$는 $\partial u/\partial x=M(x,\ y)$, $\partial u/\partial y=N(x,\ y)$되는 함수이다.

정리 2.1 $M(x,\ y)dx+N(x,\ y)dy=0$이 완전미분방정식이 되기 위한 필요충분조건은 다음과 같다.

$$\frac{\partial M}{\partial y}=\frac{\partial N}{\partial x} \tag{2}$$

증명 (i) 필요성: $Mdx+Ndy=0$이 완전미분방정식이면 좌변은

$$Mdx+Ndy=du=\frac{\partial u}{\partial x}dx+\frac{\partial u}{\partial y}dy$$

되는 함수 $u(x, y)$가 존재하므로

$$M(x, y)=\frac{\partial u}{\partial x},\ N(x, y)=\frac{\partial u}{\partial y}$$

따라서 미분에 의하여 다음 관계를 얻는다.

$$\frac{\partial M}{\partial y}=\frac{\partial^2 u}{\partial x \partial y}=\frac{\partial^2 u}{\partial y \partial x}=\frac{\partial N}{\partial x} \tag{3}$$

따라서 조건은 필요하다.

(ii) 충분성 : 역으로 $\frac{\partial M}{\partial y}=\frac{\partial N}{\partial x}$이 성립한다고 하자. 이때

$$\int M(x, y)dx=F(x, y)\ \ (y\text{를 상수로 보고 적분한다}) \tag{4}$$

이라면

$$\frac{\partial F}{\partial x}=M\text{이고},\ \frac{\partial^2 F}{\partial y \partial x}=\frac{\partial M}{\partial y}=\frac{\partial N}{\partial x}$$

에서

$$\frac{\partial}{\partial x}\left[\frac{\partial F}{\partial y}-N\right]=0$$

이 식은 $\frac{\partial F}{\partial y}-N$이 y만의 함수임을 나타내고 있다. 이 함수를 $f(y)$라 놓으면

$$\frac{\partial F}{\partial y}-N=f(y)\text{에서 } N=\frac{\partial F}{\partial y}-f(y) \tag{5}$$

따라서

$$\begin{aligned} Mdx+Ndy&=\frac{\partial F}{\partial x}dx+\left(\frac{\partial F}{\partial y}-f(y)\right)dy=dF-f(y)dy \\ &=d\left[F-\int f(y)dy\right] \end{aligned} \tag{6}$$

이것은 $Mdx+Ndy=0$이 완전미분방정식임을 나타내고 있다. 따라서 이 조건은 충분조건도 된다.

완전미분방정식 (1)의 일반해는 (6)을 적분하여

$$F(x, y)-\int f(y)dy=c$$

f와 F는 (5)식과 (4)식에 의하여 $f(y)=\frac{\partial F}{\partial y}-N,\ F(x, y)=\int M(x, y)dx$이므로

$$\int Mdx+\int\left[N-\frac{\partial}{\partial y}\int Mdx\right]dy=c \tag{7}$$

이 식은 완전미분방정식 (1)의 일반해를 구하는 공식이다. □

예제 7 방정식 $2xydx+(x^2+\cos y)dy=0$을 풀어라.

풀이 $M(x, y)=2xy$, $N(x, y)=x^2+\cos y$에서 $\dfrac{\partial M}{\partial y}=2x=\dfrac{\partial N}{\partial x}$

이므로 준미분방정식은 완전미분방정식이다. 따라서

$$\frac{\partial u}{\partial x}=2xy,\ \frac{\partial u}{\partial y}=x^2+\cos y$$

되는 함수 $u(x, y)$가 존재한다. 첫째 방정식을 x에 관하여 적분하면

$$u=x^2y+f(y)$$

이것을 둘째 식에 대입하여 적분하면

$$\frac{\partial u}{\partial x}=x^2+f'(y)=x^2+\cos y\text{이므로, } f'(y)=\cos y,\ f(y)=\sin y$$

이므로

$$u=x^2y+\sin y$$

따라서 구하는 일반해는

$$x^2y+\sin y=c$$

□

예제 8 방정식 $\dfrac{dy}{dx}=\dfrac{xy^2-1}{1-x^2y}$에서 $x=0$일 때 $y=1$인 조건을 만족하는 해를 구하라.

풀이 주어진 미분방정식은

$$(xy^2-1)dx+(x^2y-1)dy=0$$

이고,

$$M(x, y)=xy^2-1,\ N(x, y)=x^2y-1,\ \frac{\partial M}{\partial y}=\frac{\partial N}{\partial x}=2xy$$

이므로 준미분방정식은 완전미분방정식이다. 따라서 $\dfrac{\partial u}{\partial x}=M$과 $\dfrac{\partial u}{\partial y}=N$에서

$u(x, y)$를 구한다. $\dfrac{\partial u}{\partial x}=xy^2-1$에서 $u=\dfrac{1}{2}x^2y^2-x+f(y)$

$\dfrac{\partial u}{\partial y}=x^2y+f'(y)=x^2y-1(=N)$이므로, $f'(y)=-1$에서 $f(y)=-y$

일반해는 $$u=\frac{x^2y^2}{2}-x-y=c$$

그런데 $x=0$일 때 $y=1$이므로 $c=-1$이다. 따라서 구하는 특수해는

$$\frac{1}{2}x^2y^2-x-y=-1$$

□

예제 9 $(x^3+2xy+y)dx+(y^3+x^2+x)dy=0$을 풀어라.

풀이 $M(x, y)=x^3+2xy+y,\ N(x, y)=y^3+x^2+x$라면

$$\frac{\partial M}{\partial y}=2x+1=\frac{\partial N}{\partial x}$$

이므로 준 미분방정식은 완전 미분방정식이다. 일반해는 공식에 대입하여

$$\int(x^3+2xy+y)dx+\int\left[(y^3+x^2+x)-\frac{\partial}{\partial y}\int(x^3+2xy+y)dx\right]dy$$

$$=\frac{1}{4}x^4+x^2y+xy+\int[(y^3+x^2+x)-(x^2+x)]dy$$

$$=\frac{1}{4}x^4+x^2y+xy+\frac{1}{4}y^4+c_1$$

따라서 구하는 일반해는

$$\frac{1}{4}x^4+x^2y+xy+\frac{1}{4}y^4=c$$ □

(7)식은 완전미분방정식의 일반해의 공식으로 쓰여지므로 기억해 두면 편리하다.

예제 10 미분방정식 $(3x^2+2xy)dx+(ax^2+by^2)dy=0$이 완전미분방정식이 되도록 상수 a의 값을 결정하고, 이 미분방정식을 풀어라.

풀이 $M(x, y)=3x^2+2xy,\ N=ax^2+by^2$

$$\frac{\partial M}{\partial y}=2x,\ \frac{\partial N}{\partial x}=2ax\text{에서, }\frac{\partial M}{\partial y}=\frac{\partial N}{\partial x}\text{이므로 }a=1$$

$a=1$일 때, 준 미분방정식은 완전미분방정식이다.

$$\frac{\partial u}{\partial x}=M=3x^2+2xy$$

여기서 $u(x, y)$를 구하면

$$u=\int(3x^2+2xy)dx+f(y)=x^3+x^2y+f(y)$$

한편 $$\frac{\partial u}{\partial y}=x^2+f'(y)=ax^2+by^2(=N)$$

양변을 비교하여 $f(y)$를 구한다.

$a=1$이고, $f'(y)=by^2$이므로 $f(y)=\frac{b}{3}y^3$

따라서 구하는 일반해는 $u=x^3+x^2y+\frac{b}{3}y^3=c$ □

(참고) 완전미분방정식 $Mdx+Ndy=0$의 해가 $y=f(x)$꼴로 나왔다면, $y'=f'(x)$가 $y'=-\dfrac{M}{N}$와 같은가를 확인함으로써 일반해인지를 알 수 있다. 또한 완전미분방정식 $Mdx+Ndy=0$의 해가 음함수 표시 $u(x, y)=c$의 꼴로 얻어졌을 경우, $u(x, y)=c$가 해인가를 확인하려면 $u(x, y)=c$를 x에 관하여 미분한 식

$$\frac{\partial u}{\partial x}+\frac{\partial u}{\partial y}\frac{dy}{dx}=0$$

에서 $\dfrac{dy}{dx}=-\dfrac{\partial u/\partial x}{\partial u/\partial y}=-\dfrac{M}{N}$이면, $Mdx+Ndy=0$이므로, $u(x, y)=c$는 해이다.

예제 11 $(x^2+2xy+y)dx+(y^3+x^2+x)dy=0$을 풀고, 해를 검증하라.

풀이

$$\frac{\partial u}{\partial x}=x^2+2xy+y=M \ \cdots \ ①, \quad \frac{\partial u}{\partial y}=y^3+x^2+x=N \ \cdots \ ②$$

여기서 $\dfrac{\partial M}{\partial y}=2x+1=\dfrac{\partial N}{\partial x}$이므로 준 미분방정식은 완전미분방정식이다.
일반해 $u(x, y)=c$를 구한다.

$$u=\int Mdx+f(y) \ \text{또는} \ u=\int Ndy+g(x)$$

이 두 식 가운데 계산이 편리한 쪽에서 u를 구한다. ②를 써서 u를 구하면

$$u=\int(y^3+x^2+x)dy+g(x)=\frac{1}{4}y^4+x^2y+xy+g(x)$$

$$\frac{\partial u}{\partial x}=2xy+y+g'(x)=x^2+2xy+y \ (=M)$$

이므로, $g'(x)=x^2$에서 $g(x)=\dfrac{1}{3}x^3$이다. 따라서 구하는 해는

$$u(x, y)=\frac{1}{4}y^4+x^2y+xy+\frac{1}{3}x^3=c \ \cdots \ ③$$

③식이 해인가를 살펴보자. ③을 x에 관하여 미분하면

$$y^3y'+2xy+x^2y'+y+xy'+x^2=0$$

이고, 이 식에서

$$(2xy+y+x^2)+(y^3+x^2+x)y'=0\text{에서 } (2xy+y+x^2)dx+(y^3+x^2+x)dy=0$$

이것은 준미분방정식이므로, ③은 준미분방정식의 해이다. □

3 적분인자

[1] 적분인자

1계미분방정식

$$M(x,\ y)dx+N(x,\ y)=0 \tag{8}$$

이 완전미분방정식은 아니나, 각 항에 어떤 함수 $\mu(x,\ y)$를 곱한 방정식

$$\mu(x,\ y)M(x,\ y)dx+\mu(x,\ y)N(x,\ y)dy=0 \tag{9}$$

이 완미분방정식이 될 때, 함수 $\mu(x,\ y)$를 **적분인자**라고 한다.

방정식 (9)가 완전미분방정식이 될 필요충분조건은 앞 절 정리 2.1에 의하여

$$\frac{\partial(\mu M)}{\partial y}=\frac{\partial(\mu N)}{\partial x} \tag{10}$$

이다. (10)식을 미분하면

$$M\frac{\partial\mu}{\partial y}-N\frac{\partial\mu}{\partial x}+\mu\left(\frac{\partial M}{\partial y}-\frac{\partial N}{\partial x}\right)=0 \tag{11}$$

이다. 적분인자 $\mu(x,\ y)$는 편미분방정식 (11)를 만족하는 함수이나, 관찰에 의하여 간단히 적분인수를 알아내는 데 다음 공식이 유용하게 쓰인다.

(1) $xdy+ydx=d(xy)$, $xdx\pm ydy=d\left[\dfrac{1}{2}(x^2\pm y^2)\right]$

(2) $\dfrac{xdy-ydx}{x^2}=d\left(\dfrac{y}{x}\right)$, $\dfrac{ydx-xdy}{y^2}=d\left(\dfrac{x}{y}\right)$

(3) $\dfrac{xdy-ydx}{x^2+y^2}=d\left(\tan^{-1}\dfrac{y}{x}\right)$, $\dfrac{ydx-xdy}{x^2+y^2}=d\left(\tan^{-1}\dfrac{x}{y}\right)$

(4) $\dfrac{2ydx-2xdy}{(x+y)^2}=d\left(\dfrac{x-y}{x+y}\right)$, $\dfrac{2xdy-2ydx}{(x-y)^2}=d\left(\dfrac{x+y}{x-y}\right)$

(5) $\dfrac{xdx-ydy}{\sqrt{x^2-y^2}}=d(\sqrt{x^2-y^2})$, $\dfrac{xdx+ydy}{\sqrt{x^2+y^2}}=d\sqrt{x^2+y^2}$

(6) $\dfrac{2xydy-y^2dx}{x^2}=d\left(\dfrac{y^2}{x}\right)$, $\dfrac{2xydx-x^2dy}{y^2}=d\left(\dfrac{x^2}{y}\right)$

(7) $\dfrac{xdy-ydx}{x^2y^2}=d\left(-\dfrac{1}{xy}\right)$

예제 12 미분방정식 $(x^2+y^2)(ydx-xdy)=2y^2(xdx+ydy)$을 풀어라.

풀이 주어진 미분방정식을 변형하면

$$-\frac{xdy-ydx}{y^2}=2\frac{xdx+ydy}{x^2+y^2}\text{에서 } -d\left(-\frac{x}{y}\right)=2d(\log\sqrt{x^2+y^2})$$

따라서

$$d\left(\frac{x}{y}\right)=2d(\log\sqrt{x^2+y^2})$$

양변을 적분하면

$$\frac{x}{y}=2\log\sqrt{x^2+y^2}+\log c=\log c(x^2+y^2)$$

또는

$$x=y\log c(x^2+y^2)$$ □

예제 13 다음 방정식의 적분인자를 구하라.

(1) $(x^2y^3+2y)dx+(2x-2x^3y^2)dy=0$

(2) $(2xy^2+y)dx+(x+2x^2y-x^4y^3)dy=0$

풀이 (1) 이 방정식을 $2(ydx+xdy)+x^2y^3dx-2x^3y^2dy=0$의 꼴로 쓸 때, $(ydx+xdy)=d(xy)$이므로 $\frac{1}{(xy)^k}$이 가능한 적분인자라는 것을 알 수 있다. 남은 항들에서 $k=3$으로 하면, 완전미분이 되는 것을 알 수 있다. 따라서 $\frac{1}{(xy)^3}$이 적분인자이다.

(2) 이 방정식을 $(xdy+ydx)+2xy(xdy+ydx)-x^4y^3dy=0$의 꼴로 정돈할 때, 처음 두 개의 항은 $\frac{1}{(xy)^k}$이 적분인자임을 알 수 있고, 끝 항은 $k=4$일 때 완전미분이 된다. 그러므로 $\frac{1}{(xy)^4}$이 적분인자이다. □

예제 14 $xdx+ydy+4y^3(x^2+y^2)dy=0$을 풀어라.

풀이 끝 항에서 $\frac{1}{x^2+y^2}$이 적분인자임을 암시한다. 이것을 곱하면, 이 방정식은

$$\frac{xdx+ydy}{x^2+y^2}+4y^3dy=\frac{1}{2}d\log(x^2+y^2)+dy^4=0$$

이 되어, 완전미분방정식이 된다. 일반해는 적분하여

$$\frac{1}{2}\log(x^2+y^2)+y^4=\log c \text{ 또는 } (x^2+y^2)e^{2y^4}=c$$ □

[2] 적분인자를 구하는 여러 가지 정리

미분방정식 $M(x, y)dx+N(x, y)dy=0$의 적분인자를 $\mu(x, y)$이라면

$$\mu M(x, y)dx+\mu N(x, y)dy=0$$

은 완전미분방정식이고, 완전미분방정식이 되기위한 필요충분조건

$$\frac{\partial \mu M}{\partial y}=\frac{\partial \mu N}{\partial x}$$

에서 적분인자 $\mu(x, y)$는 편미분방정식

$$M\frac{\partial \mu}{\partial y}-N\frac{\partial \mu}{\partial x}+\mu\left(\frac{\partial M}{\partial y}-\frac{\partial N}{\partial x}\right)=0 \tag{12}$$

을 만족한다.

정리 2.2 $\frac{1}{N}\left(\frac{\partial M}{\partial y}-\frac{\partial N}{\partial x}\right)=p(x)$이면, 적분인자 $\mu(x, y)$는

$$\mu(x, y)=e^{\int p(x)dx} \tag{13}$$

증명 $\mu(x, y)$가 x만의 함수인 경우, (12)식은 다음과 같이 쓰여진다.

$$-\frac{d\mu}{dx}N+\mu\left(\frac{\partial M}{\partial y}-\frac{\partial N}{\partial x}\right)=0$$

또는

$$\frac{d\mu}{\mu}=\frac{1}{N}\left(\frac{\partial M}{\partial y}-\frac{\partial N}{\partial x}\right)dx \tag{14}$$

만일 (14)의 우변에서 dx의 계수가 x만의 함수이면, 이것을 $p(x)$라 놓을 때

$$\frac{d\mu}{\mu}=p(x)dx \tag{15}$$

가 되고, (15)를 적분하여 적분상수를 생략하면

$$\log \mu=\int p(x)dx\text{에서 } \mu=e^{\int p(x)dx}$$ ■

예제 15 방정식 $(x^2+y^2)dx-2xydy=0$을 풀어라.

풀이 $M=x^2+y^2,\ N=-2xy,\ \frac{\partial M}{\partial y}=2y,\ \frac{\partial N}{\partial x}=-2y,\ \frac{\partial M}{\partial y}\neq\frac{\partial N}{\partial x}$

이므로, 준 미분방정식은 완전미분방정식이 아니다.

$$\frac{1}{N}\left(\frac{\partial M}{\partial y}-\frac{\partial N}{\partial x}\right)=\frac{1}{-2xy}(2y+2y)=-\frac{2}{x}$$

는 x만의 함수이므로 적분인자 μ는

$$\mu=e^{\int -\frac{2}{x}dx}=e^{-2\log x}=\frac{1}{x^2}$$

이것을 준 방정식의 양변에 곱하면, 준 방정식은 완전미분방정식이 된다.

$$\frac{x^2+y^2}{x^2}dx-\frac{2xy}{x^2}dy=0\text{에서 } u=\int\frac{x^2+y^2}{x^2}dx=x-\frac{y^2}{x}+g(y)$$

$$\frac{\partial u}{\partial y}=-\frac{2y}{x}+g'(y)=-\frac{2y}{x}=N\text{에서 } g'(y)=0,\ g(y)=c$$

따라서 구하는 해는

$$x-\frac{y^2}{x}=c\text{에서}\quad x^2-y^2=cx$$ □

정리 2.3 $\frac{1}{M}\left(\frac{\partial N}{\partial x}-\frac{\partial M}{\partial y}\right)=\tilde{p}(y)$이면, 적분인자 μ는

$$\mu=e^{\int\tilde{p}(y)dy}$$

증명 μ가 y만의 함수이면, (12)식은

$$M\frac{d\mu}{dy}+\mu\left(\frac{\partial M}{\partial y}-\frac{\partial N}{\partial x}\right)=0$$

또는

$$\frac{d\mu}{\mu}=\frac{1}{M}\left(\frac{\partial N}{\partial x}-\frac{\partial M}{\partial y}\right)dy \tag{16}$$

만일 (16)의 우변에서 dy의 계수가 y만의 함수이면, 이것을 $\tilde{p}(y)$라고 놓을 때

$$\frac{d\mu}{\mu}=\tilde{p}(y)dy \tag{17}$$

이고, (17)식을 적분하고 적분상수를 생략하면

$$\log\mu=\int\tilde{p}(y)dy\text{에서}\quad \mu=e^{\int\tilde{p}(y)dy}$$ ■

예제 16 점 $(x,\ y)$에서의 기울기가

$$\frac{dy}{dx}=\frac{2xy}{x^2-y^2}$$

로 주어질 때, 점 (2, 1)을 지나는 곡선의 방정식을 구하라.

풀이 주어진 방정식을 바꾸어 쓰면

$$2xydx+(y^2-x^2)dy=0$$

$$M=2xy,\ N=y^2-x^2,\ \frac{\partial M}{\partial y}=2x,\ \frac{\partial N}{\partial x}=-2x\text{에서 }\frac{\partial M}{\partial y}\neq\frac{\partial N}{\partial x}$$

이므로, 위 미분방정식은 완전미분방정식은 아니나,

$$\frac{1}{M}\left(\frac{\partial N}{\partial x}-\frac{\partial M}{\partial y}\right)=\frac{1}{2xy}(-2x-2x)=-\frac{2}{y}$$

는 y만의 함수이므로 적분인자 μ는

$$\mu=e^{\int-\frac{2}{y}dy}=\frac{1}{y^2}$$

이것을 준 미분방정식의 양변에 곱하면, 다음 완전미분방정식을 얻는다.

$$\frac{2xy}{y^2}dx+\frac{y^2-x^2}{y^2}dy=0\text{에서 }\frac{2x}{y}dx+\frac{y^2-x^2}{y^2}dy=0$$

$$u=\int\frac{2x}{y}dx+g(y)=\frac{x^2}{y}+g(y),\ \frac{\partial u}{\partial y}=-\frac{x^2}{y^2}+g'(y)=1-\frac{x^2}{y^2}\text{에서 }g'(y)=1$$

이므로, $g(y)=y$ 따라서 구하는 일반해는

$$\frac{x^2}{y}+y=c\text{에서 }x^2+y^2=cy$$

점 (2, 1)을 지나는 곡선을 구하기 위하여 $x=2,\ y=1$을 대입하면

$$4+1=c\quad\therefore\ c=5$$

따라서 구하는 곡선의 방정식은

$$x^2+y^2=5y$$

□

정리 2.4 $\left(\frac{\partial N}{\partial x}-\frac{\partial M}{\partial y}\right)\Big/(Mx-Ny)=p(xy)$이면, 적분인자 μ는

$$\mu=e^{\int p(xy)d(xy)}$$

증명 μ가 xy만의 함수인 경우 $\mu(xy)$를 xy에 관한 도함수를 $\mu'(xy)$라면

$$\frac{\partial\mu}{\partial x}=\mu'y,\ \frac{\partial\mu}{\partial y}=\mu'x$$

이므로 (11)식에 의하여

$$(Mx-Ny)\mu'=\left(\frac{\partial N}{\partial x}-\frac{\partial M}{\partial y}\right)\mu \text{ 또는 } \frac{\mu'}{\mu}=\left(\frac{\partial N}{\partial x}-\frac{\partial M}{\partial y}\right)\Big/(Mx-Ny) \tag{18}$$

(18)식의 우변이 xy만의 함수일 때, 이를 $p(xy)$라 놓으면

$$\frac{\mu'}{\mu}=p(xy) \tag{19}$$

가 되고, (19)식을 적분하고, 적분상수를 생략하면 적분인자 μ는

$$\log \mu=\int p(xy)d(xy) \text{에서 } \mu=e^{\int p(xy)d(xy)}$$ ■

예제 17 $y(1-xy)dx+xdy=0$을 풀어라.

풀이 $M=y(1-xy)$, $N=x$이므로,

$$\frac{\partial M}{\partial y}=1-2xy,\ \frac{\partial N}{\partial x}=1\text{에서 } \frac{\partial M}{\partial y}\neq\frac{\partial N}{\partial x}$$

따라서 준미분방정식은 완전미분방정식은 아니다.

$$\frac{\mu'}{\mu}=\frac{\partial N/\partial x-\partial M/\partial y}{Mx-Ny}=\frac{1-(1-2xy)}{xy(1-xy)-xy}=\frac{2xy}{-(xy)^2}=-\frac{2}{xy}=p(xy)$$

적분인자 $\mu=e^{\int p(xy)d(xy)}=e^{\int -\frac{2}{xy}d(xy)}=\frac{1}{(xy)^2}$을 준미분방정식에 곱하여

$$\frac{xy-1}{x^2y}dx-\frac{1}{xy^2}dy=0$$

이 미분방정식은 완전미분방정식이다. 구하는 해를 $u(x,\ y)=c$라면

$$\frac{\partial u}{\partial x}=\frac{xy-1}{x^2y},\ \frac{\partial u}{\partial y}=-\frac{1}{xy^2}\text{에서 } u=-\int\frac{1}{xy^2}dy+g(x)=\frac{1}{x}\left(\frac{1}{y}\right)+g(x)$$

$$\frac{\partial u}{\partial x}=\frac{-1}{x^2y}+g'(x)=\frac{xy-1}{x^2y}\text{에서 } g'(x)=\frac{1}{x}\text{이므로, } g(x)=\log x$$

구하는 일반해는 $u(x,\ y)=\frac{1}{xy}+\log x=c$ □

정리 2.5 $Mdx+Ndy=0$이 동차형이고 $xM+yN\neq 0$이면 $\frac{1}{xM+yN}$이 적분인자이다.

증명 여기서는 $\dfrac{M}{xM+yN}dx+\dfrac{N}{xM+yN}dy=0$이 완전미분방정식이라는 것을 밝히자. 즉

$$\frac{\partial}{\partial y}\left(\frac{M}{xM+yN}\right)=\frac{\partial}{\partial x}\left(\frac{N}{xM+yN}\right)$$

이라는 것을 밝힌다.

$$\frac{\partial}{\partial y}\left(\frac{M}{xM+yN}\right)=\frac{(xM+yN)\dfrac{\partial M}{\partial y}-M\left(x\dfrac{\partial M}{\partial y}+N+y\dfrac{\partial N}{\partial y}\right)}{(xM+yN)^2}$$

$$=\frac{yN\dfrac{\partial M}{\partial y}-MN-yM\dfrac{\partial N}{\partial y}}{(xM+yN)^2}$$

이고,

$$\frac{\partial}{\partial x}\left(\frac{N}{xM+yN}\right)=\frac{(xM+yN)\dfrac{\partial N}{\partial x}-N\left(x\dfrac{\partial M}{\partial x}+M+y\dfrac{\partial N}{\partial x}\right)}{(xM+yN)^2}$$

$$=\frac{xM\dfrac{\partial N}{\partial x}-MN-xN\dfrac{\partial M}{\partial x}}{(xM+yN)^2}$$

$$\frac{\partial}{\partial y}\left(\frac{M}{xM+yN}\right)-\frac{\partial}{\partial x}\left(\frac{M}{xM+yN}\right)$$

$$=\frac{N\left(x\dfrac{\partial M}{\partial x}+y\dfrac{\partial M}{\partial y}\right)-M\left(x\dfrac{\partial N}{\partial x}+y\dfrac{\partial N}{\partial y}\right)}{(xM+yN)^2}=\frac{N(nM)-M(nN)}{(xM+yN)^2}=0$$ ■

여기서 M, N이 n차동차식이므로, $x\dfrac{\partial M}{\partial x}+y\dfrac{\partial M}{\partial y}=nM$, $x\dfrac{\partial N}{\partial x}+y\dfrac{\partial N}{\partial y}=nN$임을 이용하였다.

예제 18 $y^2dx+(x^2-xy-y^2)dy=0$을 풀어라.

풀이 이 방정식은 동차이므로 적분인자는 $\dfrac{1}{xM+yN}=\dfrac{1}{y(x^2-y^2)}$이다.
이 적분인자를 주어진 방정식에 곱한

$$\frac{y}{x^2-y^2}dx+\frac{x^2-xy-y^2}{y(x^2-y^2)}dx=0$$

은 완전미분방정식이고, 일반해는 $(x-y)y^2=c(x+y)$이다. □

연습문제 (2.2)

1. 다음 미분방정식을 전미분의 형태로 변형하고 직접적분으로 해를 구하라.

   (1) $ydx+xdy=0$ (2) $(x+y)dy-(x-y)dx=0$

   (3) $xdy-ydx-2(x^2+y^2)dx=0$ (4) $(x^2\cos x-y)dx+xdy=0$

   (5) $xdy+ydx=xy^2\log xdx$ (6) $xdy-ydx=x^3dx$

2. 다음 미분방정식을 풀어라.

   (1) $(y+3x^2)dx+xdy=0$ (2) $(1-y)dx+(1-x)dy=0$

   (3) $(x^2-ay)dx+(y^2-ax)dy=0$ (4) $2xydx+(y^2-x^2)dy=0$

3. 다음 미분방정식을 풀어라.

   (1) $(x-y)dx+\left(\dfrac{1}{y^2}-x\right)dy=0$

   (2) $(y^2+e^x\sin y)dx+(2xy+e^x\cos y)dy=0$

   (3) $(y^2-xy)dx+x^2dy=0$

   (4) $(ax^2+2hxy+by^2)dx+(hx^2+2bxy+cy^2)dy=0$

4. $(y\sin x+x^2y-x\sec y)dx+N(x,\ y)dy=0$이 완전미분방정식이 되도록 $N(x,\ y)$를 결정하고 이 방정식의 해를 구하여라.

5. 다음 미분방정식의 적분인자를 구하고, 이 방정식을 풀어라.

   (1) $(y^4+2y)dx+(xy^3+2y^4-4x)dy=0$ (2) $(x^2+y^2)dx-x(xdy-ydx)=0$

6. 다음 미분방정식을 풀어라.

   (1) $(x^2+y+1)dx-xdy=0$ (2) $2xydx+(y^2-3x^2)dy=0$

   (3) $(y+xy+\sin y)dx+(x+\cos y)dy=0$

   (4) $(x^3e^xy^2-2x+2y)dx+(2x^3e^xy-x)dy=0$

   (5) $(x^2y-y^2)dx-x^3dy=0$ (6) $(y^2+xy+1)dx+(x^2+xy+1)dy=0$

7. $M(x,\ y)dx+N(x,\ y)dy=0$이 완전미분방정식이며, 동시에 $M(x,\ y)$, $N(x,\ y)$이 -1차가 아닌 동차식이면, 그 일반해는 $xM(x,\ y)+yN(x,\ y)=c$임을 밝혀라.

제 3 장

여러 가지 1계미분방정식

3.1 1계선형미분방정식

[1] 적분인자에 의한 해법

미분방정식

$$\frac{dy}{dx}+P(x)y=Q(x) \tag{1}$$

를 **1계선형미분방정식**이라 한다. 여기서 $P(x)$와 $Q(x)$는 독립변수 x만의 함수이다.

(1)은 다음과 같이

$$[P(x)y-Q(x)]dx+dy=0 \tag{2}$$

으로 변형된다. $M=P(x)y-Q(x)$, $N=1$이고, $\frac{\partial M}{\partial y}=P(x)$, $\frac{\partial N}{\partial x}=0$이므로

$$\frac{1}{N}\left(\frac{\partial M}{\partial y}-\frac{\partial N}{\partial x}\right)=\frac{1}{1}[P(x)-0]=P(x)$$

따라서 적분인자 μ는

$$\mu=e^{\int P(x)dx}$$

(1)의 양변에 $\mu=e^{\int P(x)dx}$를 곱하여

$$\frac{dy}{dx}e^{\int P(x)dx}+P(x)ye^{\int P(x)dx}=Q(x)e^{\int P(x)dx}$$

에서

$$\frac{d}{dx}\left(ye^{\int P(x)dx}\right)=Q(x)e^{\int P(x)dx}$$

적분하여

$$ye^{\int P(x)dx}=\int Q(x)e^{\int P(x)dx}dx+c$$

$$\therefore\ y=e^{-\int P(x)dx}\left(\int Q(x)e^{\int P(x)dx}dx+c\right) \tag{3}$$

예제 1 $y'+y=x$를 풀어라.

풀이 $\mu=e^{\int dx}=e^x$이므로, 준방정식의 양변에 e^x을 곱하여

$$\frac{d}{dx}(ye^x)=xe^x$$

적분하여

$$ye^x=\int xe^x dx+c$$

구하는 일반해는

$$y=e^{-x}\left(\int xe^x dx+c\right)=e^{-x}(xe^x-e^x+c)$$

$$\therefore\ y=x-1+ce^{-x}$$

□

예제 2 다음 미분방정식을 풀어라.

(1) $\dfrac{dy}{dx}+xy=x$ (2) $\dfrac{dy}{dx}-y=\cos x-\sin x$

풀이 (1) $P(x)=x$이므로 적분인자 μ는 $\mu=e^{\int P(x)dx}=e^{\int xdx}=e^{\frac{1}{2}x^2}$

준미분방정식의 양변에 적분인자 μ를 곱하고 적분하면

$$ye^{\frac{1}{2}x^2}=\int x\cdot e^{\frac{1}{2}x^2}dx=e^{\frac{1}{2}x^2}+c \qquad \therefore\ y=e^{-\frac{1}{2}x^2}\left(e^{\frac{1}{2}x^2}+c\right)=1+ce^{-\frac{1}{2}x^2}$$

(2) $P(x)=-1$이므로 적분인자 μ는 $\mu=e^{\int Pdx}=e^{-\int dx}=e^{-x}$

준미분방정식의 양변에 적분인자 μ를 곱하고 적분하면

$$\therefore\ ye^{-x}=\int(\cos x-\sin x)e^{-x}dx=e^{-x}\sin x+c$$

$$\therefore\ y=e^x(e^{-x}\sin x+c)=\sin x+ce^{-x}$$

□

2 미정계수법

미분방정식

$$\frac{dy}{dx}+P(x)y=Q(x) \tag{4}$$

의 일반해는 우변을 0으로 놓은 방정식(이것을 **여방정식**이라 함)

$$\frac{dy}{dx}+P(x)y=0 \tag{5}$$

의 일반해 y_c(이것을 **여함수**라 함)를 구하고, 특수해 y_p를 알아내면, (4)의 일반해는

$$y=y_c+y_p \tag{6}$$

가 된다. (6)이 방정식 (4)의 일반해임을 밝히기 위하여 (6)을 (4)에 대입하면

$$\frac{d}{dx}(y_c+y_p)+P(y_c+y_p)=Q(x)$$

또는

$$\left(\frac{dy_c}{dx}+Py_c\right)+\left(\frac{dy_p}{dx}+Py_p\right)=Q(x)$$

여기서 y_c는 $y'+P(x)y=0$을 만족하고, y_p는 $y_p'+P(x)y_p=Q(x)$를 만족하므로 (6)은 (4)의 해이고, 한 개의 임의상수를 포함하므로 (6)은 (4)의 일반해이다.

특수해 y_p는 이것을 y_c에 더하면 일반해가 되는 특수한 성질을 가지고 있다. 이것을 **특수적분**이라 한다. 이 y_p의 꼴은 우변 $Q(x)$의 형태에 의하여 정해지며, 일반적으로 y_p의 시험꼴은 $Q(x)$와 이들의 도함수 $Q'(x)$, $Q''(x)$, … 등에 포함된 항들의 1차결합으로 표시된다. 이 방법은 고계미분방정식에도 많이 쓰이는 방법이다.

예제 3 $y'+\frac{y}{x}=x^3$을 풀어라.

풀이 $y'+\frac{y}{x}=0$에서 $\frac{dy}{y}+\frac{dx}{x}=0$이므로, $\log y+\log x=\log c$에서 $y_c=\frac{c}{x}$이다.
준미분방정식의 우변이 x^3이므로 특수적분 y_p로는

$$y_p=Ax^4$$

이 예상된다. 상수 A를 정하기 위하여 y_p를 준방정식에 대입한다.

$$(4Ax^3)+Ax^3=x^3\text{에서 } 5A=1 \quad \therefore\ A=\frac{1}{5} \quad \therefore\ y_p=\frac{1}{5}x^4$$

따라서 구하는 일반해는 $\qquad y=y_c+y_p=\frac{c}{x}+\frac{1}{5}x^4$ □

예제 4 $xy'+y=3$을 풀어라.

풀이 관찰에 의하여 $y_p=3$은 한 해이다.

또 $xy'+y=0$에서 $d(xy)=0$이므로 $xy=c$

여기서 y_c는

$$y_c=\frac{c}{x}$$

따라서 구하는 일반해는

$$y=y_c+y_p=\frac{c}{x}+3$$

□

예제 5 $y'-2y=12x^2$을 풀어라.

풀이 $y'-2y=0$에서 $y_c=ce^{2x}$

특수적분은 x에 관한 2차식이 예상되며, y의 도함수와 그 y에 -2를 곱해서 합한 것이 우변 $12x^2$이 되는 식이 y_p의 일반꼴이므로

$$y_p=Ax^2+Bx+C$$

라고 예상된다. 상수 A, B, C는 대입에 의하여 구한다.

$$\begin{array}{r|l} -2 & y_p=Ax^2+Bx+C \\ +1 & y_p'=2Ax+B \\ \hline \end{array}$$

$$y_p'-2y_p=-2Ax^2+2(A-B)x+B-2C\equiv 12x^2$$

이것이 모든 x에 대하여 성립될 조건

$$-2A=12,\ 2(A-B)=0,\ B-2C=0\text{에서 } A=-6,\ B=-6,\ C=-3$$

$$\therefore\ y_p=-6x^2-6x-3$$

구하는 일반해는

$$y=y_c+y_p=ce^{2x}-6x^2-6x-3$$

□

예제 6 $xy'-y=x$를 풀어라.

풀이 $xy'-y=0$에서 $y_c=cx$.

y_p가 Ax꼴로 보이나, 이것은 y_c에 포함되어 있으므로 y_c가 될 수 없다. 일반적으로 y_p의 시험꼴이 y_c에 포함되는 경우는 y_p가 다항함수이면 $\log x$를 곱한 것을, y_p가 삼각함수이거나 log함수이면 x를 곱한 것을 y_p로 취한다.

위 문제에서 y_p의 시험꼴을

$$y_p = Ax \log x$$

로 놓고, 미지의 상수 A를 결정한다.

$$\begin{array}{r|l} -1 & y_p = Ax \log x \\ +x & y_p' = A \log x + A \\ \hline \end{array}$$

$$xy_p' - y_p = Ax \equiv x$$

에서

$$A = 1 \quad \therefore \quad y_p = x \log x$$

구하는 일반해는

$$y = y_c + y_p = cx + x \log x$$ □

3 매개변수변화법

$y' + P(x)y = Q(x)$의 풀이에서, 우선 $Q(x) = 0$인 경우

$$\frac{dy}{dx} + P(x)y = 0 \tag{7}$$

을 푼다. 변수를 분리하면

$$\frac{dy}{y} = -P(x)dx$$

이고, 적분하여

$$\log y = -\int P(x)dx + \log c \quad \therefore \quad y = ce^{-\int P(x)dx}$$

y는 $\dfrac{dy}{dx} + P(x)y = 0$을 만족한다. 여기서 c를 x의 적당한 함수 $v(x)$로 바꾸어서

$$y = v(x)e^{-\int P(x)dx} \tag{8}$$

으로 놓고, 준 방정식을 만족하는 $v(x)$를 정한다. (8)식을 준방정식에 대입하면

$$\frac{dv}{dx}e^{-\int P(x)dx} - vP(x)e^{-\int P(x)dx} + P(x)ve^{-\int P(x)dx} = Q(x)$$

여기서 $v(x)$를 구한다.

$$\frac{dv}{dx} = Q(x)e^{\int P(x)dx}\text{에서} \quad v = \int Q(x)e^{\int P(x)dx}dx + c$$

v를 (8)에 대입하면 구하는 일반해는

$$y = e^{-\int P(x)dx}\left(\int Q(x)e^{\int P(x)dx}dx + c\right)$$

이와 같은 해법을 **매개변수변화법** 또는 **상수변화법**(method of variation of parameter)이라 한다.

예제 7 $2x\dfrac{dy}{dx}+y=2x^2$을 풀어라.

풀이 $2xy'+y=0$에서 $\dfrac{dy}{y}+\dfrac{dx}{2x}=0$이므로, $\log y+\dfrac{1}{2}\log x=\log c,\ y=\dfrac{c}{\sqrt{x}}$

적분상수 c를 x의 함수 $v(x)$라 하고 주어진 방정식에 대입하여 v를 구한다.

$+1$	$y=\dfrac{v}{\sqrt{x}}$	
$+2x$	$y'=-\dfrac{v}{2\sqrt{x^3}}$	$+\dfrac{v'}{\sqrt{x}}$
$2xy'+y=0$		$+2v'\sqrt{x}\equiv 2x^2$

$2v'\sqrt{x}=2x^2$에서 v를 구한다.

$$2\frac{dv}{dx}\cdot\frac{x}{\sqrt{x}}=2x^2,\quad \frac{dv}{dx}=x\sqrt{x}\text{에서 } v=\frac{2}{5}x^{\frac{5}{2}}+c$$

따라서 구하는 일반해는

$$y=\frac{v}{\sqrt{x}}=\frac{1}{\sqrt{x}}\left(\frac{2}{5}x^{\frac{5}{2}}+c\right)=\frac{2}{5}x^2+\frac{c}{\sqrt{x}}$$ □

예제 8 $\dfrac{dy}{dx}+\dfrac{y}{x}=x^3$을 풀어라.

풀이 여함수 y_c를 구하기 위해서 우변이 0인 방정식

$$\frac{dy}{dx}+\frac{y}{x}=0$$

에서 y_c를 구한다. 변수를 분리하고, 적분하면

$$\frac{dy}{y}+\frac{dx}{x}=0\text{에서 } \log y+\log x=\log c\text{이므로, } xy=c$$

따라서 여함수는 $$y_c=\frac{c}{x}$$

c를 x의 함수 v로 변환한

$$y=\frac{v}{x}$$

을 준 방정식에 대입하면

$$\begin{array}{c|c:c} +\dfrac{1}{x} & y=\dfrac{v}{x} & \\ +1 & y'=-\dfrac{v}{x^2} & +\dfrac{v'}{x} \\ \hline \multicolumn{2}{c}{y'+\dfrac{1}{x}y=0} & +\dfrac{v'}{x}\equiv x^3 \end{array}$$

이므로

$$v'=\frac{dv}{dx}=x^4\text{에서 } v=\frac{x^5}{5}+c$$

따라서 구하는 일반해는

$$y=\frac{v}{x}=\frac{1}{x}\left(\frac{1}{5}x^5+c\right)=\frac{c}{x}+\frac{1}{5}x^4$$ □

매개변수변화법과 유사한 다음과 같은 해법도 있다.

$$y=uv$$

라 놓고, $y=v$가 여함수가 되고, $y=u$가 특수적분이 되게 u, v를 구한다.

$$\frac{dy}{dx}=\frac{du}{dx}v+u\frac{dv}{dx} \tag{9}$$

이므로, 이것을 준 방정식 $y'+P(x)y=Q$에 대입하면

$$\frac{du}{dx}v+u\left(\frac{dv}{dx}+Pv\right)=Q \tag{10}$$

v가 여함수가 되도록

$$\frac{dv}{dx}+Pv=0$$

되게 v를 구하면

$$v=e^{-\int Pdx}$$

이것을 (10)에 대입한 $e^{-\int P(x)dx}\dfrac{du}{dx}=Q$에서 u를 구하면

$$u=\int Qe^{\int P(x)dx}dx+c$$

$y=uv$가 해이므로, 일반해는 다음과 같다.

$$y=e^{-\int P(x)dx}\left(\int Qe^{\int P(x)dx}dx+c\right)$$

예제 9 $y'-xy=x$를 풀어라.

풀이 $y=uv$라면 $y'=uv'+u'v$이고, 이들을 준 방정식에 대입하여

$$(uv'+u'v)-xuv=x \text{ 또는 } u'v+u(v'-xv)=x \quad \cdots\cdots \text{①}$$

$$v'-xv=0\text{에서 } \frac{dv}{v}-xdx=0\text{이므로, } \log v-\frac{1}{2}x^2=0\text{에서 } v=e^{\frac{x^2}{2}}$$

이것을 ①에 대입한 방정식 $u'e^{\frac{x^2}{2}}=x$에서

$$u=\int xe^{-\frac{x^2}{2}}dx+c=-e^{-\frac{x^2}{2}}+c \quad \therefore\ y=e^{\frac{x^2}{2}}(-e^{-\frac{x^2}{2}}+c)=-1+ce^{\frac{x^2}{2}}$$ □

연습문제 (3.1)

1. 다음 미분방정식을 풀어라.

(1) $y'=x-xy$ (2) $y'-xy=x$

(3) $2y'+xy=3x$ (4) $xy'-y=x^2e^x$

(5) $xy'-y=x^2\sin x$ (6) $xy'-y=xe^x-e^x$

(7) $y'-y=2e^{-x}$ (8) $y'+y=3e^x$

2. 다음 미분방정식을 풀어라.

(1) $\dfrac{dy}{dx}+\dfrac{y}{x}=1$ (2) $xy'+3y=x^2$

(3) $y'+y=\cos x-\sin x$ (4) $y'-y=\sin 2x$

(5) $y'+y\cot x=\sin x$ (6) $y'+y\tan x=\cos x$

3. 다음 미분방정식을 풀어라.

(1) $y'+y=x$ (2) $y'-2y=e^{3x}$

(3) $y+\dfrac{y}{x}=1-x^2$ (4) $y'-\dfrac{x}{1+x^2}y=\dfrac{1}{1+x^2}$

(5) $xy'+y=4x(1+x^2)$ (6) $xy'+y=x\log x$

(7) $xy'-(x+1)y=\dfrac{e^x}{\sqrt{x^2-1}}$ (8) $y'+2y\tan x=\sin x$

(9) $y'-ay=\sin x$ (10) $y'+y\cos x=\sin 2x$

3.2 1계비선형미분방정식

1 Bernoulli의 미분방정식

미분방정식

$$\frac{dy}{dx}+P(x)y=Q(x)y^n \quad (n\neq 0,\ \neq 1) \tag{1}$$

을 **Bernoulli의 미분방정식**이라 한다.

[해법] 양변을 y^n으로 나누면

$$\frac{1}{y^n}\frac{dy}{dx}+P(x)\frac{1}{y^{n-1}}=Q(x) \tag{2}$$

여기서 $\frac{1}{y^{n-1}}=z$이라 놓고, x로 미분하면

$$-(n-1)\frac{1}{y^n}\frac{dy}{dx}=\frac{dz}{dx} \tag{3}$$

이므로, 주어진 미분방정식은

$$\frac{-1}{(n-1)}\frac{dz}{dx}+P(x)z=Q(x)\text{에서 } \frac{dz}{dx}-(n-1)P(x)z=-(n-1)Q(x) \tag{4}$$

이것은 선형이다. (4)의 일반해는

$$z=e^{(n-1)\int P(x)dx}\left[-(n-1)\int Qe^{-(n-1)\int P(x)dx}+c\right]$$

이 해에서 $z=\frac{1}{y^{n-1}}$로 바꾸어 놓은 것이 구하는 일반해이다.

예제 1 $x\frac{dy}{dx}+y=y^2\log x$를 풀어라.

풀이 양변을 y^2으로 나누면

$$\frac{x}{y^2}\frac{dy}{dx}+\frac{1}{y}=\log x \cdots\cdots ①$$

$z=\frac{1}{y}$이라면, $\frac{dz}{dx}=-\frac{1}{y^2}\frac{dy}{dx}$이므로, 방정식 ①은

$$-x\frac{dz}{dx}+z=\log x\text{에서 } \frac{dz}{dx}-\frac{1}{x}z=-\frac{1}{x}\log x \cdots ②$$

이것을 풀면 $z=\log x+1+cx$

따라서 준 미분방정식의 일반해는

$$z=\frac{1}{y}=cx+\log x+1\text{에서 } y=\frac{1}{cx+\log x+1}$$ □

Bernoulli의 미분방정식의 다른 해법에 매개변수변화법이 있다.

$$\frac{dy}{dx}+P(x)y=Q(x)y^n \tag{5}$$

에서 우선 여함수 y_c를 제차방정식

$$\frac{dy}{dx}+P(x)y=0$$

의 해로 구한다. 그리고 $y=v(x)y_c$라 놓고, 매개변수변화법으로 해를 구한다. $y=vy_c$를 준 방정식에 대입하면

$$\begin{array}{r|l:l}
+P & y=vy_c & \\
+1 & y'=vy_c' & +v'y_c \\
\hline
\multicolumn{2}{c:}{y'+Py=v(y_c'+Py_c)} & +v'y_c=v'y_c=Qy_c^nv^n
\end{array}$$

$$v'y_c=Qy_c^nv^n\text{에서 } y_cdv=Qy_c^nv^ndx$$

변수를 분리하고, 적분하여 $v(x)$를 구한다.

$$v^{-n}dv=Qy_c^{n-1}dx$$

여기에서 얻은 $v(x)$를 $y=vy_c$에 대입하면, 일반해를 얻는다. □

예제 2 $xy'+y=xy^2\log x$을 풀어라.

풀이 여방정식 $xy'+y=0$은 $xdy+ydx=0$이므로

$$xy=c\text{에서 } y_c=\frac{c}{x}$$

$y=vy_c=\dfrac{v}{x}$을 준방정식에 대입하여 $v(x)$를 구한다.

$$\begin{array}{r|l:l}
+1 & y=\frac{v}{x} & \\
+x & y'=-\frac{v}{x^2} & +\frac{v'}{x} \\
\hline
\multicolumn{2}{c:}{xy'+y=0} & +v'=xy^2\log x=\frac{v^2}{x}\log x
\end{array}$$

$$v'=xy^2\log x=x\left(\frac{v}{x}\right)^2\log x=\frac{v^2}{x}\log x\text{에서 } \frac{dv}{v^2}=\log x\frac{dx}{x}$$

적분하여 $\dfrac{-1}{v}=\dfrac{1}{2}\log^2x+c$에서 $v=-\dfrac{1}{\frac{1}{2}\log^2 x+c}$

따라서 구하는 일반해는

$$y=vy_c=\frac{v}{x}=\frac{-1}{x\left[\frac{1}{2}\log^2 x+c\right]}$$ □

2 여러 가지 1계비선형미분방정식

[1] $f'(y)\dfrac{dy}{dx}+f(y)P(x)=Q(x)$의 꼴의 미분방정식

$v=f(y)$라는 변수변환으로 준방정식은

$$\frac{dv}{dx}+P(x)v=Q(x)$$

으로 변형되므로 1계선형미분방정식이 된다.

예제 3 $e^y\dfrac{dy}{dx}+e^y=4\sin x$를 풀어라.

풀이 $v=f(y)=e^y$인 변환으로, 이 방정식은 $v'+v=4\sin x$가 된다.
적분인자 e^x를 곱하고, 적분하면

$$ve^x=4\int e^x\sin x dx=2e^x(\sin x-\cos x)+c \text{ 또는 } e^y=2(\sin x-\cos x)+ce^{-x}$$ □

예제 4 $\dfrac{\sin y}{\cos^2 y}\dfrac{dy}{dx}-\dfrac{1}{\cos y}=-x$를 풀어라.

풀이 $\dfrac{d}{dx}\left(\dfrac{1}{\cos y}\right)=\dfrac{\sin y}{\cos^2 y}\dfrac{dy}{dx}$이므로 $v=\dfrac{1}{\cos y}$이라면, 준 방정식은

$$\frac{dv}{dx}-v=-x$$

이고, 적분인자 e^{-x}을 곱하고, 적분하면

$$ve^{-x}=-\int xe^{-x}dx=xe^{-x}+e^{-x}+c\text{에서 } v=\frac{1}{\cos y}=\sec y=x+1+ce^x$$ □

예제 5 $\sec^2 y \dfrac{dy}{dx} + \tan y = x$를 풀어라.

풀이 $\tan y = v$라 놓으면 $\dfrac{dv}{dx} = \sec^2 y \dfrac{dy}{dx}$이므로, 준 방정식은

$$\frac{dv}{dx} + v = x$$

$$\therefore\ v = e^{-x}\left[\int xe^x dx + c\right] = e^{-x}(xe^x - e^x + c)$$

$$\therefore\ \tan y = x - 1 + ce^{-x}$$

□

3 Jacobi의 미분방정식

$P(x,\ y)$를 $x,\ y$의 m차의 동차식, $Q(x,\ y)$, $R(x,\ y)$이 모두 $x,\ y$의 n차의 동차식일 때

$$P(x,\ y)(xdy - ydx) + Q(x,\ y)dx + R(x,\ y)dy = 0 \tag{6}$$

의 형의 미분방정식을 **Jacobi의 미분방정식**이라 한다. Jacobi의 미분방정식은 Bernoulli의 미분방정식으로 변환할 수 있다.

$$P(x,\ y) = x^m P\left(1,\ \frac{y}{x}\right) = x^m P(1,\ v)$$
$$Q(x,\ y) = x^n Q\left(1,\ \frac{y}{x}\right) = x^n Q(1,\ v)$$
$$R(x,\ y) = x^n R\left(1,\ \frac{y}{x}\right) = x^n R(1,\ v)$$

$y = vx$라 하면 $dy = vdx + xdv$이므로

$$xdy - ydx = x(vdx + xdv) - xvdx = x^2 dv$$

따라서 주어진 미분방정식은

$$x^m P(1,\ v)x^2 dv + x^n Q(1,\ v)dx + x^n R(1,\ v)(vdx + xdv) = 0$$
$$[x^n Q(1,\ v) + x^n vR(1,\ v)]dx + [x^{m+2}P(1,\ v) + x^{n+1}R(1,\ v)]dv = 0$$

이 방정식에서 x를 종속변수로 v를 독립변수로 보면 다음 방정식

$$\frac{dx}{dv} + \frac{R(1,\ v)}{Q(1,\ v) + vR(1,\ v)}x = -\frac{P(1,\ v)}{Q(1,\ v) + vQ(1,\ v)}x^{m-n+2}$$

이 되어 Bernoulli의 미분방정식이 된다.

예제 6 $\frac{y}{x}(xdy-ydx)+(x-y)dx+(x+y)dy=0$을 풀어라.

풀이 Jacobi의 미분방식이므로 $y=vx$라 놓으면

$$dy=xdv+vdx,\ xdy-ydx=x(xdv+vdx)-vxdx=x^2dv$$

이므로, 주어진 미분방정식은

$$vx^2dv+x(1-v)dx+x(1+v)(xdv+vdx)=0$$

정리하면

$$x(1+v^2)dx+x^2(1+2v)dv=0$$

변수를 분리하면

$$\frac{dx}{x}+\frac{1+2v}{1+v^2}dv=0 \text{에서 } \frac{dx}{x}+\left(\frac{1}{1+v^2}+\frac{2v}{1+v^2}\right)dv=0$$

적분하면

$$\log x+\tan^{-1}v+\log(1+v^2)=c$$

$$\log\left[x\left(1+\frac{y^2}{x^2}\right)\right]+\tan^{-1}\frac{y}{x}=c \quad \therefore\ \log\frac{x^2+y^2}{x}+\tan^{-1}\frac{y}{x}=c$$

[4] Riccati의 미분방정식

미분방정식

$$\frac{dy}{dx}+P(x)+Q(x)y+R(x)y^2=0 \tag{7}$$

의 꼴의 미분방정식을 **Riccati의 미분방정식**이라 한다.

[해법] 하나의 특수해를 알고 있을 때는 다음과 같이 쉽게 풀 수 있다.

관찰 또는 어떤 방법으로 하나의 특수해를 y_1이라면

$$y=y_1+u$$

라 하고, 준 방정식 (7)에 대입하면

$$\frac{dy_1}{dx}+\frac{du}{dx}+P(x)+Q(x)(y_1+u)+R(x)(y_1+u)^2=0$$

이 되고, $\frac{dy_1}{dx}+P(x)+Q(x)y_1+R(x){y_1}^2=0$이므로

$$\frac{du}{dx}+[Q(x)+2R(x)y_1]u+R(x)u^2=0 \tag{8}$$

이것은 Bernoulli의 미분방정식이 된다. 변환 $u=\frac{1}{v}$에 의하면 (8)은

$$-\frac{1}{v^2}\frac{dv}{dx}+(Q+2Ry_1)\frac{1}{v}+R\frac{1}{v^2}=0\text{에서 }\frac{dv}{dx}-(Q+2Ry_1)v=R$$

이것을 풀어서 v를 구하면 $v=\frac{1}{u}=\frac{1}{y-y_1}$에서 다음 일반해를 얻는다.

$$\frac{1}{y-y_1}=e^{\int(Q+2Ry_1)dx}\left[\int Re^{-\int(Q+2Ry_1)dx}dx+c\right]$$

예제 7 $y=1$은 다음 Riccati의 방정식의 해이다. 이 방정식을 풀어라.

$$\frac{dy}{dx}+\frac{4x}{2x^2-x}-\frac{1+4x}{2x^2-x}y+\frac{1}{2x^2-x}y^2=0$$

풀이 $y=1+u$라 놓으면

$$\frac{du}{dx}+\left(-\frac{1+4x}{2x^2-x}+\frac{2}{2x^2-x}\right)u+\frac{1}{2x^2-x}u^2=0$$

$$\frac{du}{dx}+\frac{1-4x}{2x^2-x}u+\frac{1}{2x^2-x}u^2=0 \quad \cdots\cdots \text{①}$$

$u=\frac{1}{v}$이라 놓으면 $\frac{du}{dx}=-\frac{1}{v^2}\frac{dv}{dx}$이므로 ①식은

$$-\frac{1}{v^2}\frac{dv}{dx}+\frac{1-4u}{2x^2-x}\frac{1}{v}+\frac{1}{2x^2-x}\frac{1}{v^2}=0\text{에서 }\frac{dv}{dx}+\frac{4x-1}{2x^2-x}v=\frac{1}{2x^2-x}$$

이것은 선형이다. 양변에 $(2x^2-x)$를 곱하면

$$\frac{d}{dx}[(2x^2-x)v]=1$$

이고, 적분하면 $(2x^2-x)v=x+c$

$v=\frac{1}{u}=\frac{1}{y-1}$이므로, $\frac{2x^2-x}{y-1}=x+c$에서 $2x^2-x=(y-1)(x+c)$

또는 $y(x+c)=2x^2-x+x+c$

따라서 구하는 일반해는 $y(x+c)=2x^2+c$. □

예제 8 $x^2(x+1)\dfrac{dy}{dx}+y^2-x(x+2)y=0$을 풀어라.

풀이 주어진 방정식은

$$\frac{dy}{dx}+\frac{1}{x^2(x+1)}y^2-\frac{x+2}{x(x+1)}y=0$$

으로 변형되므로 Riccati의 미분방정식이 된다. 이 미분방정식의 한 특수해가 $y=x$이므로

$$y=x+u$$

를 주어진 미분방정식에 대입하면

$$1+\frac{du}{dx}+\frac{1}{x^2(x+1)}(x+u)^2=\frac{x+2}{x(x+1)}(x+u)$$

또는 $$\frac{du}{dx}+\left[\frac{2x}{x^2(x+1)}-\frac{x+2}{x(x+1)}\right]u=-\frac{u^2}{x^2(x+1)}$$

정리하면 $$\frac{du}{dx}-\frac{1}{x+1}u=-\frac{1}{x^2(x+1)}u^2$$

이것은 Bernoulli의 미분방정식이다. 이 방정식은

$$-\frac{1}{u^2}\frac{du}{dx}+\frac{1}{x+1}\frac{1}{u}=\frac{1}{x^2(x+1)}$$

로 변형되고, $\dfrac{1}{u}=v$이라면 $-\dfrac{1}{u^2}\dfrac{du}{dx}=\dfrac{dv}{dx}$이므로 다음 선형미분방정식

$$\frac{dv}{dx}+\frac{1}{x+1}v=\frac{1}{x^2(x+1)}$$

을 얻는다. 이 미분방정식을 풀면

$$v=\left(\int e^{\int\frac{1}{x+1}dx}\frac{1}{x^2(x+1)}dx+c\right)e^{-\int\frac{1}{x+1}dx}$$

$$=\left(\int\frac{1}{x^2}dx+c\right)\frac{1}{x+1}=\frac{cx-1}{x(x+1)}$$

$$u=\frac{1}{v}=\frac{x(x+1)}{cx-1}$$

이므로, 구하는 일반해는

$$y=x+u=\frac{(c+1)x^2}{cx-1}$$ □

연습문제 (3.2)

1. 다음 미분방정식을 풀어라.

(1) $\frac{dy}{dx}-\frac{x}{1-x^2}y=\frac{x}{1-x^2}y^2$

(2) $\frac{dy}{dx}+\frac{1-x}{x}y=xy^2$

(3) $\frac{dy}{dx}+y\tan x=y^2$

(4) $\frac{dy}{dx}+y=xy^3$

(5) $\frac{dy}{dx}+2xy=2x^3y^3$

(6) $\frac{dy}{dx}+y\sin x=y^2\sin x$

(7) $\frac{dy}{dx}-\frac{x}{1-x^2}y=\frac{1}{x^2(1+x^2)}y^3$

(8) $\frac{dy}{dx}-y\tan x=y^4\mathrm{sce}\, x$

2. 다음 미분방정식을 풀어라.

(1) $x^2\cos y\frac{dy}{dx}=2x\sin y-1$ $(\sin y=z)$

(2) $4x^2yy'=3x(3y^2+2)+2(3y^2+2)^3$ $(3y^2+2=z)$

(3) $(xy^3-y^3-x^2e^x)dx+3xy^2dy=0$ $(y^3=vx)$

(4) $dy/dx+x(x+y)=x^3(x+y)^3-1$

3. 다음 미분방정식을 풀어라.

$$2(1+x)(xdx-ydy)-(1+3x)dy+(1-x+y)dx=0$$

4. $y=x$가 다음 Riccati의 방정식의 특수해이다. 다음 방정식을 풀어라.

$$\frac{dy}{dx}+\frac{x-2}{x-x^2}y+\frac{1}{x^2-x^3}y^2=0$$

5. $y=1$이 다음 Riccati의 방정식의 특수해이다. 다음 방정식을 풀어라.

$$\frac{dy}{dx}+\frac{x}{x-1}-\frac{2x-1}{x-1}y+y^2=0$$

6. $y=\sin x$가 방정식 $y'=\cos x-y\sin x+y^2$의 특수해이다. 일반해를 구하라.

3.3 1계고차미분방정식

1 인수분해가 가능한 1계고차미분방정식

1계고차미분방정식의 일반형은

$$p^n + A_1(x,\ y)p^{n-1} + A_2(x,\ y)p^{n-2} + \cdots + A_{n-1}(x,\ y)p + A_n(x,\ y) = 0 \tag{1}$$

이다. 단, $p = \dfrac{dy}{dx}$이다.

(1)의 좌변의 p에 관한 n차의 다항식을 실수의 범위에서 인수분해하여

$$(p - Q_1)(p - Q_2)\ \cdots\ (p - Q_n) = 0 \tag{2}$$

이 된다 하자. 단, Q_i는 모두 x, y의 함수 또는 상수이다.

(1)식이 (2)식과 같이 인수분해가 된다면, 방정식 $p - Q_i = 0(i = 1,\ 2,\ \cdots,\ n)$의 각각이 주는 해 $F_i(x,\ y,\ c) = 0$은 원방정식의 해이고, 또 원방정식의 한 해는 이들 1계1차미분방정식의 하나에 대한 해가 된다.

따라서 $p - Q_i = 0$의 일반해를 $F_i(x,\ y,\ c) = 0$이라 할 때, 원방정식 (1)의 일반해는

$$F_1(x,\ y,\ c)F_2(x,\ y,\ c)\ \cdots\ F_n(x,\ y,\ c) = 0 \tag{3}$$

이 된다. 왜냐하면 (3)은 임의상수를 1개 포함하고, 이것이 성립하면, 어떤 $i(i = 1,\ 2,\ \cdots,\ n)$에 대하여 $F_i(x,\ y,\ c) = 0$이므로 $p - Q_i = 0$이 성립하여, (1)의 우변이 0이 되기 때문이다.

특히 상수계수의 1계고차미분방정식

$$p^n + a_1p^{n-1} + a_2p^{n-2} + \cdots + a_{n-1}p + a_n = 0\ \ (a_i\text{는 상수},\ p = y')$$

에서 좌변의 p에 관한 다항식 $f(p)$를 인수분해하여

$$f(p) = (p - b_1)(p - b_2)\ \cdots\ (p - b_n) = 0(b_i\text{는 상수}) \tag{4}$$

이라면, $p - b_i = 0$의 일반해가 $y - b_ix - c = 0$이므로, 구하는 일반해는

$$(y - b_1x - c)(y - b_2x - c)\ \cdots\ (y - b_nx - c) = 0$$

또는

$$\left(\frac{y - c}{x} - b_1\right)\left(\frac{y - c}{x} - b_2\right)\ \cdots\ \left(\frac{y - c}{x} - b_n\right) = 0$$

이 좌변은 준미분방정식의 좌변을 인수분해한 (4)식 $f(p)=0$에서 p 대신 $\frac{y-c}{x}$을 대입한 것이다. 따라서 일반해는

$$f\left(\frac{y-c}{x}\right)=0$$

이 된다.

예제 1 $p^2-(3x^2-2xy)p-6x^3y=0$을 풀어라. $\left(\text{단, } p=\frac{dy}{dx}\right)$

풀이 인수분해하면

$$(p-3x^2)(p+2xy)=0$$

따라서 $$\frac{dy}{dx}=3x^2,\ \frac{dy}{dx}+2xy=0$$

이것을 각각 풀면 $y=x^3+c$, $y=ce^{-x^2}$이므로 구하는 일반해는

$$(y-x^3-c)(y-ce^{-x^2})=0$$ □

예제 2 $y'^2+2xy'-3x^2=0$을 풀어라.

풀이 주어진 미분방정식의 좌변을 인수분해하면

$$(y'+3x)(y'-x)=0$$

이 식으로부터 두 개의 방정식

$$y'+3x=0\text{과 } y'-x=0$$

을 얻고, 각각의 해가

$$y=-\frac{3}{2}x^2+c \text{ 또는 } y=\frac{1}{2}x^2+c$$

이므로, 구하는 일반해는

$$\left(y+\frac{3}{2}x^2-c\right)\left(y-\frac{1}{2}x^2-c\right)=0$$ □

예제 3 $(x^2+x)p^2+(x^2+x-2xy-y)p+y^2-xy=0$을 풀어라. $\left(\text{단, } p=\frac{dy}{dx}\right)$

풀이 준방정식을 인수분해하면

$$[(x+1)p-y][xp+x-y]=0\text{에서 } (x+1)\frac{dy}{dx}-y=0,\ x\frac{dy}{dx}+x-y=0$$

각각의 해는 $y-c(x+1)=0$과 $y+x\log cx=0$이다.

따라서 구하는 일반해는 $[y-c(x+1)][y+x\log cx]=0$ □

[2] $y=f(x, p)$꼴의 미분방정식

y에 관하여 풀 수 있는 미분방정식

$$y=f(x, p)(p=y') \tag{5}$$

을 x에 관하여 미분하면

$$p=\frac{\partial f}{\partial x}+\frac{\partial f}{\partial p}\frac{dp}{dx}=g(x, p') \tag{6}$$

이 된다. 이것은 p의 x에 관한 1계미분방정식이다. (6)의 일반해를 구하여

$$F(x, p, c)=0 \tag{7}$$

을 얻었다면, (5)는 (6)의 해이며, 또 (7)도 (6)의 해이므로 (5)의 적분곡선상의 임의의 한 점에 있어서 x, p 사이에 다음 관계식이 성립한다.

$$y=f(x, p),\ F(x, p, c)=0 \tag{8}$$

이 관계식에서 p를 소거하면 (5)의 일반해를 얻는다. 또 (8)은 p를 매개변수로 하는 (5)의 일반해이다.

예제 4 $y=2px+p^4x^2$을 풀어라.

풀이 x에 관하여 미분하면

$$p=2x\frac{dp}{dx}+2p+2p^4x+4p^3x^2\frac{dp}{dx} \text{ 또는 } \left(p+2x\frac{dp}{dx}\right)(1+2p^3x)=0$$

을 얻는다. $1+2p^3x=0$은 dp/dx를 포함하지 않으므로 제외되고,

$$p+2x\frac{dp}{dx}=0\text{에서 } \frac{2dp}{p}+\frac{dx}{x}=0\text{이므로 } xp^2=c$$

를 얻는다. 매개변수형은 $x=c/p^2$, $y=2c/p+c^2$이다. 이 두 번째 관계식은 주어진 미분방정식에 $x=c/p^2$을 대입하여 얻어진다.

이 해에서 p를 소거하려면 $xp^2=c$에서 $p^2=c/x$를 얻고, 이것을 준 방정식 $y-p^4x^2=2px$를 제곱한 식 $(y-p^4x^2)^2=4p^2x^2$에 대입하면 일반해 $(y-c^2)^2=4cx$를 얻는다. □

예제 5 $y=2px-p^2$을 풀어라.

풀이 x에 관해서 미분하면, $p=2p+2p'x-2pp'$에서 $0=p+2p'(x-p)$ 또는 $\frac{dx}{dp}+\frac{2}{p}x=2$가 된다.

적분인자 $e^{\int\frac{2}{p}dp}=p^2$을 양변에 곱하면

$(xp^2)'=2p^2$이고, 적분하여 $xp^2=\frac{2}{3}p^3+c$ 또는 $x=\frac{c}{p^2}+\frac{2}{3}p$ …… ①

①을 준방정식에 대입하여

$$y=2p\left(\frac{c}{p^2}+\frac{2}{3}p\right)-p^2=\frac{1}{3}p^2+\frac{2c}{p} \quad \cdots\cdots ②$$

①, ②는 p를 매개변수로 하는 일반해이다. □

[3] $x=g(y,\ p)$꼴의 미분방정식

미분방정식 $x=g(y,\ p)$를 y에 관하여 미분하면

$$\frac{1}{p}=\frac{\partial g}{\partial y}+\frac{\partial g}{\partial p}\frac{dp}{dy}$$

이 방정식은 p의 y에 관한 1계미분방정식이다. 이것의 일반해 $G(y,\ p,\ c)=0$과 $x=g(y,\ p)$는 p를 매개변수로 하는 준미분방정식 $x=g(y,\ p)$의 일반해이다.

예제 6 $p^3+xp-y=0$을 풀어라.

풀이 주어진 방정식을 x에 관하여 풀면

$$x=\frac{y}{p}-p^2$$

양변을 y로 미분하여

$$\frac{dx}{dy}=\frac{1}{p}-\frac{y}{p^2}\frac{dp}{dy}-2p\frac{dp}{dy}=\frac{1}{p}-\left(\frac{y}{p^2}+2p\right)\frac{dp}{dy}$$

$\frac{dx}{dy}=\frac{1}{p}$이므로

$$\left(\frac{y}{p^3}+2\right)\frac{dp}{dy}=0$$

이 되고, $\frac{dp}{dy}=0$에서 $p=c$이고, $\frac{y}{p^3}+2=0$에서 $y=-2p^3$을 얻는다.

$p=c$인 경우 일반해는 $x=\frac{y}{c}-c^2$에서 $y=c^3+cx$이고, $y=-2p^3$과 준방정식에서 p를 소거하면 특이해 $4x^3=-27y^2$을 얻는다. □

예제 7 $x=y+2p-p^2$을 풀어라. ($p=y'$)

풀이 y에 관하여 미분하면

$$\frac{1}{p}=1+2\frac{dp}{dy}-2p\frac{dp}{dy}\text{이므로 }\frac{1-p}{p}=2(1-p)\frac{dp}{dy}$$

인수분해하여

$$(1-p)\left(\frac{1}{p}-2\frac{dp}{dy}\right)=0$$

$p=1$이면 준방정식에서 특이해 $x=y+1$을 얻는다.

$\frac{1}{p}-2\frac{dp}{dy}=0$이면 $dy=2pdp$에서 $y+c=p^2$이고, 이것과 준방정식에서 p를 소거하면 일반해 $(x+c)^2=4(y+c)$를 얻는다. □

2 Clairaut의 미분방정식

$$y=xp+f(p) \quad (p=y') \tag{9}$$

형의 미분방정식을 **clairaut의 미분방정식**이라 한다. (9)는 $y=f(x, p)$꼴의 방정식이므로 양변을 x에 관하여 미분하여

$$p=p+x\frac{dp}{dx}+f'(p)\frac{dp}{dx}\text{ 또는 }\frac{dp}{dx}\{x+f'(p)\}=0$$

따라서

$$x+f'(p)\neq 0\text{이면, }\frac{dp}{dx}=0\text{에서 }p=c$$

이것을 준 방정식에 대입하여 구하는 일반해는

$$y=cx+f(c) \tag{10}$$

이고, $x+f'(p)=0$일 때는

$$x+f'(p)=0\text{과 }y=xp+f(p) \tag{11}$$

는 p를 매개변수로 하는 특이해이다.

Clairaut의 미분방정식 (9)의 특이해는 일반해 (10)이 나타내는 직선군의 포물선으로 식 (10)을 c로 편미분해서 얻는 식 $0=x+f'(c)$와 (10)에서 c를 소거하여도 얻을 수 있음을 (11)과 비교할 때 분명하다.

예제 8 다음 미분방정식을 풀어라.

$$y=px-\frac{1}{4}p^4 \ (p=y')$$

풀이 양변을 x에 관하여 미분하면

$$p=p+xp'-p^3p' \text{ 또는 } p'(x-p^3)=0$$

$p'=0$으로 놓으면 $p=c$가 되므로 일반해는

$$y=cx-\frac{1}{4}c^4$$

$x-p^3=0$에서 $p=x^{\frac{1}{3}}$이므로 특이해는 $y=x^{\frac{4}{3}}-\frac{1}{4}x^{\frac{4}{3}}=\frac{3}{4}x^{\frac{4}{3}}$ □

예제 9 $y=x+p^2-2p \ (p=y')$를 풀어라.

풀이 x에 관하여 미분하면 $p=1+(2p-2)\dfrac{dp}{dx}$

인수분해하여

$$(p-1)\left(2\frac{dp}{dx}-1\right)=0\text{에서 } p=1,\ \frac{dp}{dx}=\frac{1}{2}$$

$p=1$을 준방정식에 대입하면 $y=x-1$이고, 이것은 특이해이다.

$\dfrac{dp}{dx}=\dfrac{1}{2}$일 때 $p=\dfrac{1}{2}x+c$, 이것을 준방정식에 대입하여

$$y=x+\left(\frac{1}{2}x+c\right)^2-2\left(\frac{1}{2}x+c\right)=x+\frac{1}{4}x^2+cx+c^2-x-2c$$

$$=\frac{1}{4}x^2+cx+c^2-2c=\frac{1}{4}(x+2c)^2-2c$$

따라서 구하는 일반해는

$$(x+2c)^2=4(y+2c) \text{ 또는 } (x+c_1)^2=4(y+c_1)$$ □

예제 10 $y=3px+6y^2p^2$을 풀어라.

풀이 이것은 Clairaut 방정식의 꼴로 바꿀 수 있다. y^2을 방정식의 양변에 곱하면 $y^3=3y^2px+6y^4p^2$을 얻는다.

변환 $y^3=v$, $3y^2p=\dfrac{dv}{dx}$를 사용하면 준방정식은 $v=x\dfrac{dv}{dx}+\dfrac{2}{3}\left(\dfrac{dv}{dx}\right)^2$

이 일반해는 $v=Kx+\dfrac{2}{3}K^2$ $\therefore$ $y^3=Kx+\dfrac{2}{3}K^2$ 또는 $y^3=3cx+6c^2$ □

예제 11 미분방정식 $y=xf(p)+g(p)$ $(p=y')$을 풀어라.

풀이 이 미분방정식을 **광의의 Clairaut의 미분방정식** 또는 **Lagrange의 미분방정식**이라고 한다. 양변을 x에 관하여 미분하면

$$p=f(p)+xf'(p)\frac{dp}{dx}+g'(p)\frac{dp}{dx}$$

$f(p)-p\neq 0$인 경우 $(f(p)-p)\dfrac{dx}{dp}+xf'(p)+g'(p)$이므로

$$\frac{dx}{dp}+\frac{f'(p)}{f(p)-p}x=-\frac{g'(p)}{f(p)-p}$$

가 된다. 이것은 x의 p에 관한 1계선형미분방정식이고, 그 일반해는

$$x=cF_1(p)+F_2(p)$$

인 꼴을 한다. 따라서 준방정식의 일반해는

$$\begin{cases} y=xf(p)+g(p) \\ x=cF_1(p)+F_2(p) \end{cases}$$

이다. 만일 $f(p)-p=0$을 만족하는 p의 값 p_0가 존재하면, 이것을 준방정식에 대입해서

$$y=xf(p_0)+g(p_0)$$

이라는 해를 얻는다. 그런데 이 해는 특이해일 때도 있고, 특수해일 때도 있다. □

예제 12 $y=2xp+p^2$ $(p=y')$을 풀어라.

풀이 이것은 Lagrange의 미분방정식이다. 양변을 x에 관하여 미분하면

$$p=2p+2x\frac{dp}{dx}+2p\frac{dp}{dx} \text{ 또는 } p+2(x+p)\frac{dp}{dx}=0$$

따라서 $x+p\neq 0$이면 $p\dfrac{dx}{dp}+2x=-2p$이므로 다음 미분방정식을 얻는다.

$$\frac{dx}{dp}+\frac{2}{p}x=-2$$

이 1계미분방정식은 $(xp^2)'=-2p^2$에서 해 $xp^2=-\dfrac{2}{3}p^3+\dfrac{c}{3}$를 얻으므로 해는 $3xp^2+2p^3=c$가 된다. 이것과 준방정식에서 p를 소거하면 일반해 $4(y+x^2)^3=(2x^3+3xy+c)^2$을 얻는다. $p=0$이면 준방정식은 $y=0$인 특수해를 얻고, 특이해는 p의 실수조건 $D=x^2+y\geq 0$에서 $y=-x^2$이다. □

3 포락선 · 특이해

xy-평면에 곡선군 $F(x, y, c)=0$이 주어졌을 때, 한 곡선 C가 존재해서 다음 조건 (1), (2)를 만족하면, 곡선 C를 곡선군 $F(x, y, c)=0$의 **포락선**이라 한다.

(1) 곡선 C의 각 점에서 C에 접하는 곡선군에 속하는 곡선이 적어도 하나 존재한다.

(2) 곡선군의 각 곡선은 C에 접한다.

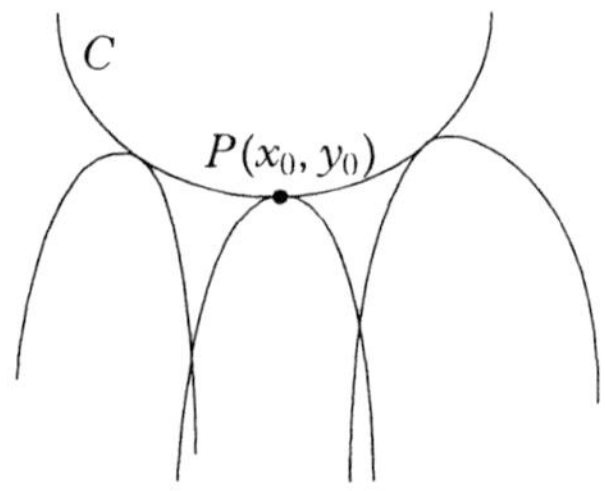

[그림 3.1]

미분방정식 $f(x, y, p)=0$의 일반해 $F(x, y, c)=0$이 나타내는 곡선군의 포락선이 존재한다면, 그 포락선의 방정식은 주어진 미분방정식의 해가 된다. 왜냐하면 포물선상의 임의의 점 $P(x_0, y_0)$에서의 접선의 기울기를 p_0라면, p_0는 점 P를 지나는 특수해가 나타내는 곡선의 기울기와 일치되며, $f(x_0, y_0, p_0)=0$이 만족되기 때문이다. 그런데 포물선의 방정식은 곡선군 $F(x, y, c)=0$에 포함되지 않으므로, 특수해가 아니고 특이해이다.

포락선의 방정식이 미분방정식의 특이해를 표시하므로, 주어진 미분방정식의 일반해에서 특이해를 구하기 위하여, 포락선의 방정식을 구하는 방법을 조사해 보자.

정리 3.1 곡선군 $F(x, y, c)=0$의 포락선이 존재한다면 그것은

$$F(x, y, c)=0,\ F_c(x, y, c)=0 \tag{12}$$

을 만족한다.

증명 포락선은 정의에 의해서 $F(x, y, c)=0$을 만족함은 분명하다. 포락선 상의 임의의 점을 (x, y)라면, x, y는 c의 값에 따라 결정되므로, 포락선의 방정식이

$$x=f(c),\ y=g(c)$$

로 표시된다고 하자. 그러면 $F(f(c),\ g(c),\ c)=0$이 된다. 이것을 c에 관해서 미분하면

$$F_x f'(c)+F_y g'(c)+F_c=0 \tag{13}$$

이 된다. 곡선군의 임의의 곡선 상의 점 $(x,\ y)$에서의 접선의 기울기는

$$\frac{dy}{dx}=-\frac{F_x}{F_y}$$

이고, 포물선 상의 점 $(x,\ y)$에서의 접선의 기울기는

$$\frac{dy}{dx}=\frac{dy/dc}{dx/dc}=\frac{g'(c)}{f'(c)}$$

이므로, 포물선 상의 점에 대하여서는

$$-\frac{F_x}{F_y}=\frac{g'(c)}{f'(c)}$$

즉

$$F_x f'(c)+F_y g'(c)=0 \tag{14}$$

을 얻는다. 따라서 (13)식과 (14)식에 의해서 $F_c=0$이다.

(12)식을 만족하는 점들의 집합을 **c-판별식 자취**라 한다. 포락선은 이 c-판별식 자취에 포함되므로, 포락선의 방정식을 구하기 위해서는 c-판별식 자취를 구하고, 그것에 속하는 곡선이 포락선이 되는가를 조사하면 된다. ■

예제 13 원군 $x^2+(y-10c)^2=20c^2$의 포락선을 구하라.

풀이 C-판별식 자취

$$x^2+(y-10c)^2=20c^2$$
$$2(y-10c)(-10)=40c$$

에서 $y=\pm 2x$이고, 이것이 포락선임을 쉽게 밝힐 수 있다. □

미분방정식 $f(x,\ y,\ c)=0$의 특이해를 구하는데는 다음 두 가지 방법이 있다.

[a] 일반해 $F(x,\ y,\ c)=0$이 나타내는 곡선군의 포락선을 구한다. 즉

$$F(x,\ y,\ c)=0\text{과 }\frac{\partial F}{\partial c}=0 \tag{15}$$

에서 c를 소거한다. 이렇게 해서 얻어지는 방정식을 **c-판별방정식**이라 하며, 이것이 주어진 미분방정식 $f(x,\ y,\ p)=0$을 만족하는가를 살핀다.

[b] 일반해가 알려져 있지 않을 때

$$f(x,\ y,\ p)=0\text{과 } \frac{\partial}{\partial c}f(x,\ y,\ p)=0 \tag{16}$$

에서 p를 소거한다. 이렇게 해서 얻어지는 방정식(이것을 **p-판별방정식**이라 함)을 구하여, 주어진 미분방정식 $f(x,\ y,\ p)=0$을 만족하는가를 살핀다.

위의 [a], [b]로 구해지는 함수 $y=f(x)$에 대하여 실제로 주어진 미분방정식을 만족하는지 확인해야 한다. 주어진 미분방정식에 특이해가 있으면, 이렇게 해서 특이해를 구할 수 있으나, 역은 성립하지 않는다.

(16)식을 만족하는 점들의 집합을 **p-판별식자취**이라 한다. 위 정리에서와 같은 포락선의 방정식은 p-판별식자취에 포함되므로 포락선을 구하기 위하여 p-판별식자취를 구하고 여기에 속하는 곡선이 포락선인가를 살핀다. □

예제 14 $p^3x-2p^2y-16x^2=0$에 대해서 판별방정식을 구하라.

풀이 이것의 판별방정식은 위에서 주어진 방법을 사용하면 쉽게 구할 수 있다.

$$\begin{array}{r|l} 3 & f=p^3x-2p^2y-16x \\ -p & \dfrac{\partial f}{\partial p}=3p^2x-py \end{array}$$

$$3f-p\frac{\partial f}{\partial p}=-6p^2y+4p^2y-48x^3=0$$

$2p^2y+48x^2=0$ 또는 $p^2=-\dfrac{24}{y}x^2$ ⋯ ①

$\dfrac{\partial f}{\partial p}=0$에서 $3p^2x=4py$이고, 제곱하여 $9p^4x^2=16p^2y^2$ ⋯ ②

①식을 ②식에 대입하여 $9\left(-\dfrac{24}{y}x^2\right)^2x^2=16\left(-\dfrac{24}{y}\right)x^2y^2$

정리하면, $9\left(-\dfrac{24x^4}{y^2}\right)=-16x^2 \quad \therefore\ x^2(27x^4+2y^3)=0$ □

여기서 얻는 p-판별식 관계 $4x^3+27y^2=0$은 준 미분방정식을 만족하므로 특이해이다.

연습문제 (3.3)

1. 다음 미분방정식을 풀어라. ($p=y'$)

(1) $p^2-p=0$

(2) $p^2-6p^2+8p=0$

(3) $p^2-(x+y)p+xy=0$

(4) $(x^2-1)p^2-y^2=0$

2. 다음 미분방정식의 일반해를 구하라. ($p=y'$)

(1) $2y+x^4=xp$

(2) $y-p^2y=2px$

(3) $px=y-x$

(4) $p=xy-x$

(5) $y=p^2+2p^2$

(6) $y+xp=x^4x^2$

(7) $y=p\cos p-\sin p$

(8) $y=px(1+p)$

3. 다음 미분방정식을 풀어라.

(1) $x=yp^2+p^2$

(2) $p^3-4xyp+8y^2=0$

(3) $x=4p+p^3$

(4) $9yp^2-2xp+y=0$

4. 다음 미분방정식을 풀어라.

(1) $y=2px+y^2p^3$ ($y^2=z$로 하라)

(2) $y=(1+p)x+p^2$

(3) $(px-y)(py+x)=2p$

(4) $y=3px+6y^2p^2$ (y^2을 곱하라)

5. 다음 방정식의 특이해를 구하라.

(1) $y^2p^2+3xp-y=0$

(2) $xp^2-2yp+x+2y=0$

(3) $y=-xp+x^4p^2$

(4) $y(3-4y)^2p^2=4(1-y)$

제 4 장

1계미분방정식의 응용

4.1 기하학적 응용

1 기본성질

도함수를 포함하는 곡선의 몇 가지 성질을 증명없이 열거해 둔다. (x, y)를 곡선 $y=f(x)$상의 주어진 점이라 하자.

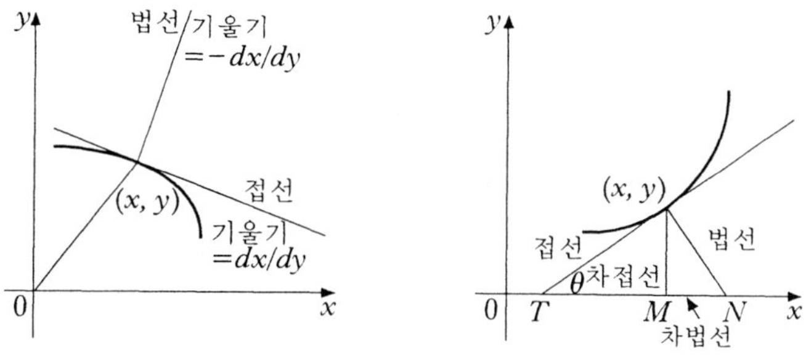

[그림 4.1] 점선 및 법선

(a) $\dfrac{dy}{dx}$는 곡선상의 점 (x, y)에서의 접선의 기울기이다.

(b) $-\dfrac{dx}{dy}$는 곡선상의 점 (x, y)에서의 법선의 기울기이다.

(c) $Y-y=\dfrac{dy}{dx}(X-x)$는 점 (x, y)에서의 접선의 방정식이다. 여기서 (X, Y)는 이 곡선상의 임의의 점의 좌표이다.

(d) $x-y\dfrac{dx}{dy}$와 $y-x\dfrac{dy}{dx}$는 접선의 x축과 y축의 절편이다.

(e) $x+y\dfrac{dy}{dx}$와 $y+x\dfrac{dx}{dy}$는 법선의 x축과 y축의 절편이다.

(f) $\left|y\dfrac{dx}{dy}\right|$와 $\left|y\dfrac{dy}{dx}\right|$는 차접선과 차법선의 길이이다.

(g) $ds=\sqrt{(dx)^2+(dy)^2}=\sqrt{1+\left(\dfrac{dy^2}{dx}\right)}dx=\sqrt{1+\left(\dfrac{dx^2}{dy}\right)}dy$ 는 호의 길이의 요소이다.

예제 1 차접선의 길이가 x 좌표의 2배와 같은 곡선군을 구하라.

풀이 차접선의 길이가 $\left|\dfrac{y}{y'}\right|$이므로, 제의로부터

$$\left|\frac{y}{y'}\right|=2x \text{ 또는 } \frac{2y'}{y}=\pm\frac{1}{x}$$

적분하여 $\log y^2=\pm\log x+\log c$ ∴ $y^2=cx$ 또는 $y^2=\dfrac{c}{x}$ □

예제 2 곡선상의 각 점 $(x,\ y)$에서 접선의 y절편이 $2xy^2$이다. 이 곡선을 구하라.

풀이 (d)를 사용해서 곡선의 미분방정식은

$$y-x\frac{dy}{dx}=2xy^2 \text{ 또는 } \frac{ydx-xdy}{y^2}=2xdx$$

적분하면

$$\frac{x}{y}=x^2+c \text{ 또는 } x-x^2y=cy \quad \square$$

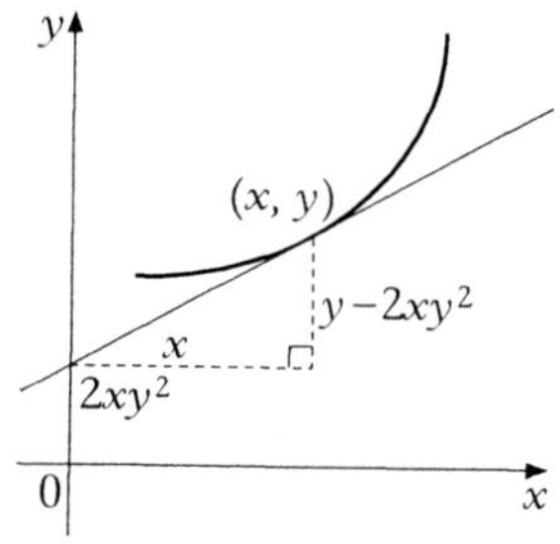

[그림 4.2]

(참고) 옆 그림에서 직접 미분방정식 $\dfrac{dy}{dx}=\dfrac{y-2xy^2}{x}$을 얻을 수도 있다.

극좌표계에서 $(\rho,\ \theta)$를 곡선 $\rho=f(\theta)$ 상의 임의의 점이라 할 때, 다음이 성립된다.

(h) $ds=\sqrt{(d\rho)^2+\rho^2(d\theta)^2}=d\rho\sqrt{1+\rho^2\left(\dfrac{d\theta}{d\rho}\right)^2}=d\theta\sqrt{\left(\dfrac{d\rho}{d\theta}\right)^2+\rho^2}$은 호의 길이의 요소

(i) $\dfrac{1}{2}\rho^2 d\theta$는 넓이의 요소이다.

예제 3 곡선의 호와 그 호의 끝점에 이르는 동경으로 형성되는 부채꼴의 넓이가 호의 길이의 $\dfrac{1}{2}$이다. 이 곡선을 구하라.

풀이 동경이 $\theta=\theta_1$, $\theta=\theta$로 주어졌다고 하자. (h)와 (i)를 사용해서

$$\frac{1}{2}\int_{\theta_1}^{\theta}\rho^2 d\theta=\frac{1}{2}\int_{\theta_1}^{\theta}\sqrt{\left(\frac{d\rho}{d\theta}\right)^2+\rho^2}\,d\theta$$

θ에 관해서 미분하면 미분방정식

$$\rho^2=\sqrt{\left(\frac{d\rho}{d\theta}\right)^2+\rho^2} \quad \text{또는} \quad d\rho=\pm\rho\sqrt{\rho^2-1}\,d\theta \tag{1}$$

를 얻는다.

만약 $\rho^2=1$이면 (1)은 $d\rho=0$이다. $\rho=1$은 이 문제의 조건을 만족한다.

만약 $\rho^2\geq 1$이면 이 방정식은 $\dfrac{d\rho}{\rho\sqrt{\rho^2-1}}=\pm d\theta$의 꼴로 쓰여지고, 이것의 해로서 $\rho=\sec(c\pm\theta)$를 얻으므로, 해는 원 $\rho=1$과 곡선군 $\rho=\sec(c+\theta)$이다. □

[2] 직교곡선

항상 일정한 각 90°로 주어진 모든 곡선군을 자르는 곡선을 그 곡선군의 **직교곡선**이라 한다.

그림 4.3은 y축에 중심을 갖고, 원점을 지나는 원군은 x축에 중심을 갖고, 원점을 지나는 원군의 직교곡선임을 나타내고 있다.

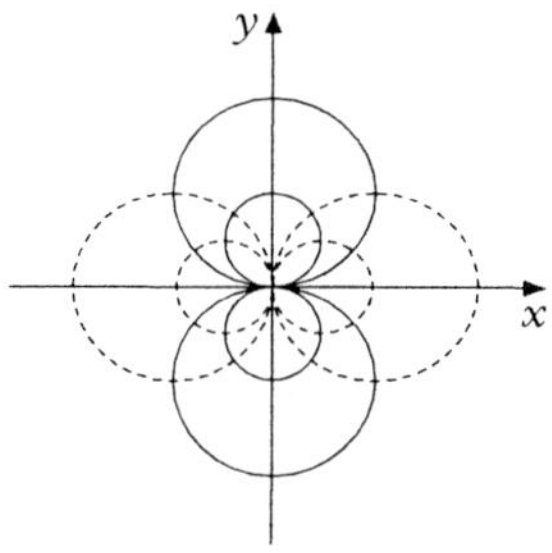

[그림 4.3]

> **정리 4.1** 미분방정식
> $$f(x,\ y,\ y')=0 \tag{2}$$
> 의 적분곡선군의 직교곡선군의 미분방정식은 다음과 같다.
> $$f\left(x,\ y,\ -\frac{1}{y'}\right)=0 \tag{3}$$

증명 곡선군 $F(x,\ y,\ c)=0$에서 미분에 의하여 c를 소거하여 곡선군의 미분방정식이

$$y'=f(x,\ y)$$

이라면, 이 곡선군에 직교하는 곡선군상의 점 $(x,\ y)$에서의 접선의 기울기는 직교조건에서 $-\dfrac{1}{y'}$이므로, 구하는 직교곡선군의 미분방정식은

$$-\frac{1}{y'}=f(x,\ y)\text{에서 } y'=-\frac{1}{f(x,\ y)}$$ ■

예제 4 동심원군 $x^2+y^2=c^2$의 직교곡선군을 구하라.

풀이 준 곡선군의 미분방정식은

$$x+yy'=0$$

따라서 직교곡선군의 미분방정식은 (3)에 의하여

$$x+y\left(-\frac{1}{y'}\right)=0\text{에서 } xy'-y=0$$

이므로, 구하는 직교곡선군은 이 직교곡선군의 미분방정식을 풀어서

$$xy'-y=0\text{에서 } \frac{dy}{y}-\frac{dx}{x}=0,\ \log y-\log x=\log c\text{이므로}$$

$$\frac{y}{x}=c \text{ 또는 } y=cx$$ □

그림 4.4에서 실선으로 표시한 타원군과 점선으로 된 쌍곡선군은 직교계를 이룬다.

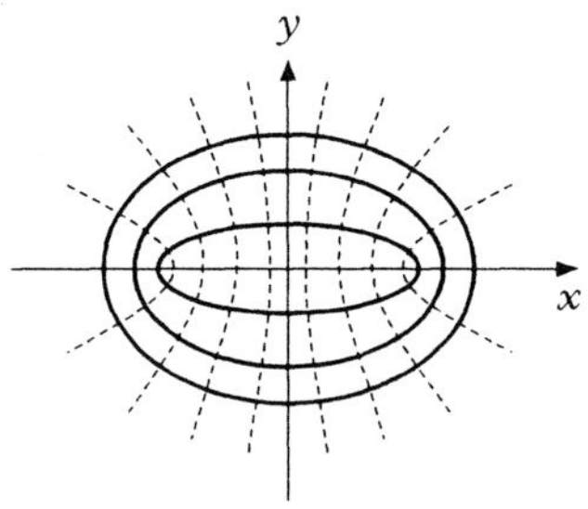

[그림 4.4]

직교계에 관한 이론은 물리학 또는 공학에서의 응용도가 매우 높다. 가령 NS를 N은 북극, S는 남극으로 하는 봉자석(棒磁石)이라 하자. 이 자석 주위에 쇳가루를 뿌리면 그 쇳가루는 그림 4.4와 같이 점선으로 된 곡선과 같이 배열됨을 보게된다. 이 곡선들은 **자력선**이라고 부르고, 이에 직교하는 곡선군(실선부분)을 그리는데, 이 곡선을 **등포텐샬선**이라고 한다. 따라서 자력선과 등포텐샬선은 서로 직교계를 이룬다.

다른 예로서 기상도의 곡선은 각 지방의 관상대에서 보고해온 기압을 같은 것끼리 연결하면 등압선을 얻는다. 이들 등압선에 대한 직교계는 고기압에서 저기압으로 부는 바람의 방향을 나타낸다. 기압 대신 같은 온도를 가진 지점을 연결하면 등온선을 얻는다. 등온선에 대한 직교계는 열이 흐르는 방향을 나타낸다.

곡선군 $f(x, y, y')=0$에 직교하는 직교계의 미분방정식은

$$f\left(x,\ y,\ -\frac{1}{y'}\right)=0$$

이고, 극좌표에서 곡선의 미분방정식이

$$g\left(\rho,\ \theta,\ \frac{d\rho}{d\theta}\right)=0$$

일때, 이 곡선에 직교하는 직교곡선군의 미분방정식은

$$g\left(\rho,\ \theta,\ -\rho^2\frac{d\theta}{d\rho}\right)=0$$

으로 주어진다.

예제 5 쌍곡선군 $xy=c$의 직교곡선군을 구하라.

풀이 주어진 곡선군 $xy=c$의 미분방정식은

$$x\frac{dy}{dx}+y=0$$

이다. 직교곡선의 미분방정식은 $\frac{dy}{dx}$ 대신 $-\frac{dx}{dy}$를 대입하여

$$-x\frac{dx}{dy}+y=0 \text{ 또는 } ydy-xdx=0$$

이것을 적분하여 직교곡선군은 쌍곡선군

$$y^2-x^2=c$$

을 얻는다. □

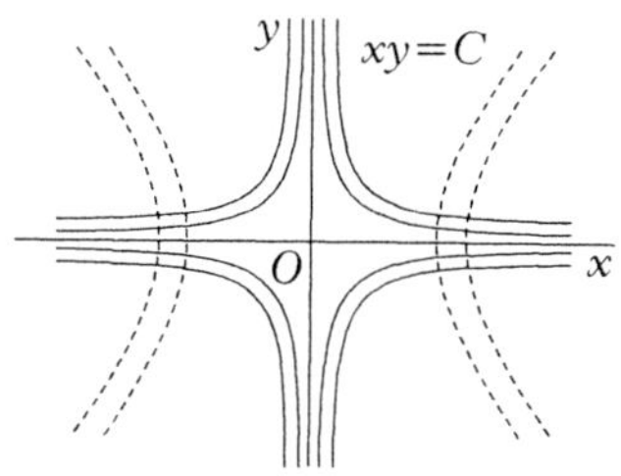

[그림 4.5]

예제 6 곡선군 $x^2+y^2=cx$에 대한 직교곡선군의 방정식을 구하라.

풀이 양변을 x에 관하여 미분하면

$$2x+2yy'=c$$

이것과 주어진 방정식에서 c를 소거하여, 준 곡선군의 미분방정식은

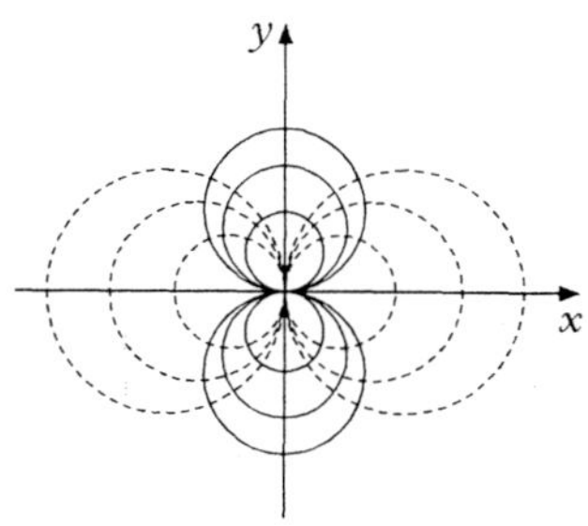

[그림 4.6]

$$x^2+y^2=(2x+2yy')x\text{에서 } y'=\frac{y^2-x^2}{2xy} \quad \cdots ①$$

직교곡선군의 미분방정식은 ①에서 y'대신 $-\frac{1}{y'}$을 대입하여

$$\frac{dy}{dx}=\frac{2xy}{x^2-y^2}$$

이고, 이것은 동차형이므로 $y=vx$로 놓고 풀면 구하는 직교계의 방정식은

$$x^2+y^2=c_1y$$ □

예제 7 포물선군 $(y-1)^2=c(x-2)$의 직교곡선군의 방정식을 구하라.

풀이 포물선군의 미분방정식은 $(y-1)=2(x-2)y'$ 이고, 여기서 y'를 $-\dfrac{1}{y'}$로 바꾸어 놓으면 직교곡선군의 미분방정식으로

$$(y-1)y'=-2(x-2)$$

또는

$$(y-1)dy+2(x-2)dx=0$$

적분하여 구하는 직교곡선군은

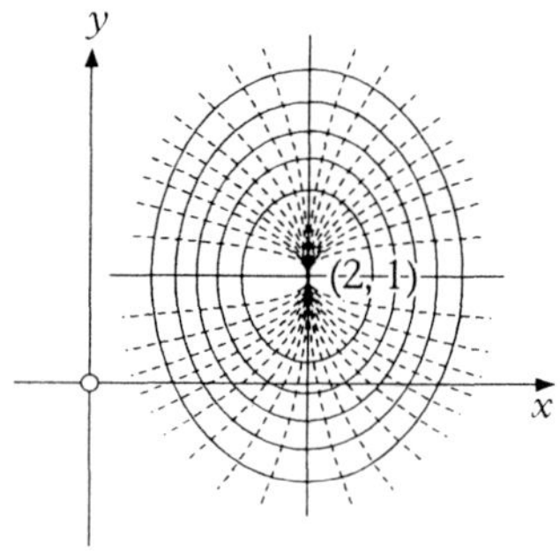

[그림 4.7]

$$\frac{(y-1)^2}{2}+(x-2)^2=c_1$$

이다. 이것은 점 (2, 1)에 중심을 갖고, 위 그림과 같은 타원군이다. 이것은 점 (2, 1)에 중심을 갖고, 직선 $x=2$와 $y=1$을 축으로 갖는 타원군이다. □

예제 8 $y=x+ce^{-x}$에 대한 직교계를 구하고 이들 곡선군 중에서 (0, 3)을 지나는 곡선을 결정하라.

풀이 주어진 방정식을 x에 관하여 미분한

$$y'=1-ce^{-x}$$

과 준방정식에서 c를 소거하면

$$y'=1+x-y$$

따라서 직교계에 대한 미분방정식은

$$\frac{dy}{dx}=\frac{-1}{1+x-y} \text{ 또는 } \frac{dx}{dy}+x=y-1$$

적분인자 $e^{\int dy}=e^y$을 이 방정식의 양변에 곱하고, 적분하면

$$(xe^y)'=e^y(y-1)\text{에서 } xe^y-e^y(y-2)=c_1 \text{ 또는 } x-y+2=c_1e^{-y}$$

점 (0, 3)을 지나는 곡선은 위 방정식에 $x=0$, $y=3$을 대입하여 $c_1=-e^3$이므로 구하는 직교곡선은

$$x-y+2+e^{3-y}=0$$ □

예제 9 심장형의 곡선군 $\rho=c(1+\sin\theta)$의 직교곡선을 구하라.

풀이 준 방정식을 θ에 관하여 미분하면 $\dfrac{d\rho}{d\theta}=c\cos\theta$를 얻고, c에 관해서 풀면

$$c=\frac{1}{\cos\theta}\frac{d\rho}{d\theta}$$

이것을 준방정식의 c에 대입하면, 주어진 곡선군의 미분방정식은

$$\rho=\frac{1+\sin\theta}{\cos\theta}\frac{d\rho}{d\theta}\text{에서 } \frac{d\rho}{d\theta}=\frac{\rho\cos\theta}{1+\sin\theta}$$

직교절선군의 미분방정식은 $\dfrac{d\rho}{d\theta}$ 대신 $-\rho^2\dfrac{d\theta}{d\rho}$를 대입하여

$$-\frac{d\theta}{d\rho}=\frac{\cos\theta}{\rho(1+\sin\theta)} \text{ 또는 } \frac{d\rho}{\rho}+(\sec\theta+\tan\theta)d\theta=0$$

구하는 직교곡선군의 방정식은 위 방정식을 적분하여

$$\log\rho+\log(\sec\theta+\tan\theta)-\log\cos\theta=\log c$$

또는

$$\rho=\frac{c\cos\theta}{\sec\theta+\tan\theta}=\frac{c\cos^2\theta}{1+\sin\theta}=c(1-\sin\theta)$$ □

연습문제 (4.1)

1. 다음 곡선의 방정식을 구하라.
   (1) 차접선의 길이가 일정한 곡선
   (2) 접선의 길이가 일정한 곡선
   (3) 법선의 길이가 y좌표의 제곱에 비례하는 곡선
   (4) 법선의 x절편이 $3x^2$인 곡선
   (5) 법선의 길이가 그 곡선의 x절편과 같은 곡선
   (6) 법선이 늘 원점을 지나는 곡선

2. 다음 각 경우의 곡선의 방정식을 구하라.
   (1) 임의의 점 (x, y)에서의 법선이 원점을 지나는 곡선
   (2) 임의의 점 (x, y)에서의 접선의 기울기가 원점으로부터 그 점까지의 선분의 기울기의 $\frac{1}{2}$인 곡선

3. 포물선군 $y^2=cx$에 대한 직교곡선군의 방정식을 구하라.

4. 두 곡선계 $x^2+4y^2=c_2$과 $y=c_2x^4$은 직교함을 밝혀라.

5. 다음 곡선군의 직교계에서 지시된 점을 지나는 곡선을 구하라.
   (1) $x^2+cy^2=1$ $(2, 1)$　　(2) $x^2=cy+y^2$ $(3, -1)$

6. 두 곡선군 $y^2=c_1x$와 $x^2+ay^2=c_2$가 직교하도록 상수 a를 정하라.

4.2 여러 가지 응용

1 낙하운동

뉴턴에 의하여 처음으로 알려진 운동에 관한 3가지 법칙(운동에 관한 뉴턴의 법칙)은

1. 정지상태에 있는 물체는 정지해 있으려 하고, 움직이는 물체는 외력이 작용하지 않는 한 일정한 속도로 직선운동을 하려고 한다.
2. 시간에 관한 운동량의 변화율은 그 물체에 작용한 힘에 비례하고 작용한 힘과 같은 방향을 갖는다.
3. 모든 운동에는 작용과 반작용이 있다.

제 2 법칙은 물리학을 공부하는 모든 학생에게 잘 알려진 중요한 법칙이다.

움직이는 물체의 운동량은 그 물체의 질량 m에 속도 v를 곱한 것으로 정의된다. 따라서 시간에 관한 운동량의 변화율은

$$\frac{d}{dt}(mv) \tag{1}$$

가 된다. 그러므로 물체에 작용한 힘을 F라 표시하면 뉴턴의 제 2 법칙에 의하여 운동량의 변화율은 작용한 힘 F와 같으므로

$$\frac{d}{dt}(mv)=F \tag{2}$$

가 된다. 만일 m이 상수이면

$$m\frac{dv}{dt}=F \text{ 또는 } ma=F \tag{3}$$

이다. 단, $a=\dfrac{dv}{dt}$는 가속도이다.

예제 1 질량이 m인 물체가 중력에 의하여 정지상태로부터 수직으로 낙하한다. 이 물체의 운동을 나타내는 미분방정식과 그에 부수되는 조건을 구하고 풀어라.

풀이 뉴턴의 운동 제 2 법칙에 의하여

$$m\frac{dv}{dt}=mg \text{ 또는 } \frac{dv}{dt}=g \text{ (중력의 가속도 } g=9.8\text{m/sec}^2\text{)}$$

적분하면

$$v=gt+c_1$$

$t=0$일 때, $v=0$이므로 $c_1=0$에서 $v=gt$이고, $v=\dfrac{dx}{dt}$이므로

$$\frac{dx}{dt}=gt$$

이것을 적분하면

$$x=\frac{1}{2}gt^2+c_2$$

$t=0$일 때, $x=0$이므로 $c_2=0$이므로

$$x=\frac{1}{2}gt^2$$

□

예제 2 낙하산병이 낙하산과 더불어 정지상태로부터 낙하한다. 병사와 낙하산의 무게의 합을 $w$kg라 하고, 낙하중 낙하산은 속도에 비례하는 공기의 저항을 받는다 하자. 병사가 수직으로 낙하한다. 또 낙하할 순간에 낙하산은 동시에 펴진다고 가정할 때 점프한 후 지면에 닿을 때까지의 운동을 설명하라.

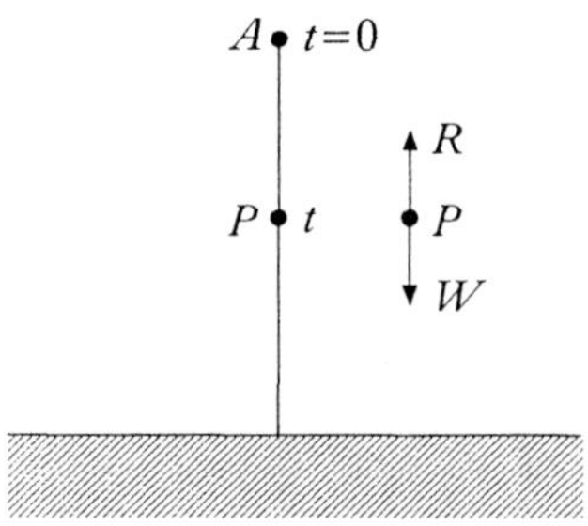

[그림 4.8]

풀이 A를 출발점(원점), AP를 양의 x축이라 하자. 운동에 작용하는 힘은 아래로 작용하는 병사와 낙하산의 무게 w, 그리고 위로 작용하는 공기의 저항 R이다. 따라서 양의 방향으로 작용하는 힘은 $w-R$이고, 저항은 속도에 비례한다고 하였으므로

$$R \propto |v| \text{ 또는 } R=\beta|v| \ (\beta\text{는 비례상수})$$

그러나 운동중 v는 늘 양이므로, Newton의 운동 제 2 법칙 $F=ma$에 의하여

$$\frac{w}{g}\cdot\frac{dv}{dt}=w-\beta v;\ t=0\text{일 때 } v=0$$

변수를 분리하여 적분하면

$$\int \frac{wdv}{w-\beta v}=\int gdt \text{에서} \quad -\frac{w}{\beta}\log(w-\beta v)=gt+c_1$$

$t=0$일 때 $v=0$이므로 $c_1=-\dfrac{w\log w}{\beta}$

$$\therefore \quad -\frac{w}{\beta}\log(w-\beta v)=gt-\frac{w}{\beta}\log w \text{ 또는 } \log\left(\frac{w}{w-\beta v}\right)=\frac{\beta gt}{w}$$

이것을 v에 관해서 풀면

$$\frac{w-\beta v}{w}=e^{-\frac{\beta gt}{w}} \text{에서} \quad v=\frac{w}{\beta}(1-e^{-\frac{\beta gt}{w}})$$

여기서 $t\to\infty$이면 v는 일정한 극한속도 $\dfrac{w}{\beta}$가 됨을 알 수 있다.

$v=\dfrac{dx}{dt}$이므로

$$\frac{dx}{dt}=\frac{w}{\beta}(1-e^{-\frac{\beta gt}{w}})$$

적분하여

$$x=\frac{w}{\beta}\left(t+\frac{w}{\beta g}e^{-\frac{\beta gt}{w}}\right)+c_2$$

그런데 $t=0$일 때 $x=0$이므로 $c_2=-\dfrac{w^2}{\beta^2 g}$이다. 따라서 낙하거리 x는

$$x=\frac{w}{\beta}\left(t+\frac{w}{\beta g}e^{-\frac{\beta gt}{w}}-\frac{w}{\beta g}\right)$$ □

2 화학반응에 관한 문제

화합과정에서 미분방정식이 많이 응용된다. 다음에 몇 가지의 예를 들어보자.

예제 3 한 탱크가 5g의 소금이 용해된 10 ℓ 의 소금물로 채워져 있다. 이 탱크에 1 ℓ 당 3g의 소금이 섞인 소금물이 매 분당 2 ℓ 의 속도로 흘러 들어가고 잘 섞인 후 같은 비율로 흘러나간다.

(1) 임의시간 t에서 탱크 내의 소금의 양을 구하라.

(2) 10분 후에는 얼마만한 소금이 탱크 내에 있겠는가?

(3) 오랜 시간이 지난 후 탱크 내에 남아 있는 소금은 몇 g되겠느냐?

풀이 A를 t분 후에 탱크에 남아 있는 소금양(g)이라 할때, 시간 t에서의 소금량의 변화율 $\dfrac{dA}{dt}$를 다음과 같이 구한다.

$$\frac{dA}{dt}=\text{소금을 얻는 율}-\text{소금을 잃는 율} \quad \cdots \text{①}$$

이다. 그런데 3g/ℓ의 소금물이 2ℓ/분의 속도로 흘러 들어오므로 1분당 얻는 소금의 양은

$$2\ell/\text{분}\cdot 3\text{g}/\ell=6\text{g}/\text{분} \quad \cdots \text{②}$$

이 되고, 흘러나가는 소금의 양은

$$A\text{g}/10\ell\cdot 2\ell/\text{분}=A\text{g}/5\text{분}=\frac{A}{5}\text{g}/\text{분} \quad \cdots \text{③}$$

따라서 ②, ③을 ①에 대입하여

$$\frac{dA}{dt}=6-\frac{A}{5} \quad \cdots \text{④}$$

를 얻고, 처음에 5g의 소금이 탱크 안에 있었으므로 $t=0$일 때 $A=5$이다. ④를 변수분리하여 적분하면

$$\int\frac{dA}{30-A}=\int\frac{dt}{5} \quad \text{또는} \quad -\log(30-A)=\frac{t}{5}+c$$

$t=0$일 때 $A=5$이므로 $c=-\log 25$, 따라서

$$-\log(30-A)=\frac{t}{5}-\log 25,\ \log\frac{30-A}{25}=-\frac{t}{5}$$

$$\therefore\ A=30-25e^{-\frac{t}{5}}$$

10분 후의 탱크 안의 소금의 양은 $t=10$을 대입하여

$$A=30-25e^{-2}\approx 26.6\text{g}$$

$$A\to 30\text{g}\ (t\to\infty\text{때})$$

□

예제 4 두 가지 화합물 A와 B가 반응하여 화합물 C를 생성한다. C를 생성하는 율은 A와 B의 현존량의 곱에 비례한다. C가 생성되기 위하여는 B의 매 g당 A가 2g 필요하다. 처음에 10g의 A와 20g의 B가 있었다. 20분 동안에 6g의 C가 생성되었다고 하고, 임의시간 t에서의 C의 양을 구하라.

풀이 t시간 동안에 생성된 C의 양을 xg라면, C의 생성률은 $\frac{dx}{dt}$이고, xg의 C를 생성하려면 $\frac{2x}{3}$g의 A와 $\frac{x}{3}$g의 B가 소요되므로 xg의 C가 생성되었을 때, A의 남는 양은 $10-\frac{2x}{3}$이고, B의 남는 양은 $20-\frac{x}{3}$이므로

$$\frac{dx}{dt}=k'\left(10-\frac{2x}{3}\right)\left(20-\frac{x}{3}\right) \quad (k'\text{는 비례상수})$$

또는

$$\frac{dx}{dt}=k(15-x)(60-x) \quad (k\text{는 다른 비례상수})$$

$t=0$일 때 C는 생성되지 않았으므로 $x=0$, $t=\frac{1}{3}$일 때 $x=6$이다.

변수를 분리하여 적분하면

$$\int\frac{dx}{(15-x)(60-x)}=\int kdt=kt+c_1$$

$$\int\frac{dx}{(15-x)(60-x)}=\int\frac{1}{45}\left(\frac{1}{15-x}-\frac{1}{60-x}\right)dx=\frac{1}{45}\log\left(\frac{60-x}{15-x}\right)$$

이므로
$$\frac{1}{45}\log\left(\frac{60-x}{15-x}\right)=kt+c_1 \text{ 또는 } \frac{60-x}{15-x}=ce^{45kt}$$

초기조건 $t=0$일 때 $x=0$이므로 $c=4$이다. 따라서

$$\frac{60-x}{15-x}=4e^{45kt}$$

또 $t=\frac{1}{3}$일 때 $x=6$이므로 $e^{15k}=\frac{3}{2}$이다. 따라서

$$\frac{60-x}{15-x}=4(e^{15k})^{3t}=4\left(\frac{3}{2}\right)^{3t}$$

이것을 x에 관하여 풀면

$$x=\frac{15\left[1-\left(\frac{2}{3}\right)^{3t}\right]}{1-\frac{1}{4}\left(\frac{2}{3}\right)^{3t}}$$

를 얻는다. 위 식에서 $t\to\infty$일 때는 $x\to 15\text{g}$가 된다. □

3 성장과 감쇠에 관한 응용

미분방정식 $\frac{dy}{dt}=ky$는 y의 시간 t에 관한 변화율이 y에 비례함을 의미한다. 많은 분야의 현상이 이와 같은 방정식으로 나타내어진다. 몇 가지 중요한 경우를 다음에 열거한다. 단, k는 상수이다.

(1) 임의시간 t에서의 방사능 물질의 분해 속도는 남아 있는 양에 비례한다. 즉

$$\frac{dy}{dt}=ky$$

단, y는 시간 t에서의 남아있는 방사능 물질의 현존하는 양이고, k는 비례상수이다.

(2) 금리의 시간에 대한 증가율은 그 시간에서의 현존하는 금액에 비례한다. 즉

$$\frac{ds}{dt}=ks$$

단, s는 시간 t에서의 현금이다.

(3) 이상적 조건하에서의 세균 또는 인구 N의 증가율은

$$\frac{dN}{dt}=kN$$

인 관계가 있다.

(4) 어떤 물체의 온도 T의 시간에 관한 변화율은 그 물체의 온도 T와 주위의 공기의 온도 T_0의 차에 비례한다. 즉

$$\frac{dT}{dt}=k(T-T_0) \text{ (뉴턴의 냉각법칙)}$$

예제 5 한 나라의 인구가 50년 동안에 2배로 증가한다면, 인구 증가가 인구수에 비례한다는 가정하에 3배로 증가하려면 몇 년이 걸리는가?

풀이 y를 t년째에 있어서의 인구, y_0을 $t=0$일 때의 인구수를 나타낸다면

$$\frac{dy}{dt}=ky \text{ 또는 } \frac{dy}{y}=kdt, \text{ (}k\text{는 비례수)} \quad \cdots ①$$

①식을 적분해서

$$\log y=kt+\log c \text{ 또는 } y=ce^{kt} \quad \cdots ②$$

$t=t_0$에서 $y=y_0$이라면 ②에서

$$c=y_0\text{이므로 } y=y_0e^{kt} \quad \cdots ③$$

$t=50$일 때 $y=2y_0$이므로 ③에서

$$2y_0=y_0e^{50k}\text{이므로 } e^{50k}=2 \quad \cdots ④$$

$y=3y_0$일 경우에는 ③에서 $3y_0=y_0e^{kt}$이므로 $e^{kt}=3$

따라서 $3^{50}=e^{50kt}=(e^{50k})^t=2^t$ ∴ $t=50\log_2 3=79$년 □

[별해] $t=0$일 때, $y=y_0$, $t=50$일 때, $y=2y_0$이라면 $\dfrac{dy}{dt}=ky$에서

$$\int_{y_0}^{2y_0}\frac{dy}{y}=k\int_0^{50}dt,\ \log 2y_0-\log y_0=50k\text{이므로 } 50k=\log 2 \quad \cdots\cdots ⑤$$

$t=0$일 때, $y=y_0$, $t=t$일 때, $y=3y_0$이라면

$$\int_{y_0}^{3y_0}\frac{dy}{y}=k\int_0^{t}dt\text{에서}\quad \log 3=kt \quad \cdots\cdots ⑥$$

⑤, ⑥에서 $50\log 3=50kt=t\log 2$ $\therefore$ $t=\dfrac{50\log 3}{\log 2}=79$(년)

또는 ①에서 $k=\dfrac{1}{50}\log 2$이므로 ②에서 $\dfrac{t}{50}\log 2=\log 3$이고, $t=79$(년)

예제 6 실험에 의하면 어떤 시간 t에서의 라디움의 분해속도는, 그 때의 현존하는 양에 비례한다. 만일 12년 동안에 라디움의 0.5%가 없어진다고 할 때, 라디움의 반이 없어지려면, 몇 년 걸리겠는가?

풀이 t년 후의 라디움의 양을 y라면

$$\frac{dy}{dt}=ky \quad (k\text{는 비례상수})$$

변수를 분리하여 적분하면

$$\int\frac{dy}{y}=k\int dt\text{에서 } \log y=kt+\log c$$

$$\therefore\ y=ce^{kt}$$

$t=0$일 때 $y=N$이라면 $c=N$이므로

$$y=Ne^{kt}$$

$t=12$일 때 $y=0.995N$이므로

$$0.995N=Ne^{12k}\ \therefore\ e^{12k}=0.995,\ e^k=0.995^{\frac{1}{12}}$$

$$\therefore\ y=Ne^{kt}=N(0.995)^{\frac{t}{12}}$$

또 $y=\dfrac{N}{2}$이라면 $\dfrac{N}{2}=N(0.995)^{\frac{t}{12}}$에서 $\dfrac{1}{2}=0.995^{\frac{t}{12}}$

양변에 로그를 취하면

$$-\log 2=\frac{t}{12}\log 0.995\ \therefore\ t=12\left(\frac{-\log 2}{\log 0.995}\right)\approx 1660\text{년}$$

□

예제 7 물을 끓는 온도 100℃까지 가열한 다음 일정한 온도를 유지하는 방안에 들어 놓았더니 3분 후의 물의 온도가 90℃로 되었다.

(1) 6분 후의 물의 온도를 구하라.

(2) 물의 온도가 75℃가 되는 시간을 구하라.

풀이 60℃의 방에 넣어서 t분 후의 물의 온도를 T℃라면, 물의 온도의 시간에 관한 변화율 $\frac{dT}{dt}$는 물의 온도와 방의 온도의 차 $T-60$에 비례하므로

$$\frac{dT}{dt}=k(T-60) \quad (k\text{는 비례상수})$$

$t=0$일 때 $T=100$℃, $t=3$분일 때 $T=90$℃이다.

변수를 분리하여 적분하면

$$\int\frac{dT}{T-60}=\int kdt,\ \text{곧}\ \log(T-60)=kt+c_1$$

또는 $$T=60+ce^{kt}$$

$t=0$일 때 $T=100$이므로 $100=60+ce^0$에서 $c=40$

$$\therefore\ T=60+40e^{kt}$$

$t=3$일 때 $T=90$이므로 $90=60+40e^{3k}$이고, $e^{3k}=\frac{3}{4}$, $e^k=\left(\frac{3}{4}\right)^{\frac{1}{3}}$에서

$$T=60+40\left(\frac{3}{4}\right)^{\frac{t}{3}}$$

$t=6$일 때, $T=60+40\left(\frac{3}{4}\right)^{\frac{6}{3}}=82.5$

$T=75$일 때, $75=60+40\left(\frac{3}{4}\right)^{\frac{t}{3}}$에서 $\left(\frac{3}{4}\right)^{\frac{t}{3}}=\frac{3}{8}$

로그를 취하여 $\frac{t}{3}\log\frac{3}{4}=\log\frac{3}{8}$에서 $t=10.2$(분) □

예제 8 온도가 30°인 공기 중에서 100°인 물체가 15분 동안에 70°로 냉각되었다면, 온도가 40°로 되는데 몇 분이 걸리겠는가?

풀이 t분일 때의 물체의 온도를 T라 하면

$$\frac{dT}{dt}=-k(T-30)\ \text{또는}\ \frac{dT}{T-30}=-kdt$$

$t=0$일 때, $T=100$, $t=15$일 때 $T=70$이므로

$$\int_{100}^{70}\frac{dT}{T-30}=-k\int_0^{15}dt,\ \log 40-\log 70=-15k$$

여기서

$$15k=\log\frac{7}{4}=0.56 \qquad \cdots ①$$

$t=0$일 때, $T=100$, $t=t$일 때 $T=40$이라면

$$\int_{100}^{40}\frac{dT}{T-30}=-k\int_{0}^{t}dt,\ \log 10-\log 70=-kt\text{에서 } 15kt=15\log 7 \quad \cdots ②$$

①, ②에서 t를 구하면

$$15kt=0.56t=15\log 7\text{에서 } t=\frac{15\log 7}{0.56}=52(\text{분})$$ □

4 전기회로에 관한 응용

회로를 한 바퀴 도는 동안의 전압강하의 대수적 합은 영이다. 다시 말하면 공급된 전압(기전압)은 전력강하의 합과 같다.

회로 내의 요소는 보통 다음과 같이 표시한다.

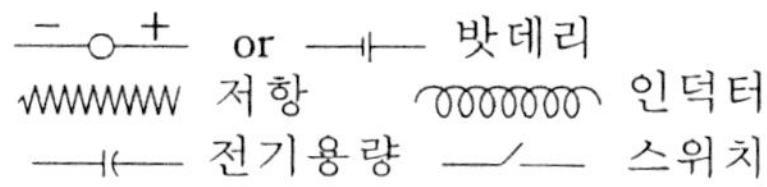

[그림 4.9]

예를 들면 공급된 전압이 E(전지 또는 발전기)이고, 저항 R, 인덕터 L을 [그림 4.10]과 같이 연결한 직렬회로를 생각해보자. 편의상 전류는 전지가 발전기의 +단자에서 [그림 4.10]에 표시된 것과 같이 회로를 통하여 −단자로 흐른다고 생각한다.

그러면 Kirchhoff의 법칙에 의하여 공급된 전압 E는 인덕터에서 전압 강하 $L\dfrac{dI}{dt}$와 저항에서의 전압 강하 RI의 합과 같으므로

$$L\frac{dI}{dt}+RI=E \tag{4}$$

를 얻는다.

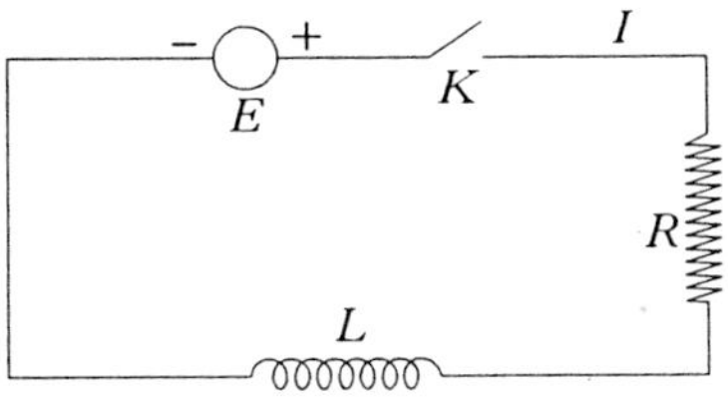

[그림 4.10]

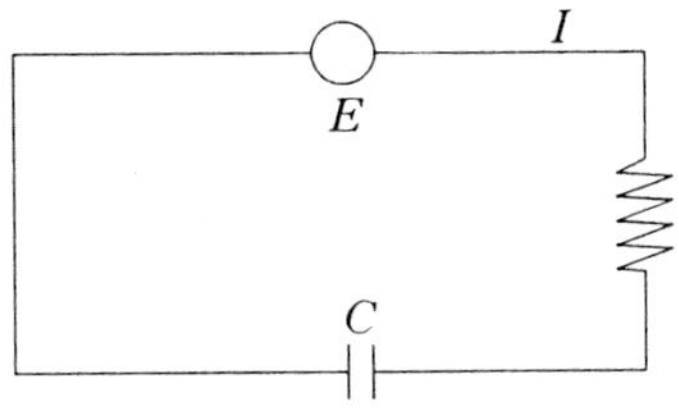

[그림 4.11]

다른 예로 전지 또는 발전기 E, 저항 R, 그리고 카페시터 C를 [그림 4.11]과 같이 연결한 직렬회로를 생각해 보자. 저항에서의 전압강하는 RI이고 카페시터에서의 전압강하는 q/C니까 Kirchhoff의 법칙에 의하여

$$RI+\frac{q}{C}=E \tag{5}$$

가 된다. $I=\dfrac{dq}{dt}$이므로 (5)는

$$R\frac{dq}{dt}+\frac{q}{C}=E$$

가 되어 전하 q에 관한 미분방정식으로 나타내진다.

예제 9 100volt의 기전력을 가진 발전기가 10ohm의 저항과 2henry의 인덕터와 함께 직렬회로에 연결되어 있다. $t=0$일 때 스위치가 넣어졌다 하고 전류에 관한 미분방정식을 만들어라. 그리고 시간 t에서의 전류를 구하라.

풀이 물리적 다이어그램은 다음과 같다.

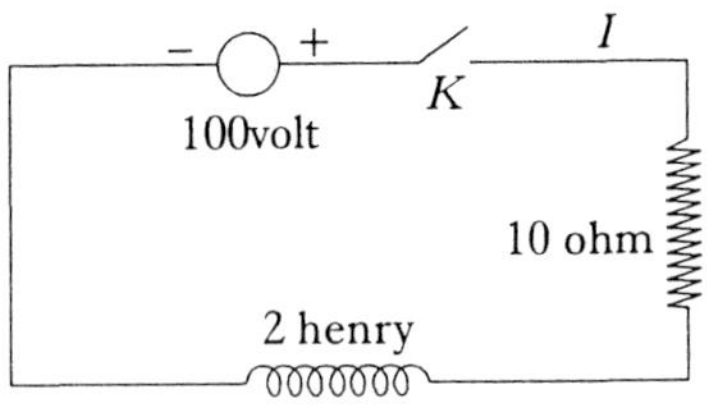

[그림 4.12]

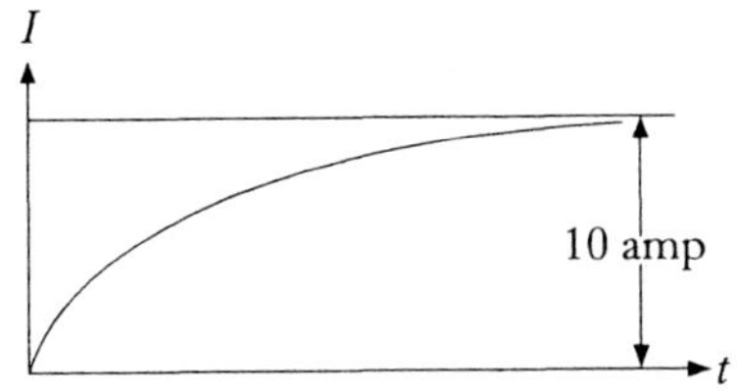

[그림 4.13]

공급된 전압은 100volt, 저항에서의 전압강하 RI는 $10I$와 인덕터에서의 전압강하는 $L\dfrac{dI}{dt}=2\dfrac{dI}{dt}$이다. 따라서 Kirchhoff의 법칙에 의하여 미분방정식

$$100=10I+2\frac{dI}{dt} \text{ 또는 } \frac{dI}{dt}+5I=50 \cdots ①$$

을 얻는다. 그리고 $t=0$일 때 스위치가 넣어졌으므로 $t=0$에서 $I=0$이 된다. 오른쪽 그림은 스위치 K를 닫았을 때, 시간에 따른 전류의 변화를 나타낸 것이다. 방정식 ①은 1계선형방정식이고 적분인자가 e^{5t}이다. 이것을 ①에 곱하여

$$\frac{dI}{dt}(e^{5t}I)=50e^{5t}\text{에서 } e^{5t}I=10e^{5t}+c\text{이므로} \qquad I=10+ce^{-5t}$$

그런데 $t=0$일 때 $I=0$에서 $c=-10$이므로 $\qquad I=10(1-e^{-5t})$

예제 10 예제 1에서 100volt의 기전력을 가진 발전기 대신에 $20\cos 5t$ volt의 기전력을 가진 발전기를 설치했을 때, 전류에 관한 미분방정식을 구하고 풀어라.

풀이 앞 예제와의 차이는 다만 기전력이 100 대신에 $20\cos 5t$이므로 구하는 방정식은

$$10I+2\frac{dI}{dt}=20\cos 5t \text{ 또는 } \frac{dI}{dt}+5I=10\cos 5t \cdots ①$$

이 방정식의 적분인자 e^{5t}를 ①의 둘째 방정식에 곱하면

$$\frac{d}{dt}(e^{5t}I)=10e^{5t}\cos 5t$$

적분하면

$$e^{5t}I=10\int e^{5t}\cos 5t\,dt=e^{5t}(\cos 5t+\sin 5t)+c$$

또는

$$I=\cos 5t+\sin 5t+ce^{-5t}$$

그런데 $t=0$일 때 $I=0$이므로 $c=-1$

$$\therefore\ I=\cos 5t+\sin 5t-e^{-5t}$$ □

연습문제 (4.2)

1. 질량 25g의 물체가 중력에 의하여 낙하한다.
   (1) 운동에 관한 미분방정식과 초기조건을 구하라.
   (2) 운동을 시작해서 3초 후의 낙하거리와 속도를 구하라.

2. 질량 200g의 물체를 초속도 2450cm/sec로 수직상방으로 던진다.
   (1) 운동을 시작해서 2초와 4초 후의 출발점으로부터 물체까지의 거리 및 속도를 구하라.
   (2) 최고 높이에 이르는 시간과 거리를 구하라.
   (3) 2초와 4초 후의 총운동거리는 각각 얼마인가?

3. 질량 0.2g의 기름방울이 공중에서 정지상태로부터 떨어진다. 40cm/sec의 속도에 대한 공기의 저항이 160dyne이라 하고, 공기의 저항은 순간속도에 비례한다.
   (1) 속도와 운동거리를 시간 t의 함수로 구하라.

(2) 극한속도를 구하라.

4. 병사와 낙하산의 무게의 합은 200lb이고, 낙하산이 열리는 순간, 병사는 수직하방으로 40ft/sec의 속도로 낙하한다. 공기에 의한 저항이 순간속도에 비례하고 속도 20ft/sec일 때의 공기의 저항이 80lb이라 한다.
   (1) 극한속도를 구하라.
   (2) 임의시간 t에서의 속도와 위치를 구하라.

5. 탄환을 지구표면에서 이탈속도 만한 초속도 v_0로 수직상방으로 발사하였다. 달이나 그 외의 유성에 의한 영향을 무시하고
   (1) 발사점으로부터의 거리가 r인 곳에서의 탄환의 속도는

$$v=\sqrt{\frac{2gR^2}{r+R}} \quad (R\text{은 지구의 반지름})$$

   임을 밝혀라.

6. 연리 5%로 복리이자계산을 할 때에 원리합계가 원금의 2배가 되는 데 몇 년 걸리겠는가?

7. 이제부터 얼마의 금액에 4%의 복리를 붙이면 10년 후에 월수입 80만원이 되는가?

8. 효모배양에서 실제 발효의 양은 현존하는 양에 비례한다. 한 시간에 2배로 증가하였다면 $2\frac{3}{4}$시간 뒤에는 본래 수의 몇 배로 증가되겠는가?

9. 라디움의 반감기(최초량의 반이 분해되는 기간)가 1700년이라 할 때, 50년, 100년 후에는 몇 %의 라디움이 남겠는가?

10. 배양하고 있는 박테리아의 수효는 300,000마리이다. 5시간 사이에 10% 증가하였다. 2배로 증가하려면, 얼마나 시간이 걸리겠는가?

11. 피자파이를 340°F의 방에서 꺼내어 70°F의 용기에 넣었다. 반시간만에 피자파이의 온도는 150°F가 되었다. 언제 이것이 100°F가 되겠는가?

12. 정6면체의 얼음이 20분 간에 반이 녹았다. 언제 $\frac{9}{10}$가 녹을 것인가?

13. 해면상의 압력과 고도 1,000ft의 압력은 각각 14.7lb/in^{2}과 14.0lb/in^{2}이다. 이제

기구가 70,000ft 상승하면 그 고도에서 압력은 얼마나 되겠는가?

14. 탱크가 순수한 물 40 ℓ로 채워져 있다. 이 탱크에 ℓ당 1g의 소금을 함유하는 소금물이 1분간에 2 ℓ씩 흘러 들어오고, 잘 섞여진 다음 같은 율로 흘러나간다.
(1) 임의시간 t에서의 탱크 안의 소금양을 구하라.
(2) 탱크 안에서 흘러나가는 물은 언제 ℓ당 $\frac{1}{2}$g의 소금을 함유하겠는가?

15. 물에 60g의 소금을 녹여서 만든 소금물 100 ℓ가 들어있는 탱크가 있다. 소금물 1 ℓ당 1g의 소금이 들어있는 소금물이 매 분 2 ℓ씩 부어진다. 혼합액은 균일하게 섞여지고, 매 분 3 ℓ씩 분출된다. 1시간 뒤에 탱크 내에 남아 있는 소금의 양을 구하라.

16. 화합물 A가 B로 변하고 있다. B가 생성되는 율은 A의 양에 비례한다고 한다. 만일 최초에 10g의 A가 있었고, 한 시간 동안에 3g이 B로 변했다고 하면
(1) 2, 3 및 4시간 후에는 얼마만한 A가 B로 변하겠는가?
(2) 얼마 후에 75%의 A가 B로 변하겠는가? (이와 같은 반응을 일차반응이라고 한다.)

17. 화합물 A와 B가 반응하여 화합물 C를 생성하고 있다. C가 생성되는 율은 A와 B의 현재량의 곱에 비례한다고 한다. 그리고 C가 생성되기 위하여는 매 2g의 B당 3g의 A가 필요하다. 만일 최초의 A 및 B의 양이 각각 60g이었고, 1시간 동안에 15g의 C가 생성되었다.
(1) 임의시간 t에서의 C의 생성률은 얼마인가?
(2) 2시간 후의 C의 생성률은 얼마인가?
(3) 생성될 수 있는 C의 최대량은 얼마인가?

18. $t=0$일 때 기전력 20volt가 2henry의 inductor와 40ohm의 저항이 달린 직렬회로에 연결되었다. 만일 $t=0$일 때 전류가 영이라면 임의시간 t에서의 전류는 어떻게 되는가?

19. 기전력을 $100\sin 10t$라 하고 위의 문제를 풀어라.

20. 감쇠기전력 $E=200e^{-5t}$이 20ohm의 저항과 0.01 farad의 capacitor와 함께 직렬로 연결되어 있다. $t=0$일 때 $q=0$이라 가정하고 임의시간 t에서의 전하와 전류를 구하라. 전하가 최대에 달함을 밝히고 그 양을 계산하라. 또한 전하가 최대에 달

하는 시간을 구하라.

21. 5×10^{-3}farad의 capacitor가 25ohm의 저항과 50volt의 기전력과 함께 직렬회로에 연결되어 있으며 $t=0$일 때 스위치가 넣어졌다. $t=0$에서의 전류와 전하가 영이라 하고 임의시간 t에서의 전하와 전류를 구하라.

22. 한 회로에 4ohm의 저항 및 1henry의 inductor가 기전력 $100e^{-4t}\cos 50t$ $(t\geq0)$와 함께 직렬로 연결되어 있다. $t=0$일 때 $I=0$이라 하고 $I(t)$를 구하라.

제 5 장

고계선형미분방정식

5.1 2계선형미분방정식의 해의 구성

1 2계선형미분방정식

[1] 2계제차미분방정식의 해의 구성

2계선형미분방정식

$$P(x)\frac{d^2y}{dx}+Q(x)\frac{dy}{dx}+R(x)y=S(x) \tag{1}$$

에서 $S(x)=0$일 때 방정식 (1)을 **제차**이라 하고, $S(x)\neq0$일 때 방정식 (1)을 **비제차**라 한다.

> **정리 5.1** $y_1(x)$와 $y_2(x)$가 제차방정식 (1)의 해이면, $y(x)=c_1y_1(x)+c_2y_2(x)$도 또한 제차방정식 (1)의 해이다.

증명 $y_1(x)$와 $y_2(x)$가 제차방정식 $p(x)y''+Q(x)y'+R(x)y=0$의 해이면

$$P(x)y_1''+Q(x)y_1'+R(x)y_1=0,\ P(x)y_2''+Q(x)y_2'+R(x)y_2=0$$

이고 $c_1y_1(x)$, $c_2y_2(x)$도 이 제차미분방정식의 해이다. 이 제차미분방정식에서 y대신 $c_1y_1(x)+c_2y_2(x)$를 대입하면

$$\begin{aligned}
&P(x)y''+Q(x)y'+R(x)y \\
&=P(x)(c_1y_1+c_2y_2)''+Q(x)(c_1y_1+c_2y_2)'+R(x)\ (c_1y_1+c_2y_2) \\
&=P(x)(c_1y_1''+c_2y_2'')+Q(x)(c_1y_1'+c_2y_2')+R(x)\ (c_1y_1+c_2y_2) \\
&=c_1[P(x)y_1''+Q(x)y_1'+R(x)y_1]+c_2[P(x)y_2''+Q(x)y_2'+R(x)y_2] \\
&=c_1(0)+c_2(0)=0
\end{aligned}$$

따라서 $y=c_1y_1+c_2y_2$도 이 제차미분방정식의 해이다.

$c_1y_1+c_2y_2$를 y_1과 y_2의 **1차 결합**이라 한다. 따라서 2계미분방정식에서 $y_1(x)$와 $y_2(x)$가 해이면, 그의 1차 결합 $c_1y_1(x)+c_2y_2(x)$도 해이다. ■

[2] 1차 독립과 1차 종속

어떤 구간에서 정의된 n개의 함수

$$y_1(x),\ y_2(x),\ \cdots,\ y_n(x)$$

가 있을 때, 이 구간에서 모두는 0이 아닌 상수 c_1, c_2, $\cdots$, c_n(어떤 c_i는 0이 아니다)에 대하여

$$c_1y_1(x)+c_2y_2(x)+c_ny_n(x)=0$$

이 되도록 할 수 있다면 이들 n개의 함수 $y_1(x)$, $y_2(x)$, $\cdots$, $y_n(x)$를 이 구간에서 **일차종속**이라 한다.

만일 n개의 상수 c_1, c_2, $\cdots$, c_n에 대하여 윗식이 항등적으로 성립하기 위해서는

$$c_1=c_2=\cdots=c_n=0$$

일 때에 한다면 n개의 함수 $y_1(x)$, $y_2(x)$, $\cdots$, $y_n(x)$를 이 구간에서 1차독립이라 한다.

$y_1(x)$과 $y_2(x)$가 1차 독립이라는 것은 y_1이 y_2에 어떤 상수를 곱한 것이 아니라는 것이다. 예컨데, $y_1(x)=x^2$, $y_2(x)=3x^2$은 1차 종속이고, $y_1(x)=e^x$과 $y_2(x)=xe^x$은 1차 독립이다.

$y_1(x)$과 $y_2(x)$가 1차 독립이면 c_1, c_2가 동시에 0이 아닌 한 $c_1y_1+c_2y_2\neq0$이다.

$$\begin{cases} c_1y_1+c_2y_2\neq0 \\ c_1y_1'+c_2y_2'\neq0 \end{cases} \text{에서} \quad W(y_1,\ y_2)=\begin{vmatrix} y_1 & y_2 \\ y_1' & y_2' \end{vmatrix}\neq0 \tag{2}$$

이것은 $y_1(x)$과 $y_2(x)$의 1차 독립인 조건이다.

이 식을 y_1과 y_2의 Wonskian이라 하고, 기호 $W(y_1,\ y_2)$로 나타낸다.

일반적으로 n계 선형제차방정식에도 이들 사실이 확장 적용된다.

정리 5.2 어떤 구간에서 n개의 함수 $y_1(x)$, $y_2(x)$, $\cdots$, $y_n(x)$가 일차종속이면 그 구간에서 $W(y_1, y_2, \cdots, y_n)$은 항등적으로 0이다.

증명 증명 가정에 의하여

$$c_1y_1(x)+c_2y_2(x)+\cdots+c_ny_n(x)=0 \tag{3}$$

이 성립할때, 더욱 c_1, c_2, $\cdots$, c_n가운데 적어도 하나는 0이 아니다.

이 식을 차례로 n-1회 미분하면

$$\begin{cases} c_1y_1'(x)+c_2y_2'(x)+\cdots+c_ny_n'(x)=0 \\ c_1y_1''(x)+c_2y_2''(x)+\cdots+c_ny_n''(x)=0 \\ \cdots\cdots\cdots\cdots\cdots\cdots \\ c_1y_1^{(n-1)}(x)+c_2y_2^{(n-1)}(x)+\cdots+c_ny_n^{(n-1)}(x)=0 \end{cases} \tag{4}$$

여기서 c_1, c_2, $\cdots$, c_n을 소거하면

$$W(y_1, y_2, \cdots, y_n)=\begin{vmatrix} y_1(x) & y_2(x) & \cdots & y_n(x) \\ y_1'(x) & y_2'(x) & \cdots & y_n'(x) \\ \vdots & \vdots & \cdots & \vdots \\ y_1^{(n-1)}(x) & y_2^{(n-1)}(x) & \cdots & y_n^{(n-1)}(x) \end{vmatrix}=0 \tag{5}$$

이 된다. 이 경우 어떤 c_i가 0이 아니라면, (4)식에서 얻는 식 $c_iW(y_1, y_2, \cdots, y_n)=0$은 $c_i\neq0$이라도 $W(y_1, y_2, \cdots, y_n)=0$이므로 성립한다. 따라서 $W=0$은 y_1, y_2, $\cdots$, y_n이 1차 종속인 조건이다. ■

이 정리의 대우로서 다음 정리가 성립한다.

정리 5.3 n개의 함수 $y_1(x)$, $y_2(x)$, $\cdots$, $y_n(x)$의 $W(y_1, y_2, \cdots, y_n)$가 어떤 구간의 적어도 한 점에서 0이 아니면 그 점에서 (4)가 성립하기 위하여는 모든 $c_i(i=1, 2, \cdots, n)$가 0이어야 하므로, 이들 n개의 함수는 일차독립이다.

[보기 1] 함수 e^x와 e^{-x}는 일차독립이다. 이것을 밝히기 위해서, 식 $c_1e^x+c_2e^{-x}=0$을 생각한다. 이것을 미분해서 $c_1e^x-c_2e^{-x}=0$을 얻는다. 이 두 식을 c_1과 c_2에 관해서 연립하여 풀 때 $c_1W=0$, $c_2W=0(W\neq0)$에서 $c_1=c_2=0$을 얻기 때문에 e^x과 e^{-x}은 1차 독립이다.

일반적으로 2개의 함수 $y_1(x)$와 $y_2(x)$에 대하여

$$\frac{y_1(x)}{y_2(x)} \neq \text{상수} \ (y_2(x) \neq 0) \ \text{또는} \ \frac{y_2(x)}{y_1(x)} \neq \text{상수} \ (y_1(x) \neq 0)$$

일 때에 한하여, $y_1(x)$나 $y_2(x)$는 1차 독립이다.

가령 다음에 나타난 함수들은 1차 독립이다.

(1) x^m과 x^n $(m \neq n)$　　(2) $e^{\alpha x}$와 $e^{\beta x}$ $(\alpha \neq \beta)$

(3) $\cos x$와 $\sin x$　　(4) $e^{\alpha x}$와 $xe^{\alpha x}$

(5) $1, x, x^2, \cdots, x^n$　　(6) $e^{\alpha x}, xe^{\alpha x}, \cdots, x^n e^{\alpha x}$

[보기 2] 함수 e^x, $2e^x$와 e^{-x}는 일차종속이다. 왜냐하면 $c_1=2$, $c_2=-1$, $c_3=0$일 때 $c_1e^x+2c_2e^x+c_3e^{-x}=2e^x-2e^x+0e^{-x}=0$으로 되기 때문이다.

[3] n계 선형제차미분방정식의 해의 구성

n계의 일반선형배분방정식

$$y^{(n)}+p_1(x)y^{(n-1)}+\cdots+p_{n-1}(x)y'+p_n(x)y=Q(x) \tag{6}$$

는 역학, 물리학에서 자주 나타나는 미분방정식이다. (6)에서 $Q(x)=0$일 때, 즉

$$y^{(n)}+p_1(x)y^{(n-1)}+\cdots+p_{n-1}(x)y'+p_n(x)y=0 \tag{7}$$

은 주어진 미분방정식 (6)에 대한 n계선형제차방정식이다.

정리 5.4 만일 $y_1(x), y_2(x), \cdots, y_n(x)$가 다음 제차방정식

$$L(y) \equiv y^{(n)}+p_1(x)y^{(n-1)}+\cdots+p_{n-1}(x)y'+p_n(x)y=0$$

의 n개의 해이면, $c_1, c_2, \cdots, c_n$이 임의의 상수인 경우

$$y(x)=c_1y_1(x)+\cdots+c_ny_n(x)$$

도 $L(y)=0$의 해이다.

증명

$$L(y)=L(c_1y_1+c_2y_2+\cdots+c_ny_n)=c_1L(y_1)+c_2L(y_2)+\cdots+c_nL(y_n)$$

에서 $L(y_1)=0, \cdots, L(y_n)=0$이므로 $L(y)=0$ 따라서 $y=\sum c_iy_i$는 해가 된다.

일반적으로 n계제차미분방정식의 일반해는 우선 n개의 일차독립인 해를 구해서 다음 정리에 의하여 일반해를 구한다.

> **정리 5.5** n계선형제차미분방정식
>
> $$y^{(n)}+p_1(x)y^{(n-1)}+\cdots+p_n(x)y=0$$
>
> 에 대하여 n개의 해 $y_1(x)$, $y_2(x)$, $\cdots$, $y_n(x)$가 1차 독립이면
>
> $$y=c_1y_1(x)+c_2y_2(x)+\cdots+c_ny_n(x)$$
>
> 는 그의 일반해이다. 단, c_1, c_2, $\cdots$, c_n은 임의상수이다.

예제 1 $y=e^x$, $y=xe^x$, $y=x^2e^x$와 $y=e^{-2x}$은 $\dfrac{d^4y}{dx^4}-\dfrac{d^3y}{dx^3}-3\dfrac{d^2y}{dx^2}+5\dfrac{dy}{dx}-2y=0$의 1차독립이 해임을 밝히고, 일반해를 구하라.

풀이 $y=e^x$, $y=e^{-2x}$ 및 $y=xe^x$ $y=x^2e^x$을 주어진 방정식에 직접 대입함으로써 그것이 해임을 알 수 있다.

$$W=\begin{vmatrix} e^x & xe^x & x^2e^x & e^{-2x} \\ e^x & xe^x+e^x & x^2e^x+2xe^x & -2e^{-2x} \\ e^x & xe^x+2e^x & x^2e^x+4xe^x+2e^x & 4e^{-2x} \\ e^x & xe^x+3e^x & x^2e^x+6xe^x+6e^x & -8e^{-2x} \end{vmatrix}=e^x\begin{vmatrix} 1 & 0 & 0 & 1 \\ 1 & 1 & 0 & -2 \\ 1 & 2 & 2 & 4 \\ 1 & 3 & 6 & -8 \end{vmatrix}=-54e^x\neq 0$$

이므로 이들의 해는 1차독립이다. 따라서 일반해는

$$y=c_1e^x+c_2xe^x+c_3x^2e^x+c_4e^{-2x}$$ □

예제 2 미분방정식 $x^3\dfrac{d^3y}{dx^3}-6x\dfrac{dy}{dx}+12y=0$은 $y=x^r$의 꼴의 3개의 1차인 해를 가짐을 밝히고, 일반해를 구하라.

풀이 $y=x^r$이 해가 되도록 r을 결정한다.

$$y=x^r,\ \frac{dy}{dx}=rx^{r-1},\ \frac{d^2y}{dx^2}=r(r-1)x^{r-2},\ \frac{d^3y}{dx^3}=r(r-1)(r-2)x^{r-3}$$

을 주어진 방정식의 좌변에 대입하면, $x^r(r^3-3r^2-4r+12)=0$
따라서 $r=2,\ 3,\ -2$이고, 이에 대응하는 해 $y=x^2$, $y=x^3$, $y=x^{-2}$은

$$W=\begin{vmatrix} x^2 & x^3 & x^{-2} \\ 2x & 3x^2 & -2x^{-3} \\ 2 & 6x & 6x^{-4} \end{vmatrix}=20\neq 0$$

이므로 1차독립이다. 따라서 일반해는 $y=c_1x^2+c_2x^3+c_3x^{-2}$이다. □

[4] 비제차 선형미분방정식의 해의 구성

정리 5.7 2계선형미분방정식

$$y''+P(x)y'+Q(x)y=R(x) \tag{8}$$

의 한 특수해를 $y_p=\phi(x)$이라 하고, (8)의 우변이 0인 제차미분방정식의 여함수를 $y_c=c_1y_1(x)+c_2y_2(x)$라 할 때, (8)의 일반해는 특수해를 y_p라 할 때 일반해는 다음가 같다.

$$y=y_c+y_p=c_1y_1(x)+c_2y_2(x)+\phi(x) \tag{9}$$

증명

$$\begin{array}{r|l} +Q & y=c_1y_1+c_2y_2+\phi \\ +P & y'=c_1y_1'+c_2y_2'+\phi' \\ +1 & y''=c_1y_1''+c_2y_2''+\phi'' \\ \hline \end{array}$$

$$\begin{aligned} y''+Py'+Qy &= c_1(y_1''+Py_1'+Qy_1)+c_2(y_2''+Py_2'+Qy)+\phi''+P\phi'+Q\phi \\ &= c_1(0)+c_2(0)+R=R \end{aligned}$$

따라서 $y=c_1y_1(x)+c_2y_2(x)+\phi(x)$는 $y_1(x)$와 $y_2(x)$가 1차 독립인 2개의 해이고, 이것의 1차결합 $c_1y_1(x)+c_2y_2(x)$에서 c_1, c_2는 임의상수이며 $y=y_c+y_p$가 준 미분방정식 (8)을 만족하기 때문에 (9)는 (8)의 일반해이다. ■

정리 5.8 n계선형미분방정식

$$y^{(n)}+p_1(x)y^{(n-1)}+\cdots+p_n(x)y=R(x) \tag{10}$$

의 하나의 특수해를 $y_p=\phi(x)$, 이것에 대한 제차미분방정식의 n개의 1차 독립인 해를 $y_1(x)$, $y_2(x)$, $\cdots$, $y_n(x)$라 할 때, (10)의 여함수는

$$y_c=c_1y_1(x)+c_2y_2(x)+\cdots+c_ny_n(x)$$

이므로, (10)의 일반해는 다음과 같다.

$$y=y_c+y_p=c_1y_1(x)+c_2y_2(x)+\cdots+c_ny_n(x)+\phi(x)$$

예제 3 선형미분방정식 $y''+2y'+2y=xe^{-x}$의 일반해는

$$y=e^{-x}(c_1\cos x+c_2\sin x)+xe^{-x}$$

임을 밝혀라. (c_1, c_2는 임의상수)

풀이 $y_1(x)=e^{-x}\cos x$, $y_2(x)=e^{-x}\sin x$는 각각 $y''+2y'+2y=0$의 해이고

$$W(x)=\begin{vmatrix} y_1(x) & y_2(x) \\ y_1'(x) & y_2'(x) \end{vmatrix}$$
$$=\begin{vmatrix} e^{-x}\cos x & e^{-x}\sin x \\ -e^{-x}(\sin x+\cos x) & e^{-x}(\cos x-\sin x) \end{vmatrix}=e^{-2x}\neq 0$$

이므로 $y_1(x)$, $y_2(x)$는 1차 독립이다. 따라서

$$y_c=c_1e^{-x}\cos x+c_2e^{-x}\sin x=e^{-x}(c_1\cos x+c_2\sin x)\text{는 } y''+2y'+2y=0$$

의 일반해이고, $y_p=xe^{-x}$는 y_c에 포함되지 않는 준 방정식의 한 특수해이므로

$$y=y_c+y_p=e^{-x}(c_1\cos x+c_2\sin x)+xe^{-x}$$ □

예제 4 미분방정식 $x^2y''+xy'-y=x^2$의 일반해를 다음 순서로 구하라.

(1) $y_1(x)=\dfrac{1}{x}$, $y_2(x)=x$는 $x^2y''+xy'-y=0$의 1차 독립인 해임을 밝혀라.

(2) $\phi(x)=Ax^2$이 $x^2y''+xy'-y=x$의 특수해가 되도록 상수 A를 정하라.

(3) 준 미분방정식의 일반해를 구하라.

풀이 (1) $y_1(x)$, $y_2(x)$는 각각 $x^2y''+xy'-y=0$을 만족하고

$$W=\begin{vmatrix} y_1 & y_2 \\ y_1' & y_2' \end{vmatrix}=\begin{vmatrix} 1/x & x \\ -1/x^2 & 1 \end{vmatrix}=\frac{1}{x}+\frac{1}{x}=\frac{2}{x}\neq 0$$

이므로 $y_1(x)$와 $y_2(x)$는 1차독립인 해이다.

(2) $y=Ax^2$이라면 $x^2y''+xy'-y=(2A+2A-A)x^2=x^2$

이므로, $3A=1$에서 $A=\dfrac{1}{3}$ ∴ $y_p=\dfrac{1}{3}x^2$

(3) 따라서 구하는 일반해는 $y=y_c+y_p=\dfrac{c_1}{x}+c_2x+\dfrac{1}{3}x^2$ □

2 고계선형 제차미분방정식

[1] 상수계수의 2계선형미분방정식

상수계수의 2계선형미분방정식

$$\frac{d^2y}{dx^2}+2a\frac{dy}{dx}+by=0 \tag{11}$$

에서 상수계수 a, b를 실수라 하자.

r이 상수일 때, 함수 e^{rx}의 도함수는 $\frac{de^{rx}}{dx}=re^{rx}$, $\frac{d^2}{dx^2}e^{rx}=r^2e^{rx}$이므로

$$y=e^{rx}$$

을 미분방정식 (11)에 대입하면

$$e^{rx}(r^2+2ar+b)=0$$

그런데 $e^{rx}\neq 0$이므로, 다음 식이 성립한다.

$$r^2+2ar+b=0 \tag{12}$$

(12)를 (11)의 **보조방정식**이라 한다. 보조방정식 (12)의 근의 구분에 따라서 미분방정식 (11)의 해는 달리 표현된다.

(A) 보조방정식이 서로 다른 실근을 가질 경우

보조방정식 (12)의 서로 다른 두 실근을 r_1, r_2라면, 함수 e^{r_1x}, e^{r_2x}은 1차 독립이므로 (11)의 일반해는 다음과 같다.

$$y=c_1e^{r_1x}+c_2e^{r_2x} \tag{13}$$

□

예제 5 $\frac{d^2y}{dx^2}-4\frac{dy}{dx}+3y=0$을 풀어라.

풀이 보조방정식 $r^2-4r+3=(r-1)(r-3)=0$에서 $r_2=1$, $r_2=3$이므로, e^x, e^{3x}은 해이고, e^x, e^{3x}은 1차독립이므로, 일반해는

$$y=c_1e^x+c_2e^{3x}$$

□

(B) 보조방정식이 켤레복소수의 근을 가질 경우

보조방정식 (12)가 허근 r_1, r_2를 가질 때, r_1과 r_2는 켤레복소수이고, r_1, r_2는 다음과 같은 형으로 표시된다.(α, β는 실수)

$$r_1=\alpha+i\beta,\ r_2=\alpha-i\beta \tag{14}$$

이 경우 해 y를 실수로 표시해보자.

$$\begin{aligned} y&=c_1e^{\alpha x+i\beta x}+c_2e^{\alpha x-i\beta x}=e^{\alpha x}[c_1e^{i\beta x}+c_2e^{-i\beta x}] \\ &=e^{\alpha x}[c_1(\cos\beta x+i\sin\beta x)+c_2(\cos\beta x-i\sin\beta x)] \\ &=e^{\alpha x}[(c_1+c_2)\cos\beta x+i(c_1-c_2)\sin\beta x] \end{aligned} \tag{15}$$

이므로 (c_1+c_2)와 $i(c_1-c_2)$가 실수이면, y가 실수해가 된다. 그러므로 두 실상수 C_1, C_2의 값을 다음과 같이 취하자.

$$c_1-c_2=C_1,\ i(c_1-c_2)=C_2 \tag{16}$$

그러면 임의의 실상수 C_1, C_2에 의하여 (15)는 실수형이 되어 다음과 같이 된다.

$$y=e^{\alpha x}(C_1\cos\beta x+C_2\sin\beta x) \tag{17}$$

여기서 $y_1=e^{\alpha x}\cos\beta x$, $y_2=e^{\alpha x}\sin\beta x$는 1차 독립인 해이다.

(17)식은 합성에 의하여 다음과 같이 변형할 수 있다.

$$y=Ae^{\alpha x}\sin(\beta x+B)\ \text{또는}\ y=Ae^{\alpha x}\cos(\beta x+C) \tag{18}$$

단, A, B 및 C는 임의상수이다.

(참고) (1) $C_1\cos\beta x+C_2\sin\beta x=\sqrt{C_1^2+C_2^2}\left(\frac{C_1}{\sqrt{C_1^2+C_2^2}}\cos\beta x+\frac{C_2}{\sqrt{C_1^2+C_2^2}}\sin\beta x\right)$

$=A\cos(\beta x+C)$ 단, $A=\sqrt{C_1^2+C_2^2}$, $\cos C=\frac{C_2}{\sqrt{C_1^2+C_2^2}}$, $\sin C=-\frac{C_2}{\sqrt{C_1^2+C_2^2}}$

(2) $C_1\cos\beta x+C_2\sin\beta x=\sqrt{C_1^2+C_2^2}\left(\frac{C_2}{\sqrt{C_1^2+C_2^2}}\sin\beta x+\frac{C_1}{\sqrt{C_1^2+C_2^2}}\cos\beta x\right)$

$=A\sin(\beta x+C)$ 단, $A=\sqrt{C_1^2+C_2^2}$, $\cos C=\frac{C_2}{\sqrt{C_1^2+C_2^2}}$, $\sin C=-\frac{C_1}{\sqrt{C_1^2+C_2}}$

예제 6 $\dfrac{d^2y}{dx^2}-6\dfrac{dy}{dx}+13y=0$을 풀어라.

풀이 보조방정식 $r^2-6r+13=0$에서 $r_1=3+2i$, $r_2=3-2i$이므로, $\alpha=3$, $\beta=2$이다.

$$\therefore\ y=e^{3x}(c_1\cos 2x+c_2\sin 2x)$$ ■

(C) 보조방정식의 근이 같은 경우

보조방정식 $r^2+2ar+b=0$의 근이 같은 경우는 $r^2+2ar+b=(r+a)^2=0$에서 근은

$$r_1=r_2=-a$$

이므로 $y=c_1e^{r_1x}+c_2e^{r_1x}=(c_1+c_2)e^{r_1x}$는 해이나, 상수 c_1+c_2는 하나의 상수로 나타낼 수 있다. 그런데 일반해는 임의상수가 둘이 필요함으로 e^{r_1x}외에 다른 해가 필요하다. 그것을 구해보자.

$r_1=r_2=-a$, $b=a^2=r_1^2$을 미분방정식 $y''+2ay'+by=0$에 대입하면 다음과 같이 된다.

$$\frac{d^2y}{dx^2}-2r_1\frac{dy}{dx}+r_1^2y=0 \tag{19}$$

미분방정식 (19)는 다음 형으로 쓸 수 있다.

$$\frac{d^2y}{dx^2}-r_1\frac{dy}{dx}-r_1\left(\frac{dy}{dx}-r_1y\right)=0 \tag{20}$$

여기서

$$\frac{dy}{dx}-r_1y=z \tag{21}$$

로 놓으면, (19)는 다음과 같이 된다.

$$\frac{dz}{dx}-r_1z=0 \tag{22}$$

(22)의 일반해 $z=c_2e^{r_1x}$를 (21)에 대입하면

$$\frac{dy}{dx}-r_1y=c_2e^{r_1x}$$

이것을 풀면 다음 일반해를 얻는다.

$$y=e^{r_1x}\left(\int c_2e^{r_1x}e^{-r_1x}dx+c_1\right)=(c_1+c_2x)e^{r_1x}$$ □

여기서 $y_1=e^{r_1x}$, $y_2=xe^{r_1x}$는 1차 독립인 해이다.

예제 7 $y''-4y'+4y=0$을 풀어라.

풀이 보조방정식 $r^2-4r+4=0$에서 $r=2$(중근)이므로, 구하는 일반해는

$$y=(c_1+c_2x)e^{2x}$$ □

상수계수의 3계미분방정식의 보조방정식이 3중근 r을 갖는 경우, 구하는 일반해는 다음과 같다.

$$y=(c_1+c_2x+c_3x^2)e^{rx}$$

여기서 $y_1=e^{rx}$, $y_2=xe^{rx}$, $y_3=x^2e^{rx}$는 1차 독립인 해이다.

[2] 상수계수를 가진 n계제차선형미분방정식

n계미분방정식 중에서 가장 간단한 것은 다음과 같은 상수계수를 가진 제차선형미분방정식이다.

$$\frac{d^ny}{dx^n}+a_1\frac{d^{n-1}y}{dx^{n-1}}+\cdots+a_{n-1}\frac{dy}{dx}+a_ny=0 \tag{23}$$

r의 적당한 값에 대해서 $y=e^{rx}$은 확실히 식 (23)의 해가 된다. $y=e^{rx}$를 (23)에 대입하고 공통인수 e^{rx}으로 나누면 보조방정식

$$r^n+a_1r^{n-1}+\cdots+a_{n-1}r+a_n=0 \tag{24}$$

을 얻는다.

(24)의 좌변의 다항식이 n개의 일차인수의 곱으로 인수분해되어

$$(r-r_1)(r-r_2)\cdots(r-r_{n-1})(r-r_n)=0$$

될 때 (단, 상수 r_k는 보조방정식의 근) (23)의 일반해를 구해 보자.

(A) 보조방정식의 근이 모두 서로 다른 경우

(23)은 e^{r_1x}, e^{r_2x}, $\cdots$, e^{r_nx}의 n개의 서로 다른 해를 가지며, 이들은 모두 1차 독립이므로 구하는 일반해는 다음과 같다.

$$y=c_1e^{r_1x}+c_2e^{r_2x}+\cdots+c_ne^{r_nx} \tag{25}$$

예제 8 다음 미분방정식을 풀어라.

$$\frac{d^4y}{dx^4}-5\frac{d^2y}{dx^2}+4y=0$$

풀이 보조방정식은

$$r^4-5r^2+4=(r^2-1)(r^2-4)=(r-1)(r+1)(r-2)(r+2)=0$$

이고, 보조방정식의 근이 1, −1, 2, −2이므로, 구하는 일반해는

$$y=c_1e^x+c_2e^{-x}+c_3e^{2x}+c_4e^{-2x}$$ □

(B) 보조방정식이 m중근을 갖는 경우

가령

$$r_1=r_2=\cdots=r_m$$

이 보조방정식 (24)의 m중근이라면 이에 대한 부분해는

$$(c_1+c_2x+\cdots+c_mx^{m-1})e^{r_1x}$$

이 된다.

(C) 보조방정식의 근 가운데 복소근이 있는 경우

모든 복소근은 켤레복소수 $\alpha+i\beta$와 $\alpha-i\beta$의 짝으로 나타난다. 2계미분방정식에서와 같이 이러한 두 개의 켤레복소수의 근에 대응하는 해는

$$e^{\alpha x}(A\cos\beta x+B\sin\beta x)$$

이다. 여기서 A, B는 임의상수이다. 만일 $\alpha+i\beta$와 $\alpha-i\beta$가 m중근이라면, 이에 대응하는 부분해는

$$e^{\alpha x}[(A_1+A_2x+\cdots+A_mx^{m-1})\cos\beta x+(B_1+B_2x+\cdots+B_mx^{m-1})\sin\beta x]$$

단, A_i, $B_i(i=1, 2, \cdots, m)$는 임의상수이다.

예제 9 다음 미분방정식을 풀어라.

$$\frac{d^4y}{dx^4}-2\frac{d^2y}{dx^2}+5y=0$$

풀이 보조방정식 $r^4-2r^2+5=(r^2-1)^2+4=0$의 근은 $r=1\pm2i$의 2중근이므로, 구하는 일반해는 다음과 같다.

$$y=e^x[(A_1+A_2x)\cos 2x+(B_1+B_2x)\sin 2x]$$ □

연습문제 (5.1)

1. 다음 각 함수는 일차독립임을 밝혀라.

(1) $\sin ax,\ \cos ax$　　(2) $1,\ x,\ x^2$

(3) $e^{ax}\sin bx,\ e^{ax}\cos bx$　　(4) $e^{ax},\ e^{bx},\ e^{cx}$ ($a,\ b,\ c$는 서로 다르다)

(5) $\log x,\ x\log x,\ x^2\log x$

2. $f_1=1,\ f_2=\log x$는 미분방정식 $xy'+y'=0$의 해이다. 일반해를 구하라.

3. $y_p=Ax^2$이 $xy''+y'=3x$의 특수해가 되도록 A를 정하고, 일반해를 구하라.

4. $f_1=e^x,\ f_2=e^{2x}$은 각각 $y''-3y'+2y=0$의 해이다. 일반해를 구하라.

5. $y_p=Ax+B$가 미분방정식 $y''-3y'+2y=4x$의 특수해가 되도록 A와 B를 정하고, 일반해를 구하라.

6. 다음 미분방정식을 풀어라.

(1) $\dfrac{d^2y}{dx^2}-3\dfrac{dy}{dx}+2y=0$　　(2) $\dfrac{d^2y}{dx^2}-5\dfrac{dy}{dx}+6y=0$

(3) $\dfrac{d^2y}{dx^2}+\dfrac{dy}{dx}+2y=0$　　(4) $\dfrac{d^2y}{dx^2}+4y=0$

(5) $\dfrac{d^2y}{dx^2}-2\dfrac{dy}{dx}+10y=0$　　(6) $\dfrac{d^2y}{dx^2}-2\dfrac{dy}{dx}+y=0$

7. 다음 미분방정식을 풀어라.

(1) $\dfrac{d^3y}{dx^3}+3\dfrac{d^2y}{dx^2}+3\dfrac{dy}{dx}+y=0$　　(2) $\dfrac{d^3y}{dx^3}+y=0$

(3) $\dfrac{d^3y}{dx^3}-y=0$　　(4) $\dfrac{d^4y}{dx^4}-k^4y=0$

(5) $\dfrac{d^8y}{dx^8}+k^8y=0$　　(6) $\dfrac{d^4y}{dx^4}-2k^2\dfrac{d^2y}{dx^2}+k^4y=0$

(7) $\dfrac{d^8y}{dx^8}+2a^4\dfrac{d^4y}{dx^4}-y=0$

8. 다음과 같은 값을 보조방정식의 근으로 하는 상수계수를 가진 4계선형미분방정식을 구하라.

(1) $r_1=1,\ r_2=2,\ r_3=3,\ r_4=4$

(2) $r_1=\dfrac{1}{2},\ r_2=\dfrac{3}{2},\ r_3=-\dfrac{1}{2}+i,\ r_4=-\dfrac{1}{2}-i$

5.2 상수계수의 비제차선형미분방정식

1 미정계수법

상수계수의 n계비제차 선형미분방정식은

$$y^{(n)}+a_1y^{(n-1)}+a_2y^{(n-2)}+\cdots+a_{n-1}y'+a_ny=\phi(x) \tag{1}$$

의 꼴로 나타내진다. 여기서 $a_i(i=1, \cdots, n)$은 상수이다.

(1)식에서 우변이 0인 제차방정식의 일반해를 y_h, (1)식의 특수해를 y_p이라면, (1)의 일반해는

$$y=y_c+y_p$$

꼴로 표시된다. (4.1절 참조)

제차방정식의 해(여함수)는 앞 절의 방법으로 구한다. 여기서는 특수해 y_p를 구하는 방법 가운데 미정계수법과 매개변수(상수)변화법을 살펴보자.

[1] 미정계수법

미정계수법은 우변의 함수의 꼴에 따라서 특수적분의 일반꼴을 정하고, 이것을 준 미분방정식에 대입하여 미지의 계수를 정하는 방법으로써 일명 **시행착오법**이라고도 한다. 이와 같이 부르는 이유는 우변의 함수에 따라서 특수적분의 일반꼴을 얻기가 애매한 경우가 있기 때문이다. 몇 가지 예를 들어서 미정계수법을 설명해 보자.

예제 1 $\dfrac{d^2y}{dx^2}+\dfrac{dy}{dx}-6y=e^{4x}$을 풀어라.

풀이 여함수 y_c는 $y_c=c_1e^{2x}+c_2e^{-3x}$

특수적분 y_p의 일반꼴은

$$y_p=Ae^{4x}$$

이고, $y'=4Ae^{4x}$, $y''=16Ae^{4x}$이므로 이것을 준 방정식에 대입하면

$$(16+4-6)Ae^{4x}=14Ae^{4x}=e^{4x}\text{에서 } A=\frac{1}{14}\text{이므로, } y_p=\frac{1}{14}e^{4x}$$

따라서 구하는 일반해는

$$y=c_1e^{2x}+c_2e^{-3x}+\frac{1}{14}e^{4x}$$

□

예제 2 $\dfrac{d^3y}{dx^3}+\dfrac{d^2y}{dx^2}=\sin 2x$를 풀어라.

풀이 여함수 y_h는 $y_h=c_1+c_2x+c_3e^{-x}$이고 특수적분 y_p의 일반꼴은

$$y_p=A\sin 2x+B\cos 2x$$

이것을 준 방정식에 대입하여

$$(8B-4A)\sin 2x-(4B+8A)\cos 2x=\sin 2x$$

이므로

$$8B-4A=1,\ 4B+8A=0$$

$$\therefore\ A=-\frac{1}{20},\ B=\frac{1}{10}$$

따라서 일반해는

$$y=c_1+c_2x+c_3e^{-x}-\frac{1}{20}\sin 2x+\frac{1}{10}\cos 2x$$ □

대부분의 특수적분은 우변의 함수와 그들의 도함수의 1차결합으로 주어지나 반드시 그렇지는 않다.

예제 3 $y''-2y'=e^x\sin x$를 풀어라.

풀이 여함수는 $y_c=c_1+c_2e^{2x}$이다. 특수적분을

$$y_p=Ae^x\sin x+Be^x\cos x$$

라 하고, 준방정식에 대입하여 A, B를 구한다.

$$\begin{array}{r|l} -2 & y'=(A-B)e^x\sin x+(A+B)e^x\cos x \\ +1 & y''=-2Be^x\sin x+2Ae^x\cos x \\ \hline \multicolumn{2}{c}{y''-2y'=-2Ae^x\sin x-2Be^x\cos x=e^x\sin x} \end{array}$$

양변을 비교하여 동류 항의 계수를 같다고 놓으면

$$-2A=1,\ -2B=0,\ \text{따라서}\ A=-\frac{1}{2},\ B=0$$

따라서 미분방정식의 특수적분은

$$y_p=Ae^x\sin x+Be^x\cos x=-\frac{1}{2}e^x\sin x$$

구하는 일반해는 $$y=c_1+c_2e^{2x}-\frac{1}{2}e^x\sin x$$ □

특히 y_c 안에 준 미분방정식의 우변의 함수를 포함하는 경우는 우변의 함수가 초월함수이면 우변의 함수에 x 또는 x^2, … 등을 곱한 것이 y_p의 시험꼴이 되며, 우변이 x의 다항식인 경우는 $\log x$를 곱한 것이 y_p의 시험꼴이 된다.

몇 가지 기본적인 경우에 대하여 예를 들어 보자.

(A) 우변이 e^{kx}인 경우

미분방정식
$$y''+2ay'+by=e^{kx} \tag{2}$$
에서 우변이 지수함수이므로 (2)의 특수해는 다음과 같은 꼴이 되리라고 생각된다.
$$y=Ae^{kx} \tag{3}$$
미지의 계수 A를 결정하기 위하여 (3)을 (2)에 대입하면
$$Ae^{kx}(k^2+2ak+b)=e^{kx} \tag{4}$$
$k^2+2ak+b\neq 0$이면
$$A=\frac{1}{k^2+2ak+b} \tag{5}$$
만일 k가 보조방정식의 단근이면 식 (5)로 A를 구할 수 없으므로 (2)의 특수해를 (3)의 꼴로는 쓸 수 없다. 이 경우 매개변수변화법에 의하면 특수해의 일반꼴은
$$y=Axe^{kx} \tag{6}$$
꼴로 쓰여짐을 알 수 있다. 이 때 (6)을 (2)에 대입하여
$$Axe^{kx}(k^2+2ak+b)+Ae^{kx}(2k+2a)=e^{kx}$$
k는 보조방정식의 근이므로 $k^2+2ak+b=0$이다. 따라서 k가 보조방정식의 중근이 아니면 $A=\dfrac{1}{2(k+a)}$이다.(보조방정식의 중근은 $k=-a$)

k가 보조방정식의 중근이면 상수 A에 관계없이 $y=Axe^{kx}$이 $y''+2ay'+by=0$을 만족하므로 (6)식으로는 계수 A를 구할 수 없다. 이 경우는
$$y=Ax^2e^{kx}$$
꼴의 특수해를 갖는다.

따라서 미분방정식 (2)의 특수해는 k가 보조방정식의 근이 아니면 특수해의 시험꼴은 $y=Ae^{kx}$이고, k가 보조방정식의 단근이면 $y=Axe^{kx}$형이 특수해의 시험꼴이 되며, k가 보조방정식의 중근이면 $y=Ax^2e^{kx}$형이 특수해의 시험꼴이 된다. 일반으로 k가 보조방정식의 m중근이면 y_p의 시험꼴은 $y=Ax^me^{kx}$가 된다.

예제 4 $y'-5y=2e^{5x}$를 풀어라.

풀이 $y'-5y=0$에서 $y_c=ce^{5x}$

우변이 $2e^{5x}$이므로, $y_p=Ae^{5x}$는 될 수 없고, 5가 보조방정식 $k-5=0$의 단근이므로, $y_p=Axe^{5x}$으로 하고, 이를 준방정식에 대입하여 A를 구한다.

-5	$y=Axe^{5x}$	
$+1$	$y'=5Axe^{5x}$	$+Ae^{5x}$
	$y'-5y=0$	$+Ae^{5x}=2e^{5x}$ (=우변)

따라서 $A=2$이다. 구하는 일반해는

$$y=ce^{5x}+2xe^{5x}$$ □

(B) 우변이 $\sin mx$ 또는 $\cos mx$의 1차결합인 경우

미분방정식 (1)의 우변이 $\cos mx$와 $\sin mx$의 1차결합인 꼴이면 다음과 같은 시험함수를 취한다.

$$y_p=A\sin mx+B\cos mx \tag{7}$$

그러나 $y''+2ay'+by=0$의 보조방정식의 근 r이 $r=\pm im$일 때는 특수해는 (7)의 형이 아니다. 그 때는 다음과 같은 형의 특수해를 갖는다.

$$y_p=x(A\sin mx+B\cos mx) \tag{8}$$

(C) 우변이 x의 다항식인 경우

I. $Q(x)=a_0x^n+a_1x^{n-1}+\cdots+a_{n-1}x+a_n$이면, 특수적분 y_p의 시험꼴은

$$y_p=A_0x^n+A_1x^{n-1}+\cdots+A_{n-1}x+A_n$$

그러나 0이 보조방정식의 m중근이면, y_p는 다음 함수를 시험꼴로 한다.

$$y_p=x^m(Ax^n+A_1x^{n-1}+\cdots+A_{n-1}x+A_n)$$

y_h에 x^n항을 포함하면 $y=Ax^n\log x$가 y_p의 일반꼴이 된다.

예제 5 $y''=24x^2+6x+8$을 풀어라.

풀이 $y''=0$에서 $y_c{}'=c_1$, $y_c=c_1x+c_2$

특수적분의 시험꼴 $y_p=x^2(ax^2+bx+c)$를 준방정식에 대입한다.

$$y_p'=4ax^3+3bx^2+2cx,\ y_p''=12ax^2+6bx+2c=24x^2+6x+8$$

에서 $12a=24,\ 6b=6.\ 2c=8\ \therefore\ a=2,\ b=1,\ c=4$이므로,

$$y_p=x^2(2x^2+x+4)$$

구하는 일반해는

$$y=y_c+y_p=c_1x+c_2+2x^4+x^3+4x^2$$ □

이 해는 준방정식의 우변을 두번 적분한 결과와 같다.

예제 6 $2y''-2y=4e^x+4x+2$를 풀어라.

풀이 $2y''-2y=0$에서 $r^2-2=2(r+1)(r-1)=0,\ r=\pm1$이므로

$$y_c=c_1e^{-x}+c_2e^x$$

e^x항이 준식의 우변에 포함되므로 $y_p=axe^x+bx+c$로 한다.

$$y_p'=axe^x+ae^x+b,\ y_p''=axe^x+2ae^x$$

이들을 준방정식에 대입하여

$$좌변=2axe^x+4ae^x-2axe^x-2bx-2c=4e^x+4x+2$$
$$4a=4,\ -2b=4,\ -2c=2\ \therefore\ a=1,\ b=-2,\ c=-1$$
$$\therefore\ y_p=xe^x-2x-1$$
$$\therefore\ y=y_c+y_p=c_1e^{-x}+c_2e^x+xe^x-2x-1$$ □

2 매개변수변화법

미정계수법은 미분방정식의 우면의 모든 차수의 도함수의 개수가 유한인 경우에 적용되었으나, 우변의 모든 차수의 도함수의 개수가 유한이 아닌 경우는 Lagrange에 의하여 고안된 **매개변수변화법**이 매우 유용하다.

[보기 1] $y''+y=\tan x$를 풀어보자.

이 방정식의 여함수는

$$y_c=c_1\cos x+c_2\sin x$$

경수변화법은 우변의 상수 c_1과 c_2를 상수로 보지 말고, x에 관한 함수로 보고, $y=u(x)\cos x+v(x)\sin x$가 준 방정식의 해가 되도록 x의 함수 $u(x)$와 $v(x)$를

정하는 해법이다. 이 방법을 **매개변수변화법** 또는 **상수변화법**이라고도 부르는 이유도 c_1과 c_2가 변하는 양이라고 가정한 까닭이다. u와 v를 결정하려면, 2개의 조건이 있어야 하는데, 그 중 하나는 가정된 해가 준 미분방정식을 만족한다는 사실에서 얻고, 다른 하나는 u와 v를 쉽게 구할 수 있게 부과한다. 구하는 해를

$$y=u\cos x+v\sin x$$

이라 놓고, 이것을 준 방정식에 대입한다.

$$\begin{array}{r|l|l}
+1 & y\ \ =u\cos x+v\sin x & \\
0 & y'\ =-u\sin x+v\cos x & \boxed{+u'\cos x+v'\sin x=0} \\
+1 & y''=-u\cos x-v\sin x & -u'\sin x+v'\cos x=0 \\
\hline
\multicolumn{2}{c|}{y''+y=0} & -u'\sin x+v'\cos x=\tan x
\end{array}$$

u와 v는 다음 2개의 조건

$$\begin{cases} u'\cos x+v'\sin x=0 \\ -u'\sin x+v'\cos x=\tan x \end{cases}$$

을 연립하여 구한다. 첫째 조건이 부과된 조건이다. 위의 두 식에서

$$u'=-\frac{\sin^2 x}{\cos x},\quad v'=\sin x$$

적분하여

$$\begin{aligned} u&=\int\frac{\cos^2 x-1}{\cos x}dx=\int(\cos x-\sec x)dx \\ &=\sin x-\log(\sec x+\tan x)+c_1 \\ v&=-\cos x+c_2 \end{aligned}$$

따라서 구하는 일반해는

$$y=c_1\cos x+c_2\sin x-\cos x\log(\sec x+\tan x)$$ □

예제 7 $y''+y=\sec x$를 풀어라.

풀이 여함수는

$$y_c=c_1\cos x+c_2\sin x$$

이므로

$$y=u\cos x+v\sin x$$

로 놓고, 주어진 방정식에 대입한다.

부과된 조건은 $u'\cos x+v'\sin x=0$이다.

$+1$	$y=u\cos x+v\sin x$	
0	$y'=-u\cos x+v\sin x$	$+u'\cos x+v'\sin x=0$
$+1$	$y''=-u\cos x-v\sin x$	$-u'\cos x+v'\sin x$
	$y''+y=0$	$-u'\sin x+v'\cos x=\sec x$

따라서

$$-u'\sin x+v'\cos x=\sec x \quad \cdots\cdots \text{①}$$

와 부과한 조건식

$$u'\cos x+v'\sin x=0 \quad \cdots\cdots \text{②}$$

을 연립하여 u, v를 구한다. ①, ②을 연립하여 u', v'를 구하면

$$u'=-\tan x,\ v'=1$$

이고, 이것을 적분하여

$$u=\log\cos x+c_1,\ v=x+c_2$$

따라서 일반해는

$$y=(\log\cos x+c_1)\cos x+(x+c_2)\sin x$$

□

예제 8 $y''-2y'+y=\dfrac{e^x}{x}$을 풀어라.

풀이 $y''-2y'+y=0$에서 $r^2-2r+1=(r-1)^2$이므로, $y_h=(c_1+c_2x)e^x$

$$y=ue^x+vxe^x$$

이라 하고, 이 y가 준 미분방정식을 만족하도록 x의 함수 u, v를 정한다.

$+1$	$y=ue^x+v(xe^x)$	
-2	$y'=ue^x+v(xe^x)'$	$+u'e^x+v'xe^x=0$
$+1$	$y''=ue^x+v(xe^x)''$	$+u'e^x+v'(xe^x)'$
	$y''-2y+y'=0$	$+u'e^x+v'e^x+v'xe^x=\dfrac{e^x}{x}$

이므로, u, v는 다음 연립방정식에서 구한다.

$$\begin{cases} e^x(u'+v'x)=0 \\ e^x(u'+v'+v'x)=\dfrac{e^x}{x} \end{cases} \text{에서} \quad \begin{cases} u'+v'x=0 & \cdots \text{①} \\ u'+v'x+v'=\dfrac{1}{x} & \cdots \text{②} \end{cases}$$

①, ② 식에서 $v'=\dfrac{1}{x}$이므로, $v=\log x+c_2$

①식에서 $u'=-v'x=-1$이므로, $u=-x+c_1$

구하는 일반해는

$$\begin{aligned} y&=(-x+c_1)e^x+(\log x+c_2)xe^x=c_1e^x+c_2xe^x-xe^x+xe^x\log x \\ &=c_1e^x+c_2'xe^x+xe^x\log x \quad (c_2'=c_2-1) \end{aligned}$$

□

연습문제 (5.2)

1. 미정계수법을 써서 다음 미분방정식을 풀어라.

(1) $y''+2y=e^x+2$ (2) $y''+2y'+2y=x^2+\sin x$

(3) $y'''+3y''+2y'=x^2+4x+18$

(4) $y'''-y''-4y'+4y=2x^2-4x-1+2x^2e^{2x}+5xe^{2x}+e^{2x}$

2. 다음 각 방정식의 여함수를 구하고, 특수해를 구하기 위한 시험함수를 정하여라.

(1) $y''+y=xe^{-x}+3\sin x$ (2) $y''-2y'-3y=x\sin 2x+x^3e^{3x}$

(3) $y^{(4)}+y''=3x^2-4e^x$ (4) $y''-2y'+y=x^2e^x$

3. 다음 미분방정식을 매개변수변화법으로 풀어라.

(1) $y''+y=\cot x$ (2) $y''+4y=\csc 2x$

(3) $y''-y=e^x$ (4) $y''-y=x^2e^x$

(5) $y''+3y'+2y=3e^{2x}+x$ (6) $y''+y'-2y=\log x$

5.3 변수계수의 2계선형미분방정식

1 제차미분방정식의 한 해를 아는 경우

〔1〕 제차미분방정식의 해법

$$L(y)=y''+P(x)y'+Q(x)y=0$$

의 한해 $y=y_1(x)$를 알 수 있을 때, 나머지 한 해를 $y_2(x)$라면

$$y_1''+Py_1'+Qy_1=0 \tag{1}$$

$$y_2''+Py_2'+Qy_2=0 \tag{2}$$

식 (1)에 y_2를 곱한식에서 식 (2)에 y_1을 각각 곱해서 빼면, Q는 소거되어

$$y_1''y_2-y_1y_2''+P(y_1'y_2-y_1y_2')=0$$

이 된다. y_1과 y_2는 서로 1차 독립이므로

$$y_1'y_2-y_1y_2'=-\begin{vmatrix} y_1 & y_2 \\ y_1' & y_2' \end{vmatrix}\neq 0$$

따라서

$$-P=\frac{y_1''y_2-y_1y_2''}{y_1'y_2-y_1y_2'}$$

적분하면

$$\log|y_1'y_2-y_1y_2'|=-\int Pdx+C$$

따라서

$$y_1'y_2-y_1y_2'=Ae^{-\int Pdx}$$

또는

$$\frac{y_1'y_2-y_1y_2'}{y_1^2}=\frac{A}{y_1^2}e^{-\int Pdx}$$

적분하여

$$\frac{y_2}{y_1}=-A\int\frac{1}{y_1^2}e^{-\int Pdx}dx+B$$

$A=-1$, $B=0$이라고 놓았을 때의 한 특수해를 구하면

$$y_2=y_1\int\frac{1}{y_1^2}e^{-\int Pdx}dx$$

이 사실에서 $L(y)=0$의 한 특수해 $y_1(x)$를 알고 있는 경우, 위 공식으로부터 남은 해 $y_2(x)$를 구하면 $L(y)=0$의 일반해

$$y=c_1y_1+c_2y_2$$

가 구해진다.

예제 1 $x^2y''-xy'+y=0$을 풀어라.

풀이 $y_1=x$는 한 해가 된다. 주어진 식으로부터

$$y''-\frac{1}{x}y'+\frac{1}{x^2}y=0$$

이므로 위 공식을 적용하여 1차독립인 다른 해 y_2를 구하면

$$y_2=x\int\frac{1}{x^2}e^{\int\frac{1}{x}dx}dx=x\int\frac{1}{x}dx=x\log x$$

이므로, 일반해는

$$y=c_1y_1+c_2y_2=c_1x+c_2x\log x$$ □

2계선형미분방정식

$$\frac{d^2y}{dx^2}+P(x)\frac{dy}{dx}+Q(x)y=0$$

에서 P, Q가 x의 함수일때, 한 특수해를 구하는 일반적인 해법은 없으나, 다음 정리가 일반해를 구하는데 도움을 준다.

정리 5.9 방정식 $y''+Py'+Qy=0$에서

(1) $P+xQ=0$이면, $y=x$는 한 특수해이다.

(2) $1+P+Q=0$이면 $y=e^x$는 한 특수해이다.

(3) $1-P+Q=0$이면 $y=e^{-x}$는 한 특수해이다.

(4) $m^2+mP+Q=0$이면 $y=e^{mx}$는 한 특수해이다.

증명 (1) $y=x$가 $y''+Py'+Qy=0$의 특수해이면 $y''=0$이므로 $P+Qx=0$이다.

(4) $y=e^{mx}$가 $y''+Py'+Qy=0$의 특수해이면,

$$y''+Py'+Qy=e^{mx}(m^2+mP+Q)y=0$$

따라서 $m^2+mP+Q=0$이다. (2), (3)은 (4)의 특별한 경우($m=1$, -1)이다. ■

예제 2 $(x-2)\dfrac{d^2y}{dx^2}-(4x-7)\dfrac{dy}{dx}+(4x-6)y=0$을 풀어라.

풀이 여기서 $m=2$일 때

$$2^2+2P+Q=4-2\frac{4x-7}{x-2}+\frac{4x-6}{x-2}=0$$

이므로, $y=e^{2x}$는 한 특수해이다. 변환 $y=e^{2x}v$에 의하면

$$\frac{dy}{dx}=e^{2x}\frac{dv}{dx}+2e^{2x}v,\ \frac{d^2y}{dx^2}=e^{2x}\frac{d^2v}{dx^2}+4e^{2x}\frac{dv}{dx}+4e^{2x}v$$

이므로 준 방정식은

$$(x-2)\left(\frac{d^2v}{dx^2}+4\frac{dv}{dx}+4v\right)-(4x-7)\left(\frac{dv}{dx}+2v\right)+(4x-6)v=0$$

간단히 하면

$$\frac{d^2v}{dx^2}-\frac{1}{x-2}\frac{dv}{dx}=0$$

$\dfrac{dv}{dx}=p$라 하고, $\dfrac{dp}{dx}-\dfrac{1}{x-2}p=0$에서 변수를 분리하여 적분하면

$$p=\frac{dv}{dx}=K(x-2),\ v=c_1(x-2)^2+c_2=\frac{y}{e^{2x}}$$

따라서

$$y=c_1e^{2x}(x-2)^2+c_2e^{2x}$$ □

2 비제차미분방정식의 해법

[1] 제차방정식의 한 해를 알 때

$y=u(x)$가 제차방정식 $y''+Py'+Qy=0$의 한 해이면

$$u''+Pu'+Qu=0$$

이다. $y=uv$라고 하고, $y=uv$를 비제차 미분방정식

$$L(y)=y''+Py'+Qy=R$$

에 대입하면

$$(u''v+2u'v'+uv'')+P(u'v+uv')+Quv=R$$

또는

$$v(u''+Pu'+Qu)+uv''+(2u'+Pu)v'=R$$

이 식에서 $v(x)$를 구한다.

$$u''+Pu'+Qu=0\text{이므로, } v''u+v'(2u'+Pu)=R$$

여기서 $v'=z$라면

$$z'u+z(2u'+Pu)=R\text{에서 } z'+\frac{2u'+Pu}{u}z=\frac{R}{u}$$

이것은 일계선형미분방정식이다. 이 식에서 z을 구하고, $v'=z$에서 v를 구하면 $y=uv$가 구하는 해이다. □

예제 3 $x^2(x+1)\dfrac{d^2y}{dx^2}-x(2+4x+x^2)\dfrac{dy}{dx}+(2+4x+x^2)y=-x^4-2x^3$

풀이 여기에서 $P+Qx=-\dfrac{x(2+4x+x^2)}{x^2(x+1)}+x\dfrac{2+4x+x^2}{x^2(x+1)}=0$이고, $y=x$는 우변을 0으로 하는 제차방정식의 한해이다. 준미분방정식의 해를 $y=vx$라 하면

$$\frac{dy}{dx}=x\frac{dv}{dx}+v,\ \frac{d^2y}{dx^2}=x\frac{d^2v}{dx^2}+2\frac{dv}{dx}$$

를 준미분방정식에 대입하면

$$x^2(x+1)\left(x\frac{d^2v}{dx^2}+2\frac{dv}{dx}\right)-x(2+4x+x^2)(x\frac{dv}{dx}+v)$$
$$+(2+4x+x^2)uv=-x^4-2x^3$$

$v'=u$라면 $v''=u'$이므로 이 방정식은

$$\frac{du}{dx}-\frac{x+2}{x+1}u=\frac{x+2}{x+1}$$

이고, 적분인자 μ는

$$\mu=e^{-\int\frac{x+2}{x+1}dx}=\frac{e^{-x}}{x+1}$$

$$\frac{e^{-x}}{x+1}u=-\int\frac{(x+2)}{(x+1)}e^{-x}dx=\frac{e^{-x}}{x+1}+c_1$$

$$u=\frac{dv}{dx}=1+c_1(x+1)e^x$$

$$v=\frac{y}{x}=x+c_1xe^x+c_2$$

따라서 구하는 일반해는

$$y=c_1x^2e^x+c_2x+x^2$$

□

예제 4 $x^2y''-3xy'+3y=2x^3-x^2$을 풀어라.

풀이 $x^2y''-3xy'+3y=0$은 한 해 $y=x$를 갖는다. $y=vx$라고 놓고 주어진 미분방정식에 대입하면

$$x^2(v''x+2v')-3x(v'x+v)+3vx=2x^3-x^2$$
$$x^3v''-x^2v'=2x^3-x^2$$

따라서

$$v''-\frac{1}{x}v'=2-\frac{1}{x}$$

v'에 관한 1계선형미분방정식이라 보고 v를 구하면

$$v'=e^{\int\frac{1}{x}dx}\left[\int\left(2-\frac{1}{x}\right)e^{\int-\frac{1}{x}dx}dx+c\right]=x\left[\int\left(2-\frac{1}{x}\right)\frac{1}{x}dx+c\right]$$
$$=2x\log x+x\cdot\frac{1}{x}+cx=2x\log x+1+cx$$

다시 적분하여

$$v=x^2\log x-\frac{1}{2}x^2+x+\frac{1}{2}cx^2+c_2$$

구하는 일반해는

$$y=vx=x^3\log x-\frac{1}{2}x^3+x^2+\frac{1}{2}cx^3+c_2x$$

또는 동류항을 묶어서

$$y=x^3\log x+c_1x^3+x^2+c_2x\ \left[c_1=\frac{1}{2}(c-1)\right]$$ □

예제 5 $x\dfrac{d^2y}{dx^2}-(2x+1)\dfrac{dy}{dx}+(x+1)y=(x^2+x-1)e^{2x}$를 풀어라.

풀이 $1+P+Q=1-\dfrac{2x+1}{x}+\dfrac{x+1}{x}=0$이므로, $y=e^x$는 좌변$=0$인 제차방정식의 한 특수해이다. 변환 $y=e^xv$에 의하면

$$y=e^xv,\ \frac{dy}{dx}=e^x\left(\frac{dv}{dx}+v\right),\ \frac{d^2y}{dx^2}=e^x\left(\frac{d^2v}{dx^2}+v\right)$$

이므로, 준미분방정식은

$$\frac{d^2v}{dx^2}-\frac{1}{x}\frac{dv}{dx}=\left(x+1-\frac{1}{x}\right)e^x$$

$\dfrac{dv}{dx}=u$라면, 위 미분방정식은

$$\frac{du}{dx}-\frac{1}{x}u=\left(x+1-\frac{1}{x}\right)e^x$$

이 방정식에서 $\frac{1}{x}$이 적분인자이므로

$$\frac{u}{x}=\int\left(e^x+\frac{xe^x-e^x}{x^2}\right)dx=e^x+\frac{e^x}{x}+c,\ u=\frac{dv}{dx}=xe^x+e^x+cx,$$

$$v=\frac{y}{e^x}=xe^x+c_1x^2+c_2,\quad \therefore\ y=c_1x^2e^x+c_2e^x+xe^{2x}$$ □

예제 6 $y=\frac{1}{x}$은 $x^2y''+4xy'+2y=0$의 해이다. $x^2y''+4xy'+2y=\sin x$를 풀어라.

풀이 $y=\frac{v(x)}{x}$를 준방정식에 대입하면

$+2$	$y=\frac{v}{x}$	
$+4x$	$y'=-\frac{v}{x^2}$	$+\frac{v'}{x}$
$+x^2$	$y''=\frac{2v}{x^3}$	$-\frac{2v'}{x^2}+\frac{v''}{x}$
$x^2y''+4xy'+2y=0$		$+2v'+xv''=\sin x$

$v'=u$로 놓으면, $v''=\frac{du}{dx}$이므로 $2v'+xv''=\sin x$에서

$$xdu+2udx=\sin x\,dx$$

양변에 x를 곱하여

$$x^2du+2uxdx=x\sin x\,dx$$

이것을 적분하면

$$x^2u=-x\cos x+\sin x+c_1$$

$u=\frac{dv}{dx}$이므로

$$dv=\left[-\frac{x\cos x-\sin x}{x^2}+\frac{c_1}{x^2}\right]dx$$

$$\therefore\ u=-\frac{\sin x}{x}+\frac{c_1}{x^2}+c_2$$

이것을 $y=\frac{v}{x}$에 대입하여 구하는 일반해는

$$y=\frac{v}{x}=-\frac{\sin x}{x^2}+\frac{c_1}{x^2}+\frac{c_2}{x}$$ □

[2] 2계제차방정식의 일차독립인 두 해를 알 때

A_1, A_2를 임의상수라 하고, $y_1(x)$와 $y_2(x)$가 2계제차방정식의 1차독립인 해이면

$$y=A_1y_1(x)+A_2y_2(x)$$

은 2계제차방정식 $L(y)=0$의 일반해이다. $L(y)=R(x)$의 일반해는 매개변수변화법으로 구한다.

A_1, A_2를 x의 어떤 함수로 보고

$$y=A_1(x)y_1(x)+A_2(x)y_2(x)$$

가 $L(y)=R(x)$의 해가 되도록, $A_1(x)$, $A_2(x)$를 정한다.

$$y'=A_1'y_1+A_2'y_2+A_1y_1'+A_2y_2'$$

에서 우선 $A_1'y_1+A_2'y_2=0$의 조건을 부여한다.

이 조건하에서 해를 구한다.

$$\begin{array}{r|ll}
+Q & y=A_1y_1+A_2y_2 & \\
+P & y'=A_1y_1'+A_2y_2' & +A_1'y_1+A_2'y_2=0 \\
+1 & y''=A_1y_1''+A_2y_2 & +A_1'y_1'+A_2'y_2 \\
\hline
\multicolumn{2}{c}{y''+Py'+Qy=0} & +A_1'y_1'+A_2'y_2=R
\end{array}$$

여기서

$$y_1''+Py_1'+Qy_1=0,\ y_2''+Py_2'+Qy_2=0$$

이므로

$$A_1'y_1'+A_2'y_2'=R$$

을 얻는다. 따라서 A_1, A_2를 다음 연립방정식에서 구한다.

$$\begin{cases} A_1'y_1+A_2'y_2=0 \\ A_1'y_1'+A_2'y_2'=R \end{cases}$$

y_1, y_2는 $L(y)=0$의 일차독립인 해이므로

$$W(y_1,\ y_2)=\begin{vmatrix} y_1 & y_2 \\ y_1' & y_2' \end{vmatrix}\neq 0$$

따라서 위 연립방정식을 A_1', A_2'에 관하여 풀면

$$A_1' = \frac{-Ry_2}{W(y_1,\ y_2)},\quad A_2' = \frac{Ry_1}{W(y_1,\ y_2)}$$

이 된다. 이들을 적분하면

$$A_1 = \int \frac{-Ry_2}{W(y_1,\ y_2)}dx + c_1,\quad A_2 = \int \frac{Ry_1}{W(y_1,\ y_2)}dx + c_2$$

이것을 $y = A_1y_2 + A_2y_2$에 대입하여 다음 일반해 공식을 얻는다.

$$y = c_1y_1 + c_2y_2 + y_1\int \frac{-Ry_2}{W(y_1,\ y_2)}dx + y_2\int \frac{Ry_1}{W(y_1,\ y_2)}dx$$ □

예제 7 $(x-1)y'' - xy' + y = (x-1)^2$을 풀어라.

풀이 $(x-1)y'' - xy' + y = 0$의 1차 독립인 두 해는 $y_1 = x$, $y_2 = e^x$이다.

$$W(y_1,\ y_2) = \begin{vmatrix} y_1 & y_2 \\ y_1' & y_2' \end{vmatrix} = \begin{vmatrix} x & e^x \\ 1 & e^x \end{vmatrix} = (x-1)e^x$$

는 항등적으로 0이 아니므로 y_1과 y_2는 1차 독립이다. 주어진 방정식을

$$y'' - \frac{x}{x-1}y' + \frac{1}{x-1}y = x-1$$

로 변형하면, 구하는 일반해는 공식에 의하여

$$\begin{aligned} y &= c_1x + c_2e^x - x\int \frac{(x-1)e^x}{(x-1)e^x}dx + e^x\int \frac{(x-1)x}{(x-1)e^x}dx \\ &= c_1x + c_2e^x - x\int dx + e^x\int xe^{-x}dx \\ &= c_1x + c_2e^x - x^2 - e^x(x+1)e^{-x} \end{aligned}$$

따라서 구하는 일반해는

$$y = c_1x + c_2e^x - (x^2 + x + 1)$$

여기서 $c_1 - 1 = a$, $c_2 = b$라 하면 구하는 일반해는

$$y = ax + be^x - (x^2 + 1)$$ □

연습문제 (5.3)

1. 다음 미분방정식을 풀어라.

(1) $x^2y''+xy'-y=0$
(2) $(1-x)y''+xy'-y=0$
(3) $x^2y''-3xy'+3y=0$
(4) $xy''-(1+x)y'+y=0$
(5) $(1+x^2)y''+2xy'-2y=0$
(6) $xy''-(x+3)y'+3y=0$

2. 다음 미분방정식을 풀어라.

(1) $x^2y''-xy'+y=x^2$
(2) $(1-x)y''+xy'-y=(1-x)^2$
(3) $x^2y''-xy'+y=3x^5+2x^2$
(4) $y''-3y'+2y=e^{4x}\sin x$

3. 다음 미분방정식을 풀어라.

(1) $y''-3y'+2y=x$
(2) $y''-5y'+4y=x$
(3) $y''-5y'+4y=x^2$
(4) $y''+4y'+3y=2e^{2x}$

4. 다음 미분방정식을 풀어라.

(1) $y''+2xy'+x^2y=0$
(2) $x^2y''+4xy'-(x^2-2)y=0$
(3) $x^2y''-2xy'+(x^2+2)y=0$
(4) $x^2y''-2xy'+2(1+x^2)y=0$
(5) $xy''+2y'-xy=0$
(6) $y''-2y'\tan x-5y=0$

5. 다음 미분방정식을 풀어라.

(1) $x^2y''+xy'+x^2y=0$
(2) $(1-x^2)y''-xy'-9y=0$
(3) $y''+y'\tan x-6y\cot^2 x=0$
(4) $x^2y''+xy'+y=x^5$

6. 보조방정식이 $a+bi$와 $a-bi$를 각각 2중근으로 가지는 4계미분방정식을 구하라.

(Hint) $r=a\pm bi$가 2중근이므로, 보조방정식은

$$[r-(a+bi)]^2[r-(a-bi)]^2=[\{(r-a)-bi\}\{(r-a)+bi\}]^2$$
$$=[(r-a)^2+b^2]^2=(r-a)^4+2b^2(r-a)^2+b^4$$
$$=r^4-4ar^3+2(3a^2+b^2)r^2-4a(a^2+b^2)r+(a^2+b^2)^2=0$$

제 6 장

미분연산자를 이용한 해법

6.1 미분연산자

1 미분연산자

[1] 미분연산자의 성질

x에 관한 y의 도함수 $\frac{d}{dx}y$에서 $\frac{d}{dx}$를 D로 놓면 $\frac{dy}{dx}$는 Dy로 나타내진다.

이렇게 정하면 D는 미분한다는 연산을 나타내고 있다.

위와 같이 어떤 함수에 T가 어떤 연산을 나타내는 작용을 할 때, T를 **연산자**라 한다. 위에서 정의한 D는 미분을 하는 작용을 하므로 **미분연산자**라 한다.

$\frac{d}{dx}y=Dy$이므로, $\frac{d^2}{dx^2}y=\frac{d}{dx}\left(\frac{d}{dx}y\right)=D(Dy)=D^2y$으로, $\frac{d^3y}{dx^3}=D^3y$, …로 나타내진다.

따라서 $\frac{d^2}{dx^2}$을 D^2으로, $\frac{d^3}{dx^3}=D^3$으로 …, $\frac{d^n}{dx^n}=D^n$으로 나타낸다.

[보기 1] $Dx^2=2x$, $D^2e^{3x}=9e^{3x}$,

$$D^2(x^3-4x^2+1)=D[D(x^3-4x+1)]=D(3x^2-8x)=6x-8$$

연산자 D에 관하여 아래 법칙들이 성립한다. 단, 이들 식에서 u와 v는 변수의 함수이고, m과 n은 양의 정수이며 k는 상수이다.

$$D^n(u+v)=D^nu+D^nv \quad \text{(분배법칙)}$$

$$D^n(ku)=kD^nu \quad \text{(교환법칙)}$$

$$D^m(D^m u)=D^{m+n}u \qquad (\text{지수법칙})$$

연산자 D^2+3D-4의 의미는 다음과 같다.

$$(D^2+3D-4)y=D^2y+3Dy-4y=\frac{d^2y}{dx^2}+3\frac{dy}{dx}-4y$$

일반적으로 다음 관계가 성립된다.

$$(D^n+a_1D^{n-1}+\cdots+a_{n-1}D+a_n)y=\frac{d^ny}{dx^n}+a_1\frac{d^{n-1}y}{dx^{n-1}}+\cdots+a_{n-1}\frac{dy}{dx}+a_ny$$

두 개의 연산자 $D-\alpha_1$, $D-\alpha_2$의 곱의 의미를 살펴보자. (단, α_1, α_2는 상수)

$$\begin{aligned}(D-\alpha_1)(D-\alpha_2)y&=(D-\alpha_1)[(D-\alpha_2)y]=(D-\alpha_1)[Dy-\alpha_2y]\\&=D(Dy-\alpha_2y)-\alpha_1[Dy-\alpha_2y]=D^2y-(\alpha_1+\alpha_2)Dy+\alpha_1\alpha_2y\\&=[D^2-(\alpha_1+\alpha_2)D+\alpha_1\alpha_2]y=y''-(\alpha_1+\alpha_2)y'+\alpha_1\alpha_2y\end{aligned}$$

이므로, 연산자의 곱을 다항식의 곱과 마찬가지로

$$(D-\alpha_1)(D-\alpha_2)=D^2-(\alpha_1+\alpha_2)D+\alpha_1\alpha_2$$

되는 것을 알 수 있다. 또

$$\begin{aligned}(D-\alpha_1)(D-\alpha_2)&=D^2-(\alpha_1+\alpha_2)D+\alpha_1\alpha_2\\&=D^2-(\alpha_2+\alpha_1)D+\alpha_2\alpha_1=(D-\alpha_2)(D-\alpha_1)\end{aligned}$$

일반적으로 미분연산자는 곱셈에 관하여 교환법칙이 성립한다.

일반적으로 연산자 D에 관한 두 개의 다항식을

$$f(D)=D^m+a_1D^{m-1}+\cdots+a_{m-1}D+a_m$$
$$g(D)=D^n+b_1D^{n-1}+\cdots+b_{n-1}D+b_n$$

이라 할 때,

$$f(D)\cdot g(D)=g(D)\cdot f(D)$$

가 성립한다. 즉 미분연산자의 인수들 사이에는 교환법칙이 성립한다.

[2] 역 연산자의 정의

[1] 역연산자 $\dfrac{1}{f(D)}$의 의미

미분방정식 $f(D)y=Q$의 일반해 y는 $f(D)y=0$의 일반해인 여함수 y_c와 $f(D)y=Q$

의 특수적분 y_p의 합인 $y=y_c+y_p$이다. 앞 절에서 y_c를 구하는 방법을 살펴보았다. 여기서 연산자를 써서 y_p를 구하는 방법을 살펴보자.

방정식 $f(D)y=Q(x)$의 y_p를 다음과 같이

$$y_p=\frac{1}{f(D)}Q(x) \tag{1}$$

로 나타내기로 하자. 곧 $\frac{1}{f(D)}Q$는 $Q=f(D)y$를 만족하는 함수 y를 뜻한다.

역연산자를 써서 쉽게 특수적분을 구할 수 있다.

(A) $\frac{dy}{dx}=f(x)$ 또는 $Dy=f(x)$의 **특수적분**

이 경우 특수적분은 역연산자를 써서

$$y_p=\frac{1}{D}f(x)$$

로 나타내진다. 사실상 준 방정식의 특수적분은 $y=\int f(x)dx$로 구해지므로

$$\frac{1}{D}f(x)=\int f(x)dx$$

로 해석하여야 한다. 따라서 역연산자 $\frac{1}{D}$은 적분을 의미한다. 즉

$$\boxed{\frac{1}{D}=\int}$$

이다.(D로 나누면 1회 적분이 된다)

(B) $\frac{dy}{dx}-ay=Q(x)$ 또는 $(D-a)y=Q(x)$의 **특수적분**

이 경우 특수적분 y_p는

$$y_p=\frac{1}{D-a}Q(x) \tag{2}$$

로 나타내진다. 그런데 $(D-a)y=Q(x)$의 특수적분 y_p는

$$y_p=e^{ax}\int Q(x)e^{-ax}dx$$

로 주어지므로 다음 중요한 공식이 얻어진다.

$$\boxed{\frac{1}{D-a}Q(x)=e^{ax}\int Q(x)e^{-ax}dx} \tag{3}$$

예제 1 $(D-3)y=e^{2x}$을 풀어라.

풀이 $y_p=\dfrac{1}{D-3}e^{2x}=e^{3x}\int e^{2x}e^{-3x}dx=e^{3x}\int e^{-x}dx=e^{3x}(-e^{-x})=-e^{2x}$

$$\therefore\ y=y_c+y_p=ce^{3x}-e^{2x}$$ □

역연산자에 의한 적분에서 적분 상수를 생략하면 특수적분 y_p가 적분상수를 포함하면 일반해가 얻어지나, 연산자는 y_p를 구하는데 이용된다. 고계미분 방정식에서는 (3)의 공식을 반복사용하여 y_p를 구할 수 있다.

[2] 반복법에 의한 $f(D)y=Q$의 해법

$f(D)$가 일차인수의 곱으로 인수분해가 되어

$$f(D)y=(D-a_1)(D-a_2)\ \cdots\ (D-a_n)y=Q$$

로 주어지면

$$(D-a_1)(D-a_2)\ \cdots\ (D-a_n)y=(D-a_1)\{(D-a_2)\ \cdots\ (D-a_n)\}y=Q$$

$$\therefore\ (D-a_2)\ \cdots\ (D-a_n)y=\frac{1}{D-a_1}Q=e^{a_1x}\int Qe^{-a_1x}dx$$

또 $(D-a_2)\{(D-a_3)\ \cdots\ (D-a_n)\}y=e^{a_1x}\int Qe^{-a_1x}dx$에서

$$(D-a_3)\ \cdots\ (D-a_n)y=\frac{1}{D-a_2}e^{a_1x}\int Qe^{-a_1x}dx$$

$$=e^{a_2x}\int\left(e^{a_1x}\int Qe^{-a_1x}dx\right)e^{-a_2x}dx=e^{a_2x}\int\left(e^{(a_1-a_2)x}\int Qe^{-a_1x}\right)(dx)^2$$

위 방법을 반복적용하면 y_p를 얻는다. 이 방법을 **반복법**이라고 한다.
여함수 y_c는 보조방정식 $f(r)=0$의 근을 써서 바로 구해진다.

예제 2 $(D-3)(D-2)y=e^x$을 풀어라.

풀이 $(D-2)y=\dfrac{1}{D-3}e^x=e^{3x}\int e^{-3x}e^xdx=e^{3x}\int e^{-2x}dx=e^{3x}\left(-\dfrac{1}{2}e^{-2x}\right)=-\dfrac{e^x}{2}$

$$\therefore\ y_p=\frac{1}{D-2}\left(-\frac{e^x}{2}\right)=e^{2x}\int e^{-2x}\left(-\frac{e^x}{2}\right)dx=e^{2x}\int\left(-\frac{e^{-x}}{2}\right)dx=e^{2x}\left(\frac{e^{-x}}{2}\right)=\frac{e^x}{2}$$

보조방정식 $(r-3)(r-2)=0$에서 $r=3,\ 2$이므로, $y_c=c_1e^{3x}+c_2e^{2x}$이다.
따라서 구하는 일반해 y는

$$y=y_c+y_p=c_1e^{3x}+c_2e^{2x}+\frac{e^x}{2}$$ □

예제 3 $(D^2+4)y=3$을 풀어라.

풀이 $(D^2+4)y=3$은 $(D-2i)(D+2i)y=3$으로 변형되므로

$$(D+2i)y=\frac{1}{D-2i}3=e^{2ix}\int 3e^{-2ix}dx=e^{2ix}\left(-\frac{3}{2i}e^{-2ix}\right)=\frac{3i}{2}$$

$$\therefore\ y_p=\frac{1}{D+2i}\frac{3i}{2}=e^{-2ix}\int e^{2ix}\left(\frac{3i}{2}\right)dx=\frac{3}{4}$$

보조방정식 $r^2+4=0$의 근이 $r=\pm 2i$이므로 $y_c=c_1\cos 2x+c_2\sin 2x$

$$y=y_c+y_p=c_1\cos 2x+c_2\sin 2x+\frac{3}{4}$$ □

[3] 부분분수분해에 의한 $f(D)y=Q$의 해법

(i) $\frac{1}{f(D)}$이 부분분수분해가 가능하면, $\frac{1}{f(D)}$을 부분분수로 분해하여 공식 (3)을 이용하여 풀 수 있다. 이와 같은 방법의 타당성을 다음에서 찾아볼 수 있다.

$f(D)=(D-3)(D-2)$라 할 때, $f(D)y=Q(x)$의 특수적분을

$$y=\frac{1}{(D-3)(D-2)}Q(x)=\left(\frac{1}{D-3}-\frac{1}{D-2}\right)Q(x)=\frac{1}{D-3}Q(x)-\frac{1}{D-2}Q(x)$$

이라 하자. 양변에 $f(D)=(D-3)(D-2)$를 곱할 때

$$f(D)y=(D-3)(D-2)\left(\frac{1}{D-3}Q(x)-\frac{1}{D-2}Q(x)\right) \tag{4}$$

그런데 $f(D)y=Q(x)$에서 $y=\frac{1}{f(D)}Q(x)$이고, 좌측으로 $f(D)$를 작용할 때

$$f(D)y=f(D)\frac{1}{f(D)}Q(x)=Q(x)$$

이므로, 일반적으로 $f(D)\cdot\frac{1}{f(D)}Q(x)=Q(x)$이다. 따라서 (4)식은

$$\begin{aligned}f(D)y&=(D-2)\left\{(D-3)\left(\frac{1}{D-3}\right)Q(x)\right\}-(D-3)\left\{(D-2)\frac{1}{D-2}\right)Q(x)\right\}\\&=(D-2)Q(x)-(D-3)Q(x)=Q(x)\end{aligned}$$

이므로 (4)의 관계가 옳다는 것이 밝혀졌다.

(ii) $\frac{1}{f(D)}$이 다음과 같이 부분분수해가 가능하다 하자.

$$\frac{1}{f(D)}=\frac{A_1}{D-a_1}+\frac{A_2}{D-a_2}+\cdots+\frac{A_n}{D-a_n}$$

이 경우, $f(D)y=Q(x)$의 특수적분 y_p는

$$\begin{aligned} y_p &= \frac{1}{f(D)}Q(x) = \left(\frac{A_1}{D-a_1}+\frac{A_2}{D-a_2}+\cdots+\frac{A_n}{D-a_n}\right)Q(x) \\ &= \frac{A_1}{D-a_1}Q(x)+\frac{A_2}{D-a_2}Q(x)+\cdots+\frac{A_n}{D-a_n}Q(x) \\ &= A_1e^{a_1x}\int Q(x)e^{-a_1x}dx+A_2e^{a_2x}\int Q(x)e^{-a_2x}dx+\cdots+A_ne^{a_nx}\int Q(x)e^{-a_nx}dx \end{aligned} \tag{5}$$

일반적으로 역연산자에 관하여 다음 성질이 있다.

(1) $f(D)\cdot\dfrac{1}{f(D)}=1$

(2) $\dfrac{1}{f_1(D)f_2(D)}Q(x)=\dfrac{1}{f_2(D)}\left\{\dfrac{1}{f_1(D)}Q(x)\right\}$

(3) $\dfrac{1}{f(D)}\{C_1Q_1(x)+C_2Q_2(x)\}=C_1\dfrac{1}{f(D)}Q_1(x)+C_2\dfrac{1}{f(D)}Q_2(x)$

(4) $f(t)=f_1(t)f_2(t)$이고, $\dfrac{1}{f(t)}=\dfrac{1}{f_1(t)f_2(t)}=\dfrac{C_1}{f_1(t)}+\dfrac{C_2}{f_1(t)}$이면

$$\frac{1}{f(D)}Q(x)=C_1\frac{1}{f_1(D)}Q(x)+C_2\frac{1}{f_2(D)}Q(x)$$

예제 4 $(D-3)(D-2)y=e^x$을 풀어라.

풀이 $y_p=\dfrac{1}{(D-3)(D-2)}e^x$, $\dfrac{1}{(D-3)(D-2)}=\dfrac{1}{D-3}-\dfrac{1}{D-2}$

이므로

$$\begin{aligned} y_p &= \left(\frac{1}{D-3}-\frac{1}{D-2}\right)e^x=\frac{1}{D-3}e^x-\frac{1}{D-2}e^x \\ &= e^{3x}\int e^xe^{-3x}dx-e^{2x}\int e^x\cdot e^{-2x}dx \\ &= e^{3x}\left(-\frac{1}{2}e^{-2x}\right)-e^{2x}(-e^{-x})=-\frac{1}{2}e^x+e^x=\frac{1}{2}e^x \end{aligned}$$

$$\therefore\ y=y_c+y_p=c_1e^{3x}+c_2e^{2x}+\frac{1}{2}e^x$$ □

예제 5 $(D^2-3D+2)y=x$를 풀어라.

풀이 $(D^2-3D+2)y=(D-1)(D-2)y=x$

$$\begin{aligned} y_p &= \frac{1}{(D-1)(D-2)}x=\left(\frac{1}{D-2}-\frac{1}{D-1}\right)x \\ &= \frac{1}{D-2}x-\frac{1}{D-1}x=e^{2x}\int xe^{-2x}dx-e^x\int xe^{-x}dx \end{aligned}$$

$$=e^{2x}\left(-\frac{1}{2}xe^{-2x}+\frac{1}{2}\int e^{-2x}dx\right)-e^{x}\left(-xe^{-x}+\int e^{-x}dx\right)$$

$$=e^{2x}\left(-\frac{1}{2}xe^{-2x}-\frac{1}{4}e^{-2x}\right)-e^{x}(-xe^{-x}-e^{-x})$$

$$=-\frac{1}{2}x-\frac{1}{4}+x+1=\frac{1}{2}x+\frac{3}{4}$$

$y_c=c_1e^x+c_2e^{2x}$이므로, 구하는 일반해는

$$y=y_c+y_p=c_1e^x+c_2e^{2x}+\frac{1}{2}x+\frac{3}{4}$$ □

연습문제 (6.1)

1. 다음 미분방정식을 풀어라.
   - (1) $(D^2-9)y=e^{3x}$
   - (2) $(D^2-9)y=e^{-3x}$
   - (3) $(D^2-5D+6)y=e^{3x}$
   - (4) $(D^2-6D+6)y=e^{2x}$
   - (5) $(D^2-7D+12)y=x$
   - (6) $(D^2-9D+20)y=x$
   - (7) $(D-3)^2y=e^{-3x}$
   - (8) $(D-3)^2y=e^{3x}$
   - (9) $(D+3)^2y=e^{3x}$
   - (10) $(D+3)^2y=e^{-3x}$

2. 다음 미분방정식을 풀어라.
   - (1) $D(D+1)y=4$
   - (2) $(D^2-4)y=\cos x$
   - (3) $(D^3-8)y=\sin x$
   - (4) $(D-1)^2y=e^x$
   - (5) $(D^3+D^2)y=3x$
   - (6) $(D^3-D)y=e^{-x}+x+2$
   - (7) $(D-3)^2y=xe^{3x}$
   - (8) $(D+3)^2y=xe^{-3x}$

3. $(D-a_1)(D-a_2)y=Q(x)$에서 특수적분 y_p는

$$y_p=\frac{1}{a_1-a_2}\left[\frac{1}{D-a_1}Q(x)-\frac{1}{D-a_2}Q(x)\right]$$

   임을 밝혀라. 단, a_1, a_2는 서로 다른 상수이다.

4. $f(D)y=Q(x)$에서 보조방정식은 $f(r)=0$임을 밝혀라.

6.2 특수적분을 구하는 여러 가지 공식

1 여러 가지 기본공식

[1] $f(D)y=x^m$의 해법

m이 양의 정수 일 때 $(D-a)y=x^m$의 특수적분은

$$y=\frac{1}{D-a}x^m=e^{ax}\int e^{-ax}x^m dx$$

이것을 부분적분법으로 적분하면

$$e^{ax}\int e^{-ax}x^m dx=e^{ax}\left\{-\frac{x^m e^{-ax}}{a}-\frac{m}{a}\frac{x^{m-1}e^{-ax}}{a}-\cdots-\frac{m(m-1)\cdots 2\cdot 1}{a^m}\frac{e^{-ax}}{a}\right\}$$
$$=-\frac{1}{a}\left\{x^m+\frac{mx^{m-1}}{a}+\frac{m(m-1)x^{m-2}}{a^2}+\cdots+\frac{m(m-1)\cdots 2\cdot 1}{a^m}\right\}$$

한편 $\frac{1}{D-a}$을 D을 승멱으로 전개하고, x^m에 작용시키면 다음 공식을 얻는다.

$$\frac{1}{D-a}x^m=-\frac{1}{a\left(1-\frac{D}{a}\right)}x^m=-\frac{1}{a}\left(1+\frac{D}{a}+\frac{D^2}{a^2}+\cdots+\frac{D^m}{a^m}+\cdots\right)x^m$$
$$=-\frac{1}{a}\left\{x^m+\frac{mx^{m-1}}{a}+\frac{m(m-1)x^{m-2}}{a^2}+\cdots+\frac{m(m-1)\cdots 2\cdot 1}{a^m}\right\} \quad (1)$$

이것은 역역산자를 D의 멱급수로 전개하고, x^m에 작용하여도 위와 같은 결과를 얻을 수 있다는 중요한 성질을 가리킨다.

일반적으로 $y=\frac{1}{f(D)}x^m$에서 역연산자 $\frac{1}{f(D)}$이 부분분수로 분해하여 이들 각 항을 x^m에 작용할 수 있다. 또 $\frac{1}{f(D)}$을 D의 멱급수로 전개하고, 이들 급수의 각항을 x^m에 작용시켜도 같은 결과가 얻어진다. 여기서 $r>m$이면 $D^r x^m=0$이므로 이 결과의 항수는 유한개이다.

예제 1 $(D-2)y=16x^3$에서 y_p를 구하라.

풀이 $y_p=\frac{1}{D-2}16x^3=-\frac{1}{2}\frac{1}{1-D/2}16x^3$

$$=-\frac{1}{2}\left(1+\frac{D}{2}+\frac{D^2}{4}+\frac{D^3}{8}+\cdots\right)16x^3$$
$$=-\frac{1}{2}(16x^3+24x^2+24x+12)=-(8x^3+12x^2+12x+6)$$ □

예제 2 $(D^2-D+1)y=x^3$을 풀어라.

풀이 $y_c=e^{\frac{1}{2}x}\left(A\cos\dfrac{\sqrt{3}}{2}x+B\sin\dfrac{\sqrt{3}}{2}x\right)$

특수적분 y_p는 다음과 같이 구해진다.

$$\begin{aligned} y_p&=\frac{1}{1-D+D^2}x^3=\frac{1}{1-(D-D^2)}x^3\\ &=\{1+(D-D^2)+(D-D^2)^2+(D-D^2)^3+\cdots\}x^3\\ &=(1+D-D^3+\cdots)x^3=x^3+3x^2-6 \end{aligned}$$

$$\therefore\ y=e^{\frac{1}{2}x}\left(A\cos\frac{\sqrt{3}}{2}x+B\sin\frac{\sqrt{3}}{2}x\right)+x^3+3x^2-6$$ □

[2] $f(D)y=e^{ax}$의 해법

$De^{ax}=ae^{ax}$, $D^2e^{ax}=a^2e^{ax}$, $\cdots$, $D^ne^{ax}=a^ne^{ax}$이므로 $f(D)$가 D의 다항식이면

$$f(D)e^{ax}=f(a)e^{ax}$$

따라서 $f(a)\neq0$이면, 양변을 $f(a)\neq0$으로 나누어서

$$f(D)\frac{1}{f(a)}e^{ax}=e^{ax}\text{이므로, }\ \frac{e^{ax}}{f(a)}=\frac{1}{f(D)}e^{ax}$$

따라서 다음 공식이 얻어진다.

$$\boxed{\frac{1}{f(D)}e^{ax}=\frac{e^{ax}}{f(a)},\ f(a)\neq0} \tag{2}$$

예제 3 $(D^3-1)y=e^{2x}$에서 y_p를 구하라.

풀이 $y_p=\dfrac{1}{D^3-1}e^{2x}=\dfrac{1}{2^3-1}e^{2x}=\dfrac{1}{7}e^{2x}$ □

다항식 $f(D)$가 $(D-a)^m$을 인수로 가지는 경우

$$f(D)=(D-a)^m\varphi(D),\ \varphi(a)\neq0$$

이면, 미분방정식

$$f(D)y=(D-a)^m\varphi(D)y=e^{ax}$$

의 특수적분은 다음과 같이 구해진다.

$$(D-a)^m y=\frac{1}{\varphi(D)}e^{ax}=\frac{e^{ax}}{\varphi(a)} \text{에서 } y=\frac{1}{(D-a)^m}\frac{e^{ax}}{\varphi(a)}=\frac{1}{\varphi(a)}\frac{1}{(D-a)^m}e^{ax}$$

이 되고, $\frac{1}{(D-a)^m}e^{ax}$는 그리 크지 않은 m에 대하여는 앞 절의 반복법으로 구할 수도 있으나 다음 [3]의 방법이 더욱 간편하다.

예제 4 $(D^2-4)y=(1+e^x)^2$에서 y_p를 구하라.

풀이 $y_p=\frac{1}{D^2-4}(1+e^x)^2=\frac{1}{D^2-4}(1+2e^x+e^{2x})$

$$\frac{1}{D^2-4}1=\frac{1}{D^2-4}e^{0x}=\frac{e^{0x}}{0^2-4}=-\frac{1}{4},\ \frac{1}{D^2-4}2e^x=\frac{2e^x}{1^2-4}=-\frac{2}{3}e^x$$

$$\frac{1}{D^2-4}e^{2x}=\frac{1}{D-2}\frac{1}{D+2}e^{2x}=\frac{1}{D-2}\frac{e^{2x}}{2+2}=\frac{1}{4}e^{2x}\int e^{-2x}e^{2x}dx=\frac{1}{4}xe^{2x}$$

$$\therefore\ y_p=\frac{1}{4}xe^{2x}-\frac{2}{3}e^x-\frac{1}{4}$$ □

[3] $f(D)y=e^{ax}V(x)$의 해법

$De^{ax}V=e^{ax}DV+ae^{ax}V=e^{ax}(D+a)V$

$D^2e^{ax}V=e^{ax}D(D+a)V+ae^{ax}(D+a)V=e^{ax}(D^2+2aD+a^2)V=e^{ax}(D+a)^2V$

$D^3e^{ax}V=e^{ax}(D+a)^3V,\ \cdots\ D^ne^{ax}V=e^{ax}(D+a)^nV$

일반적으로 $f(D)$가 D의 다항식일 때, $e^{ax}V$에 $f(D)$를 작용하면

$$f(D)e^{ax}V=e^{ax}f(D+a)V$$

이므로

$$e^{ax}V=\frac{1}{f(D)}e^{ax}f(D+a)V$$

여기서 V는 x의 함수이므로 $f(D+a)V$도 또한 x의 한 함수이다.

$$f(D+a)V=Z\text{라면,}\qquad V=\frac{1}{f(D+a)}Z$$

이므로

$$e^{ax}\frac{1}{f(D+a)}Z=\frac{1}{f(D)}e^{ax}Z$$

따라서

$$\frac{1}{f(D)}e^{ax}Z=e^{ax}\frac{1}{f(D+a)}Z$$

가 된다. 이 관계는 임의의 함수 Z에 대하여 성립하므로 Z 대신 V로 바꾸어 쓰면

$$\boxed{\frac{1}{f(D)}e^{ax}V=e^{ax}\frac{1}{f(D+a)}V} \tag{3}$$

예제 5 $(D^2-3D+2)y=xe^x$을 풀어라.

풀이 여함수는 $y_h=c_1e^x+c_2e^{2x}$이고, 특수적분 y_p는

$$y_p=\frac{1}{D^2-3D+2}xe^x=e^x\frac{1}{(D+1)^2-3(D+1)+2}x$$
$$=e^x\frac{1}{D(D-1)}x=e^x\left[-\frac{1}{D}(1+D+D^2+\cdots\right]x$$
$$=-e^x\left[\frac{1}{D}(x+1)\right]=-e^x\left(\frac{x^2}{2}+x\right)$$
$$\therefore\ y_2c_1e^x+c_2e^{2x}-e^x\left(\frac{x^2}{2}+x\right)$$ □

예제 6 $(D^2-2D-3)y=e^{3x}$을 풀어라.

풀이 여함수 $y_c=c_1e^{-x}+c_2e^{3x}$이고, 특수적분 y_p는

$$(D+1)(D-3)y=e^{3x}\text{에서 } (D-3)y=\frac{1}{D+1}e^{3x}=\frac{e^{3x}}{4}$$
$$\therefore\ y_p=\frac{1}{4}\frac{1}{D-3}e^{3x}=\frac{1}{4}e^{3x}\frac{1}{(D+3)-3}=\frac{1}{4}e^{3x}\frac{1}{D}1=\frac{1}{4}xe^{3x}$$
$$\therefore\ y=y_h+y_p=c_1e^{-x}+c_2e^{3x}+\frac{1}{4}xe^{3x}$$ □

$f(D)y=e^{ax}$의 보조방정식 $f(r)=0$이 $r=a$를 p중근으로 갖는 경우, 미분방정식

$$f(D)y=(D-a)^pg(D)y=e^{ax},\ g(a)\neq 0$$

의 특수적분은

$$(D-a)^py=\frac{1}{g(D)}e^{ax}=\frac{1}{g(a)}e^{ax}$$
$$\therefore\ y=\frac{1}{g(a)}\cdot\frac{1}{(D-a)^p}e^{ax}=\frac{e^{ax}}{g(a)}\frac{1}{(D+a-a)^p}1$$
$$=\frac{e^{ax}}{g(a)}\frac{1}{D^p}1=\frac{1}{g(a)}e^{ax}\frac{x^p}{p!}$$

예제 7 $(D^2-6D^2+11D-6)y=e^x$을 풀어라.

풀이 주어진 미분방정식은

$$(D-1)(D-2)(D-3)y=e^x$$

여함수 y_h는 $y_h=c_1e^x+c_2e^{2x}+c_3e^{3x}$

특수적분 y_p는

$$y_p=\frac{1}{(D-1)(D-2)(D-3)}e^x=\frac{1}{2}\cdot\frac{1}{D-1}e^x=\frac{e^x}{2}\frac{1}{D}1=\frac{1}{2}xe^x$$

따라서 구하는 일반해는

$$y=c_1e^x+c_2e^{2x}+c_3e^{3x}+\frac{1}{2}xe^x$$ □

[4] $f(D)y=\sin ax$와 $f(D)y=\cos ax$의 해법

$D\sin ax=a\cos ax$, $D^2\sin ax=-a^2\sin ax$, $D^4\sin ax=(-a^2)^2\sin ax$이므로 $f(D^2)$이 D^2에 관한 다항식이면

$$f(D^2)\sin ax=f(-a^2)\sin ax$$

이므로

$$\sin ax=\frac{1}{f(D^2)}f(-a^2)\sin ax$$

따라서 $f(-a^2)\neq 0$이면, 양변을 $f(-a^2)$으로 나누어서

$$\frac{1}{f(D^2)}\sin ax=\frac{1}{f(-a^2)}\sin ax\ \ (\text{단, } f(-a^2)\neq 0) \tag{4}$$

같은 방법으로

$$\frac{1}{f(D^2)}\cos ax=\frac{1}{f(-a^2)}\cos ax\ \ (\text{단, } f(-a^2)\neq 0) \tag{5}$$

일반적으로 $f(-a^2)\neq 0$이면 다음 공식을 얻는다.

$$\frac{1}{f(D^2)}\sin(ax+b)=\frac{1}{f(-a^2)}\sin(ax+b)$$
$$\frac{1}{f(D^2)}\cos(ax+b)=\frac{1}{f(-a^2)}\cos(ax+b)$$

예제 8 $(D^4-5D^2+6)y=\sin 2x$에서 y_p를 구하라.

풀이 특수적분 y_p는 다음과 같이 구해진다.

$$y_p=\frac{1}{D^4-5D^2+6}\sin 2x=\frac{\sin 2x}{(-4)^2-5(-4)+6}=\frac{1}{42}\sin 2x$$ □

$f(D)$가 D의 홀수제곱항도 포함할 때는 다음 예제와 같이 특수적분을 구한다.

예제 9 $(D^3+D^2+D+6)y=\cos 2x$에서 y_p를 구하라.

풀이
$$y_p=\frac{1}{(D^3+D)+(D^2+6)}\cos 2x$$
$$=\{(D^3+D)-(D^2+6)\}\times\frac{1}{(D^3+D)^2-(D^2+6)^2}\cos 2x$$
$$=(D^3+D-D^2-6)\frac{\cos 2x}{-4(-4+1)^2-(-4+6)^2}\quad[(D^3+D)^2=D^2(D^2+1)^2]$$
$$=-\frac{1}{40}(D^3+D-D^2-6)\cos 2x=-\frac{1}{40}(6\sin 2x-2\cos 2x)$$ □

$(D^2+a^2)y=\cos(ax+b)$, $(D^2+a^2)y=\sin(ax+b)$의 특수적분 y_p는 다음과 같이 구해진다.

$$(D^2+a^2)x\sin(ax+b)=D^2x\sin(ax+b)+a^2x\sin(ax+b)$$
$$=D\{\sin(ax+b)+ax\cos(ax+b)\}+a^2x\sin(ax+b)$$
$$=a\cos(ax+b)+a\{\cos(ax+b)-ax\sin(ax+b)\}+a^2x\sin(ax+b)$$
$$=2a\cos(ax+b)$$

역연산자를 써서 다음 공식을 얻는다.

$$\boxed{\frac{1}{D^2+a^2}\cos(ax+b)=\frac{1}{2a}x\sin(ax+b)}\qquad(6)$$

마찬가지로 다음 공식을 얻는다.

$$\boxed{\frac{1}{D^2+a^2}\sin(ax+b)=-\frac{1}{2a}x\cos(ax+b)}\qquad(7)$$

예제 10 $y''+y=\cos x$를 풀어라.

풀이 주어진 미분방정식의 여함수 y_h는

$$y_h=c_1\cos x+c_2\sin x$$

특수적분 y_p는

$$y_p=\frac{1}{D^2+1}\cos x=\frac{1}{2}x\sin x$$

이므로 일반해 y는

$$y=y_h+y_p=c_1\cos x+c_2\sin x+\frac{1}{2}x\sin x$$ □

2 여러 가지 응용

[1] $f(D)y=e^{ax}\cos bx$와 $f(D)y=e^{ax}\sin bx$의 해법

$f(D)y=e^{ax}\cos bx$의 특수적분 y_p는

$$y_p=\frac{1}{f(D)}e^{ax}\cos bx=e^{ax}\frac{1}{f(D+a)}\cos bx$$

$f(D)y=e^{ax}\sin bx$의 특수적분 y_p는

$$y_p=\frac{1}{f(D)}e^{ax}\sin bx=e^{ax}\frac{1}{f(D+a)}\sin bx$$

에서 구해진다.

또 Euler의 관계식을 이용하여 특수적분을 구할 수 있다.

$$e^{(a+bi)x}=e^{ax}(\cos bx+i\sin bx)$$

이므로

$$\boxed{\frac{1}{f(D)}e^{(a+bi)x}=\frac{1}{f(D)}e^{ax}\cos bx+i\frac{1}{f(D)}e^{ax}\sin bx} \tag{8}$$

따라서 $f(D)y=e^{ax}\cos bx$ 특수적분은 우변의 실수부분을 취하고, $f(D)y=e^{ax}\sin bx$의 특수적분은 우변의 허수부분을 취하면 된다.

일반적으로 $f(D)y_1=P(x)e^{ax}\cos bx$ 및 $f(D)y_2=P(x)e^{ax}\sin bx$의 특수적분도 위 방법에 준하여 구할 수 있다. 즉

$$Pe^{(a+bi)x}=(Pe^{ax}\cos bx)+i(Pe^{ax}\sin bx)$$

이므로

$$\boxed{\frac{1}{f(D)}Pe^{(a+bi)x}=\frac{1}{f(D)}(Pe^{ax}\cos bx)+i\frac{1}{f(D)}(Pe^{ax}\sin bx)} \tag{9}$$

따라서 $f(D)y=P(x)e^{ax}\cos bx$의 특수적분 y_1은 $\frac{1}{f(D)}Pe^{(a+bi)x}$의 그 실수부분만을 취하면 되고, $f(D)y=P(x)e^{ax}\sin bx$의 특수적분 y_2는 허수부분만 취하면 된다.

$$\frac{1}{f(D)}Pe^{(a+bi)x}=y_1+iy_2$$

에서 $y_1=\frac{1}{f(D)}P(x)e^{ax}\cos bx$, $y_2=\frac{1}{f(D)}P(x)e^{ax}\sin bx$이다.

예제 11 $y''+2y'+2y=2e^x\cos x$를 풀어라.

풀이 주어진 미분방정식은

$$(D^2+2D+2)y=2e^x\cos x$$

이고, 그 보조방정식 $r^2+2r+2=0$의 두 근은 $r=-1+i,\ -1-i$이므로 여함수는

$$y_c=e^{-x}(c_1\cos x+c_2\sin x)$$

특수적분 y_p는

$$y_p=\frac{1}{D^2+2D+2}2e^x\cos x=2e^x\frac{1}{(D+1)^2+2(D+1)+2}\cos x$$
$$=2e^x\frac{1}{D^2+4D+5}\cos x=2e^x\frac{1}{-1+4D+5}\cos x$$
$$=\frac{1}{2}e^x\frac{1}{D+1}\cos x=\frac{1}{2}e^x\frac{D-1}{D^2-1}\cos x$$
$$=\frac{1}{2}e^x\frac{D-1}{-1-1}\cos x=\frac{1}{4}e^x(\cos x+\sin x)$$
$$\therefore\ y=y_c+y_p=e^{-x}(c_1\cos x+c_2\sin x)+\frac{1}{4}e^x(\cos x+\sin x)$$ □

예제 12 $(D^2+2D+4)y=e^x\sin(2x+1)$을 풀어라.

풀이 보조방정식 $r^2+2r+4=0$의 근은 $-1\pm\sqrt{3}i$이므로 여함수는

$$y_c=e^{-x}(c_1\cos\sqrt{3}x+c_2\sin\sqrt{3}x)$$

특수적분은

$$y_p=\frac{1}{D^2+2D+4}e^x\sin(2x+1)=e^x\frac{1}{(D+1)^2+2(D+1)+4}\sin(2x+1)$$
$$=e^x\frac{1}{D^2+4D+7}\sin(2x+1)=e^x\frac{1}{4D+3}\sin(2x+1)$$
$$=e^x\frac{4D-3}{16D^2-9}\sin(2x+1)=-\frac{1}{73}e^x[8\cos(2x+1)-6\sin(2x+1)]$$

따라서 구하는 일반해는

$$y=e^{-x}(c_1\cos\sqrt{3}x+c_2\sin\sqrt{3}x)-\frac{1}{73}e^x[8\cos(2x+1)-6\sin(2x+1)]$$ □

예제 13 $y''+4y=x\cos x$를 풀어라.

풀이 주어진 미분방정식은

$$(D^2+4)y=x\cos x$$

이고, 그 보조방정식의 두 근이 $r=2i,\ -2i$이므로 여함수 y_c는

$$y_c=c_1\cos 2x+c_2\sin 2x$$

특수적분 y_p를 구하기 위하여

$$(D^2+4)y=x\cos x,\ (D^2+4)z=x\sin x$$

이라면

$$(D^2+4)(y+iz)=x\cos x+i\,x\sin x=xe^{ix}$$

따라서

$$\begin{aligned}y+zi&=\frac{1}{D^2+4}xe^{ix}=e^{ix}\frac{1}{(D+i)^2+4}x\\&=e^{ix}\frac{1}{D^2+2iD+3}x=\frac{1}{3}e^{ix}\left(1-\frac{2}{3}iD+\cdots\right)x\\&=\frac{1}{3}e^{ix}\left(x-\frac{2}{3}i\right)=\frac{1}{3}(\cos x+i\sin x)\left(x-\frac{2}{3}i\right)\\&=\frac{1}{3}\left(x\cos x+\frac{2}{3}\sin x\right)+\frac{1}{3}i\left(x\sin x-\frac{2}{3}\cos x\right)\end{aligned}$$

양변의 실부와 허부를 각각 비교하여

$$y=\frac{1}{3}\left(x\cos x+\frac{2}{3}\sin x\right),\ z=\frac{1}{3}\left(x\sin x-\frac{2}{3}\cos x\right)$$

따라서 구하는 일반해는

$$y=c_1\cos 2x+c_2\sin 2x+\frac{1}{9}(3x\cos x+2\sin x)$$

이런 방식이 해법으로 동시에

$$(D^2+4)z=x\sin x$$

의 일반해

$$z=a\cos 2x+b\sin 2x+\frac{1}{9}(3x\sin x-2\cos x)$$

도 구할 수 있다. □

[2] $f(D)y=xF(x)$의 해법

$$\frac{1}{f(D)}xF(x)=x\frac{1}{f(D)}F(x)-\frac{f'(D)}{f(D)^2}F(x)$$

증명

$$DxF(x)=xDF(x)+F(x)$$
$$D^2xF(x)=xD^2F(x)+2DF(x)$$
$$D^3xF(x)=xD^3F(x)+3D^2F(x)$$
$$\cdots\cdots\cdots\cdots\cdots\cdots$$
$$D^nxF(x)=xD^nF(x)+nD^{n-1}F(x)$$

에서

$$\begin{aligned}f(D)xF(x)&=(D^n+a_1D^{n-1}++a_{n-1}D+a_n)xF(x)\\&=xf(D)F(x)+f'(D)F(x)\end{aligned}$$

이므로

$$\begin{aligned}f(D)\left[x\frac{1}{f(D)}F(x)-\frac{f'(D)}{f(D)^2}F(x)\right]&=f(D)\left[x\frac{1}{f(D)}F(x)\right]-\frac{f'(D)}{f(D)}F(x)\\&=xf(D)\left[\frac{1}{f(D)}F(x)\right]+f'(D)\left[\frac{1}{f(D)}F(x)\right]-\frac{f'(D)}{f(D)}F(x)\\&=xF(x)\end{aligned}$$

따라서

$$\boxed{\frac{1}{f(D)}xF(x)=x\frac{1}{f(D)}F(x)-\frac{f'(D)}{f(D)^2}F(x)} \tag{10}$$

■

예제 14 $\dfrac{1}{D^2+a^2}\cos ax=\dfrac{1}{2a}x\sin ax$임을 증명하라.

풀이 미분공식 $f(D)xF(x)=xf(D)F(x)+f'(D)F(x)$에 의하여

$$\begin{aligned}(D^2+a^2)x\sin ax&=x(D^2+a^2)\sin ax+2D\sin ax\\&=x(-a^2+a^2)\sin ax+2a\cos ax\\&=2a\cos ax\end{aligned}$$

이 결과를 역연산자를 써서 나타내면

$$\frac{1}{D^2+a^2}\cos ax=\frac{1}{2a}x\sin ax$$

□

연습문제 (6.2)

1. 다음 미분방정식을 풀어라.

(1) $(D+1)y=x^2$ (2) $(D-1)y=x^2$

(3) $(D^2+4)y=3x^5$ (4) $(D^2-3D+2)y=x^2$

(5) $(D^3-3D^2+2D)y=12(x^2-2x+4)$ (6) $(D^4-2D^3+D^2)y=x^3$

2. 다음 미분방정식을 풀어라.

(1) $(D^2-3D-10)y=e^x$ (2) $(D^2+6D+25)y=104e^{3x}$

(3) $(D^2-D-12)y=e^{4x}$ (4) $(D^2-2D+1)y=e^x$

(5) $(D^3-6D^2+9D-4)y=e^x$ (6) $(D^3-6D^2+11D-6)y=e^x$

3. 다음 미분방정식을 풀어라.

(1) $(D+1)y=xe^x$ (2) $(D-a)y=xe^{ax}$

(3) $(D+a)y=xe^{ax}$ (4) $(D-a)^2y=xe^{ax}$

(5) $(D^2+4D+4)y=e^{-2x}$ (6) $(D^2-6D+8)y=e^{2x}$

(7) $(D^3-1)y=e^x$ (8) $(D^3+4D^2+4D)y=6e^{-3x}$

(9) $(D-1)(D-2)y=x$ (10) $(D-1)^2y=x$

4. 다음 미분방정식을 풀어라.

(1) $(5D^4+3D^2-2)y=\sin x$ (2) $(D^4-6D^2+2)y=\cos x$

(3) $(D^2+2D)y=\cos x$ (4) $(D^2-2D)y=\sin x$

(5) $(D^2+9)y=\sin 3x$ (6) $(D^2+9)y=\cos 3x$

(7) $(D^2+1)y=x\cos 2x$ (8) $(D^2+1)y=x\sin x$

5. 다음 미분방정식을 풀어라.

(1) $(D-2)y=e^{3x}\sin 4x$ (2) $(D^2+2D+2)y=2e^x\cos x$

(3) $(D^2-3D+2)y=e^{4x}\sin x$ (4) $(D^3+3D^2+3D+1)y=e^{-x}\sin x$

(5) $(D^2+2D+5)y=e^{-x}\cos 2x$ (6) $(D^2+4D+4)y=e^{-2x}\sin x$

(7) $(D-1)y=x\cos x$ (8) $(D+1)y=x\sin 2x$

(9) $(D^2+1)y=x\cos 2x$ (10) $(D^2+1)y=x\sin 2x$

(11) $(D^2+1)y=x\sin x$ (12) $(D^2+1)y=x\cos x$

6.3 연립선형 미분방정식

1 종속변수의 소거에 의한 해법

연립미분방정식은 2개 이상의 종속변수를 가지는 미분방정식이다. 가장 초등적인 해법은 한 종속변수를 제외한 다른 모든 종속변수를 대수적 방법으로 소거하여 그 종속변수에 관하여 풀고, 다른 종속변수도 같은 방법으로 풀거나, 대입에 의하여 푸는 방법이다.

종속변수를 소거하여 종속변수가 하나인 방정식으로 나타내서 앞 절의 해법으로 푸는 방법이 가장 쉽다.

[보기 1] 다음 연립미분방정식에서 종속변수 y_2를 소거하여 풀어보자.

$$\frac{dy_1}{dt}=-y_1+2y_2 \tag{1}$$

$$\frac{dy_2}{dt}=-2y_1-y_2 \tag{2}$$

(1)식에서

$$y_2=\frac{1}{2}\left(\frac{dy_1}{dt}+y_1\right) \tag{3}$$

이 식을 미분하여 (2)식에 대입하면

$$\frac{1}{2}\left(\frac{d^2y_1}{dt^2}+\frac{dy_1}{dt}\right)=-2y_1-\frac{1}{2}\left(\frac{dy_1}{dt}+y_1\right) \tag{4}$$

정리하면

$$\frac{d^2y_1}{dt^2}+2\frac{dy_1}{dt}+5y_1=0 \tag{5}$$

(5)식의 보조방정식 $r^2+2r+5=0$에서 $r=-1\pm 2i$이므로, (5)식의 일반해는

$$y_1=e^{-t}(c_1\cos 2t+c_2\sin 2t) \tag{6}$$

(6)식을 미분하여

$$\frac{dy_1}{dt}=-e^{-t}(c_1\cos 2t+c_2\sin 2t)+e^{-t}(-2c_1\sin 2t+2c_2\cos 2t)$$

이들 식을 (3)식에 대입하여

$$y_2=\frac{1}{2}\Big\{(c_1-c_1+2c_2)\cos 2t+(c_2-c_2-2c_1)\sin 2t)\Big\}e^{-t}$$

$$=e^{-t}(c_2\cos 2t-c_1\sin 2t)$$

일반해를 벡터를 써서 나타내면 다음과 같다.

$$Y=\begin{bmatrix} y_1 \\ y_2 \end{bmatrix}=\left(\begin{bmatrix} c_1 \\ c_2 \end{bmatrix}\cos 2t+\begin{bmatrix} c_2 \\ -c_1 \end{bmatrix}\sin t\right)e^{-t}$$

(참고) (6)식으로 y_1를 구하고, y_2도 같은 방법으로 (1), (2)식에서 y_1을 소거한 식에서 y_2를 별도로 구하면 임의 상수가 증가되어서는 임의상수를 조절해야 한다.

연립미분방정식의 일반해에 주어지는 임의 상수의 수를 정해보자.

연립미분방정식

$$\begin{cases} f_1(D)y_1+g_1(D)y_2=h_1(t) \\ f_2(D)y_1+g_2(D)y_2=h_2(t) \end{cases}$$

을 행렬을 써서 나타내면 다음과 같다.

$$\begin{bmatrix} f_1(D) & g_1(D) \\ f_2(D) & g_2(D) \end{bmatrix}\begin{bmatrix} y_1 \\ y_2 \end{bmatrix}=\begin{bmatrix} h_1(t) \\ h_2(t) \end{bmatrix}$$

여기 $\Delta=\begin{vmatrix} f_1(D) & g_1(D) \\ f_2(D) & g_2(D) \end{vmatrix}$의 D에 관한 차수가 일반해에 포함될 임의상수의 수이다.

예제 1 다음 연립방정식을 풀어라.

$$\begin{cases} (D-1)y_1+\quad y_2=0 & \cdots ① \\ \qquad 2y_1+Dy_2=0 & \cdots ② \end{cases}$$

풀이 y_2를 소거한다. 행렬식을 써서 y_1을 소거하면

$$\begin{vmatrix} D-1 & 1 \\ 2 & D \end{vmatrix}y_1=0\text{에서 } (D^2-D-2)y_1=0$$

보조방정식 $r^2-r-2=0$에서 $r=-1$, 2이므로, 구하는 해 y_1은

$$y_1=c_1e^{-t}+c_2e^{2t} \cdots ③$$

y_1을 ①에 대입하여 y_2를 구한다.

$$\begin{aligned} y_2&=-(D-1)y_1=-Dy_1+y_1=-(-c_1e^{-t}+2c_2e^{-2t})+(c_1e^{-t}+c_2e^{2t}) \\ &=2c_1e^{-t}-c_2e^{2t} \cdots ④ \end{aligned}$$

$\Delta=\begin{vmatrix} D-1 & 1 \\ 2 & D \end{vmatrix}$가 D에 관한 2차식이므로 임의상수의 수는 2개이다. □

(참고) ①, ②식에서

$$\begin{vmatrix} D-1 & 1 \\ 2 & D \end{vmatrix} y_2=0, \ (D^2-D-2)y_2=0$$

이므로 y_2는

$$y_2=c_3e^{-t}+c_4e^{2t} \ \cdots \ ⑤$$

이나, y_1, y_2는 주어진 방정식을 만족해야 하므로 ③식과 ④식을 ②식에 대입하여

$$2y_1+Dy_2=2(c_1e^{-t}+c_2e^{-t})+(-c_3e^{-t}+2c_4e^{2t})=\{(2c_1-c_2)e^{-t}+(2c_2+2c_4)e^{2t}$$
$$=0$$

에서 $2c_1-c_3=0$, $2c_2+2c_4=0$이므로 $c_3=2c_1$, $c_4=-c_2$

이들 값을 ⑤식에 대입하면 ④와 같은 해 $y_2=2c_1e^{-t}-c_2e^{2t}$를 얻는다.

예제 2 다음 연립방정식을 풀어라.

$$\begin{cases} y_1'=-2y_1+2y_2 \\ y_2'=\ \ 2y_1-2y_2 \end{cases} \quad 단, \ y_1(0)=0, \ y_2(0)=10$$

풀이 미분연산자를 써서 나타내면

$$\begin{cases} (D+2)y_1-2y_2=0 \ \cdots \ ① \\ 2y_1-(D+2)y_2=0 \ \cdots \ ② \end{cases}$$

y_2를 소거하여 y_1을 구한다.

$$[-(D+2)^2+4]y_1=0에서 \ (D^2+4D)y_1=0$$

보조방정식의 근은 0, −4이므로

$$y_1=c_1+c_2e^{-4t} \ \cdots \ ③$$

③을 ①에 대입하여 y_2를 구한다.

$$2y_2=(D+2)y_1=Dy_1+2y_1=-4c_2e^{-4t}+2(c_1+c_2e^{-4t})=2c_1-2c_2e^{-4t}$$
$$\therefore \ y_2=c_1-c_2e^{-4t}$$
$$y_1(0)=c_1+c_2=0, \ y_2(0)=c_1-c_2=10에서 \ c_1=5, \ c_2=-5$$

구하는 해는 $y_1=5-5e^{-4t}$, $y_2=5+5e^{-4t}$ □

예제 3 다음 연립미분방정식을 풀어라.

$$\frac{dy_1}{dt}=y_1-y_2 \ \cdots \ ①,\quad \frac{dy_2}{dt}=y_1+3y_2 \ \cdots \ ②$$

풀이 $\begin{cases}(D-1)y_1+y_2=0 \ \cdots \ ① \\ y_1-(D-3)y_2=0 \ \cdots \ ②\end{cases}$ 에서 y_2를 소거한다.

$[-(D-1)(D-3)-1]y_1=0$에서 $(D^2+4D+4)y_1=0$

보조방정식 $\lambda^2+4\lambda+4=(\lambda+2)^2=0$에서 $\lambda=-2$(2중근)이므로

$$y_1=(c_1+c_2t)e^{-2t} \ \cdots \ ③$$

③식을 ①식에 대입하여

$$\begin{aligned}y_2&=-Dy_1+y_1\\&=-[c_2e^{-2t}-2(c_1+c_2t)e^{-2t})]+(c_1+c_2)e^{-2t}=(3c_1+2c_2t)e^{-2t}\end{aligned}$$

구하는 일반해는

$$\begin{cases}y_1=(c_1+c_2t)e^{-2t}\\ y_2=(3c_1+2c_2t)e^{-2t}\end{cases} \text{ 또는 } \begin{bmatrix}y_1\\y_2\end{bmatrix}=\left(c_1\begin{bmatrix}1\\3\end{bmatrix}+c_2t\begin{bmatrix}1\\2\end{bmatrix}\right)e^{-2t}$$ □

예제 4 $\begin{cases}(D-4)y_1-y_2=0 & \cdots \ ① \\ y_1+(D-2)y_2=0 & \cdots \ ②\end{cases}$ 를 풀어라.

풀이 $\begin{vmatrix}D-4 & -1\\ 1 & D-2\end{vmatrix}y_1=(D^2-6D+9)y_1=0$에서 $y_1=(c_1+c_1t)e^{3t} \ \cdots \ ①$

y_1을 ①식에 대입하여 y_2를 구한다.

$$\begin{aligned}y_2&=(D-4)y_1=(D-4)\{(c_1+c_2x)e^{3t}\}\\&=\{(c_2+3c_1+3c_2t)-4(c_1+c_2t)\}e^{3t}=\{-c_1+c_2(1-t)\}e^{3t}\end{aligned}$$ □

2 비제차 연립미분방정식

상수계수의 비제차 연립미분방정식을 푸는데 다음 두 가지 방법이 있다.

Ⅰ. 종속변수가 하나인 미분방정식으로 변형하여 푸는 방법
(종속 변수의 소거에 의한 해법)

Ⅱ. 계수 행렬 A의 고유값과 고유벡터를 이용하는 방법

[1] 종속 변수 소거로 단일 종속 변수의 방정식으로 만들어서 푸는 방법

예제 5 $\begin{cases} y_1' = -3y_1 + y_2 - 6e^{-2t} \\ y_2' = y_1 - 3y_2 + 2e^{-2t} \end{cases}$ 을 풀어라.

풀이 1 연산자를 써서 나타내면

$$\begin{cases} (D+3)y_1 - y_2 = -6e^{-2t} & \cdots ① \\ -y_1 + (D+3)y_2 = 2e^{-2t} & \cdots ② \end{cases}$$

②에서

$$y_1 = (D+3)y_2 + 2e^{-2t} \quad \cdots ③$$

③을 ①에 대입하여

$$(D+3)^2 y_2 + (D+3)(2e^{-2t}) - y_2 = -6e^{-2t}$$

정리하면 $(D^2+6D+8)y_2 = -8e^{-2t}$에서 $(D+2)(D+4)y_2 = -8e^{-2t}$

$$y_2^{(c)} = c_1e^{-2t} + c_2e^{-4t}, \quad (D+2)y_2^{(p)} = \frac{1}{D+4}(-8e^{-2t}) = -8\left(\frac{1}{-2+4}\right)e^{-2t} = -4e^{-2t}$$

$$\therefore \ y_2^{(p)} = -4e^{-2t}\frac{1}{D-2+2}(1) = -4te^{-2t} \quad \cdots ④$$

$$y_2 = y_2^{(c)} + y_2^{(p)} = c_1e^{-2t} + c_2e^{-4t} - 4te^{-2t}$$

$$y_1 = (D+3)[c_1e^{-2t} + c_2e^{-4t} - 4te^{-2t}] + 2e^{-2t}$$

$$= c_1e^{-2t} - c_2e^{-4t} - 4te^{-2t} - 2e^{-2t}$$

구하는 해는

$$Y = \begin{bmatrix} y_1 \\ y_2 \end{bmatrix} = c_1\begin{bmatrix} 1 \\ 1 \end{bmatrix}e^{-2t} + c_2\begin{bmatrix} -1 \\ 1 \end{bmatrix}e^{-4t} - 4\begin{bmatrix} 1 \\ 1 \end{bmatrix}te^{-2t} + \begin{bmatrix} -2 \\ 0 \end{bmatrix}e^{-2t}$$

풀이 2 ①, ②에서 행렬을 써서 y_1을 소거하여 y_2를 구한다.

$$\begin{vmatrix} D+3 & -1 \\ 1 & -(D+3) \end{vmatrix} y_2 = \begin{vmatrix} D+3 & -6e^{-2t} \\ 1 & 2e^{-2t} \end{vmatrix}$$

에서 $\{1-(D+3)^2\}y_2 = (D+3)(2e^{-2t}) + 6e^{-2t}$

이므로 $(D^2+6D+8)y_2 = -2e^{-2t} - 6e^{-2t} = -8e^{-2t}$

따라서 $y_2{}^{(c)} = c_1e^{-2t} + c_2e^{-4t}$, $y_2{}^{(p)} = \dfrac{1}{D^2+6D+8}(-8e^{-2t}) = -4te^{-2t}$

$$\therefore \ y_2 = c_1e^{-2t} + c_2e^{-4t} - 4te^{-2t}$$

②식에 y_2를 대입하여 y_1를 구하면

$$y_1 = (D+3)y_2 + 2e^{-2t} = c_1e^{-2t} - c_2e^{-4t} - 4te^{-2t} - 2e^{-2t}$$

풀이 3 행렬을 써서, ①, ②에서 y_1을 구한다.

$$\begin{vmatrix} D+3 & 1 \\ 1 & -(D+3) \end{vmatrix} y_1 = \begin{vmatrix} -6e^{-2t} & -1 \\ 2e^{2t} & -(D+3) \end{vmatrix}$$

$$\{-(D+3)^2-1\}y_1=(D+3)(6e^{-2t})+2e^{2t}$$

정리하면

$$(D+2)(D+4)y_1=-8e^{-2t}$$

여함수는 $y_1^{(h)}=c_1e^{-2t}+c_2e^{-4t}$

$$(D+2)y_1^{(p)}=\frac{1}{D+4}(-8e^{-2t})=\frac{-8}{-2+4}e^{-2t}=-4e^{-2t}$$

특수적분은 $y_1^{(p)}=\dfrac{-4}{D+2}e^{-2t}=-4e^{-2t}\dfrac{1}{D+2-2}(1)=-4te^{-2t}$

$$\therefore\ y_1=c_1e^{-2t}+c_2e^{-4t}-4te^{-2t}$$

①에서

$$y_2=(D+3)y_1+6e^{-2t}=c_1e^{-2t}-c_2e^{-4t}-4te^{-2t}+2e^{-2t}$$

구하는 해는

$$Y=\begin{bmatrix} y_1 \\ y_2 \end{bmatrix}=c_1\begin{bmatrix} 1 \\ 1 \end{bmatrix}e^{-2t}+c_2\begin{bmatrix} 1 \\ -1 \end{bmatrix}e^{-4t}-4\begin{bmatrix} 1 \\ 1 \end{bmatrix}te^{-2t}+2\begin{bmatrix} 0 \\ 1 \end{bmatrix}e^{-2t}$$

풀이 1, 2, 3에서 얻은 해는 모두 같다. □

[2] 대각화법

1계 연립미분방정식

$$Y'(t)=AY(t) \tag{7}$$

에서 Y는 종속변수 열벡터, A는 계수행렬이다.

(7)을 적당한 변환으로

$$\frac{d}{dt}\begin{bmatrix} y_1 \\ \vdots \\ y_n \end{bmatrix}=\begin{bmatrix} \lambda_1 & & 0 \\ & \ddots & \\ 0 & & \lambda_n \end{bmatrix}\begin{bmatrix} y_1 \\ \vdots \\ y_n \end{bmatrix} \text{ 즉 } \begin{cases} y_1'=\lambda_1 y_1 \\ y_2'=\lambda_2 y_2 \\ \cdots\cdots\cdots \\ y_n'=\lambda_n y_n \end{cases} \tag{8}$$

꼴로 변형되면 쉽게 풀 수 있다.

(7)식을 (8)식으로 변환하는 변수변환을

$$Y=PZ$$

이라면

$$Y'=PZ'=APZ(=AY)$$

에서

$$Z'=P^{-1}APZ \tag{9}$$

여기서 $P^{-1}AP=D$(대각행렬)되게 P를 선정하면 (7)은 (8)의 꼴로 변환되어 쉽게 해를 구할 수 있다.

이러한 변환은 A의 고유값이 서로 다른 경우 가능하다.

A의 서로 다른 n개의 고유값을 $\lambda_1, \lambda_2, \cdots, \lambda_n$이라 하고, 이들에 대응하는 고유벡터를 $X_1, X_2, \cdots, X_n$이라면

$$AX_i=\lambda_i X_i (i=1, 2, \cdots, n)$$

행렬 P를 고유벡터 $X_1, X_2, \cdots, X_n$을 차례로 그의 열벡터로 하는 행렬이라면, P는 A를 대각화 할 수 있다.

가령, $n=2$, $i=1$, 2이라면

$$AX_1=\lambda_1 X_1,\ AX_2=\lambda_2 X_2$$

$$A=\begin{bmatrix} a_{11} & a_{12} \\ a_{21} & a_{22} \end{bmatrix},\ X_1=\begin{bmatrix} x_1^{(1)} \\ x_2^{(1)} \end{bmatrix},\ X_2=\begin{bmatrix} x_1^{(2)} \\ x_2^{(2)} \end{bmatrix},\ P=\begin{bmatrix} x_1^{(1)} & x_1^{(2)} \\ x_2^{(1)} & x_2^{(2)} \end{bmatrix}$$

이므로

$$AP=\begin{bmatrix} a_{11} & a_{12} \\ a_{21} & a_{22} \end{bmatrix}\begin{bmatrix} x_1^{(1)} & x_1^{(2)} \\ x_2^{(1)} & x_2^{(2)} \end{bmatrix}=\begin{bmatrix} a_{11}x_1^{(1)}+a_{12}x_2^{(1)} & a_{11}x_1^{(2)}+a_{12}x_2^{(2)} \\ a_{21}x_1^{(1)}+a_{22}x_2^{(1)} & a_{21}x_1^{(2)}+a_{22}x_2^{(2)} \end{bmatrix}$$

$$=\begin{bmatrix} \lambda_1 x_1^{(1)} & \lambda_2 x_1^{(2)} \\ \lambda_1 x_2^{(1)} & \lambda_2 x_2^{(2)} \end{bmatrix}=\begin{bmatrix} x_1^{(1)} & x_1^{(2)} \\ x_2^{(1)} & x_2^{(2)} \end{bmatrix}\begin{bmatrix} \lambda_1 & 0 \\ 0 & \lambda_2 \end{bmatrix}=PD$$

P가 정칙이므로, P^{-1}가 존재하여 $(\lambda_1 \neq \lambda_2)$

$$D=P^{-1}AP=\begin{bmatrix} \lambda_1 & 0 \\ 0 & \lambda_2 \end{bmatrix}$$

이므로 (9)식에서

$$\frac{dZ}{dt}=DZ \text{ 즉 } \begin{bmatrix} \dfrac{dz_1}{dt} \\ \dfrac{dz_2}{dt} \end{bmatrix}=\begin{bmatrix} \lambda_1 & 0 \\ 0 & \lambda_2 \end{bmatrix}\begin{bmatrix} z_1 \\ z_2 \end{bmatrix}=\begin{bmatrix} \lambda_1 z_1 \\ \lambda_2 z_2 \end{bmatrix}$$

여기서 z_1, z_2를 구하면 다음과 같다.

$$\begin{bmatrix} z_1 \\ z_2 \end{bmatrix}=\begin{bmatrix} c_1e^{\lambda_1 t} \\ c_2e^{\lambda_2 t} \end{bmatrix}$$

$Y=PZ$이므로 일반해 Y는

$$\begin{bmatrix} y_1 \\ y_2 \end{bmatrix}=\begin{bmatrix} x_1{}^{(1)} & x_1{}^{(2)} \\ x_2{}^{(1)} & x_2{}^{(2)} \end{bmatrix}\begin{bmatrix} c_1e^{\lambda_1 t} \\ c_2e^{\lambda_2 t} \end{bmatrix}=\begin{bmatrix} c_1x_1{}^{(1)}e^{\lambda_1 t}+c_2x_1{}^{(2)}e^{\lambda_2 t} \\ c_1x_2{}^{(1)}e^{\lambda_1 t}+c_2x_2{}^{(2)}e^{\lambda_2 t} \end{bmatrix}$$

$$=c_1\begin{bmatrix} x_1{}^{(1)} \\ x_2{}^{(1)} \end{bmatrix}e^{\lambda_1 t}+c_2\begin{bmatrix} x_1{}^{(2)} \\ x_2{}^{(2)} \end{bmatrix}e^{\lambda_2 t}=C_1Y_1+C_2Y_2$$

예제 6 $\dfrac{dY}{dt}=AY$의 해를 구하라.

단, $A=\begin{bmatrix} 4 & 1 \\ 3 & 2 \end{bmatrix}$, $Y(0)=\begin{bmatrix} y_1(0) \\ y_2(0) \end{bmatrix}=\begin{bmatrix} -1 \\ 7 \end{bmatrix}$

풀이 A의 고유값은 $\begin{vmatrix} 4-\lambda & 1 \\ 3 & 2-\lambda \end{vmatrix}=\lambda^2-6\lambda+5=(\lambda-1)(\lambda-5)=0$에서 $\lambda_1=1$, $\lambda_2=5$

대응하는 고유벡터는 $AX=\lambda X$에서 구한다.

$$X_1=\begin{bmatrix} 1 \\ -3 \end{bmatrix},\ X_2=\begin{bmatrix} 1 \\ 1 \end{bmatrix}\text{이므로,}\quad P=\begin{bmatrix} 1 & 1 \\ -3 & 1 \end{bmatrix}$$

$$P^{-1}=\frac{1}{4}\begin{bmatrix} 1 & -1 \\ 3 & 1 \end{bmatrix},\ D=P^{-1}AP=\frac{1}{4}\begin{bmatrix} 1 & -1 \\ 3 & 1 \end{bmatrix}\begin{bmatrix} 4 & 1 \\ 3 & 2 \end{bmatrix}\begin{bmatrix} 1 & 1 \\ -3 & 1 \end{bmatrix}=\begin{bmatrix} 1 & 0 \\ 0 & 5 \end{bmatrix}$$

$\dfrac{dZ}{dt}=DZ$의 일반해는 $\dfrac{dz_1}{dt_1}=z_1$, $\dfrac{dz_2}{dt}=5z_2$에서 $Z=\begin{bmatrix} c_1e^t \\ c_2e^{5t} \end{bmatrix}$이므로

$$Y=PZ=\begin{bmatrix} 1 & 1 \\ -3 & 1 \end{bmatrix}\begin{bmatrix} c_1e^t \\ c_2e^{5t} \end{bmatrix}=\begin{bmatrix} c_1e^t+c_2e^{5t} \\ -3c_1e^t+c_2e^{5t} \end{bmatrix}=c_1\begin{bmatrix} 1 \\ -3 \end{bmatrix}e^t+c_2\begin{bmatrix} 1 \\ 1 \end{bmatrix}e^{5t}$$

$$Y(0)=\begin{bmatrix} c_1+c_2 \\ -3c_1+c_2 \end{bmatrix}=\begin{bmatrix} -1 \\ 7 \end{bmatrix}\text{에서 }\begin{bmatrix} c_1 \\ c_2 \end{bmatrix}=\begin{bmatrix} -2 \\ 1 \end{bmatrix}\quad\therefore\ \begin{bmatrix} y_1 \\ y_2 \end{bmatrix}=\begin{bmatrix} -2e^t+e^{5t} \\ 6e^t+e^{5t} \end{bmatrix}$$

□

예제 7 $\dfrac{dY}{dt}=AY$, $A=\begin{bmatrix} 2 & -2 & 0 \\ -1 & 2 & -1 \\ 0 & -2 & 2 \end{bmatrix}$, $Y(0)=\begin{bmatrix} 1 \\ -2 \\ -1 \end{bmatrix}$을 풀어라.

풀이 A의 고유값은 $|A-\lambda I|=0$에서 $\lambda_1=4$, $\lambda_2=2$, $\lambda_3=0$이다.

이들 고유값에 대응하는 고유벡터 및 P는

$$X_1=\begin{bmatrix} 1 \\ -1 \\ 1 \end{bmatrix},\ X_2=\begin{bmatrix} 1 \\ 0 \\ -1 \end{bmatrix},\ X_3=\begin{bmatrix} 1 \\ 1 \\ 1 \end{bmatrix},\ P=\begin{bmatrix} 1 & 1 & 1 \\ -1 & 0 & 1 \\ 1 & -1 & 1 \end{bmatrix}$$

$AP=PD$에서 $D=P^{-1}AP$이고,

$$D=\begin{bmatrix}\lambda_1 & 0 & 0\\ 0 & \lambda_2 & 0\\ 0 & 0 & \lambda_3\end{bmatrix}=\begin{bmatrix}4 & 0 & 0\\ 0 & 2 & 0\\ 0 & 0 & 0\end{bmatrix}$$

$Z'-DZ=0$에서 $\begin{cases} z_1'-4z_1=0 \\ z_2'-2z_2=0 \\ z_3' \quad\quad =0 \end{cases}$ $\therefore$ $\begin{cases} z_1=c_1e^{4t} \\ z_2=c_2e^{2t} \\ z_3=c_3 \end{cases}$ $\cdots$ ①

$Y=PZ$이므로

$$\begin{bmatrix}y_1\\ y_2\\ y_3\end{bmatrix}=\begin{bmatrix}1 & 1 & 1\\ -1 & 0 & 1\\ 1 & -1 & 1\end{bmatrix}\begin{bmatrix}z_1\\ z_2\\ z_3\end{bmatrix}=\begin{bmatrix}z_1+z_2+z_3\\ -z_1 \quad\quad +z_3\\ z_1-z_2+z_3\end{bmatrix}$$

$$=\begin{bmatrix}c_1e^{4t}+c_2e^{2t}+c_3\\ -c_1e^{4t} \quad\quad +c_3\\ c_1e^{4t}-c_2e^{2t}+c_3\end{bmatrix} \cdots ②$$

초기조건

$$Y(0)=(1,\ -2,\ -1)'$$

이므로

$$Y(0)=PZ(0)=\begin{bmatrix}1 & 1 & 1\\ -1 & 0 & 1\\ 1 & -1 & 1\end{bmatrix}\begin{bmatrix}z_1(0)\\ z_2(0)\\ z_3(0)\end{bmatrix}=\begin{bmatrix}1\\ -2\\ -1\end{bmatrix}$$

에서 $z_1(0)=1$, $z_2(0)=1$, $z_3(0)=-1$이고 ①식에서

$$z_1(0)=c_1=1,\ z_2(0)=c_2=1,\ z_3(0)=c_3=-1$$

이므로, 구하는 Y는 ②식에서

$$\begin{cases} y_1= \ \ e^{4t}+e^{2t}-1 \\ y_2=-e^{4t} \quad\quad -1 \\ y_3= \ \ e^{4t}-e^{2t}-1 \end{cases}$$

□

예제 8 다음 연립미분방정식의 일반해를 A의 대각화법으로 풀어라.

$$Y'=AY+g=\begin{bmatrix}-3 & 1\\ 1 & -3\end{bmatrix}\begin{bmatrix}y_1\\ y_2\end{bmatrix}+\begin{bmatrix}-6\\ 2\end{bmatrix}e^{-2t}$$

풀이 A의 고유값과 고유벡터를 구한다.

$$\begin{vmatrix}-3-\lambda & 1\\ 1 & -3-\lambda\end{vmatrix}=(\lambda+3)^2-1=\lambda^2+6\lambda+8=(\lambda+2)(\lambda+4)=0$$

에서 $\lambda=-2,\ -4$

λ에 대한 고유벡터 X는 $AX=\lambda X$ 또는 $[A-\lambda I]X=O$에서 구한다.

$\lambda=-2$에 대한 고유벡터는

$$\begin{bmatrix}-1 & 1\\ 1 & -1\end{bmatrix}\begin{bmatrix}x_1\\ x_2\end{bmatrix}=\begin{bmatrix}0\\ 0\end{bmatrix}\text{에서 } -x_1+x_2=0\text{이므로 고유벡터는 } X_1=\begin{bmatrix}1\\ 1\end{bmatrix}$$

$\lambda=-4$에 대한 고유벡터는

$$\begin{bmatrix}1 & 1\\ 1 & 1\end{bmatrix}\begin{bmatrix}x_1\\ x_2\end{bmatrix}=\begin{bmatrix}0\\ 0\end{bmatrix}\text{에서 } x_1+x_2=0 \ \therefore\ X_2=\begin{bmatrix}1\\ -1\end{bmatrix}$$

$$\therefore\ P=\begin{bmatrix}1 & 1\\ 1 & -1\end{bmatrix},\ P^{-1}=-\frac{1}{2}\begin{bmatrix}-1 & -1\\ -1 & 1\end{bmatrix}$$

대각화 행렬 D는

$$D=P^{-1}AP=-\frac{1}{2}\begin{bmatrix}-1 & -1\\ -1 & 1\end{bmatrix}\begin{bmatrix}-3 & 1\\ 1 & -3\end{bmatrix}\begin{bmatrix}1 & 1\\ 1 & -1\end{bmatrix}=\begin{bmatrix}-2 & 0\\ 0 & -4\end{bmatrix}$$

$Y=PZ$에서 $Y'=PZ'$이므로

$$Y'=AY+g\text{는 } PZ'=APZ+g,\ Z'=P^{-1}APZ+P^{-1}g$$

$$\begin{bmatrix}z_1'\\ z_2'\end{bmatrix}=\begin{bmatrix}-2 & 0\\ 0 & -4\end{bmatrix}\begin{bmatrix}z_1\\ z_2\end{bmatrix}-\frac{1}{2}\begin{bmatrix}-1 & -1\\ -1 & 1\end{bmatrix}\begin{bmatrix}-6\\ 2\end{bmatrix}e^{-2t}$$

에서

$$\begin{cases}z_1'=-2z_1-2e^{-2t}\\ z_2'=-4z_2-4e^{-2t}\end{cases}\ \therefore\ \begin{cases}z_1=c_1e^{-2t}-2te^{-2t}\\ z_2=c_2e^{-4t}-2e^{-2t}\end{cases}$$

$$\therefore\ Y=PZ=\begin{bmatrix}1 & 1\\ 1 & -1\end{bmatrix}\begin{bmatrix}c_1e^{-2t}-2te^{-2t}\\ c_2e^{-4t}-2e^{-2t}\end{bmatrix}=\begin{bmatrix}c_1e^{-2t}+c_2e^{-4t}-2te^{-2t}-2e^{-2t}\\ c_1e^{-2t}-c_2e^{-4t}-2te^{-2t}+2e^{-2t}\end{bmatrix}\ \square$$

3 고계미분방정식의 1계연립미분방정식으로의 변환

n계 미분방정식

$$y^{(n)}=F(t,\ y,\ y',\ \cdots,\ y^{(n-1)}) \tag{10}$$

을 다음과 같이 변환한다.

$$\begin{cases}y'=y_1\\ y_1'=y_2(=y'')\\ \quad\vdots\\ y_{n-1}'=F=y^{(n)}\end{cases} \tag{11}$$

이렇게 변환하면, 준n계미분방정식 (10)은 연립1계미분방정식 (11)로 변환된다.

예제 9 $y''-y=0$의 일반해를 연립1계미분방정식으로 변환하여 풀어라.

풀이

$$\begin{cases} y_1=y' \\ y_1{}'=y'' \end{cases}$$

이라면, 준미분방정식은 연립1계미분방정식

$$\begin{cases} y'=y_1 \\ y_1{}'=y \end{cases}$$

이고, $Y=\begin{bmatrix} y \\ y_1 \end{bmatrix}$이라면 $Y'=\begin{bmatrix} y' \\ y_1{}' \end{bmatrix}$이므로

$$Y'=\begin{bmatrix} 0 & 1 \\ 1 & 0 \end{bmatrix}Y$$

가 된다. $A=\begin{bmatrix} 0 & 1 \\ 1 & 0 \end{bmatrix}$의 고유값 λ와 고유벡터 X를 구하면

$$|A-\lambda E|=\begin{vmatrix} -\lambda & 1 \\ 1 & -\lambda \end{vmatrix}=\lambda^2-1=0\text{에서 } \lambda_1=1,\ \lambda_2=-1$$

$\lambda_1=1$일 때, 고유벡터 X_1을 구한다.

$$\begin{bmatrix} -1 & 1 \\ 1 & -1 \end{bmatrix}\begin{bmatrix} x_1 \\ x_2 \end{bmatrix}=\begin{bmatrix} 0 \\ 0 \end{bmatrix}\text{에서 } \begin{bmatrix} x_1 \\ x_2 \end{bmatrix}=\begin{bmatrix} 1 \\ 1 \end{bmatrix}=X_1$$

$\lambda_2=-1$일 때, 고유벡터 X_2를 구하면

$$\begin{bmatrix} 1 & 1 \\ 1 & 1 \end{bmatrix}\begin{bmatrix} x_1 \\ x_2 \end{bmatrix}=\begin{bmatrix} 0 \\ 0 \end{bmatrix}\text{에서 } \begin{bmatrix} x_1 \\ x_2 \end{bmatrix}=\begin{bmatrix} 1 \\ -1 \end{bmatrix}=X_2$$

구하는 해 Y는 X_1e^t, X_2e^{-t}가 독립인 해이므로

$$Y=c_1X_1e^t+c_2X_2e^{-t}=c_1\begin{bmatrix} 1 \\ 1 \end{bmatrix}e^t+c_2\begin{bmatrix} 1 \\ -1 \end{bmatrix}e^{-t}$$

해 $y=y''=y_1'$이므로,

$$\begin{bmatrix} y_1 \\ y_2 \end{bmatrix}=\begin{bmatrix} c_1e^t+c_2e^{-t} \\ c_1e^t-c_2e^{-t} \end{bmatrix}\text{에서 } y=c_1e^t-c_2e^{-t}$$ □

연습문제 (6.3)

1. 다음 연립미분방정식을 풀어라.

(1) $\begin{cases} y_1' - 3y_2' + 2y_2 = 0 \\ y_1' + 4y_1 - 5y_2 = 0 \end{cases}$ (2) $\begin{cases} (D^2+2)y_1 + y_2 = 0 \\ y_1 + (D^2+2)y_2 = 0 \end{cases}$

2. 다음 연립방정식을 풀어라.

$$\begin{cases} (D^2+1)y_1 + (D^2+D+1)y_2 = x \\ Dy_1 + (D+1)y_2 = e^x \end{cases}$$

3. 계수행렬의 대각화법으로 다음 연립방정식을 풀어라.

(1) $\begin{cases} y_1' = y_1 + 2y_2 \\ y_2' = 3y_1 + 2y_2 \end{cases}$ (2) $\begin{cases} y_1' = y_1 + 2y_2 \\ y_2' = y_2 \end{cases}$

4. $y'' + y' + y = 0$을 연립1계미분방정식으로 바꾸어서 풀어라.

제 7 장

여러 가지 미분방정식

7.1 특수한 고계미분방정식

[1] 직접적분으로 해를 구하는 고계미분방정식

[1] $y^{(n)}$과 x만을 포함하는 미분방정식

$$\frac{d^n y}{dx^n}=f(x) \tag{1}$$

형의 미분방정식은 양 변을 n회 적분하여 일반해를 얻는다.

(1)의 일반해는

$$y=\int\int\cdots\int f(x)(dx)^n+c_1x^{n-1}+\cdots+c_{n-1}x+c_n \tag{2}$$

예제 1 $y''-x=0$을 풀어라.

풀이 $y''=x$이므로 두 번 적분한다.

$$y=\int\int x(dx)^2=\int\left(\int xdx\right)dx=\int\left(\frac{1}{2}x^2+c_1\right)dx=\frac{1}{6}x^3+c_1x+c_2$$ □

[2] $y^{(n)}$과 y만을 포함하는 미분방정식

$$y''=f(y) \tag{3}$$

형의 미분방정식은 $y'=p$로 놓을 때 계수가 하나 낮은 미분방정식

$$y''=p\frac{dp}{dy}=f(y)$$

가 된다. 이것을 직접적분하면

$$p^2=2\int f(y)dy+c_1 \text{ 또는 } \frac{dy}{dx}=\pm\sqrt{2\int f(y)dy+c_1} \tag{4}$$

변수를 분리하여 다시 적분하면, 다음 일반해를 얻는다.

$$\pm\int\frac{dy}{\sqrt{2\int f(y)dy+c_1}}=x+c_2$$

예제 2 $y''=ky(k>0)$를 풀어라.

풀이 (4)에 의하여

$$\pm\int\frac{dy}{\sqrt{2k\int f(y)dy+c_1}}=x+c_2 \text{ 즉 } \int\frac{dy}{\sqrt{ky^2+c_1}}=x+c_2$$

$k=a^2(a>0)$이라 놓고, c_1을 a^2c_1으로 바꾸어 놓으면

$$\int\frac{dy}{\sqrt{a^2y^2+a^2c_1}}=\int\frac{dy}{a\sqrt{y^2+c_1}}=\frac{1}{a}\log\left(y+\sqrt{y^2+c_1}\right)=x+c_2$$

이므로

$$y+\sqrt{y^2+c_1}=e^{ax+ac_2} \text{ 또는 } y-\sqrt{y^2+c_1}=e^{-ax-ac_2}$$

변변 더하면 다음 일반해를 얻는다.

$$y=Ae^{ax}+Be^{-ax} \text{ 단 } A=\frac{1}{2}e^{ac_2},\ B=\frac{1}{2}e^{-ac_2}$$ □

2 1계미분방정식으로 환원되는 고계미분방정식

[1] $y^{(n)}$과 $y^{(n-1)}$만을 포함하는 미분방정식

n계미분방정식

$$y^{(n)}=f(y^{(n-1)}) \tag{5}$$

은 $y^{(n-1)}=p$라 놓으면, 변수분리형

$$\frac{dp}{dx}=f(p) \text{ 즉, } \frac{dp}{f(p)}=dx$$

가 되고, 이것을 적분하면

$$\int \frac{dp}{f(p)} = x + c$$

적분한 식을 p에 관하여 풀어서

$$p = G(x+c) \text{ 즉 } \frac{d^{n-1}y}{dx^{n-1}} = G(x+c)$$

을 얻으면, $(n-1)$회 적분하여, 주어진 미분방정식의 일반해를 구한다.

예제 3 미분방정식 $y''' = ay''$를 풀어라.

풀이 $y'' = p$라 놓으면, $p' = ap$
이것은 변수분리형이다. 적분하여

$$p = y'' = c_0 e^{ax}$$

2회 적분하여

$$y' = ac_0 e^{ax} + c_2,$$
$$y = a^2 c_0 e^{ax} + c_2 x + c_3 = c_1 e^{ax} + c_2 x + c_3 \quad (a^2 c_0 = c_1)$$

□

예제 4 $\dfrac{d^4 y}{dx^4} \cdot \dfrac{d^3 y}{dx^3} = 1$을 풀어라.

풀이 $\dfrac{d^3 y}{dx^3} = p$라고 두면 $p\dfrac{dp}{dx} = 1$에서 $p^2 = 2x + c_1$
이므로, $p = \dfrac{d^3 y}{dx^3} = \pm(2x+c_1)^{\frac{1}{2}}$, $\dfrac{d^2 y}{dx^2} = \pm\dfrac{1}{3}(2x+c_1)^{\frac{3}{2}} + c_2$
한번 적분하면

$$\frac{dy}{dx} = \pm\frac{1}{15}(2x+c_1)^{\frac{5}{2}} + c_2 x + c_3$$

다시 한번 적분하여 일반해는

$$y = \pm\frac{1}{105}(2x+c_1)^{\frac{7}{2}} + c_2 x^2 + c_3 x + c_4$$

□

[2] $y^{(n)}$과 $y^{(n-2)}$만을 포함하는 미분방정식

n계미분방정식

$$y^{(n)} = f(y^{(n-2)})$$

$y^{(n-2)}=p$라 놓으므로, 준 미분방정식은

$$\frac{d^2p}{dx^2}=f(p)$$

가 된다. 앞 절의 방법으로 2회 적분하여

$$\pm\int\frac{dp}{\sqrt{2\int f(p)dp+c_1}}=x+c_2$$

p에 관하여 풀어서

$$p=F(x,\ c_1,\ c_2)\ \text{곧}\ y^{(n-2)}=F(x,\ c_1,\ c_2)$$

을 얻으면, $(n-2)$회 적분해서, 주어진 미분방정식의 일반해를 구한다.

예제 5 다음 미분방정식을 풀어라.

$$y^{(4)}=-a^2y''$$

풀이 $y''=p$라면, $p''+a^2p=0$

$$\therefore\ y''=p=c_1\cos ax+c_2\sin ax$$

2회 적분해서 일반해는 $y=b_1\cos ax+b_2\sin ax+b_3x+b_4$ □

3 종속함수를 포함하지 않는 미분방정식

종속변수를 포함하지 않는 미분방정식

$$f\left(\frac{d^ny}{dx^n},\ \frac{d^{n-1}y}{dx^{n-1}},\ \cdots,\ \frac{dy}{dx},\ x\right)=0$$

은 치환 $\dfrac{dy}{dx}=p,\ \dfrac{d^2y}{dx^2}=\dfrac{dp}{dx},\ \cdots$에 의하여 계수가 하나 낮은 미분방정식으로 변형된다.

만일 주어진 미분방정식이

$$f\left(\frac{d^ny}{dx^n},\ \frac{d^{n-1}y}{dx^{n-1}},\ \cdots,\ \frac{d^ky}{dx^k},\ x\right)=0$$

인 형이면, 변환 $\dfrac{d^ky}{dx^k}=q,\ \dfrac{d^{k+1}y}{dx^{k+1}}=\dfrac{dp}{dx},\ \cdots$에 의하여 계수가 k만큼 낮은 계수의 미분방정식으로 변환된다.

예제 6 $2\dfrac{d^2y}{dx^2}-\left(\dfrac{dy}{dx}\right)^2+4=0$을 풀어라.

풀이 $\dfrac{dy}{dx}=p$라면, 준미분방정식은 $2\dfrac{dp}{dx}=p^2-4$, 즉 $\dfrac{2dp}{p^2-4}=dx$로 변환된다. 적분하면,

$$\frac{1}{2}\log\frac{p-2}{p+2}=x+\log K,\ \frac{p-2}{p+2}=c_1e^{2x},\ p=\frac{2(1+c_1e^{2x})}{1-c_1e^{2x}}=2\left(1+\frac{2c_1e^{2x}}{1-c_1e^{2x}}\right)$$

한번 더 적분하여 $y=2x-2\log(1-c_1e^{2x})+c_2$ □

예제 7 $x\dfrac{d^3y}{dx^3}-2\dfrac{d^2y}{dx^2}=0$을 풀어라.

풀이 $\dfrac{d^2y}{dx^2}=q$라면, 준방정식은 $x\dfrac{dq}{dx}-2q=0,\ \dfrac{dq}{q}-\dfrac{2}{x}dx=0$

적분하여

$$\log q=\log x^2+\log K,\ q=\frac{d^2y}{dx^2}=Kx^2$$

계속 두 번 적분하여

$$y=c_1x^4+c_2x+c_3$$ □

예제 8 $\left(\dfrac{d^3y}{dx^3}\right)^2+x\dfrac{d^3y}{dx^3}-\dfrac{d^2y}{dx}=0$을 풀어라.

풀이 $\dfrac{d^2y}{dx^2}=q$라면 $\left(\dfrac{dq}{dx}\right)^2+x\dfrac{dq}{dx}-q=0$에서 $q=x\dfrac{dq}{dx}+\left(\dfrac{dq}{dx}\right)^2$

이것은 Clairaut의 미분방정식이다. 일반해는

$$q=\frac{d^2y}{dx^2}=Kx+K^2,\ \frac{dy}{dx}=\frac{1}{2}Kx^2+K^2x+c_2=cx^2+4c^2x+c_2$$

한번 더 적분하여 구하는 일반해는

$$y=\frac{1}{3}cx^3+2c^2x^2+c_2x+c_3=c_1x^3+18c_1{}^2x^2+c_2x+c_3$$ □

4 독립변수를 포함하지 않는 미분방정식

방정식이 x를 포함하지 않는 다음과 같은 미분방정식

$$f\left(\frac{d^ny}{dx^n},\ \frac{d^{n-1}y}{dx^{n-1}},\ \cdots,\ \frac{dy}{dx},\ y\right)=0 \tag{6}$$

의 해법을 살펴보자.

$$\text{치환 } \frac{dy}{dx}=p,\ \frac{d^2y}{dx^2}=\frac{dp}{dy}\frac{dy}{dx}=p\frac{dp}{dy}, \tag{7}$$

$$\frac{d^3y}{dx^3}=\frac{d}{dy}\left(p\frac{dp}{dy}\right)\frac{dy}{dx}=\left\{p\frac{d^2p}{dy^2}+\left(\frac{dp}{dy}\right)^2\right\}\frac{dy}{dx}=p^2\frac{d^2p}{dy^2}+p\left(\frac{dp}{dy}\right)^2,\ \cdots$$

에 의하여 계수가 하나 낮은 미분방정식으로 변환된다. 특히 2계미분방정식

$$f(y,\ y',\ y'')=0 \tag{8}$$

은 치환 (7)에 의하여 다음과 같이 된다.

$$f\left(y,\ p,\ p\frac{dp}{dy}\right)=0 \tag{9}$$

이것은 y의 함수인 p에 관한 1계미분방정식이다. p를 구하고, 적분하여 함수 y를 구한다.

예제 9 $y''-2yy'=0$을 풀어라.

풀이 준방정식은 (7)에 의하여 다음과 같이 변환된다.

$$p\frac{dp}{dy}-2yp=0 \text{ 또는 } p\left(\frac{dp}{dy}-2y\right)=0$$

$p=0$이면 $y=c$를 얻고

$$\frac{dp}{dy}-2y=0\text{이면 } p=y^2+c_1 \text{ 또는 } \frac{dy}{dx}=y^2+c_1$$

변수를 분리하고, 적분하여 일반해를 얻는다.

$$\frac{dy}{y^2+c_1}=dx\text{에서 } x=\int\frac{dy}{y^2+c_1}+c_2$$ □

예제 10 $y''=(y')^3+y'$를 풀어라.

풀이 $y'=p,\ y''=p\dfrac{dp}{dy}$라면, 준 미분방정식은 다음과 같이 된다.

$$p\frac{dp}{dy}=p^3+p \text{ 또는 } \frac{dp}{dy}=p^2+1$$

변수분리로 $\dfrac{dp}{p^2+1}=dy$에서 $\tan^{-1}p=y+K_1$ 또는 $p=\dfrac{dy}{dx}=\tan(y+K_1)$

변수분리로 $\cot(y+K_1)dy=dx,\ \log\sin(y+K_1)=x+K_2,\ \sin(y+K_1)=c_2e^x$

$$\therefore\ y=\sin^{-1}c_2e^x+c_1$$ □

예제 11 다음 미분방정식을 풀어라.

(1) $y'''=ay''$ (2) $y^{(4)}+a^2y''=0$

풀이 (1) $y''=p$라면, $\dfrac{dp}{dx}=ap$이므로, $p=c_1e^{ax}$ 즉 $y''=c_1e^{ax}$

두번 적분하여

$$y'=\frac{c_1}{a}e^{ax}+c_2,\ y=\frac{c_1}{a^2}e^{ax}+c_2x+c_3$$

또는 $y=c_0e^{ax}+c_2x+c_3\left(c_0=\dfrac{c}{a^2}\right)$

연산자를 이용하면 $(D^3-aD^2)y=[D^2(D-a)]y=0$에서

$$y=c_1+c_2x+c_0e^{ax}$$

(2) $y''=p$라면, 준방정식은 $\dfrac{d^2p}{dx^2}+a^2p=0$

따라서

$$p=y''=c_1\cos ax+c_2\sin ax$$

두번 적분하여

$$y=c_1'\cos ax+c_2'\sin ax+c_3+c_4$$ □

예제 12 $yy''=y^2$을 풀어라.

풀이 변환 $y'=p,\ y''=p\dfrac{dp}{dy}$에 의하면 준방정식은 $py\dfrac{dp}{dy}=y^2$

변수를 분리하여 적분하면

$$pdp=ydy\text{에서 }\frac{1}{2}p^2=\frac{1}{2}y^2+\frac{1}{2}c\text{ 또는 }p^2=y^2+c$$

p에 관하여 풀고, 변수를 분리하면

$$p=\frac{dy}{dx}=\pm\sqrt{y^2+c_1}\text{에서 }\frac{dy}{\sqrt{y^2+c_1}}\pm dx$$

적분하면 $\log|y+\sqrt{y^2+c_1}|=\pm x+c_2$ 또는 $y+\sqrt{y^2+c_1}=c_2'e^{\pm x}$ □

5 동 차 형

미분방정식 $f(x, y, y', y'', \cdots, y^{(n)})=0$이 다음 동차조건

1° $f(x, \rho y, \rho y', \cdots, \rho y^{(n)})=\rho^r f(x, y, y', \cdots, y^{(n)})$

2° $f\left(\rho x, y, \dfrac{y'}{\rho}, \cdots, \dfrac{y^{(n)}}{\rho^n}\right)=\rho^r f(x, y, y', \cdots, y^{(n)})$

3° $f(\rho x, \rho^m y, \rho^{m-1}y', \cdots, \rho^{m-n}y^{(n)})=\rho^r f(x, y, y', \cdots, y^{(n)})$

을 만족하는 상수 r이 존재할 때(ρ는 임의의 양수, m은 어떤 상수) 다음과 같은 변수변환에 의하여 계수가 하나 낮은 미분방정식으로 변환할 수 있다.

1°의 경우 $y=e^z$으로 놓는다. 이 때 $z'=p$로 놓으면, 계수가 하나 낮아진다.

예제 13 $yy''-(y')^2-2y^2=0$을 풀어라.

풀이 1°의 경우의 동차조건

$$\rho y\cdot\rho y''-(\rho y')^2-2(\rho y)^2=\rho^2[yy''-(y')-2y^2]$$

을 만족하므로, $y=e^z$이라 놓으면

$$y'=e^z z',\ y''=e^z z''+e^z z'^2=e^z(z''+z'^2)$$

이므로, 준 미분방정식은

$$e^{2z}(z''+z'^2)-e^{2z}z'^2-2e^{2z}=0,\ e^{2z}(z''-2)=0$$

여기서 $z''=2$이므로 $z=x^2+ax+b$

따라서 구하는 일반해는 $y=e^{x^2+ax+b}$ □

2°의 경우는 $x=e^t$이라 놓는다. 이 때 $\dfrac{dy}{dt}=p$라 놓으면, 계수가 하나 낮아진다.

예제 14 $xyy''-xy'^2+yy'=0$을 풀어라.

풀이 2°의 형이므로 $x=e^t$이라 놓으면,

$$y'=\frac{dy}{dt}\frac{dt}{dx}=e^{-t}\frac{dy}{dt},\ y''=\frac{d}{dt}\left(e^{-t}\frac{dy}{dt}\right)\frac{dt}{dx}=\left(e^{-t}\frac{d^2y}{dt^2}-e^{-t}\frac{dy}{dt}\right)e^{-t}=e^{-2t}\left(\frac{d^2y}{dt^2}-\frac{dy}{dt}\right)$$

이므로, 준 미분방정식은

$$e^{-t}y\left(\frac{d^2y}{dt^2}-\frac{dy}{dt}\right)-e^{-t}\left(\frac{dy}{dt}\right)^2+e^{-t}y\frac{dy}{dt}=0$$

따라서 $e^{-t}\neq 0$이므로 나누면 다음 방정식을 얻는다.

$$y\frac{d^2y}{dt^2}-\left(\frac{dy}{dt}\right)^2=0 \cdots ①$$

여기서 $\frac{dy}{dt}=p$이라면, $\frac{d^2y}{dt^2}=\frac{dp}{dy}p$이므로 위 방정식 ①은

$$\frac{dp}{dy}py-p^2=p\left(\frac{dp}{dy}y-p\right)=0$$

$$\therefore\ p=0 \text{ 또는 } \frac{dp}{dy}y-p=0$$

(i) $\frac{dp}{dy}y-p=0$인 경우는 $\frac{dp}{p}-\frac{dy}{y}=0$에서 $\log p-\log y=\log c$

또는 $y=cp=c\frac{dy}{dt}$

$$\therefore\ \log y=c_1t+\log c_2$$

$x=e^t$이므로 구하는 일반해는 $y=c_2e^{c_1t}$

(ii) $p=0$인 경우는 $y=c$이나, 이것은 $\frac{dp}{dy}y-p=0$에 포함된다. □

$3°$의 경우는 $x=e^t$, $y=ze^{mt}$이라 놓는다.

예제 15 $x^3y''-(y-xy')^2=0$을 풀어라.

풀이 $3°$의 경우이므로 $x=e^t$, $y=ze^{mt}$이라 놓으면

$$y'=\frac{dy}{dt}\frac{dt}{dx}=\frac{d}{dt}(ze^{mt})\frac{dt}{dx}=\left(e^{mt}\frac{dz}{dt}+mze^{mt}\right)e^{-t}=e^{(m-1)t}\left(\frac{dz}{dt}+mz\right)$$

$m=1$이면, $y'=\frac{dz}{dt}+z$, $y''=\frac{d}{dt}\left(\frac{dy}{dx}\right)\frac{dt}{dx}=\left(\frac{d^2z}{dt^2}+\frac{dz}{dt}\right)e^{-t}$

이들 식을 준방정식은 대입하면

$$e^{3t}e^{-t}\left(\frac{d^2z}{dt^2}+\frac{dz}{dt}\right)-\left[e^tz-e^t\left(\frac{dz}{dt}+z\right)\right]^2=0$$

간단히 하면

$$e^{2t}\left(\frac{d^2z}{dt^2}+\frac{dz}{dt}\right)-e^{2t}\left(\frac{dz}{dt}\right)^2=0\text{에서 }\frac{d^2z}{dt^2}-\left(\frac{dz}{dt}\right)^2+\left(\frac{dz}{dt}\right)=0$$

여기서 $\frac{dz}{dt}=p$이라 놓으면

$$\frac{dp}{dt}-p^2+p=0$$

변수를 분리하여

$$\frac{dp}{p^2-p}-dt=0,\ \left(\frac{1}{p-1}-\frac{1}{p}\right)dp-dt=0$$

적분하면

$$\log\frac{p-1}{p}=t+\log c_1,\ \frac{p-1}{p}=c_1e^t \text{에서 } p=\frac{dz}{dt}=\frac{1}{1-c_1e^t}$$

다시 적분하여

$$z=\log\frac{e^t}{1-c_1e^t}+c_2$$

$x=e^t$, $y=ze^t=zx$에서 $z=\frac{y}{x}$이므로

$$\frac{y}{x}=\log\frac{x}{1-c_1x}+c_2$$

$$\therefore\ y=x\log\frac{x}{1-c_1x}+c_2x$$

□

예제 16 다음 미분방정식을 $x=e^t$, $y=ze^{-t}$인 변환을 하여 풀어라.

$$xy''+2y'=0$$

풀이 $x=e^t$, $y=ze^{-t}$라면

$$\frac{dy}{dx}=\frac{dy}{dt}\frac{dt}{dx}=\frac{d}{dt}(ze^{-t})\frac{dt}{dx}=\left(\frac{dz}{dt}-z\right)e^{-2t}$$

$$\frac{d^2y}{dx^2}=\frac{d}{dt}\left(\frac{dy}{dx}\right)\frac{dt}{dx}=\frac{d}{dt}\left[\left(\frac{dz}{dt}-z\right)e^{-2t}\right]e^{-t}$$

$$=\left[\left(\frac{d^2z}{dt^2}-\frac{dz}{dt}\right)-2\left(\frac{dz}{dt}-z\right)\right]e^{-3t}=\left(\frac{d^2z}{dt^2}-3\frac{dz}{dt}+2z\right)e^{-3t}$$

이들 도함수를 준미분방정식에 대입하면

$$e^t\left(\frac{d^2z}{dt^2}-3\frac{dz}{dt}+2z\right)e^{-3t}+2\left(\frac{dz}{dt}-z\right)e^{-2t}=0$$

$$\frac{d^2z}{dt^2}-\frac{dz}{dt}=(D^2-D)z=0 \text{에서 } z=c_1e^t+c_2$$

$$\therefore\ y=ze^{-t}=(c_1e^t+c_2)e^{-t}=c_1+c_2e^{-t}=c_1+\frac{c_2}{x}$$

□

6 고계완전미분방정식

미분방정식

$$f\left(\frac{d^n y}{dx^n}, \frac{d^{n-1}y}{dx^{n-1}}, \cdots, \frac{dy}{dx}, y, x\right)=Q(x) \tag{10}$$

가 계수가 하나 낮은 어떤 미분방정식

$$g\left(\frac{d^{n-1}y}{dx^{n-1}}, \frac{d^{n-2}y}{dx^{n-2}}, \cdots, \frac{dy}{dx}, y, x\right)=Q_1(x)+c \tag{11}$$

를 한 번 미분해서 얻을 수 있을 경우, (10)을 **완전미분방정식**이라 하고, (11)을 (10)의 **제 1 적분**이라 한다.

[보기 1] $$3y^2y'''+14yy'y''+4y'y'^2+12y'y''=2x$$

는 방정식

$$3y^2y''+4y(y')^2+6(y')^2=x^2+c$$

를 한번 미분하여 얻어지기 때문에 완전미분방정식이다.

> **정리 7.1** 선형미분방정식
>
> $$(P_0D^n+P_1D^{n-1}+\cdots+P_{n-1}D+P_n)y=0$$
>
> 은 항등적으로
>
> $$P_n-P'_{n-1}+P''_{n-2}+\cdots+(-1)^nP_0^{(n)}=0$$
>
> 이 성립할 경우, 완전미분방정식이 된다.

[보기 2] 미분방정식 $(x^3-2x)y'''+(8x^2-5)y''+15xy'+5y=0$에서 $P_3=5$, $P_2=15x$, $P_1=8x^2-5$, $P_0=x^3-2x$이므로,

$$P_3-P'_2+P''_1-P'''_0=5-15+16-6=0$$

이다. 따라서 주어진 미분방정식은 완전미분방정식이다. 사실상 이 미분방정식은 $(x^3-2x)y''+(5x^2-3)y'+5xy=c$를 미분한 것이다.

방정식 (10)이 선형미분방정식이 아닐 때에는 이 미분방정식이 완전미분방정식인가를 시험하는 간단한 방법이 없다. 이 경우는 미분하여 (10)을 얻게 되는 계수가 하나 낮은 미분방정식을 찾아내야만 (10)이 완전미분방정식임을 알 수 있다.

예제 17 $P_0(x)y^{(4)}+P_1(x)y'''+P_2(x)y''+P_3(x)y'+P_4(x)y=0$이 완전미분방정식일 조건은 $P_4-P_3'+P_2''-P_1'''+P_0^{(4)}=0$임을 밝혀라.

풀이 미분방정식 $R_0(x)y'''+R_1(x)y''+R_2(x)y'+R_3(x)y=c_1$을 미분하여 주어진 미분방정식이 얻어졌다고 하자. 이 방정식의 미분결과는

$$R_0y^{(4)}+(R_0'+R_1)y'''+(R_1'+R_2)y''+(R_2'+R_3)y'+R_3'y=0$$

이므로, 다음 관계를 얻는다.

$$P_0=R_0,\ P_1=R_0'+R_1,\ P_2=R_1'+R_2,\ P_3=R_2'+R_3,\ P_4=R_3'$$

따라서

$$P_4-P_3'+P_2''-P_1'''+P_0^{(4)}=R_3'-(R_2''+R_3')+(R_1'''+R_2'')-(R_0^{(4)}+R_1''')+R_0^{(4)}=0$$

역으로 $P_4-P_3'+P_2''-P_1'''+P_0^{(4)}=0$이라고 하자. 이 경우

$$\begin{aligned}&\frac{d}{dx}[P_0y'''+(P_1-P_0')y''+(P_2-P_1'+P_0'')y'+(P_3-P_2'+P_1''-P_0''')y]\\&=P_0y^{(4)}+P_1y'''+P_2y''+P_3y'-(-P_3'+P_2''-P_1'''+P_0^{(4)})y\\&=P_0y^{(4)}+P_1y'''+P_2y''+P_3y'+P_4y\end{aligned}$$

따라서 주어진 미분방정식은 $P_4-P_3'+P_2''-P_1'''+P_0^{(4)}=0$인 조건에서 3계미분방정식

$$P_0y'''+(P_1-P_0')y''+(P_2-P_1'+P_0'')y'+(P_3-P_2'+P_1''-P_0''')y=0$$

을 미분하여 얻어지므로, 준 미분방정식은 완전미분방정식이다.

예제 18 $2y\dfrac{d^3y}{dx^3}+6\dfrac{d^2y}{dx^2}\dfrac{dy}{dx}=-\dfrac{1}{x^2}$을 풀어라.

풀이

$$\left(2y\frac{d^2y}{dx^2}\right)'=2y\frac{d^3y}{dx^3}+2\frac{d^2y}{dx^2}\frac{dy}{dx},\ \left\{2\left(\frac{dy}{dx}\right)^2\right\}'=4\frac{d^2y}{dx^2}\frac{dy}{dx}$$

이므로, 주어진 미분방정식은

$$2y\frac{d^2y}{dx^2}+2\left(\frac{dy}{dx}\right)^2=-\int\frac{1}{x^2}dx=\frac{1}{x}+K_1$$

을 미분하여 얻는 완전미분방정식임을 알 수 있다. 이것을 적분하면,

$$2y\frac{dy}{dx}=\log x+K_1x+K_2$$

이고, 다시 적분하여 일반해는

$$y^2=x\log+\frac{K_1}{2}x^2+(K_2-1)x+K_3=x\log x+c_1x^2+c_2x+c_3$$ □

예제 19 $3y^2y'''+18xy'y''-6y^2y''-12yy'^2+6y'^3=0$을 풀어라.

풀이

$$\begin{array}{rl}
 & 3y^2y'''+18xy'y''-6y^2y''-12yy'^2+6y'^3 \\
(3y^2y'') & \underline{=3y^2y'''+6yy'y''\qquad\qquad\qquad\qquad\qquad} \\
 & \qquad 12yy'y''-6y^2y''-12yy'^2+6y'^3 \\
(6yy'^2)'= & \underline{\qquad 12yy'y''\qquad\qquad\qquad\qquad\quad +6y'^3} \\
 & \qquad\qquad -6y^2y''-12yy'^2 \\
(-6y^2y')'= & \qquad\qquad \underline{-6y^2y''-12yy'^2} \\
 & \qquad\qquad\qquad\quad 0
\end{array}$$

이상에서 구하는 제 1 적분은

$$3y^2y''+6yy'^2-6y^2y'=a$$

제 2 적분에 대하여도 마찬가지로 계산을 하면 다음과 같다.

$$\begin{array}{rl}
 & 3y^2y''+6yy'^2-6y^2y' \\
(3y^2y') & \underline{=3y^2y''+6yy'^2\qquad\qquad} \\
 & \qquad\qquad -6y^2y' \\
(-2y^3)'= & \qquad\qquad \underline{-6y^2y'} \\
 & \qquad\qquad\quad 0
\end{array}$$

따라서 제 2 적분은

$$3y^2y'-2y^3=ax+b$$

이것은 완전미분방정식은 아니나

$$(y^3)'-2y^3=ax+b$$

로 바꾸어 쓸 수 있으며, 이 방정식은 $y^3=z$이라면 $z'-2z=ax+b$가 되어 1계 선형미분방정식이 되고, 그 일반해는

$$z=y^3=c_1x+c_2+c_3e^{2x}$$ □

연습문제 (7.1)

1. 다음 미분방정식을 풀어라.

(1) $xy'''=1$　　(2) $y'''=\sin x$

(3) $y'''=xe^x$　　(4) $x^2y''=x-5$

2. 다음 미분방정식을 풀어라.

(1) $2y^{(4)}+5y^{(3)}=0$　　(2) $y'''y''=1$

(3) $a^2y^{(4)}=y''(a\neq 0)$　　(4) $y^{(4)}-y''+1=0$

3. 다음 미분방정식을 풀어라.

(1) $y''=2y'$　　(2) $y''+(y')^2+1=0$

(3) $xy''+y'=4x$　　(4) $xy^{(4)}=y^{(3)}$

(5) $(1+x^2)y''+2xy'=2x^{-3}$　　(6) $xy''-y'=-\dfrac{2}{x}-\log x$

4. 다음 미분방정식을 풀어라.

(1) $yy''+(y')^3=0$　　(2) $yy''+(y')^2=2$

5. 다음 미분방정식을 풀어라.

(1) $xyy''+axy'^2+yy'=0$　　(2) $3y^2y''+6yy'^2-6y^2y'=0$

6. 다음 미분방정식을 풀어라.

(1) $(x^2+1)y''+4xy'+2y=-\sin x$　　(2) $x(x-1)y''+(3x-2)y'+y=0$

(3) $(x+3x^2)y''+2(1+6x)y'+6y=\sin x$　　(4) $y''\sin 2x+2(1+\cos 2x)y'=-2\sin 2x$

7. $x(1-x^2)y'''+(1-5x^2)y''-2xy'+2y=6x$에 대하여 다음에 답하라.

(1) 제 1 적분은 $x(1-x^2)y''-2x^2y'+2xy=3x^2+a$임을 밝혀라.

(2) 제 2 적분은 $x(1-x^2)y'-(1-x^2)y=x^3+ax+b$임을 밝혀라.

(3) 일반해는 $y=-\dfrac{1}{2}x\log(1-x^2)+\dfrac{a}{2}x\log\dfrac{x^2}{1-x^2}+bx\left(-\dfrac{1}{x}+\dfrac{1}{2}\log\dfrac{1+x}{1-x}\right)+cx$임을 밝혀라.

8. 다음 미분방정식을 풀어라.

(1) $3xy^2y''+2y'^2+2yy''+6xyy'^2+6y^2y'=6x$

(2) $x^2yy''+x^2y'^2+4xyy'+y^2=6x$

7.2 전미분방정식

1 전미분방정식의 조건

미분방정식

$$P_1dx_1+P_2dx_2+\cdots+P_ndx_n=0 \tag{1}$$

의 꼴인 미분방정식을 **전미분방정식**이라 한다. 여기서 P_1, P_2, $\cdots$, P_n은 어느 것이나 x_1, x_2, $\cdots$, x_n의 함수이다.

위 전미분방정식에 대하여 함수 $F(x_1, x_2, \cdots, x_n)$이 존재하여

$$P_1dx+P_2dx_2+\cdots+P_ndx_n=dF=\sum_{i=1}^{n}\frac{\partial F}{\partial x_i}dx_i \tag{2}$$

일 때, 이 방정식은 **완전미분방정식**이라 한다. 이때 해는

$$F(x_1, x_2, \cdots, x_n)=c$$

이다. 이 장에서는 3변수 x, y, z에 관한 전미분방정식

$$P(x, y, z)dx+Q(x, y, z)dy+R(x, y, z)dz=0 \tag{3}$$

을 다루기로 한다. 이들 전미분방정식은 1장에 있는 2변수의 완전미분방정식의 확장에 지나지 않는다.

미분방정식

$$(3x^2y^2-e^xz)dx+(2x^3y+\sin z)dy+(y\cos z-e^x)dz=0 \tag{4}$$

은 다음 함수

$$f(x, y, z)=x^3y^2-e^xz+y\sin z=c \quad (c\text{: 임의상수})$$

의 전미분임을 쉽게 확인할 수 있다. 따라서 미분방정식 (4)는 완전미분방정식이고, 이때 방정식 (4)를 단지 **완전하다**고 한다. 방정식 (4)의 해는 다음과 같다.

$$x^3y^2-e^xz+y\sin z=c$$

미분방정식

$$(3xz+2y)dx+xdy+x^2dz=0 \tag{5}$$

는 완전하지 않으나 적분인자 x를 곱하면

$$(3x^2z^2+2xy)dx+x^2dy+x^3dz=0$$

이 되어 $x^3z+x^2y=c$의 전미분임을 알 수 있다. 적분인자를 구할 수 있으면 전미분방정식은 완전미분방정식으로 만들 수 있다.

전미분방정식
$$ydx+dy+dz=0 \tag{6}$$
에서는 원시함수 $f(x, y, z)=c$가 구해지지 않는다. 이러한 방정식에 대해서는 변수변환이나 다른 관계식과 관계하여 해가 얻어질 수 있음을 다음 절에서 보게될 것이다.

전미분방정식 (3)이 완전하기 위하여는
$$\frac{\partial u}{\partial x}=P,\ \frac{\partial u}{\partial y}=Q,\ \frac{\partial u}{\partial z}=R \tag{7}$$
이 되는 함수 u가 존재하여야 한다. 따라서 (3)이 완전하면 다음 식이 성립한다.
$$\frac{\partial P}{\partial y}=\frac{\partial Q}{\partial x},\ \frac{\partial Q}{\partial z}=\frac{\partial R}{\partial y},\ \frac{\partial R}{\partial x}=\frac{\partial P}{\partial z} \tag{8}$$

방정식 (1)이 완전미분방정식이 되기 위한 조건은 다음 정리로 주어진다.

정리 7.2 $\sum_{i=1}^{n} P_i dx_i=0$이 완전미분방정식이 되기 위한 조건은 다음과 같다.
$$\frac{\partial P_i}{\partial x_j}=\frac{\partial P_j}{\partial x_i}\quad (1\leq i,\ j\leq n)$$

전미분방정식 $\sum_{i=1}^{n} P_i dx_i=0$과 $\sum_{i=1}^{n} \lambda P_i dx_i=0$은 같은 해를 갖는다. 단, λ는 0이 아닌 값을 갖고, $x_1, x_2, \cdots, x_n$의 임의의 함수이다. 전미분방정식 $\sum_{i=1}^{n} P_i dx_i=0$에 어떤 함수 $\lambda(\neq 0)$를 곱하여 완전미분방정식으로 할 수 있을 때 $\sum_{i=1}^{n} P_i dx_i=0$은 적분 가능하다고 한다. 즉, $x_1, x_2, \cdots, x_n$의 함수 λ, F가 존재해서 $\lambda\sum_{i=1}^{n} P_i dx_i=dF\,(\lambda\neq 0)$일 때 $\sum_{i=1}^{n} P_i dx_i=0$은 적분가능하며, 해는 $F=c$이다.

전미분방정식 (3)이 적분가능하기 위한 조건을 다음 정리로 주어진다.

정리 7.3 전미분방정식 $Pdx+Qdy+Rdz=0$이 적분가능하기 위한 필요충분조건은 다음과 같다.

$$P\left(\frac{\partial Q}{\partial z}-\frac{\partial R}{\partial y}\right)+Q\left(\frac{\partial R}{\partial x}-\frac{\partial P}{\partial z}\right)+R\left(\frac{\partial P}{\partial y}-\frac{\partial Q}{\partial x}\right)=0$$

이 조건을 **적분가능조건**이라 한다.

증명 $u(x, y, z)$를 적분인자라면

$$uPdx+uQdy+uRdz=0$$

은 완전미분방정식이다. (8)이 완전미분방정식이 되기 위한 조건은 (8)에 의하여

$$\frac{\partial uP}{\partial y}=\frac{\partial uQ}{\partial x},\ \frac{\partial uQ}{\partial z}=\frac{\partial uR}{\partial y},\ \frac{\partial uR}{\partial x}=\frac{\partial uP}{\partial z}$$

이고, 이를 3개의 등식에서

$$\begin{aligned} u\left(\frac{\partial P}{\partial y}-\frac{\partial Q}{\partial x}\right)&=Q\frac{\partial u}{\partial x}-P\frac{\partial u}{\partial y} \\ u\left(\frac{\partial Q}{\partial z}-\frac{\partial R}{\partial y}\right)&=R\frac{\partial u}{\partial y}-Q\frac{\partial u}{\partial z} \\ u\left(\frac{\partial R}{\partial x}-\frac{\partial P}{\partial z}\right)&=P\frac{\partial u}{\partial z}-R\frac{\partial u}{\partial x} \end{aligned} \tag{9}$$

(9)의 세식에 차례로 R, P, Q를 곱하여 합하면

$$P\left(\frac{\partial Q}{\partial z}-\frac{\partial R}{\partial y}\right)+Q\left(\frac{\partial R}{\partial x}-\frac{\partial P}{\partial z}\right)+R\left(\frac{\partial P}{\partial y}-\frac{\partial Q}{\partial x}\right)=0 \tag{10}$$

따라서 (10)은 적분가능하기 위한 필요조건이다.

또한 (10)은 3변수의 전미분방정식 (3)이 적분가능하기 위한 충분조건도 된다. ■

예제 1 방정식 (5)는 적분가능조건을 만족하고, (6)은 만족하지 않음을 밝혀라.

풀이 $P=3xz+2y,\ \frac{\partial P}{\partial y}=2,\ \frac{\partial P}{\partial z}=3x,\ Q=x,\ \frac{\partial Q}{\partial x}=1,\ \frac{\partial Q}{\partial z}=0,$

$R=x^2,\ \frac{\partial R}{\partial x}=2x,\ \frac{\partial R}{\partial y}=0$

이므로

$$(3xz+2y)(0-0)+x(2x-3x)+x^2(2-1)=0-x^2+x^2=0$$

따라서 방정식 (5)는 적분가능하다.

방정식 (6)에 대해서는

$$P=y,\ \frac{\partial P}{\partial y}=1,\ \frac{\partial P}{\partial z}=0,\ Q=1,\ \frac{\partial Q}{\partial x}=\frac{\partial Q}{\partial z}=0,\ R=1,\ \frac{\partial R}{\partial x}=\frac{\partial R}{\partial y}=0$$

이므로 $y\cdot(0-0)+1\cdot(0-0)+1\cdot(1-0)\neq 0$

따라서 방정식 (6)은 적분불가능하다. □

2 전미분방정식의 해법

[1] 완전할 때

전미분방정식

$$Pdx+Qdy+Rdz=0$$

이 완전할 때는 다만 항의 배열을 적당히 바꾸면 해가 쉽게 구해진다.

예제 2 $(x-y)dx-xdy+zdz=0$을 풀어라.

풀이 $\frac{\partial P}{\partial y}=-1=\frac{\partial Q}{\partial x}$, $\frac{\partial Q}{\partial z}=0=\frac{\partial R}{\partial y}$, $\frac{\partial R}{\partial x}=0=\frac{\partial P}{\partial z}$이므로 준방정식은 완전하다.

항을 옮겨서

$$xdx-(xdy+ydx)+zdz=0$$

으로 바꾸고 적분하면 다음 해를 얻는다.

$$\frac{1}{2}x^2-xy+\frac{1}{2}z^2=c, \text{ 또는 } x^2-2xy+z^2=c_1$$ □

적분인자를 구할 수 있을 때는 적분인자를 곱하면 방정식은 완전하므로 항을 적당히 옮겨서 해를 구할 수 있다.

예제 3 $y^2dx-zdy+ydz=0$을 풀어라.

풀이 여기서

$$P=y^2,\ \frac{\partial P}{\partial y}=2y,\ \frac{\partial P}{\partial z}=0,$$
$$Q=-z,\ \frac{\partial Q}{\partial x}=0,\ \frac{\partial Q}{\partial z}=-1,$$
$$R=y,\ \frac{\partial R}{\partial x}=0,\ \frac{\partial R}{\partial y}=1$$

이므로

$$P\left(\frac{\partial Q}{\partial z}-\frac{\partial R}{\partial y}\right)+Q\left(\frac{\partial R}{\partial x}-\frac{\partial P}{\partial z}\right)+R\left(\frac{\partial P}{\partial y}-\frac{\partial Q}{\partial x}\right)$$
$$=y^2(-1-1)-z(0-0)+y(2y-0)=0$$

이므로, 준방정식은 적분가능하다. 적분인자 $\frac{1}{y^2}$을 준방정식에 곱하여

$$dx+\frac{ydz-zdy}{y^2}=0 \text{이고, 적분하면 } x+\frac{z}{y}=c$$

예제 4 $2xzdx-2yz^2dy-x^2dz=0$을 풀어라.

풀이 제 1 항과 제 3 항을 합치면 $\frac{1}{z^2}$이 한 적분인자가 되는 것을 알 수 있다.

$$\frac{2xzdx-x^2dz}{z^2}-2ydy=0 \quad \therefore \quad \frac{x^2}{z}-y^2=c$$ □

예제 5 $(2x^3y+1)dx+x^4dy+x^2\tan zdz=0$을 풀어라.

풀이 $(2x^3y+1)(0-0)+x^4(2x\tan z-0)+x^2\tan z(2x^3-4x^3)=0$

이므로 적분가능하다.

적분인수 $\frac{1}{x^2}$을 곱하면, 준방정식은

$$\left(2xy+\frac{1}{x^2}\right)dx+x^2dy+\tan zdz=0, \text{ 즉 } (2xydx+x^2dy)+\frac{dx}{x^2}+\tan zdz=0$$

적분하여 구하는 해는 $x^2y-\frac{1}{x}+\log\sec z=C$이다. □

[2] P, Q, R이 동차식인 경우

> **정리 7.4** $Pdx+Qdy+Rdz=0$이 동차형(즉, P, Q, R이 동차식이므로 차수가 같음)이면, 치환 $x=uz$, $y=vz$로 변수 z와 변수 u, v는 분리한 전미분방정식이 적분가능하면 변형된 미분방정식은 완전미분방정식이 된다.

증명 계수 P, Q, R은 n차 동차식이라고 가정한다. 치환 $x=uz$, $y=vz$를 행하면, 방정식은 다음과 같이 변환된다.

$$P(uz, vz, z)(udz+zdu)+Q(uz, vz, z)(vdz+zdv)+R(uz, vz, z)dz=0 \tag{11}$$

공통인수 z^n으로 나누고 항을 적당히 바꾸면

$$z[P(u, v, 1)du+Q(u, v, 1)dv]+[uP(u, v, 1)+vQ(u, v, 1)+R(u, v, 1)]dz=0$$

$P(u, v, 1)=P_1$, $Q(u, v, 1)=Q_1$, $R(u, v, 1)=R_1$이라면

$$z[P_1du+Q_1dv)+(uP_1+vQ_1+R)dz=0$$

변수 z를 분리하면

$$\frac{P_1}{uP_1+vQ_1+R_1}du+\frac{Q_1}{uP_1+vQ_1+R_1}dv+\frac{1}{z}dz=0 \tag{12}$$

인 방정식으로 나타내어진다.

이 방정식이 적분가능하면, 다음 적분가능조건

$$\frac{\partial}{\partial u}\frac{Q_1}{uP_1+vQ_1+R_1}-\frac{\partial}{\partial v}\frac{P_1}{uP_1+vQ_1+R_1}=0$$

을 만족한다. ($\frac{1}{z}dz$는 적분가능하므로, 2변수의 적분가능조건을 사용)

이 경우 식 (12)의 처음 두 항의 합은 완전미분꼴이고 제 3 항은 전미분 형태이므로, (12)는 적분가능하여, 주어진 전미분방정식의 해가 구해진다. □

예제 6 동차방정식 $yzdx-z^2dy-xydz=0$을 풀어라.

풀이 $yz(-2z+x)-z^2(-y-y)-xy(z-0)=0$이므로 준방정식은 적분가능하다. 변환 $x=uz$, $y=vz$로, 준방정식은

$$vz^2(udz+zdu)-z^2(vdz+zdv)-uvz^2dz=0$$

z^2으로 나누고, 항을 바꾸면

$$vzdu-zdu-vdz=0 \text{ 또는 } du-\frac{dv}{v}-\frac{dz}{z}=0$$

적분하면

$$u-\log v-\log z=\log K \quad \therefore \quad vz=ce^u \text{ 또는 } y=ce^{\frac{x}{z}}$$ □

예제 7 동차방정식 $2(y+z)dx-(x+z)dy+(2y-x+z)dz=0$을 풀어라.

풀이 $2(y+z)(-1-2)-(x+z)(-1-2)+(2y-x+z)(2+1)=0$이므로 준방정식은 적분가능하다. 치환 $x=uz$, $y=vz$로 이 미분방정식은 다음과 같다.

$$2z(v+1)(udz+zdu)-z(u+1)(vdz+zdv)+z(2v-u+1)dz=0$$

또는

$$2z(v+1)du-z(u+1)dv+(uv+u+v+1)dz=0$$

좌변을 식 $z(uv+u+v+1)=z(u+1)(v+1)$로 나누면

$$\frac{2du}{u+1}-\frac{dv}{v+1}+\frac{dz}{z}=0$$

적분하여 해를 구하면

$$2\log(u+1)-\log(v+1)+\log z=\log K \text{에서 } z(u+1)^2=K(v+1)$$

$$z\left(\frac{x}{z}+1\right)^2=K\left(\frac{y}{z}+1\right)\text{에서 } (x+z)^2=K(y+z) \text{ 또는 } y+z=c(x+z)^2$$ □

예제 8 $(2y-z)dx+2(x-z)dy-(x+2y)dz=0$을 풀어라.

풀이 방정식은 동차형이고,

$$2(ydx+xdy)-(zdx+xdz)-2(zdy+ydz)=0$$

으로 쓸 수 있으므로, 해는 관찰로써 다음과 같다.

$$2xy-xz-2yz=c$$ □

정리 7.5 전미분방정식 $Pdx+Qdy+Rdz=0$이 완전하고, P, Q, R이 모두 $n\neq -1$인 n차동차형이면, $xP+yQ+zR=c$는 이 방정식의 해이다.

증명 $xP+yQ+zR=c$를 미분하면 다음 방정식을 얻는다.

$$\left(P+x\frac{\partial P}{\partial x}+y\frac{\partial Q}{\partial x}+z\frac{\partial R}{\partial x}\right)dx+\left(Q+x\frac{\partial P}{\partial y}+y\frac{\partial Q}{\partial y}+z\frac{\partial R}{\partial y}\right)dy$$
$$+\left(R+x\frac{\partial P}{\partial z}+y\frac{\partial Q}{\partial z}+z\frac{\partial R}{\partial z}\right)dz=0 \quad \cdots \text{①}$$

주어진 방정식이 완전하므로

$$\frac{\partial Q}{\partial x}=\frac{\partial P}{\partial y},\ \frac{\partial R}{\partial x}=\frac{\partial P}{\partial z},\ \frac{\partial R}{\partial y}=\frac{\partial Q}{\partial z}$$

이들을 ①식에 대입하면

$$\left(P+x\frac{\partial P}{\partial x}+y\frac{\partial P}{\partial y}+z\frac{\partial P}{\partial z}\right)dx+\left(Q+x\frac{\partial Q}{\partial x}+y\frac{\partial Q}{\partial y}+z\frac{\partial Q}{\partial z}\right)dy$$
$$+\left(R+x\frac{\partial R}{\partial x}+y\frac{\partial R}{\partial y}+z\frac{\partial R}{\partial z}\right)dz=0 \quad \cdots \text{②}$$

주어진 미분방정식은 동차형이므로 동차식에 관한 Euler의 공식에 의하여

$$x\frac{\partial P}{\partial x}+y\frac{\partial P}{\partial y}+z\frac{\partial P}{\partial z}=nP,\ x\frac{\partial Q}{\partial x}+y\frac{\partial Q}{\partial y}+z\frac{\partial Q}{\partial z}=nQ,\ x\frac{\partial R}{\partial x}+y\frac{\partial R}{\partial y}+z\frac{\partial R}{\partial z}=nR$$

등이 성립한다. 이들 관계를 ②식에 대입하면

$$(n+1)Pdx+(n+1)Qdy+(n+1)Rdz=0$$

$n\neq -1$이므로 $\qquad Pdx+Qdy+Rdz=0$

따라서 $xP+yQ+zR=c$는 $Pdx+Qdy+Rdz=0$의 해이다. ■

[3] 적분인자를 구할 수 없을 경우

어떤 한 변수, 가령 z을 상수로 봐서, 준 방정식을 적분하여 생기는 적분상수를 $\phi(z)$로 나타내고, 이것의 전미분을 취하여 주어진 미분방정식과 비교하여 $\phi(z)$를 결정하여 일반해를 구한다.

예제 9 $2(y+z)dx-(x+z)dy+(2y-x+z)dz=0$을 풀어라.

풀이 z을 상수로 보면, $2(y+z)dx-(x+z)dy=0$에서 $\dfrac{dy}{dx}-\dfrac{2}{x+z}y=\dfrac{2z}{x+z}$

적분인자 $e^{-2\int\frac{dx}{x+z}}=\dfrac{1}{(x+z)^2}$을 곱하고 적분하면

$$\frac{y}{(x+z)^2}=\int\frac{2z}{(x+z)^3}dx=-\frac{z}{(x+z)^2}+\phi(z)\ \cdots\ ①$$

①을 미분하면

$$\frac{dy}{(x+z)^2}-\frac{2y}{(x+z)^3}(dx+dz)=-\frac{dz}{(x+z)^2}+\frac{2z}{(x+z)^3}(dx+dz)+d\phi$$

양변에 $(x+z)^3$을 곱하면

$$2(y+z)dx-(x+z)dy+(2y-x+z)dz+(x+z)^3d\phi=0$$

이 방정식과 주어진 방정식을 비교하면 $(x+z)^3d\phi=0$이므로 $\phi=c$이다.

①에서 $y+z=\phi(x+z)^2$이므로 구하는 해는 다음과 같다.

$$y+z=c(x+z)^2$$

□

예제 10 $2xyzdx-z(x^2+z)dy-y(x^2+y)dz=0$을 풀어라.

풀이 z을 상수로 보면 $dz=0$이므로 준방정식은 다음과 같이 된다.

$$\frac{2xdx}{x^2+z}-\frac{dy}{y}=0,\ \text{적분하여}\ \log(x^2+z)-\log y=\log c\text{에서}\ \therefore\ \frac{x^2+z}{y}=c$$

c를 $\phi(z)$로 놓고, $\dfrac{x^2+z}{y}=\phi(z)$를 미분하면

$$\frac{y(2xdx+dz)-(x^2+z)dy}{y^2}=\phi'(z)dz$$

이 식을 정돈하면

$$2xydx-(x^2+z)dy+\{y-y^2\phi'(z)\}dz=0$$

이 식의 양변에 z을 곱하고, 준방정식과 비교하면

$$yz-y^2z\phi'(z)=-y(x^2+y)$$

양변을 y로 나누면 $z-yz\phi'(z)=-(x^2+y)$이고, $x^2+z=y\phi(z)$이므로

$$yz\phi'(z)=x^2+z+y=y\phi(z)+y \cdots ①$$

양변을 y로 나누면

$$z\phi'(z)=\phi(z)+1\text{에서 } \frac{d\phi(z)}{\phi(z)+1}=\frac{dz}{z}$$

적분하여

$$\phi(z)+1=cz \cdots ②$$

따라서 구하는 해는

$$x^2+z=y(cz-1)\text{에서 } x^2+z+y=cyz \ (c\text{는 임의상수})$$ □

3 연립 전미분방정식

[1] 두 식이 모두 적분가능할 때

연립전미분방정식

$$P_1dx+Q_1dy+R_1dz=0 \tag{13}$$

$$P_2dx+Q_2dy+R_2dz=0 \tag{14}$$

의 해는 각각을 적분한 한 쌍의 관계식

$$f(x,\ y,\ z)=c_1 \tag{15}$$

$$g(x,\ y,\ z)=c_2 \tag{16}$$

의 쌍으로 이루어진다.

예제 11 다음 연립미분방정식을 풀어라.

$$(y+z)dx+(z+x)dy+(x+y)dz=0$$

$$(x+z)dx+ydy+xdz=0$$

풀이 방정식은 모두 적분가능하다. 첫째식은

$$(ydx+xdy)+(zdy+ydz)+(xdz+zdx)=0$$

으로 나타내지므로, 그 해는 $xy+yz+zx=c_1$

둘째 방정식은

$$xdx+ydy+(zdx+xdz)=0$$

으로 나타내지므로, 그 해는 $x^2+y^2+2xz=c_2$

따라서 일반해는

$$xy+yz+zx=c_1,\ x^2+y^2+2xz=c_2$$

이 해곡선은 임의의 두 곡면군의 방정식으로 주어졌으나, 이 해는

$$x^2+y^2+2(c_1-xy-yz)=c_2$$

로도 나타낼 수 있다. □

[2] 한 방정식만이 적분가능한 경우

(15)가 (13)의 일반해이라면 (14)의 해 (16)을 얻기 위해서는 (13), (14), (15)에서 한 변수의 미분을 소거한 다음에 이 방정식을 적분한다.

예제 12 연립방정식

$$yzdz+xzdy+xydz=0 \quad \cdots ①$$
$$z^2(dx+dy)+(xz+yz-xy)dz=0 \quad \cdots ②$$

을 풀어라.

풀이 첫째 방정식은 적분가능하고, 그 해는 $xyz=c_1$ ⋯ ③

둘째 방정식은 적분가능하지 않다. ①, ②, ③식에서 dx를 소거한다.

①$\times z-$②$\times y$에서 $z^2(y-x)dy+y^2(z-x)dz=0$

이 식에 yz를 곱하고, ③의 $xyz=c_1$을 대입하면

$z^2(y^2z-c_1)dy+y^2(yz^2-c_1)dz=0$에서

$$y^2z^2(zdy+ydz)-c_1(z^2dy+y^2dz)=0$$

양변을 y^2z^2으로 나누면 $zdy+ydz-c_1\left(\dfrac{dy}{y^2}+\dfrac{dz}{z^2}\right)=0$

적분하면

$$yz-c\left(-\frac{1}{y}-\frac{1}{z}\right)=0\text{에서 } yz+c_1\left(\frac{y+z}{yz}\right)=c_2 \quad \cdots ④$$

따라서 방정식 ③, ④는 일반해를 이룬다. ④에 ③을 대입하면 ④는

$$yz+xyz\left(\frac{y+z}{yz}\right)=c_2\text{에서 } xy+yz+xz=C_2\text{가 된다.}$$ □

[3] 어느 방정식도 적분가능하지 않을 경우

두 변수, 이를테면 x, y를 제 3 의 변수 z의 함수로 취급하는 방법을 사용해 보거나, 때로는 다음과 같은 방법으로 풀면 보다 간단하다. 즉, (13), (14)에서 다음과 같이 dy와 dz(또는 다른 하나의 미분)를 소거하여

$$\begin{vmatrix} P_1 & Q_1 \\ P_2 & Q_2 \end{vmatrix} dx - \begin{vmatrix} Q_1 & R_1 \\ Q_2 & R_2 \end{vmatrix} dz = 0, \quad \begin{vmatrix} R_1 & P_1 \\ R_2 & P_2 \end{vmatrix} dx - \begin{vmatrix} Q_1 & R_1 \\ Q_2 & R_2 \end{vmatrix} dy = 0$$

을 얻어서, 이들을 대칭형

$$\frac{dx}{X} = \frac{dy}{Y} = \frac{dz}{Z} \tag{17}$$

$$\left(\text{단, } X = \lambda \begin{vmatrix} Q_1 & R_1 \\ Q_2 & R_2 \end{vmatrix}, \ Y = \lambda \begin{vmatrix} R_1 & P_1 \\ R_2 & P_2 \end{vmatrix}, \ Z = \lambda \begin{vmatrix} P_1 & Q_1 \\ P_2 & Q_2 \end{vmatrix}, \ \lambda \neq 0\right)$$

으로 나타낸다.

(17)에서 얻어지는 3개의 방정식

$$Y dx = X dy, \ X dz = Z dx, \ Z dy = Y dz \tag{18}$$

중에서 하나는 다른 두 개로부터 얻어진다.

만일 (18)중의 두 미분방정식이 각각 적분가능할 때는 [1]의 방법으로 푼다.

만일 (18)중의 어느 한 식만이 적분가능할 때는 [2]의 방법으로 푼다.

예제 13 다음 연립방정식을 풀어라.

$$dx + 2dy - (x+2y)dz = 0$$
$$2dx + dy + (x-y)dz = 0$$

풀이 여기서

$$X = \lambda \begin{vmatrix} 2 & -(x+2y) \\ 1 & x-y \end{vmatrix} = 3\lambda x, \ Y = \lambda \begin{vmatrix} -(x+2y) & 1 \\ x-y & 2 \end{vmatrix} = -3\lambda(x+y),$$

$$Z = \lambda \begin{vmatrix} 1 & 2 \\ 2 & 1 \end{vmatrix} = -3\lambda,$$

$\lambda = -\dfrac{1}{3}$로 택하면 $X = -x$, $Y = x+y$, $Z = 1$이고, 연립미분방정식을 대칭형으로 나타내면

$$\frac{dx}{-x} = \frac{dy}{x+y} = \frac{dz}{1}$$

로 된다. 적분가능한 방정식 $\frac{dx}{-x}=\frac{dz}{1}$에서 $z+\log x=c_1$,

다른 적분가능한 방정식 $\frac{dx}{-x}=\frac{dy}{x+y}$에서 $xdy+ydx=-xdx$이므로,

$xy=-\frac{1}{2}x^2+\frac{c_2}{2}$ 또는

$$x^2+2xy=c_2$$

따라서 일반해는 다음과 같다.

$$\begin{cases} z+\log x=c_1 \\ x^2+2xy=c_2 \end{cases}$$ □

만일 식 (18)에서 어느 것도 적분가능하지 않을 때는 가비의 법칙에 의하여

$$\frac{dx}{X}=\frac{dy}{Y}=\frac{dz}{Z}=\frac{l_1dx+m_1dy+n_1dz}{l_1X+m_1Y+n_1Z}=\frac{l_2dx+m_2dy+n_2dz}{l_2X+m_2Y+n_2Z} \tag{19}$$

을 얻는다.

적당한 승수를 택함으로써 적분가능한 미분방정식, 즉

$$\frac{dx}{X}=\frac{ldx+mdy+ndz}{lX+mY+nZ} \text{ 또는 } \frac{adx+bdy+cdz}{aX+bY+cZ}=\frac{pdx+qdy+rdz}{pX+qY+rZ} \tag{20}$$

를 얻을 수 있는 경우는 [1]의 해법으로 푼다.

실제로는 [2]의 방법으로 푸는 것보다, 때에 따라서는 승수에 의하여 적분가능한 제 2 의 방정식을 발견하여 푸는 것이 더욱 간단하다.

만일 (20)식에서 분모 $lX+mY+nZ=0$이면 분자 $ldx+mdy+ndz=0$을 풀면 된다.

여기서 $ldx+mdy+ndz=0$이 적분가능하면, 이것을 적분하여 해의 한쪽 관계식을 얻는다.

예제 14 $\frac{dx}{y-z}=\frac{dy}{z-x}=\frac{dz}{y-x}$를 풀어라.

풀이 적분가능한 방정식은 없다. 승수 $l=m=1$, $n=0$에 의하여

$$\frac{dz}{y-x}=\frac{ldx+mdy+ndz}{l(y-z)+m(z-x)+n(y-x)}=\frac{dx+dy}{y-x}\text{에서 } dx+dy-dz=0$$

적분하여 다음 한해를 얻는다.

$$x+y-z=c_1 \cdots ①$$

①에서 $y-z=c_1-x$, $z-x=y-c_1$이므로 $\frac{dx}{y-z}=\frac{dy}{z-x}$에서 z를 소거하면

$$\frac{dx}{c_1-x}=\frac{dy}{y-c_1}$$

를 얻는다. 적분하여

$$\log(x-c_1)+\log(y-c_1)=\log c_2 \text{에서 } (x-c_1)(y-c_1)=c_2$$

①에 의하여 c_1을 소거하면

$$(z-y)(z-x)=c_2 \ \cdots \ ②$$

여기서 ①, ②식은 일반해를 이룬다. □

연습문제 (7.2)

1. 다음 방정식 가운데 적분가능한 것을 가려내라.
   (1) $(y+a)^2dx+zdy-(y+a)dz=0$
   (2) $xz^3dx-zdy+2ydz=0$
   (3) $(yz+2x)dx+(xz-2z)dy+(xy-2y)dz=0$
   (4) $ydx+xdy-(x+y+2z)dz=0$

2. 다음 각 미분방정식의 적분가능성을 조사하고, 적분가능할 때는 해를 구하라.
   (1) $(y+3z)dx+(x+2z)dy+(3x+2y)dz=0$
   (2) $(\cos x+e^2y)dx+(e^2+e^yz)dy+e^ydz=0$
   (3) $dx+(x+z)dy+dz=0$
   (4) $z^3dx+zdy-2ydz=0$
   (5) $x^2dx-z^2dy-xydz=0$
   (6) $(x+z)^2dy+y^2(dx+dy)=0$
   (7) $2x(y+z)dx+(2yz-x^2+y^2-z^2)dy+2(2yz-x^2-y^2+z^2)dz=0$
   (8) $yzdx-2xzdy+xydz=0$
   (9) $xdx+ydy+(x^2+y^2+z^2+1)zdz=0$
   (10) $z(x^2-yz-z^2)dx+xz(x+z)dy+x(z^2-x^2-xy)dz=0$

3. 다음 각 미분방정식의 적분가능성을 조사하고, 적분가능할 때는 이것을 풀어라.

(1) $\begin{cases} dx+dy+(x+y)dz=0 \\ z(dz+dy)+(x+y)dz=0 \end{cases}$

(2) $\begin{cases} 2yzdx+x(zdy+ydz)=0 \\ ydx-x^2zdy+ydz=0 \end{cases}$

(3) $\dfrac{xdx}{y^3z}=\dfrac{dy}{x^2z}=\dfrac{dz}{y^2}$

(4) $\dfrac{3dx}{yz}=\dfrac{dy}{xz}=\dfrac{dz}{xy}$

(5) $\dfrac{dx}{1}=\dfrac{dy}{1}=\dfrac{dz}{(x+y)(1+2xy+3x^2y^2)}$

(6) $\dfrac{dx}{x^2-y^2-z^2}=\dfrac{dy}{2xy}=\dfrac{dz}{2xz}$

(7) $\dfrac{dx}{3y-2z}=\dfrac{dy}{z-3x}=\dfrac{dz}{2x-y}$

(8) $\dfrac{dx}{x(2y^4-z^4)}=\dfrac{dy}{y(z^4-2x^4)}=\dfrac{dz}{z(x^4-y^4)}$

(9) $\dfrac{dx}{x(z^2-y^2)}=\dfrac{dy}{y(x^2-z^2)}=\dfrac{dz}{z(y^2-x^2)}$

제 8 장

Laplace 변환

8.1 Laplace 변환

[1] Laplace 변환의 정의와 성질

[1] Laplace 변환의 정의

함수 $f(t)$가 $t>0$에서 정의되며, 하나의 변수 s에 대하여 적분

$$F(s)=\int_0^{\infty} e^{-st} f(t)dt = \lim_{T\to\infty}\int_0^{T} e^{-st} f(t)dt \tag{1}$$

가 존재할 때, 이것을 $f(t)$의 **Laplace 변환**이라 한다. 기호 L을 써서 (1)의 좌변을 $L\{f(t)\}$로 나타내면

$$L\{f(t)\}=F(s) \tag{2}$$

로 표시된다. (함수 $f(t)$의 Laplace변환을 대문자를 써서 $F(s)$로 나타낸다)

이 장에서 취급되는 함수 $f(t)$는 $t\geq 0$에서 정의되며, 다음 성질을 갖는 것에 한한다.

양수 a가 존재하여 함수 $f(t)$는 이 상수 a에 대하여 $t\to\infty$일 때 $e^{-at}|f(t)|<M$ 되는 상수 M이 존재하는 함수이다. 이런 함수 $f(t)$를 **지수위의 함수**라고 한다.

함수 $f(t)$가 지수위의 함수이면

$$\lim_{T\to\infty}\left|\int_0^{T} e^{-st} f(t)dt\right| \leq \lim_{T\to\infty}\int_0^{T} e^{-st}|f(t)|dt$$

$$<\lim_{T\to\infty}\int_0^T e^{-st}Me^{at}dt=M\lim_{T\to\infty}\left[\frac{1}{-(s-a)}e^{-(s-a)t}\right]_0^T=\frac{M}{s-a}\quad(s>a)$$

이므로 $\int_0^\infty e^{-at}|f(t)|dt=\lim_{T\to\infty}\int_0^T e^{-at}|f(t)|dt$는 유한확정값을 취한다.

따라서 $f(t)$가 지수위의 함수인 조건에서 $f(t)$의 Laplace 변환이 존재한다.

정의에 의한 간단한 몇 가지 함수의 Laplace 변환을 구해 보자.

예제 1 $f(t)=c$의 Laplace 변환을 구하라.

풀이 $L\{c\}=\int_0^\infty ce^{-st}dt=\left[-\frac{c}{s}e^{-st}\right]_0^\infty$

$s>0$이면 $\lim_{t\to\infty}e^{-st}=0$이므로

$$L\{c\}=\frac{c}{s}$$ □

예제 2 $f(t)=e^{at}$의 Laplace 변환을 구하라.

풀이 $L\{e^{at}\}=\int_0^\infty e^{-st}e^{at}dt=\int_0^\infty e^{-(s-a)t}dt=\left[-\frac{e^{-(s-a)t}}{s-a}e^{-st}\right]_0^\infty$

여기서 $s>a$이면 $\lim_{t\to\infty}e^{-(s-a)t}=0$이므로

$$L\{e^{at}\}=\frac{1}{s-a}$$ □

예제 3 $f(t)=t^n(n=1,\ 2,\ 3,\ \cdots)$의 Laplace변환을 구하라.

풀이 $L\{t\}=\int_0^\infty e^{-st}tdt=\left[-\frac{t}{s}e^{-st}\right]_0^\infty+\frac{1}{s}\int_0^\infty e^{-st}dt$

$$=\left[-\frac{t}{s}e^{-st}\right]_0^\infty-\frac{1}{s^2}\left[e^{-st}\right]_0^\infty$$

$s>0$이면 $\lim_{t\to\infty}e^{-st}=0$, $\lim_{t\to\infty}e^{-st}t=0$이므로

$$L\{t\}=\frac{1}{s^2}$$

$$L\{t^2\}=\int_0^\infty e^{-st}t^2dt=\left[-\frac{t}{s}e^{-st}t^2\right]_0^\infty+\frac{2}{s}\int_0^\infty e^{-st}tdt$$

$$=0+\frac{2}{s}L\{t\}=\frac{2}{s^3}$$

일반적으로 n이 양의 정수일때 다음 공식이 성립한다.

$$L\{t^n\}=\frac{n!}{s^{n+1}}$$ □

예제 4 다음 공식을 증명하라($s>0$).

(1) $L\{\sin wt\}=\dfrac{w}{s^2+w^2}$

(2) $L\{\cos wt\}=\dfrac{s}{s^2+w^2}$

풀이 (1) $L\{\sin wt\}=\displaystyle\int_0^\infty e^{-st}\sin wt dt=\left[-\frac{w}{s^2+w^2}e^{-st}(s\sin wt+\cos wt)\right]_0^\infty$

$s>0$일때, $\displaystyle\lim_{t\to\infty}e^{-st}\sin wt=0,\ \lim_{t\to\infty}e^{-st}\cos wt=0$이므로

$$L\{\sin wt\}=\frac{w}{s^2+w^2}$$

(2) $L\{\cos wt\}=\displaystyle\int_0^\infty e^{-st}\cos wt dt=\frac{w}{w^2+s^2}\left[e^{-st}\sin wt-\frac{s}{w}e^{-st}\cos wt\right]_0^\infty$

$$=\frac{w}{w^2+s^2}\left(\frac{s}{w}\right)=\frac{s}{w^2+s^2}$$ □

[2] Laplace 변환의 성질(Ⅰ)

Laplace 변환의 기본성질을 살펴보자. 여기서 $F(s)=L\{f(t)\}$이다.

> **정리 8.1** $L\{af(t)+bg(t)\}=aL\{f(t)\}+bL\{g(t)\}$

증명 Laplace 변환의 정의에 의하면

$$\begin{aligned}L\{af(t)+bg(t)\}&=\int_0^\infty[af(t)+bg(t)]e^{-st}dt\\&=a\int_0^\infty f(t)e^{-st}dt+b\int_0^\infty g(t)e^{-st}dt\\&=aL\{f(t)\}+bL\{g(t)\}\end{aligned}$$ ■

예제 5 $L\{\sinh t\}=\dfrac{1}{s^2-1}$임을 밝혀라.

풀이 $\sinh t=\dfrac{e^t-e^{-t}}{2}$이므로,

$$L\{\sinh t\}=L\left\{\frac{e^t-e^{-t}}{2}\right\}=\frac{1}{2}L\{e^t\}-\frac{1}{2}L\{e^{-t}\}=\frac{1}{2}\frac{1}{s-1}-\frac{1}{2}\frac{1}{s+1}=\frac{1}{s^2-1}$$ □

정리 8.2 $L\{f(at)\}=\frac{1}{a}F\left(\frac{s}{a}\right)$

증명 $L\{f(at)\}=\int_0^\infty e^{-st}f(at)dt=\frac{1}{a}\int_0^\infty e^{-\frac{s}{a}\xi}f(\xi)d\xi=\frac{1}{a}F\left(\frac{s}{a}\right)(\xi=at)$ ■

예제 6 $L\{\sinh wt\}=\frac{w}{s^2-w^2}$임을 밝혀라.

풀이 $L\{\sinh t\}=\frac{1}{s^2-1}$이므로

$$L\{\sinh wt\}=\frac{1}{w}\frac{1}{\left(\frac{s}{w}\right)^2-1}=\frac{w}{s^2-w^2}$$ □

정리 8.3 $L\{e^{at}f(t)\}=F(s-a)$ (a는 상수)

증명 $L\{e^{at}f(t)\}=\int_0^\infty e^{-st}e^{at}f(t)dt=\int_0^\infty e^{-(s-a)t}f(t)dt=F(s-a)$ ■

예제 7 $L\{te^{-at}\}=\frac{1}{(s+a)^2}$임을 밝혀라.

풀이 $L\{t\}=\frac{1}{s^2}$이므로 정리 8.3에 의하여

$$L\{te^{-at}\}=\frac{1}{(s+a)^2}$$ □

정리 8.4 $L\{f'(t)\}=sF(s)-f(0)$

증명 $L\{f'(t)\}=\int_0^\infty e^{-st}f'(t)dt=[e^{-st}f(t)]_0^\infty+s\int_0^\infty e^{-st}f(t)dt$

$$=-f(0)+sF(s)\left[\lim_{t\to\infty}e^{-st}f(t)=0\right]$$ ■

$f(t)$가 $t=0$에서 비약불연속이면, $f(0)$을 우극한 $f(+0)$으로 나타낸다.

정리 8.5 $L\{f^{(n)}(t)\}=s^nF(s)-s^{n-1}f(0)-s^{n-2}f'(0)-\cdots-sf^{(n-2)}(0)-f^{(n-1)}(0)$

증명 $L\{f''(t)\}=sL\{f'(t)\}-f'(0)=s[sF(s)-f(0)]-f'(0)$
$=s^2F(s)-sf(0)-f'(0)$

$L\{f'''(t)\}=sL\{f''(t)\}-f''(0)=s[s^2F(s)-sf(0)-f'(0)]-f''(0)$
$=s^3F(s)-s^2f(0)-sf'(0)-f''(0)$

일반적으로 정리 8.5가 성립된다. ■

예제 8 $L\{t^2\}=\frac{2}{s^3}$, 일반적으로 $L\{t^m\}=\frac{m!}{s^{m+1}}$임을 밝혀라.

풀이 $f(t)=t^2$이면 $f'(t)=2t$, $f(0)=0$이며

$$L\{f'(t)\}=sF(s)-f(0)$$

에 의하여

$$L\{2t\}=sF(s)-0\text{이므로 } \frac{2}{s^2}=sF(s) \quad \therefore \ F(s)=L\{t^2\}=\frac{2}{s^3}$$

일반적으로 $f(t)=t^m$(m은 자연수)에서 $f^{(m)}(t)=m!$이고,

$$f(0)=f'(0)=\cdots=f^{(m-1)}(0)=0$$

이므로

$$L\{m!\}=s^mF(s)$$

그런데 $L\{m!\}=\frac{m!}{s}$이므로, $\frac{m!}{s}=s^mF(s) \quad \therefore \ F(s)=L\{t^m\}=\frac{m!}{s^{m+1}}$ □

정리 8.6 $L\left\{\int_0^t f(u)du\right\}=\frac{F(s)}{s}$

증명 $L\left\{\int_0^t f(u)du\right\}=\int_0^\infty e^{-st}\int_0^t f(u)dudt$

$$=-\left[\frac{1}{s}e^{-st}\int_0^t f(u)du\right]_0^\infty+\frac{1}{s}\int_0^\infty e^{-st}f(t)dt$$

$$=\frac{1}{s}F(s) \quad \left[\lim_{t\to\infty}e^{-st}\int_0^t f(u)du=0\right]$$ ■

예제 9 $L\{\cos wt\}=\frac{s}{s^2+w^2}$임을 알고 $L\{\sin wt\}$의 값을 구하라.

풀이 $\int_0^t \cos w\tau d\tau=\frac{1}{w}\sin wt$이므로 $L\left\{\int_0^t \cos w\tau d\tau\right\}=L\left\{\frac{1}{w}\sin wt\right\}$

$$L\left\{\int_0^t \cos w\tau d\tau\right\}=\frac{1}{s}\frac{s}{s^2+w^2}=\frac{1}{w}L\{\sin wt\} \quad \therefore \ L\{\sin wt\}=\frac{w}{s^2+w^2}$$ □

정리 8.7 $\int_a^t f(\tau)d\tau$의 Laplace 변환은 다음 공식으로 주어진다.

$$L\left\{\int_a^t f(\tau)d\tau\right\}=\frac{1}{s}L\{f(t)\}+\frac{1}{s}\int_a^0 f(t)dt$$

증명 $L\left\{\int_a^t f(\tau)d\tau\right\}=\int_0^\infty e^{-st}\left[\int_a^t f(\tau)d\tau\right]dt$

$u=\int_a^t f(\tau)d\tau,\ dv=e^{-st}dt$라면 $du=f(t)dt,\ v=\frac{e^{-st}}{-s}$이므로

$$L\left\{\int_a^t f(\tau)d\tau\right\}=\left[\frac{e^{-st}}{-s}\int_a^t f(\tau)d\tau\right]_0^\infty+\frac{1}{s}\int_a^\infty e^{-st}f(t)dt$$

그런데 $f(t)$와 $\int_a^t f(\tau)d\tau$가 지수위의 함수이므로 $\lim_{t\to\infty} e^{-st}\int_a^t f(\tau)d\tau=0$

따라서

$$L\left\{\int_a^t f(\tau)d\tau\right\}=\frac{1}{s}\int_a^0 f(\tau)d\tau+\frac{1}{s}L\{f(t)\}$$

마찬가지로 다음이 성립된다.

$$L\left\{\int_a^t\int_a^t f(\tau)d\tau^2\right\}=\frac{1}{s^2}L\{f(t)\}+\frac{1}{s^2}\int_a^0 f(t)dt+\frac{1}{s}\int_a^0\int_a^t f(t)dt^2$$

$a=0$이면 정리 8.6의 공식으로 돌아간다.

일반적으로 다음이 성립한다.

$$L\left\{\int_0^t\cdots\int_0^t f(\tau)d\tau^n\right\}=\frac{1}{s^n}L\{f(t)\}$$ ■

예제 10 $L\left\{\int_0^t \frac{\sin 2\tau}{2}d\tau\right\}=\frac{1}{s(s^2+4)}$임을 밝혀라.

풀이 $L\left\{\int_0^t \frac{\sin 2\tau}{2}d\tau\right\}=\frac{1}{s}L\left\{\frac{\sin 2t}{2}\right\}=\frac{1}{2s}\cdot\frac{2}{s^2+4}=\frac{1}{s(s^2+4)}$ □

정리 8.8 $L\{tf(t)\}=-\frac{d}{ds}F(s)$

증명 $-\frac{d}{ds}F(s)=-\frac{d}{ds}\int_0^\infty e^{-st}f(t)dt=-\int_0^\infty \frac{\partial}{\partial s}[e^{-st}f(t)]dt=\int_0^\infty e^{-st}tf(t)dt=L\{tf(t)\}$

또 $tf(t)=g(t)$라면 $\quad -\frac{d}{ds}G(s)=L\{tg(t)\}=L\{t^2f(t)\}$

$$\therefore\ L\{t^2f(t)\}=-\frac{d}{ds}\left\{-\frac{d}{ds}F(s)\right\}=(-1)^2\frac{d}{ds}F(s)$$

일반적으로 $L\{t^nf(t)\}=(-1)^n\frac{d^n}{ds^n}F(s)$ ■

예제 11 $L\{t\sin wt\}=\frac{2ws}{(s^2+w^2)^2}$, $L\{t\cos wt\}=\frac{s^2-w^2}{(s^2+w^2)^2}$임을 밝혀라.

풀이 $L\{t\sin wt\}=-\frac{d}{ds}L\{\sin wt\}=-\frac{d}{ds}\left(\frac{w}{s^2+w^2}\right)=\frac{2ws}{(s^2+w^2)}$

마찬가지로, $L\{t\cos wt\}=-\frac{d}{ds}L\{\cos wt\}=-\frac{d}{ds}\left(\frac{s}{s^2+w^2}\right)=\frac{s^2-w^2}{(s^2+w^2)^2}$ □

정리 8.9 $L\left\{\frac{f(t)}{t}\right\}=\int_s^\infty F(s)ds$, $L\left\{\frac{f(t)}{t^2}\right\}=\int_s^\infty\int_s^\infty F(s)ds^2$

증명 $\int_s^\infty F(s)ds=\int_s^\infty\int_0^\infty e^{-st}f(t)dtds=\int_0^\infty\int_s^\infty e^{-st}f(t)dsdt$

$$=\int_0^\infty\left[-\frac{1}{t}e^{-st}f(t)\right]_s^\infty dt=\int_0^\infty e^{-st}\frac{1}{t}f(t)dt=L\left\{\frac{f(t)}{t}\right\}$$

$\frac{f(t)}{t}=g(t)$이면, $L\{g(t)\}=L\left\{\frac{f(t)}{t}\right\}=\int_s^\infty F(s)ds=G(s)$

또한 $L\left\{\frac{f(t)}{t^2}\right\}=L\left\{\frac{g(t)}{t}\right\}=\int_s^\infty G(s)ds=\int_s^\infty\left[\int_s^\infty F(s)ds\right]ds=\int_s^\infty\int_s^\infty F(s)ds^2$

일반적으로 $\quad L\left\{\frac{f(t)}{t^n}\right\}=\int_s^\infty\cdots\int_s^\infty F(s)ds^n$ ■

예제 12 $L\left\{\frac{\sin t}{t}\right\}=\tan^{-1}\frac{1}{s}$임을 밝혀라.

풀이 $L\left\{\frac{\sin t}{t}\right\}=\int_s^\infty L\{\sin t\}ds=\int_s^\infty\frac{du}{u^2+1}=[\tan^{-1}u]_s^\infty=\frac{\pi}{2}-\tan^{-1}s=\tan^{-1}\frac{1}{s}$ □

2 역 변 환

지금까지는 범위 $t>0$에서 정의된 함수 $f(t)$가 주어져 있을 때, 그의 Laplace 변환 $F(s)=L\{f(t)\}$를 구하는 것을 생각하였다. 역으로 변환 $F(s)$가 주어져 있을 때

$$L\{f(t)\}=F(s) \tag{3}$$

되는 t의 함수 $f(t)$를 구하는 것을 생각하자. (3)을 만족하는 연속함수 $f(t)$를 $F(s)$의 **역변환**이라고 하고

$$f(t)=L^{-1}\{F(s)\} \tag{4}$$

로 나타낸다. 곧 역변환은 Laplace 변환의 역으로의 변환이므로 변환공식에서 역변환공식을 바로 얻을 수 있다.

역변환공식 가운데 중요한 몇 개를 열거한다. 단, $L\{f(t)\}=F(s)$

역변환공식(A)

(1) $L^{-1}\left\{\dfrac{c}{s}\right\}=c$

(2) $L^{-1}\left\{\dfrac{1}{s-a}\right\}=e^{at}$

(3) $L^{-1}\left\{\dfrac{n!}{s^{n+1}}\right\}=t^n$ 또는 $L^{-1}\left\{\dfrac{1}{s^{n+1}}\right\}=\dfrac{t^n}{n!}$

(4) $L^{-1}\left\{\dfrac{w}{s^2+w^2}\right\}=\sin wt$ 또는 $L^{-1}\left\{\dfrac{1}{s^2+w^2}\right\}=\dfrac{1}{w}\sin wt$

(5) $L^{-1}\left\{\dfrac{s}{s^2+w^2}\right\}=\cos wt$

(6) $L^{-1}\left\{\dfrac{w}{s^2-w^2}\right\}=\sinh wt$ 또는 $L^{-1}\left\{\dfrac{1}{s^2-w^2}\right\}=\dfrac{1}{w}\sinh wt$

(7) $L^{-1}\left\{\dfrac{s}{s^2-w^2}\right\}=\cosh wt$

역변환공식(B)

(1) $L^{-1}\{F(s-a)\}=e^{at}f(t)$

(2) $L^{-1}\left\{\dfrac{1}{a}F\left(\dfrac{s}{a}\right)\right\}=f(at)$ 또는 $L^{-1}\left\{F\left(\dfrac{s}{a}\right)\right\}=af(at)$

(3) $L^{-1}\left\{\dfrac{F(s)}{s}\right\}=\int_0^t f(u)du,\ L^{-1}\left\{\dfrac{F(s)}{s^n}\right\}=\int_0^t\cdots\int_0^t f(u)du^n$

(4) $L^{-1}\left\{-\frac{d}{ds}F(s)\right\}=tf(t),\ L^{-1}\left\{\frac{d^n}{ds^n}F(s)\right\}=(-1)^n t^n f(t)$

(5) $L^{-1}\left\{\int_s^\infty F(u)du\right\}=\frac{f(t)}{t},\ L^{-1}\left\{\int_s^\infty \cdots \int_s^\infty F(u)du^n\right\}=\frac{f(t)}{t^n}$

예제 13 $L^{-1}\left\{\frac{s+1}{s(s^2+s-6)}\right\}$을 구하라.

풀이 역변환공식을 이용할 수 있도록 부분분수로 분해한다.

$$\frac{s+1}{s(s^2+s-6)}=\frac{s+1}{s(s+3)(s-2)}=-\frac{1}{6}\frac{1}{s}-\frac{2}{15}\frac{1}{s+3}+\frac{3}{10}\frac{1}{s-2}$$

$$\therefore\ L^{-1}\left\{\frac{s+1}{s(s^2+s-6}\right\}=-\frac{1}{6}L^{-1}\left\{\frac{1}{s}\right\}-\frac{2}{15}L^{-1}\left\{\frac{1}{s+3}\right\}+\frac{3}{10}L^{-1}\left\{\frac{1}{s-2}\right\}$$
$$=-\frac{1}{6}\times 1-\frac{2}{15}e^{-3t}+\frac{3}{10}e^{2t}$$ □

예제 14 $L^{-1}\left\{\frac{s+5}{s^2+2s+5}\right\}$를 구하라.

풀이 $\frac{s+5}{s^2+2s+5}=\frac{s+5}{(s+1)^2+4}=\frac{s+1}{(s+1)^2+2^2}+2\cdot\frac{2}{(s+1)^2+2^2}$

그런데 $L^{-1}\left\{\frac{s}{s^2+2^2}\right\}=\cos 2t$이므로 $L^{-1}\left\{\frac{s+1}{(s+1)^2+2^2}\right\}=e^{-t}\cos 2t$,

$L^{-1}\left\{\frac{2}{s^2+2^2}\right\}=\sin 2t$이므로 $L^{-1}\left\{\frac{2}{(s+1)^2+2^2}\right\}=e^{-t}\sin 2t$

$$\therefore\ L^{-1}\left\{\frac{s+5}{s^2+2s+5}\right\}=L^{-1}\left\{\frac{s+1}{(s+1)^2+2^2}\right\}+2L^{-1}\left\{\frac{2}{(s+1)^2+2^2}\right\}$$
$$=e^{-t}\cos 2t+2e^{-t}\sin 2t$$ □

예제 15 $L\{f(t)\}=\frac{1}{s^2(s^2+w^2)}$일 때, $f(t)$를 구하라.

풀이 $L^{-1}\left\{\frac{1}{s^2+w^2}\right\}=\frac{1}{w}\sin wt$므로, 공식 (B)의 (3)에 의하여

$$L^{-1}\left\{\frac{1}{s^2}\left(\frac{1}{s^2+w^2}\right)\right\}=\int_0^t\int_0^t\frac{1}{w}\sin w\tau d\tau=\frac{1}{w^2}\int_0^t\left[-\cos w\tau\right]_0^t d\tau$$
$$=\frac{1}{w^2}\int_0^t(1-\cos w\tau)d\tau=\frac{1}{w^2}\left(t-\frac{\sin wt}{w}\right)$$ □

3 Laplace 변환에 의한 미분방정식의 해법

[1] 선형 미분방정식의 Laplace 변환에 의한 해법

Laplace 변환을 이용한 상수계수의 선형미분방정식의 해법을 알아보자. 간단한 2계미분방정식

$$ay''+by'+cy=f(t) \quad 「t=0,\ y=y_0,\ y'=y_0'」 \tag{5}$$

를 생각해 보자. 이 미분방정식의 초기조건을 만족하는 해를 $t>0$에서 구해 보자.

미분방정식 (5)의 해로서 초기조건을 만족하는 해를 $y(t)$라 하고 $L\{y(t)\}=Y(s)$라 하자. 도함수 y', y''의 Laplace변환은 다음과 같다.

$$L\{y'\}=sY(s)-y_0,\ L\{y''\}=s^2Y(s)-sy_0-y_0' \tag{6}$$

(5)의 양변에 Laplace 변환을 취하면

$$aL\{y''\}+bL\{y'\}+L\{y\}=F(s) \quad \text{단, } L\{f(t)\}=F(s)$$

이고, 위 방정식에 (6)을 대입하면

$$a\{s^2Y(s)-sy_0-y_0'\}+b\{sY(s)-y_0\}+cY(s)=F(s)$$

이고, 이 식을 정리하면 다음을 얻는다.

$$(as^2+bs+c)Y(s)=\{(as+b)y_0+ay_0'\}+F(s)$$

$$\therefore\ Y(s)=\frac{(as+b)y_0+y_0'}{as^2+bs+c}+\frac{F(s)}{as^2+bs+c} \tag{7}$$

그런데 $y(t)=L^{-1}\{Y(s)\}$이므로 (7)식에서 역변환을 취하면

$$y(t)=L^{-1}\left\{\frac{(as+b)y_0+y_0'}{as^2+bs+c}\right\}+L^{-1}\left\{\frac{F(s)}{as^2+bs+c}\right\}$$ □

예제 16 다음 미분방정식을 [ ] 내의 초기조건하에서 풀어라.

$$y''+2y'-3y=e^t \quad [t=0,\ y=0,\ y'=1]$$

풀이 주어진 미분방정식의 양변에 Laplace 변환을 취하면

$$L\{y''\}+2L\{y'\}-3L\{y\}=L\{e^t\} \cdots ①$$

초기조건에 유의하여 $L\{y''\}$, $L\{y'\}$을 구하면

$$L\{y''\}=s^2Y(s)-1,\ L\{y'\}=sY(s),\ L\{e^t\}=\frac{1}{s-1}$$

이것을 방정식 ①에 대입하여

$$(s^2Y-1)+2sY-3Y=\frac{1}{s-1},\ Y(s^2+2s-3)=1+\frac{1}{s-1}=\frac{s}{s-1}$$

$$\therefore\ Y=-\frac{s}{(s^2+2s-3)(s-1)}=\frac{s}{(s-1)^2(s+3)}=\frac{1}{4}\frac{1}{(s-1)^2}+\frac{3}{16}\frac{1}{s-1}-\frac{3}{16}\frac{1}{s+3}$$

따라서 역변환을 취하면 다음 특수해를 얻는다.

$$\begin{aligned}y(t)=L^{-1}\{Y(s)\}&=\frac{1}{4}L^{-1}\left\{\frac{1}{(s-1)^2}\right\}+\frac{3}{16}L^{-1}\left\{\frac{1}{s-1}\right\}-\frac{3}{16}L^{-1}\left\{\frac{1}{s+3}\right\}\\&=\frac{1}{4}te^t+\frac{3}{16}e^t-\frac{3}{16}e^{-3t}\end{aligned}$$

□

예제 17 다음 미분방정식을 [ ] 내의 초기조건에서 풀어라.

$$y''+y=\sin t\ \left[t=0,\ y=0,\ y'=\frac{1}{2}\right]$$

풀이 주어진 미분방정식의 양변에 Laplace변환을 취하면

$$L\{y''\}+L\{y\}=L\{\sin t\}$$

주어진 초기조건 아래에서 준미분방정식에 Laplace변환을 취하면

$$\left(s^2Y-\frac{1}{2}\right)+Y=\frac{1}{s^2+1}\quad\therefore\ Y(s)=\frac{1}{2}\frac{1}{s^2+1}+\frac{1}{(s^2+1)^2}$$

$$L^{-1}\left\{\frac{1}{s^2+1}\right\}=\sin t,\ \frac{1}{(s^2+1)^2}=\frac{1}{s}\frac{s}{(s^2+1)^2}=\frac{1}{2s}\left[-\frac{d}{ds}\left(\frac{1}{s^2+1}\right)\right]$$

이므로 공식 (B)의 (3)과 (4)에 의하여 다음을 얻을 수 있다.

$$L^{-1}\left\{\frac{1}{(s^2+1)^2}\right\}=\frac{1}{2}\int_0^t L^{-1}\left[-\frac{d}{ds}\frac{1}{s^2+1}\right]dt=\frac{1}{2}\int_0^t t\sin t\,dt=\frac{1}{2}(\sin t-t\cos t)$$

$$\therefore\ y(t)=L^{-1}\{Y(s)\}=\frac{1}{2}\sin t+\frac{1}{2}(\sin t-t\cos t)=\sin t-\frac{1}{2}t\cos t$$

□

예제 18 $y^7-3y'+2y=e^t$을 풀어라.

풀이 초기 조건이 주어져 있지 않는 경우이다. 양변에 Laplace 변환을 취하면

$$L\{y''\}-3L[\{y'\}+2L\{y\}=L\{e^t\}$$

각 항에 Laplace 변환을 대입하면

$$[s^2Y(s)-c_0s-c_1]-3[sY(s)-c_0]+2[Y(s)]=\frac{1}{s-1}$$

단, $c_0=y(0)$, $c_1=y'(0)$이고, 이들 값은 미지이다. $Y(s)$를 구한다.

$$Y(s)(s^2-3s+2)=c_0(s-3)+c_1+\frac{1}{s+1}$$

양변을 $s^2-3s+2=(s-1)(s-2)$로 나누어서

$$\begin{aligned} Y(s)&=c_0\frac{s-3}{(s-1)(s-2)}+c_1\frac{1}{(s-1)(s-2)}+\frac{1}{(s+1)(s-1)(s-2)} \\ &=c_0\left\{\frac{2}{s-1}+\frac{-1}{s-2}\right\}+c_1\left\{\frac{-1}{s-1}+\frac{1}{s-2}\right\}+\frac{1/6}{s+1}+\frac{-1/2}{s-1}+\frac{1/3}{s-2} \end{aligned}$$

역변환을 취하면 다음 특수해를 얻는다.

$$\begin{aligned} y(t)&=c_0(2e^t-e^{2t})+c_1(-e^t+e^{2t})+\frac{1}{6}e^{-t}-\frac{1}{2}e^t+\frac{1}{3}e^{2t} \\ &=\left(2c_0-c_1-\frac{1}{2}\right)e^t+\left(-c_0+c_1+\frac{1}{3}\right)e^{2t}+\frac{1}{6}e^{-t} \\ &=d_0e^t+d_1e^{2t}+\frac{1}{6}e^t \end{aligned}$$

단, $d_0=2c_0-c_1-\frac{1}{2}$, $d_1=-c_0+c_1+\frac{1}{3}$ □

[2] 연립미분방정식의 Laplace 변환에 의한 해법

독립변수가 t인 2개의 미지함수 $x(t)$, $y(t)$에 대한 2개의 연립미분방정식에 관한 초기값 문제에 Laplace 변환을 사용하면 대단히 유용하다. 그러나 준미분방정식에 해가 없는 경우에는 Laplace 변환에 의하여 구해진 해는 준방정식의 해가 될 수 없다.

예제 19 $\begin{cases} \dfrac{dy}{dt}-\dfrac{dx}{dt}+6y=0 \\ \dfrac{dx}{dt}+2\dfrac{dy}{dt}-3x=0 \end{cases}$ $x(0)=2$, $y(0)=3$을 풀어라.

풀이 각방정식에 Laplace 변환을 취하면

$$\begin{cases} sY(s)-3-sX(s)+2+6Y(s)=0 \\ sX(s)-2+2sY(s)-6-3X(s)=0 \end{cases}$$

정리하면

$$\begin{cases} sX(s)-(s+6)Y(s)=-1 \\ (s-3)X(s)+2sY(s)=8 \end{cases}$$

이고, 이것을 대수적으로 연립하여 $X(s)$, $Y(s)$를 구하면

$$X(s)=\frac{6s+48}{3s^2+3s-18}=\frac{-2}{s+3}+\frac{4}{s-2}$$
$$Y(s)=\frac{9s-3}{3s^2+3s-18}=\frac{2}{s+3}+\frac{1}{s-2}$$

역변환을 취하여 해를 구하면

$$\begin{cases} x(t)=-2e^{-3t}+4e^{2t} \\ y(t)=2e^{-3t}+e^{2t} \end{cases}$$ □

연립미분 방정식을 다룰 때, 예외적인 경우가 생길 수 있다. 다음 연립미분방정식에서 생각해 보자.

$$\begin{cases} \dfrac{dx}{dt}+y=0 \\ \dfrac{d^2x}{dt^2}+\dfrac{dy}{dt}+y=e^t \end{cases} \qquad x(0)=1,\ x'(0)=0,\ y(0)=0$$

양변에 Laplace 변환을 취하면

$$\begin{cases} sX(s)-0+Y(s)=1 \\ s^2X-s-0+sY-0+Y=\dfrac{1}{s-1} \end{cases}$$

에서

$$\begin{cases} sX(s)+Y(s)=1 \\ s^2X(s)+(s+1)Y(s)=s+\dfrac{1}{s-1} \end{cases}$$

이고, 이들로부터 $X(s)$, $Y(s)$를 구하면

$$X(s)=\frac{2}{s}-\frac{1}{s-1},\quad Y(s)=\frac{1}{s-1}$$

이들 식에 역변환을 취하면

$$x=2-e^t,\ y=e^t$$

그러나 이 해는 주어진 초기조건의 두 번째 조건을 만족하지 않는다.

일반적으로 연립미분방정식의 경우는 만일 그 해가 존재하면, Laplace 변환에 의하여 옳은 해를 구할 수 있지만, 해가 존재하지 않으면 거짓인 해가 나온다. 실제로 위 연립방정식의 일반해는 $x=c-e^t$, $y=e^t$이므로 초기조건 $x(0)=1$에서 $x=2-e^t$을 얻으나 이것은 $x'(0)=0$을 만족하지 않으며, $y=e^t$은 $y(0)=0$을 만족하지 않는다. 따라서 해로 얻어진 $x=2-e^t$, $y=e^t$은 초기조건의 일부를 만족하지 않으므로 해가 될 수 없다.

예제 20 다음 연립미분방정식을 풀어라.

$$\begin{cases} \dfrac{d^2y}{dt^2}+y+x=0 \\ \dfrac{dx}{dt}+\dfrac{dy}{dt}=0 \end{cases} \quad (y(0)=0,\ y'(0)=0,\ x(0)=1)$$

풀이 준 미분방정식에 Laplace 변환을 취하면

$$\begin{cases} [s^2Y(s)-sy(0)-y'(0)]+Y(s)+X(s)=0 \\ [sX(s)-x(0)]+[sY(s)-y(0)]=0 \end{cases}$$

초기조건을 대입하고, 정리하면

$$\begin{cases} (s^2+1)Y(s)+X(s)=0 \cdots ① \\ Y(s)+X(s)=\dfrac{1}{s} \cdots ② \end{cases}$$

①~②에서

$$s^2Y(s)=-\frac{1}{s},\ Y(s)=-\frac{1}{s^3}=-\frac{2!}{s^3}\frac{1}{2},\ \therefore\ y(t)=-\frac{1}{2}t^2$$

②에서 $\quad X(s)=\dfrac{1}{s}-Y(s)=\dfrac{1}{s}+\dfrac{1}{s^3},\qquad \therefore\ x(t)=1+\dfrac{1}{2}t^2$ □

연습문제 (8.1)

1. 다음 함수의 Laplace 변환을 구하라.

(1) $4t^3+t^2$ (2) $a\cos 2t$ (3) $\cos^2 t$ (4) $e^{-2t}\cos t$

(5) $2\cos(wt+\theta)$ (6) $e^{-t}\cos^2 t$ (7) $3\cosh^2 2t$

2. 다음을 증명하라.

(1) $L\{te^{at}\}=\dfrac{1}{(s-a)^2}$ (2) $L\{t^n e^{at}\}=\dfrac{n!}{(s-a)^{n-1}}$

(3) $L\{e^{at}\cos wt\}=\dfrac{s-a}{(s-a)^2+w^2}$ (4) $L\{e^{at}\sin wt\}=\dfrac{w}{(s-a)^2+w^2}$

(5) $L\{\cosh at\cos at\}=\dfrac{s^3}{s^4+4a^4}$ (6) $L\{\cosh at\sin at\}=\dfrac{a(s^2+2a)}{s^4+4a^4}$

(7) $L\{\sinh at\cos at\}=\dfrac{a(s^2-2a^2)}{s^4+4a^4}$ (8) $L\{\sinh at\sin at\}=\dfrac{2a^2 s}{s^4+4a^4}$

3. Laplace의 변환공식을 써서 다음을 구하라.

(1) $L\{\cos t\}$로부터 $L\{\sin t\}$를 유도하라.

(2) $L\{\cosh 2t\}$로부터 $L\{\sinh 2t\}$를 유도하라.

4. Laplace변환공식을 써서 다음을 유도하라.

(1) $L\{t\cosh at\}=\dfrac{s^2+a^2}{(sa-a^2)^2}$ (2) $L\{t\cos wt\}=\dfrac{s^2-w^2}{(s^2+w^2)^2}$

(3) $L\{te^{at}\}=\dfrac{1}{(s-a)^2}$ (4) $L\{t\sinh at\}=\dfrac{2as}{(s^2-a^2)^2}$

5. 다음 함수의 Laplace 변환을 구하라.

(1) $f(t)=\begin{cases} t & (0<t<1) \\ 0 & (t\geq 1)\end{cases}$ (2) $f(t)=\begin{cases} t-1 & (1<t<2) \\ 0 & (0<t\leq 1,\ t\geq 2)\end{cases}$

6. $L\{f(t)\}$가 다음과 같을 때, $f(t)$를 구하라.

(1) $\dfrac{1}{s^2+9}$ (2) $\dfrac{3s-2}{s^2+1}$

(3) $\dfrac{s+2}{(s+2)^2+w^2}$ (4) $\dfrac{1}{(s-a)(s-b)}$ $(a\neq b)$

7. 다음의 역변환을 구하라.

(1) $\dfrac{1}{s(s-2)}$ (2) $\dfrac{1}{s(s^2+9)}$ (3) $\dfrac{1}{s(s^2-1)}$

(4) $\dfrac{1}{s^2(s+1)}$ (5) $\dfrac{s-1}{s^2(s+1)}$ (6) $\dfrac{54}{s^3(s-3)}$

8. 다음 역변환을 구하라.

(1) $L^{-1}\left\{\dfrac{1}{s^2(s+a)}\right\}$ (2) $L^{-1}\left\{\dfrac{1}{s^2(s^2+w^2)}\right\}$ (3) $L^{-1}\left\{\dfrac{s+2}{(s+3)(s+1)^2}\right\}$

9. 다음 역변환을 구하라.

(1) $L^{-1}\left\{\dfrac{1}{(s-a)(s-b)}\right\}$ $(a\neq b)$ (2) $L^{-1}\left\{\dfrac{1}{s(s^2+a^2)}\right\}$ $(a\neq 0)$

(3) $L^{-1}\left\{\dfrac{s+c}{(s+a)(s+b)}\right\}$ $(a\neq b)$ (4) $L^{-1}\left\{\dfrac{s+b}{(s+a)^2}\right\}$

(5) $L^{-1}\left\{\dfrac{1}{(s+a)(s+b)^2}\right\}$ (6) $L^{-1}\left\{\dfrac{1}{s^2(s^2-w^2)}\right\}$

10. 다음 미분방정식을 [ ] 내의 초기조건하에서 풀어라.

(1) $y''+y=2$ $[t=0,\ y=1,\ y'=0]$

(2) $y'-y=e^t$ $[t=0,\ y=2]$

(3) $y''+3y'+2y=0$ $[t=0,\ y=y_0, y'=y_0']$

(4) $y''+w^2y=0$ $[t=0,\ y=y_0,\ y'=0]$

(5) $y''+w^2y=0[t=0,\ y=0,\ y'=y_0']$

(6) $y''+w^2y=a[t=0,\ y=0,\ y'=0]$

11. 다음 초기조건 문제를 Laplace 변환으로 풀어라.

(1) $y''-3y'+2y=6e^{-t}$, $y(0)=3$, $y'(0)=3$

(2) $y''+4y+5y=5$, $y(0)=1$, $y'(0)=1$

(3) $y''+2y'+2y=10\sin 2t$, $y(0)=-1$, $y'(0)=-3$

(4) $y''-6y'+9y=4e^t$, $y(0)=2$, $y'(0)=0$

12. Laplace 변환을 써서 다음 연립방정식을 풀어라.

(1) $\begin{cases} \dfrac{dx}{dt}+\dfrac{dy}{dt}+x=-e^{-t} \\ \dfrac{dx}{dt}+2\dfrac{dy}{dt}+2x+2y=0 \end{cases}$

단, $x(0)=-1$, $y(0)=+1$

(2) $\begin{cases} \dfrac{d^2x}{dt^2}-x-\dfrac{d^2y}{dt^2}+\dfrac{dy}{dt}=e^t-2 \\ 2\dfrac{d^2x}{dt^2}-2\dfrac{dx}{dt}-\dfrac{d^2y}{dt^2}+y=-t \end{cases}$

단, $x(0)=x'(0)=y(0)=y'(0)=0$

8.2 Convolution, 단위 계단함수, 주기함수의 Laplace 변환

1 Convolution

2개의 함수 $f(t)$와 $g(t)$가 $t>0$에서 정의되고, 적분

$$h(t)=\int_0^t f(t-u)g(u)du$$

가 존재할 때, 우변의 적분을 2개의 함수 $f(t)$와 $g(t)$의 convolution(합성곱)이라 하고

$$h(t)=f(t)*g(t)$$

로 나타낸다. $f(t)$와 $g(t)$의 convolution $h(t)$의 Laplace 변환에 관하여는 다음 정리가 성립된다.

> **정리 8.10** 두 함수 $f(t)$와 $g(t)$의 convolution $f(t)*g(t)$의 Laplace 변환은 $f(t)$의 Laplace 변환 $F(s)$와 $g(t)$의 Laplace 변환 $G(s)$의 곱과 같다. 즉
>
> $$L\{f(t)*g(t)\}=L\{f(t)\}L\{g(t)\}=F(s)G(s) \tag{1}$$

증명 $L\{f(t)\}L\{g(t)\}=\left[\int_0^\infty e^{-sv}f(v)dv\right]\left[\int_0^\infty e^{-su}g(u)du\right]$

$$=\int_0^\infty\int_0^\infty e^{-s(u+v)}f(v)g(u)dvdu=\int_0^\infty g(u)\left\{\int_0^\infty e^{-s(u+v)}f(v)dv\right\}du$$

괄호 안의 적분을 변환

$$v=t-u, \qquad dv=dt$$

에 의하여 v를 새 변수 t로 바꾸면

$$\int_0^\infty e^{-s(u+v)}f(v)dv=\int_u^\infty e^{-st}f(t-u)dt$$

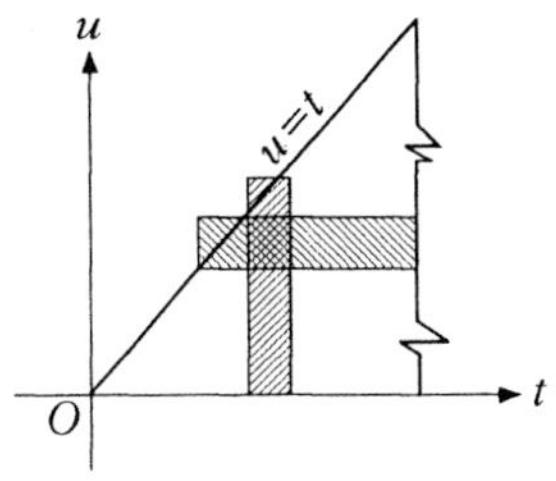

[그림 8.2]

따라서

$$L\{f(t)\}L\{g(t)\}=\int_0^\infty\left\{\int_u^\infty e^{-st}f(t-u)dt\right\}g(u)du$$

이 이중적분을 위 변환에 의하여 적분영역을 [그림 8.2]와 같이 바꾸고, 적분순서도 바꾸면

$$L\{f(t)\}L\{g(t)\}=\int_0^\infty\left\{\int_0^t e^{-st}f(t-u)g(u)du\right\}dt$$
$$=\int_0^\infty e^{-st}\left\{\int_0^t f(t-u)g(u)du\right\}dt=L\left\{\int_0^t f(t-u)g(u)du\right\}$$
$$=\{f(t)*g(t)\}$$

이 변환을 역변환으로 나타나면

$$L^{-1}\{F(s)G(s)\}=f(t)*g(t)=\int_0^t f(t-u)g(u)du$$

특히 $f(t)=g(t)$이면

$$\{F(s)\}^2=L\{f(t)*f(t)\}$$ ■

예제 1 $f(t)=t,\ g(t)=e^{at}$일 때, $f(t)*g(t)=L^{-1}\{F(s)\cdot G(s)\}$를 구하라.

풀이 $L\{t\}=\dfrac{1}{s^2},\ L\{e^{at}\}=\dfrac{1}{s-a}$이므로

$$L^{-1}\left\{\frac{1}{s^2}\cdot\frac{1}{s-a}\right\}=t*e^{at}=e^{at}\int_0^t ue^{-au}du=\frac{1}{a^2}(e^{at}-at-1)$$ □

예제 2 $g(t)=e^{3t},\ f(t)=e^{2t}$일 때, $f(t)*g(t)$를 구하라.

풀이 $f(t)*g(t)=\int_0^t e^{2(t-u)}e^{3u}du=\int_0^t e^{2t}e^{u}du$

$$=e^{2t}[e^u]_0^t=e^{2t}(e^t-1)=e^{3t}-e^{2t}$$ □

예제 3 $f(t)=t^2,\ g(t)=t$일 때, $f(t)*g(t)$를 구하라.

풀이 $f(t-u)=(t-u)^2=t^2-2tu+u^2,\ g(u)=u$이므로

$$f(t)*g(t)=\int_0^t u(t^2-2tu+u^2)du=t^2\int_0^t udu-2t\int_0^t u^2du+\int_0^t u^3du$$
$$=t^2\left(\frac{t^2}{2}\right)-2t\left(\frac{t^3}{3}\right)+\frac{1}{4}t^4=\frac{1}{12}t^4$$ □

예제 4 $L^{-1}\left\{\dfrac{1}{(s+a)(s+b)}\right\}$을 구하라.

풀이 $L^{-1}\left\{\dfrac{1}{(s+a)(s+b)}\right\}=e^{-at}*e^{-bt}=\int_0^t e^{-au}e^{-b(t-u)}du=e^{-bt}\int_0^t e^{-(a-b)u}du$

$$=e^{-bt}\left[\frac{e^{-(a-b)u}}{-(a-b)}\right]_0^t=\frac{e^{-at}-e^{-bt}}{b-a}$$ □

예제 5 $L^{-1}\left\{\dfrac{1}{(s^2+k^2)^2}\right\}$을 구하라.

풀이 $$L^{-1}\left\{\frac{1}{(s^2+k^2)^2}\right\}=\frac{1}{k^2}\sin kt*\sin kt=\frac{1}{k^2}\int_0^t \sin ku\sin k(t-u)du$$
$$=\frac{1}{2k^2}\int_0^t[\cos(2ku-kt)-\cos kt]du=\frac{1}{2k^2}\left[\frac{1}{2k}\sin(2ku-kt)-u\cos kt\right]_0^t$$
$$=\frac{1}{2k^2}\left[\frac{1}{2k}\{\sin kt-\sin(-kt)\}-t\cos kt\right]=\frac{1}{2k^3}(\sin kt-kt\cos kt)$$ □

예제 6 $L^{-1}\left\{\dfrac{2}{s^2-1}\right\}$을 구하라.

풀이 $$L^{-1}\left\{\frac{2}{s^2-1}\right\}=2L^{-1}\left\{\frac{1}{s-1}\cdot\frac{1}{s+1}\right\}$$

$$F(s)=\frac{1}{s-1},\ G(s)=\frac{1}{s+1}\text{이라면 } f(t)=e^t,\ g(t)=e^{-t}$$

이므로

$$L^{-1}\left\{\frac{2}{s^2-1}\right\}=2L^{-1}\{F(s)G(s)\}=2e^t*e^{-t}$$
$$=2\int_0^t e^{-(t-u)}e^u du=2e^{-t}\left(\frac{e^{2t}-1}{2}\right)=e^t-e^{-t}$$ □

convolution에 관한 정리는 합성형의 적분방정식을 푸는데 이용된다.

예제 7 다음 적분방정식

$$y(t)=at+\int_0^t y(\tau)\sin(t-\tau)d\tau$$

를 만족하는 $y(t)$를 구하라.

풀이 $$y(t)=at+y(t)*\sin t$$

이므로 양변에 Laplace 변환를 취하면

$$Y(s)=\frac{a}{s^2}+Y(s)\frac{1}{s^2+1},\ Y(s)\left[1-\frac{1}{s^2+1}\right]=\frac{a}{s^2}$$

$Y(s)$에 관하여 정리하고, 역변환을 취하면

$$Y(s)=\frac{s^2+1}{s^2}\frac{a}{s^2},\ Y(s)=a\left(\frac{1}{s^2}+\frac{1}{s^4}\right)\ \therefore\ y(t)=a\left(t+\frac{1}{6}t^3\right)$$ □

2 단위 계단함수

단위계단함수

$$U_a(t)=\begin{cases}0 & (0<t<a)\\ 1 & (t\geq a)\end{cases} \qquad (2)$$

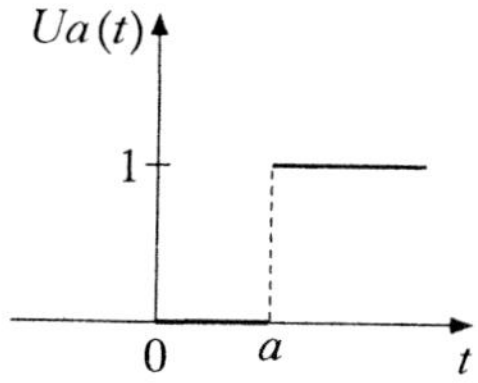

[그림 8.3]

로 정의 되는 함수를 **단위계단함수**라고 한다.

단위계단함수의 Laplace 변환을 구해 보자.

$$L\left\{U_a(t)\right\}=\int_0^\infty e^{-st}U_a(t)dt=\int_0^a e^{-st}0dt+\int_a^\infty e^{-st}1dt$$

$$=\left[-\frac{1}{s}e^{-st}\right]_a^\infty=\frac{e^{-as}}{s} \quad (s>0)$$

따라서

$$L\{U_a(t)\}=\frac{e^{-as}}{s} \quad (s>0)$$

예제 8 다음 그림과 같은 함수의 Laplace 변환을 구하라.

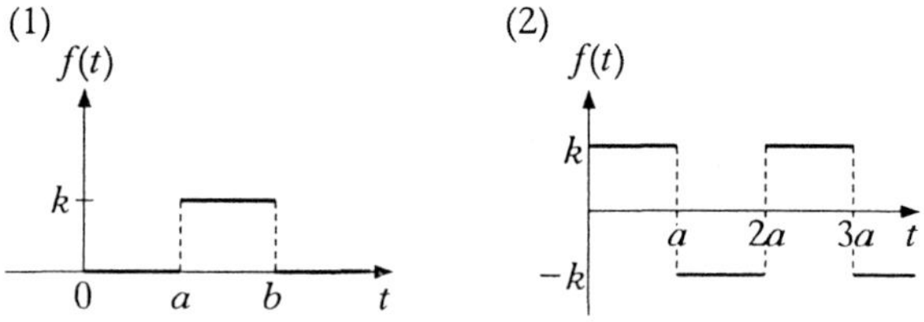

[그림 8.4]

풀이 (1)의 함수는 $f(t)=k[U_a(t)-U_b(t)]$로 나타내어지므로

$$L\{f(t)\}=\frac{k}{s}\ (a^{-as}-a^{-bs})$$

(2)의 함수는 $f(t)=k[U_0(t)-2U_a(t)+2U_{2a}(t)-2U_{3a}(t)+\cdots]$이므로

$$L\{f(t)\}=k\left[\frac{1}{s}-2\frac{e^{-as}}{s}+2\frac{e^{-2as}}{s}-2\frac{e^{-3as}}{s}+\cdots\right]$$

$$=\frac{k}{s}[1-2e^{-as}(1-e^{-as}+e^{-2as}-\cdots)]$$

$$=\frac{k}{s}\left(1-\frac{2e^{-as}}{1+e^{-as}}\right)=\frac{k}{s}\left(\frac{1-a^{-as}}{1+a^{-as}}\right)$$

$$=\frac{k}{s}\frac{e^{\frac{as}{2}}-e^{-\frac{as}{2}}}{e^{\frac{as}{2}}+e^{-\frac{as}{2}}}=\frac{k}{s}\tanh\left(\frac{as}{2}\right) \quad (a>0,\ s>0)$$

□

함수 $f(\tau)$의 Laplace 변환을 구하고, $F(s)$에 $a^{-as}(a>0)$를 곱하면

$$e^{-as}F(s)=\int_0^\infty e^{-s(\tau+a)}f(\tau)d\tau$$

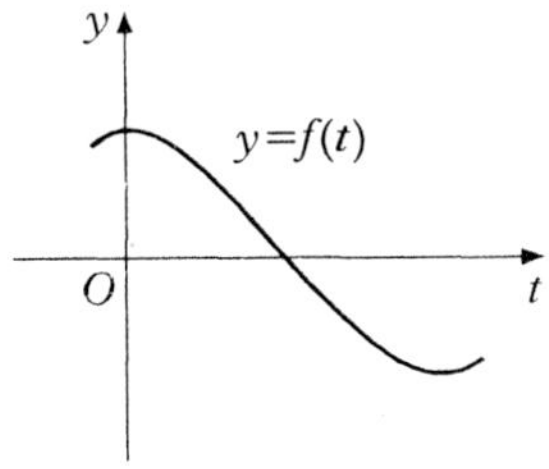

[그림 8.5]

$\tau+a=t$로 변환하면, $d\tau=dt$이므로

$$e^{-as}F(s)=\int_a^\infty e^{-st}f(t-a)dt \qquad (3)$$

적분구간이 $0\sim\infty$가 되도록 단위계단함수를 사용한다.

$$f(t-a)U_a(t)=\begin{cases}0 & (t<a)\\ f(t-a) & (t\ge a)\end{cases}$$

이므로 (3)식을 바꾸어서 다음 정리를 얻는다.

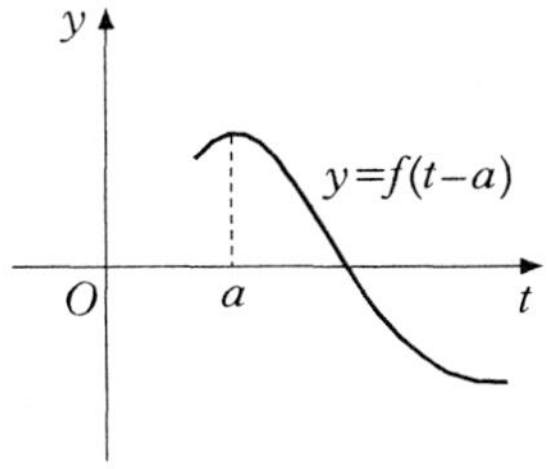

[그림 8.6]

정리 8.11 $a^{-as}F(s)=\int_0^\infty e^{-st}f(t-a)U_a(t)dt$

$$=L\{f(t-a)U_a(t)\}$$

역변환으로 나타내면

$$L^{-1}\{a^{-as}F(s)\}=U_a(t)f(t-a)$$

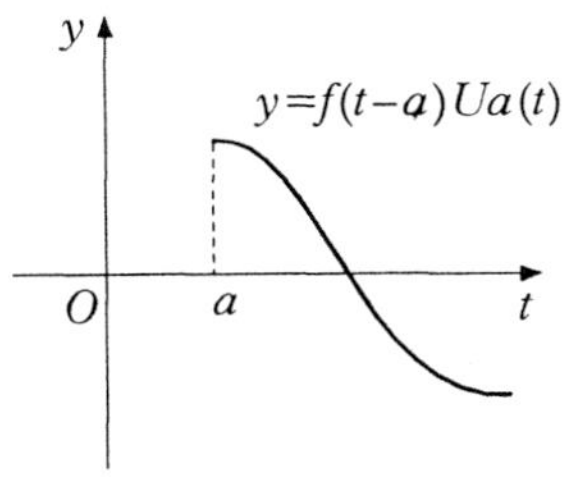

[그림 8.7]

즉 $t\ge 0$에서는 $f(t)$로, $t<0$에서는 0으로 정의된 함수를 t축의 양의 방향으로 a단위만큼 평행이동한 함수의 Laplace 변환은 원함수 $f(t)$의 변환 $F(s)$에 a^{-as}을 곱한 것과 같다.

예제 9 $f(t)=\sin kt$일 때, $f(t-a)U_at$의 Laplace의 변환을 구하라.

풀이 $L\{\sin kt\}=\dfrac{k}{s^2+k^2}$이므로 $L\{f(t-a)U_at\}=\dfrac{ka^{-as}}{s^2+k^2}$ □

예제 10 e^{-3s}/s^3의 역변환을 구하라.

풀이 $L^{-1}\left\{\dfrac{1}{s^3}\right\}=\dfrac{t^2}{2}$이므로 $L^{-1}\left\{\dfrac{e^{-3s}}{s^3}\right\}=\dfrac{1}{2}(t-3)^2U_3(t)$ □

예제 11 $g(t)=\begin{cases}0 & (t<3)\\ (t-3)^2 & (t\geq 3)\end{cases}$의 Laplace 변환을 구하라.

풀이 $f(t)=t^2$이면, $g(t)=U_a(3)f(t-3)=U_a(3)(t-3)^2$이므로

$$L\{g(t)\}=L\{U_3(t)(t-3)^2\}=e^{-3s}\frac{2}{s^3}$$ □

예제 12 $g(t)=\begin{cases}0 & (t<3)\\ t^2 & (t\geq 3)\end{cases}$의 Laplace 변환을 구하라.

풀이 $g(t)=U_3(t)f(t-3)$이라면, $f(t-3)=t^2$되는 $f(t)$는

$$f(t)=f(t+3-3)=(t+3)^2=t^2+6t+9$$

$$L\left\{f(t)\right\}=L\left\{t^2+6t+9\right\}=\frac{2}{s^3}+\frac{6}{s^2}+\frac{9}{s}$$

$$\therefore\ L\{g(t)\}=L\{U_3(t)f(t-3)\}=e^{-3s}\left(\frac{2}{s^3}+\frac{6}{s^2}+\frac{9}{s}\right)$$ □

3 주기함수

$f(t+T)=f(t)$로 정의되는 함수를 T를 **주기**로 하는 **주기함수**라 한다.

함수 $f(t)$가 구간 T에서 구분적으로 연속이라면 Laplace 변환이 존재하며, 계속적인 주기에 관하여 구간에 대한 적분의 합으로 표시된다. 즉,

$$L\{f(t)\}=\int_0^{\infty}e^{-st}f(t)dt=\int_0^{T}e^{-st}(t)dt+\int_T^{2T}e^{-st}f(t)dt+\cdots$$

$$=\sum_{n=0}^{\infty}\int_{nT}^{(n+1)T}e^{-st}f(t)dt$$

여기서 $\tau=t-nT$로 놓으면, $f(t)=f(\tau+nT)=f(\tau)$이므로

$$L\{f(t)\}=\sum_{n=0}^{\infty}\int_0^{T}e^{-s(\tau+nT)}f(\tau+nT)d\tau=\sum_{n=0}^{\infty}e^{-nsT}\int_0^{T}e^{-s\tau}f(\tau)d\tau$$

$\displaystyle\sum_{n=0}^{\infty}e^{-nsT}=\frac{1}{1-e^{-sT}}$이므로 $\qquad L\{f(t)\}=\dfrac{1}{1-e^{-sT}}\displaystyle\int_0^{T}e^{-st}f(t)dt \qquad (4)$ □

예제 13 주기함수 $f(t)=\frac{t}{a}$, $f(t+a)=f(t)$의 Laplace 변환을 구하라.

풀이 $f(t)$는 주기 $T=a$인 주기함수이므로

$$L\{f(t)\}=\frac{1}{1-a^{-as}}\int_0^a e^{-st}\frac{t}{a}dt=\frac{1}{a(1-a^{-as})}\int_0^a e^{-st}tdt$$

이고,

$$\int_0^a e^{-st}tdt=\left[-\frac{t}{s}e^{-st}\right]_0^a+\frac{1}{s}\int_0^a e^{-st}dt$$

$$=-\frac{a}{s}a^{-as}-\frac{1}{s^2}[e^{-st}]_0^a=-\frac{a}{s}e^{-as}-\frac{1}{s^2}\ (a^{-as}-1)$$

이므로

$$L\{f(t)\}=\frac{1}{a(1-a^{-as})}\left(-\frac{a}{s}e^{-as}-\frac{1}{s^2}\ (a^{-as}-1)\right)=\frac{1}{as^2}-\frac{e^{-as}}{s(1-a^{-as})}$$

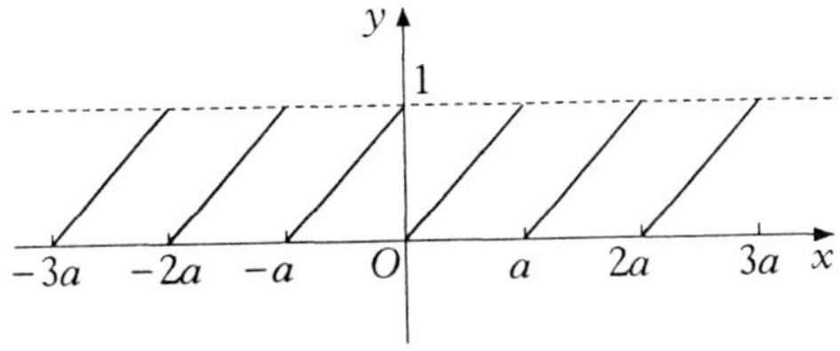

[그림 8.8] □

예제 14 다음 주기가 $2c$인 삼각파함수의 Laplace 변환을 구하라.

$$f(c,\ t)=\begin{cases} t & (0<t<c) \\ 2c-t & (c\leq t<2c) \end{cases}$$

풀이 주기함수 $f(c,\ t+2c)=f(c,\ t)$의 그래프는 아래 그림과 같으며 이것을 **삼각파 함수**라고 한다.

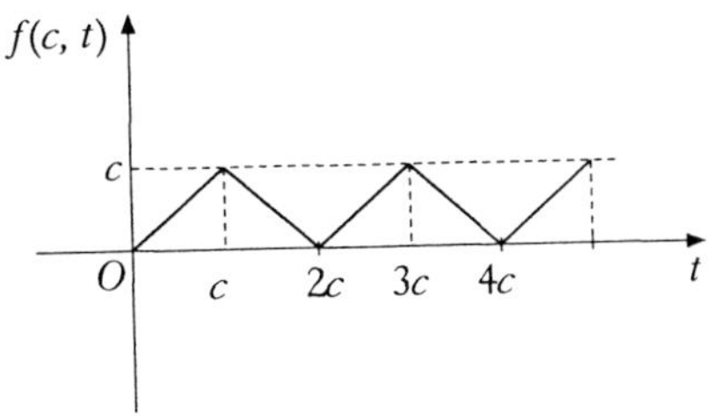

[그림 8.9]

$$
\begin{aligned}
L\{f(t)\} &= \sum_{n=0}^{\infty} e^{-nsT}\int_0^T e^{-sT} f(t)\,dt \\
&= \sum_{n=0}^{\infty} e^{-2csn}\left\{\int_0^c e^{-st}t\,dt + \int_c^{2c} e^{-st}(2c-t)\,dt\right\} \\
&= \sum_{n=0}^{\infty} e^{-2csn}\left\{-\frac{1}{s}e^{-st}\left(t+\frac{1}{s}\right)\right]_0^c - \left[\frac{e^{-st}}{s}\left(2c-t-\frac{1}{s}\right)\right]_c^{2c} \\
&= \left[-\frac{1}{s}e^{-cs}\left(c+\frac{1}{s}\right)+\frac{1}{s^2}+\frac{e^{-2cs}}{s^2}+\frac{e^{-cs}}{s}\left(c-\frac{1}{s}\right)\right]\times\frac{1}{1-e^{-2cs}} \\
&= \left[-\frac{c}{s}e^{-cs}+\frac{1}{s^2}(1-e^{-cs})+\frac{c}{s}e^{-cs}-\frac{e^{-cs}}{s^2}(1-e^{-cs})\right]\frac{1}{1-e^{-2cs}} \\
&= \frac{1}{s^2}(1-e^{-cs})(1-e^{-cs})\cdot\frac{1}{(1+e^{-cs})(1-e^{-cs})} = \frac{1-e^{-cs}}{s^2(1+e^{-cs})} \\
&= \frac{1}{s^2}\tanh\frac{cs}{2}
\end{aligned}
$$

□

예제 15 다음 함수의 Laplace 변환을 구하라.

(1) $f(t)=\begin{cases}\sin t & (0<t<\pi) \\ 0 & (\pi\le t<2\pi)\end{cases}$ 단, $f(t+2\pi)=f(t)$

(2) $f(t)=|\sin t|$ 단, $f(t+\pi)=f(t)$

풀이 (1) 이 함수의 그래프는 아래와 같고, 주기는 2π이다.

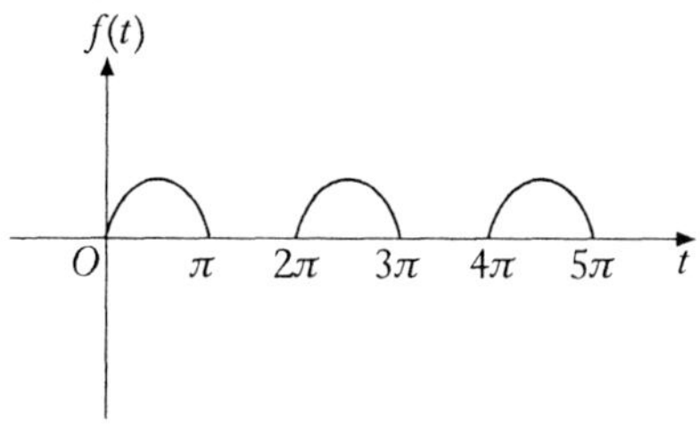

[그림 8.10]

$$F(s)=\frac{1}{1-e^{-2\pi s}}\int_0^{2\pi} e^{-st}f(t)\,dt$$

우변의 적분에서 $f(t)=\sin t(0<t<\pi)$이므로

$$\int_0^{\pi} e^{-st}\sin t\,dt=\frac{1+e^{-\pi s}}{s^2+1}$$

따라서 구하는 Laplace변환은

$$F(s)=\frac{1}{(s^2+1)(1-e^{-\pi s})}$$

(2) $|\sin t|$는 (1)의 함수 $f(t)$와 이 $f(t)$를 t축으로 π만큼 이동시킨 것을 합해서 얻어진다. π만큼 이동된 함수의 변환은 $e^{-\pi s}F(s)$이므로

$$L\{|\sin t|\}=\frac{1}{1-e^{-\pi s}}\int_0^{\pi} e^{-st}\sin dt=\frac{1}{1-e^{-\pi s}}\frac{1+e^{-\pi s}}{1+s^2}$$
$$=\frac{1}{s^2+1}\frac{1+e^{-\pi s}}{1-e^{-\pi s}}=\frac{1}{s^2+1}\cosh\frac{\pi s}{2}$$

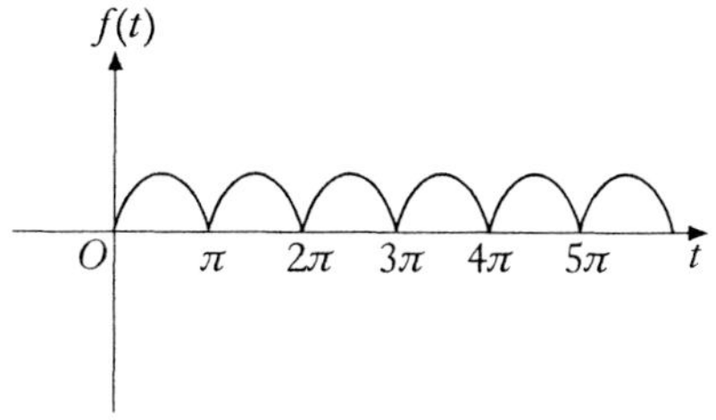

[그림 8.11] □

예제 16 다음 dirac delta함수 $\delta(t-a)$의 Laplace변환을 구하라.

$$\delta_\varepsilon(t-a)=\begin{cases}0 & (t\le a)\\ \dfrac{1}{\varepsilon} & (a<t<a+\varepsilon)\\ 0 & (t\ge a+\varepsilon)\end{cases}$$

일때, $\delta(t-a)=\lim\limits_{\varepsilon\to 0}\delta_\varepsilon(t-a)$

풀이 $\delta_\varepsilon(t-a)=\dfrac{1}{\varepsilon}\{U(t-a)-U(t-a-\varepsilon)\}$이므로, 이 함수의 Laplace변환은

$$L\{\delta_\varepsilon(t-a)\}=\frac{1}{\varepsilon s}\left[e^{-as}-e^{-(a+\varepsilon)s}\right]$$

$$\therefore\ L\{\delta_\varepsilon(t-a)\}=\lim_{\varepsilon\to 0}\left[e^{-as}\left(\frac{1-e^{-\varepsilon s}}{\varepsilon s}\right)\right]=e^{-as}$$ □

연습문제 (8.2)

1. $f(t) * g(t) = g(t) * f(t)$임을 증명하라.

2. convolution 정리를 써서 다음을 구하라.

(1) $L^{-1}\left\{\frac{s}{(s^2+a^2)^2}\right\}$ (2) $L^{-1}\left\{\frac{1}{s^2(s+1)^2}\right\}$

3. 다음 직사각형파 $f(t)$의 Laplace 변환을 구하라.

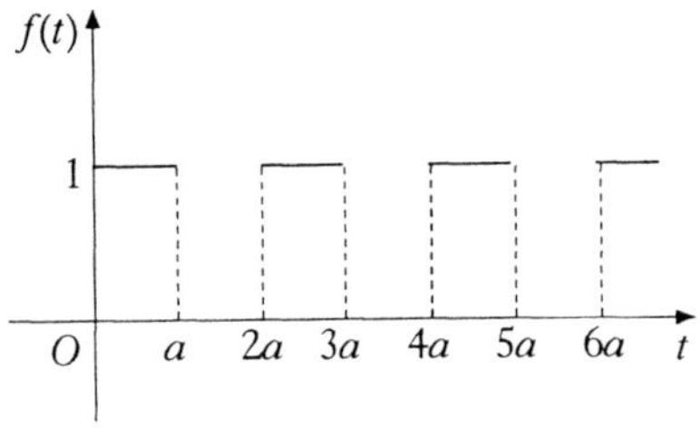

4. 다음 함수의 Laplace 변환을 구하여라.

(1) $f(t)=\begin{cases} 0 & (0<t<2) \\ 4 & (t\geq 2) \end{cases}$ (2) $f(t)=\begin{cases} 2t & (0\leq t\leq 5) \\ 1 & (t>5) \end{cases}$

5. 다음 함수의 Laplace 변환을 구하여라.

(1) $f(t)=\begin{cases} (t-1)^2 & (t\geq 1) \\ 0 & (0<t<1) \end{cases}$

(2) $f(t)=\begin{cases} 3t & (0<t<2) \\ 6 & (2\leq t<4) \end{cases}$ 주기는 4

6. 다음 그림으로 나타내어지는 주기함수 $f(t)$의 Laplace 변환을 구하라.

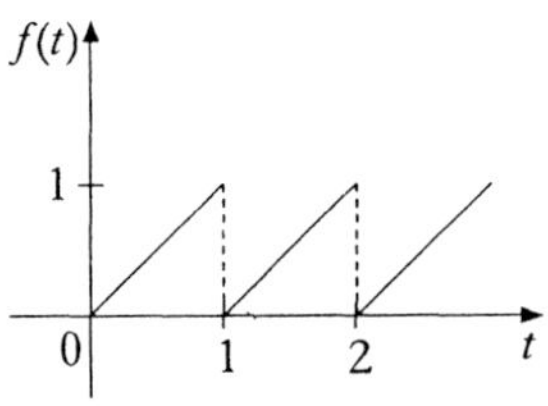

제 9 장

Gamma함수, Beta함수, 오차함수

9.1 Gamma함수

1 Gamma함수의 정의

[1] Gamma함수의 정의

t^n의 Laplace 변환을 구할때나, Bessel 함수의 해를 검토하는데 **Gamma 함수**라고 불리우는 함수가 나타나게 된다. t^n의 Laplace 변환을 구해보자.

$$L\{t^n\}=\int_0^{\infty} e^{-st}t^n dt \ \ (n>-1) \tag{1}$$

에서 치환 $st=x$에 의하여 변수 변환하면

$$L\{t^n\}=\frac{1}{s^{n+1}}\int_0^{\infty} e^{-x}x^n dx \ \ (n>-1) \tag{2}$$

을 얻는다. (2)의 적분은 n의 함수이다. 여기서 n을 $n-1$로 바꾸어 놓은 함수는 실제로 여러 응용면에서 자주 나타나는 함수로서 n의 Γ함수라고 불리어지는, $\Gamma(n)$을 다음과 같이 정의한다.

$$\Gamma(n)=\int_0^{\infty} e^{-x}x^{n-1}dx \ \ (n>0) \tag{3}$$

이 정적분은 n이 양일 때 수렴한다. 이 함수를 이용하면 $L\{t^n\}$은

$$L\{t^n\}=\frac{\Gamma(n+1)}{s^{n+1}} \ \ (n>-1) \tag{4}$$

의 꼴로 나타내어진다. (9.2 [3] 참조)

$\Gamma(x)=\int_0^{\infty} e^{-t}x^{n-1}dx(n>0)$의 그래프는 다음과 같다.

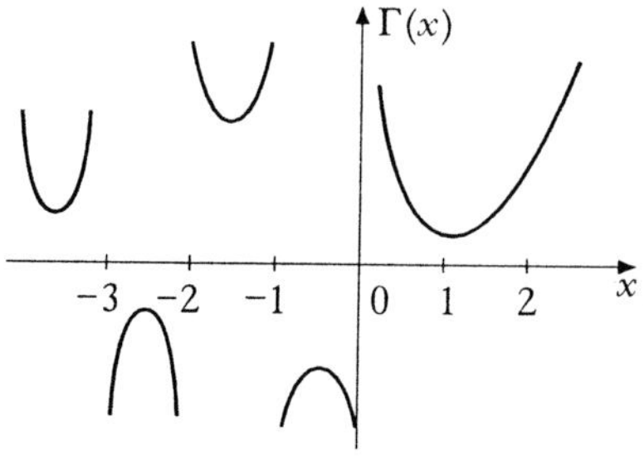

[그림 9.1]

부분적분법에 의하면

$$\Gamma(n+1)=\int_0^{\infty} x^n e^{-x}dx=[-x^n e^{-x}]_0^{\infty}+n\int_0^{\infty} x^{n-1}e^{-x}dx$$

$$=n\int_0^{\infty} x^{n-1}e^{-x}dx=n\Gamma(n) \tag{5}$$

$n=0$일 때 $$\Gamma(1)=\int_0^{\infty} e^{-x}dx=1$$

이므로, n이 양의 정수일 때

$$\Gamma(n+1)=n\Gamma(n)=n(n-1)\Gamma(n-1)$$
$$\cdots\cdots\cdots\cdots\cdots\cdots$$
$$=n(n-1)\cdots 2\cdot 1\Gamma(1)=n!$$

이러한 사실에서 Γ함수를 **계승함수**라고도 한다. n이 양의 정수가 아닌 경우에도 $\Gamma(n+1)=n!$으로 정의하여 계승을 일반화한다.

N이 임의의 양수일 때

$$\Gamma(n+N)=(n+N-1)(n+N-2)\ \cdots\ (n+1)n\Gamma(n)\quad(n>0) \tag{6}$$

이고, $\Gamma(n)$의 수표는 구간 $1\leq n\leq 2$에 대해서만 실려 있어서 (6)은 Γ함수의 값을 구하는 데 이용된다.

n이 음수인 경우 $\Gamma(n)$의 적분값은 (4)에 의하여는 정의할 수 없으나, 점화공식 (6)은 n이 음수인 경우도 성립하도록 그 정의를 확장해 준다. (6)에서 $1\leq n+N\leq 2$

되는 양수 N이 존재할 것이다. $n+N$을 $x_0(1\leq x_0\leq 2)$로, n을 x로 바꾸면 (6)은

$$\Gamma(x_0)=(x_0-1)(x_0-2)\ \cdots\ (x+1)x\Gamma(x)$$

이것을 $\Gamma(x)$에 관하여 풀면

$$\Gamma(x)=\frac{\Gamma(x_0)}{x(x+1)(x+2)\ \cdots\ (x_0-2)(x_0-1)}\quad (0<x<1,\ 1<x_0<2) \tag{7}$$

이므로, (7)에 의하여 1보다 작은 x의 값에 대한 $\Gamma(x)$의 값을 구할 수 있다.

$\Gamma(n)$은 $n=0$인 경우

$$\Gamma(0^+)=\lim_{n\to 0^+}\Gamma(n)=\lim_{n\to 0^+}\frac{\Gamma(n+1)}{n}=\infty$$
$$\Gamma(0^-)=\lim_{n\to 0^-}\Gamma(n)=\lim_{n\to 0^-}\frac{\Gamma(n+1)}{n}=-\infty$$

이므로 정의되지 않고, n이 양의 정수인 경우 $\Gamma(-n)$의 값은 (7)에 의하여

$$\Gamma(-n)=\frac{\Gamma(0)}{-n(-n-1)\ \cdots\ (-2)(-1)}=(-1)^n\frac{\Gamma(0)}{n!}=\pm\infty$$

n이 0 또는 음의 정수가 아니면 (5)식에서

$$\Gamma(n)=\frac{\Gamma(n+1)}{n}\quad (n\neq 0,\ -1,\ -2,\ \cdots)$$

예제 1 다음 값을 구하라.

(1) $\Gamma\left(\frac{7}{2}\right)$ (2) $\Gamma\left(-\frac{1}{2}\right)$

풀이 (1) $\Gamma\left(\frac{7}{2}\right)=\frac{5}{2}\Gamma\left(\frac{5}{2}\right)=\frac{5}{2}\cdot\frac{3}{2}\Gamma\left(\frac{3}{2}\right)=\frac{15}{4}\times 0.88623=3.32336$

(2) $\Gamma\left(-\frac{1}{2}\right)=\dfrac{\Gamma\left(\frac{3}{2}\right)}{\left(-\frac{1}{2}\right)\left(\frac{1}{2}\right)}=-4\times 0.88623=-3.54492$ □

[2] $\Gamma\left(\frac{1}{2}\right)$의 값

중요한 $\Gamma\left(\frac{1}{2}\right)$의 값을 구해보자. 정의식에 의하면

$$\Gamma\left(\frac{1}{2}\right)=\int_0^\infty x^{-\frac{1}{2}}e^{-x}dx \tag{8}$$

$x=y^2$이라면 $x^{-\frac{1}{2}}=y^{-1}$, $dx=2ydy$이므로

$$\Gamma\left(\frac{1}{2}\right)=2\int_0^{\infty} e^{-y^2}dy \tag{9}$$

이 값을 구하기 위하여

$$A=\int_0^{\infty} e^{-y^2}dy$$

이라면

$$\begin{aligned} A^2&=\int_0^{\infty} e^{-y^2}dy\int_0^{\infty} e^{-z^2}dz=\frac{1}{2}\int_{-\infty}^{\infty} e^{-y^2}dy\frac{1}{2}\int_{-\infty}^{\infty} e^{-z^2}dz \\ &=\frac{1}{4}\int_{-\infty}^{\infty}\int_{-\infty}^{\infty} e^{-(y^2+z^2)}dydz \end{aligned}$$

여기서 $y=r\sin\theta$, $z=r\cos\theta$로 변수변환하면

$$\begin{aligned} A^2&=\frac{1}{4}\int_0^{2\pi}\int_0^{\infty} re^{-r^2}drd\theta=\frac{2\pi}{4}\int_0^{\infty} re^{-r^2}dr \\ &=\frac{\pi}{2}\left[-\frac{1}{2}e^{-r^2}\right]_0^{\infty}=\frac{\pi}{4} \end{aligned} \tag{10}$$

따라서

$$A=\frac{\sqrt{\pi}}{2} \quad \therefore\ \Gamma\left(\frac{1}{2}\right)=2A=2\cdot\frac{\sqrt{\pi}}{2}=\sqrt{\pi}\approx 1.772$$

또 관계식 (10)으로부터 유용한 다음 결과를 얻는다.

$$\int_0^{\infty} e^{-x^2}dx=\frac{\sqrt{\pi}}{2} \tag{11}$$

(11)에서 얻어지는 다음 적분

$$\int_{-\infty}^{\infty} e^{-x^2}dx=\sqrt{\pi} \tag{12}$$

을 **확률적분**이라 한다.

예제 2 $f(x)=\dfrac{1}{\sqrt{2\pi}\,\sigma}e^{-\frac{(x-m)^2}{2\sigma^2}}$일 때, $\displaystyle\int_{-\infty}^{\infty} xf(x)dx=m$임을 밝혀라.

풀이 $\dfrac{x-m}{\sigma}=t$이라면 $x=m+\sigma t$이므로

$$\begin{aligned} \int_{-\infty}^{\infty} xf(x)dx&=\int_{-\infty}^{\infty}\frac{m+\sigma t}{\sqrt{2\pi}\,\sigma}e^{-\frac{t^2}{2}}\sigma dt=\frac{1}{\sqrt{2\pi}}\int_{-\infty}^{\infty}(m+\sigma t)e^{-\frac{t^2}{2}}dt \\ &=\frac{1}{\sqrt{2\pi}}\left(m\int_{-\infty}^{\infty} e^{-\frac{t^2}{2}}dt+\sigma\int_{-\infty}^{\infty} te^{-\frac{t^2}{2}}dt\right) \end{aligned}$$

$\frac{t^2}{2}=v^2$으로 치환하면 $t=\sqrt{2}v$에서 $dt=\sqrt{2}dv$이므로

$$\frac{m}{\sqrt{2\pi}}\int_{-\infty}^{\infty}e^{-\frac{t^2}{2}}dt=\frac{2m}{\sqrt{\pi}}\int_{0}^{\infty}e^{-v^2}dv=\frac{m}{\sqrt{\pi}}\Gamma\left(\frac{1}{2}\right)=\frac{m}{\sqrt{\pi}}\sqrt{\pi}=m$$

둘째 적분은 피적분함수 $te^{-\frac{t^2}{2}}$ 이 기함수이므로 적분값은 0이다.

$$\therefore \int_{-\infty}^{\infty}xf(x)dx=m \qquad \square$$

[3] Stirling의 공식

충분히 큰 n에 대하여 계승에 관한 다음 공식이 성립한다.

$$n!=\sqrt{2\pi n}\,n^n e^{-n} \tag{13}$$

이 공식을 **Stirling의 공식**이라 한다. 이 공식을 유도해 보자.

$$\Gamma(n+1)=\int_0^{\infty}x^n e^{-x}dx=\int_0^{\infty}e^{n\log x-x}dx$$

$n\log x-x$는 $x=n$일 때 극대값을 갖는다.
$x=n+y$이라면 (13)식은

$$\Gamma(n+1)=\int_{-n}^{\infty}e^{n\log(n+y)-(n+y)}dy=e^{-n}\int_{-n}^{\infty}e^{n\log(n+y)-y}dy=e^{-n}\int_{-n}^{\infty}e^{n\log\{n(1+\frac{y}{n})\}-y}dy$$

$$=e^{-n}\int_{-n}^{\infty}e^{n\log n+n\log(1+y/n)-y}dy=n^n e^{-n}\int_{-n}^{\infty}e^{n\log(1+y/n)-y}dy \tag{14}$$

(14)식에서 $y/n=x$라 보고, $\log(1+x)=x-\frac{x^2}{2}+\frac{x^3}{3}-\cdots$을 이용하면

$$\Gamma(n+1)=n^n e^{-n}\int_{-n}^{\infty}e^{n\{\frac{y}{n}-\frac{y^2}{2n^2}+\frac{y^3}{3n^3}\cdots\}-y}dy=n^n e^{-n}\int_{-n}^{\infty}e^{-y^2/2n+y^3/3n^2-\cdots}dy$$

$y=\sqrt{n}\,v$이라면 $dy=\sqrt{n}\,dv$이므로

$$\Gamma(n+1)=n^n e^{-n}\sqrt{n}\int_{-\sqrt{n}}^{\infty}e^{-v^2/2+v^3/3-n\sqrt{n}\cdots}dv$$

n이 충분히 크면 근사식

$$\Gamma(n+1)=n^n e^{-n}\sqrt{n}\int_{-\infty}^{\infty}e^{-\frac{v^2}{2}}dv=\sqrt{2\pi n}\,n^n e^{-n}\ \left(\int_{-\infty}^{\infty}e^{-v^2/2}dv=\sqrt{2\pi}\right)$$

2 Gamma함수의 응용

Gamma함수는 여러 가지 적분을 계산하는데 유용하게 쓰인다.

예제 3 다음 적분값을 구하라.

(1) $\int_0^\infty \sqrt{y}\, e^{-y^3} dy$ (2) $\int_0^\infty 3^{-4x^2} dx$

풀이 (1) $\int_0^\infty x^m e^{-ax^n} dx$꼴의 적분은 $ax^n = t$로 변환하면 Gamma 함수로 변형된다.

$y^3 = x$라면, $y = x^{\frac{1}{3}}$이고, $dy = \frac{1}{3} x^{-\frac{2}{3}} dx$이므로, 구하는 적분 I는

$$I = \int_0^\infty (x^{\frac{1}{3}})^{\frac{1}{2}} e^{-x} \frac{1}{3} x^{-\frac{2}{3}} dx = \frac{1}{3} \int_0^\infty x^{\frac{1}{6}-\frac{2}{3}} e^{-x} dx = \frac{1}{3} \int_0^\infty x^{-\frac{1}{2}} e^{-x} dx$$

$$= \frac{1}{3} \Gamma\left(\frac{1}{2}\right) = \frac{\sqrt{\pi}}{3}$$

(2) $4x^2 = t$이라면 $2x = t^{\frac{1}{2}}$, $2dx = \frac{1}{2} t^{-\frac{1}{2}} dt$이므로 구하는 적분 I는

$$I = \int_0^\infty e^{(\log 3)(-4x^2)} dx = \int_0^\infty e^{-4(\log 3) x^2} dx$$

$4(\log 3) x^2 = t$이라면 $x = \sqrt{\dfrac{t}{4 \log 3}}$, $dx = \dfrac{\frac{1}{2} t^{-\frac{1}{2}}}{\sqrt{4 \log 3}} dt$

$$I = \frac{1}{2} \int_0^\infty e^{-t} \frac{t^{-\frac{1}{2}}}{\sqrt{4 \log 3}} dt = \frac{1}{4\sqrt{\log 3}} \int_0^\infty t^{-\frac{1}{2}} e^{-t} dt = \frac{\Gamma\left(\frac{1}{2}\right)}{4\sqrt{\log 3}} = \frac{\sqrt{\pi}}{4\sqrt{\log 3}} \qquad \square$$

예제 4 $\int_0^a \dfrac{dx}{\sqrt{\log(a/x)}}$를 구하라. 단, $a > 0$이다.

풀이 $\log(a/x) = u$이라면 $\frac{a}{x} = e^u$이므로, $x = ae^{-u}$, $x = a$때 $u = 0$, $x = 0$때 $u = \infty$이고, $dx = -ae^{-u} du$이므로, 구하는 적분 I는

$$I = \int_\infty^0 \frac{-ae^{-u}}{\sqrt{u}} du = a \int_0^\infty u^{-\frac{1}{2}} e^{-u} du = a\Gamma\left(\frac{1}{2}\right) = a\sqrt{\pi} \qquad \square$$

예제 5 $t = 0$에서 x축상의 $x = a > 0$에 있는 입자가 원점 O로부터의 거리에 역비례하는 힘으로 원점 O에 끌려간다. 정지상태에서 놓을 때, 원점 O에 도착하는데 필요한 시간을 구하라.

풀이 뉴턴의 법칙에 의하여 운동방정식은

$$m\frac{d^2x}{dt^2}=-\frac{k}{x} \quad (k>0)$$

$\frac{dx}{dt}=v$이라면, $\frac{d^2x}{dt^2}=\frac{dv}{dt}=\frac{dv}{dx}\frac{dx}{dt}=v\frac{dv}{dx}$ (v는 속도)이므로

$$mv\frac{dv}{dx}=-\frac{k}{x}$$

적분하면

$$\frac{m}{2}v^2=-k\log x+c$$

$x=a$에서 $v=0$이므로 $0=-k\log a+c$에서 $c=k\log a$이므로

$$\frac{m}{2}v^2=k\log\frac{a}{x} \text{ 또는 } v=\frac{dx}{dt}=-\sqrt{\frac{2k}{m}}\sqrt{\log\frac{a}{x}}$$

$v<0$인것은 t가 증가할 때 v는 감소하기 때문이다.

구하는 시간 T는

$$T=\sqrt{\frac{m}{2k}}\int_0^a \frac{dx}{\sqrt{\log a/x}}$$

$\log\frac{a}{x}=u$라면 $\frac{a}{x}=e^u$, $x=ae^{-u}$이므로

$$T=a\sqrt{\frac{m}{2k}}\int_0^\infty u^{-\frac{1}{2}}\ e^{-u}du=a\sqrt{\frac{m}{2k}}\,\Gamma\left(\frac{1}{2}\right)=a\sqrt{\frac{\pi m}{2k}}$$ □

예제 6 $\int_0^1 x^m(\log x)^n 3dx=\frac{(-1)^n n!}{(m+1)^{n+1}}$ 임을 밝혀라. 단, n은 0 또는 양의 정수이다.

풀이 $x=e^{-y}$이라면 $\log x=-y$이므로, 구하는 적분 I는

$$I=\int_\infty^0 (e^{-y})^m(-y)^n(-e^{-y})dy=(-1)^n\int_0^\infty y^n e^{-y(m+1)}dy$$

$(m+1)y=u$이라면 $y=\frac{u}{m+1}$, $dy=\frac{1}{m+1}du$이므로

$$I=(-1)^n\int_0^\infty\left(\frac{u}{m+1}\right)^n e^{-u}\frac{1}{m+1}du=\frac{(-1)^n}{(m+1)^{n+1}}\int_0^\infty u^n e^{-u}du$$

$$=\frac{(-1)^n}{(m+1)^{n+1}}\Gamma(n+1)=(-1)^n\frac{n!}{(m+1)^{n+1}}$$ □

연습문제 (9.1)

1. $\Gamma(2)=\Gamma(1)=1$임을 밝혀라.

2. $\Gamma\left(\frac{11}{2}\right)$, $\Gamma(6)$의 값을 구하라.

3. $\Gamma\left(\frac{2k+1}{2}\right)=\frac{1\cdot 3\cdot 5\cdot \cdots \cdot (2k-1)}{2^k}\sqrt{\pi}$ 임을 밝혀라.

4. 다음 적분값을 구하라.

   (1) $\int_0^\infty e^{-x^4}dx$　　　　(2) $\int_0^\infty 4x^4e^{-x^4}dx$

5. 다음 관계식이 성립함을 밝혀라.

$$\Gamma(n)=\int_0^1\left(\log\frac{1}{y}\right)^{n-1}dy$$

9.2 Beta함수와 오차함수

1 Beta함수

[1] Beta함수의 정의

적분

$$B(m,\ n)=\int_0^1 x^{m-1}(1-x)^{n-1}dx \tag{1}$$

는 m, n이 양수일 때, 수렴하는 **Beta 함수**라고 불리워지는 m과 n의 함수이다.

(1)에서 x 대신 $1-y$를 대입하면

$$\begin{aligned} B(m,\ n)&=\int_0^1 (1-y)^{m-1}y^{n-1}dy \\ &=\int_0^1 (1-x)^{m-1}x^{n-1}dx=B(n,\ m) \end{aligned} \tag{2}$$

이므로, Beta 함수는 m, n에 관하여 교환법칙이 성립한다.

(1)에서 $x=\sin^2\theta$이라면

$$B(m,\ n)=2\int_0^{\frac{\pi}{2}} \sin^{2m-1}\theta\cos^{2n-1}\theta d\theta=B(n,\ m) \tag{3}$$

[2] Beta함수와 Γ함수의 관계

Beta함수와 Γ함수 사이에는 다음 관계가 성립한다.

$$B(m,\ n)=\frac{\Gamma(m)\Gamma(n)}{\Gamma(m+n)} \tag{4}$$

증명 Γ함수의 정의식 $\Gamma(n)=\int_0^{\infty} x^{n-1}e^{-x}dx$에서 x대신 y^2을 대입하면

$$\Gamma(n)=2\int_0^{\infty} y^{2n-1}e^{-y^2}dy \tag{5}$$

이므로

$$\begin{aligned} \Gamma(m)\Gamma(n)&=4\int_0^{\infty} x^{2n-1}e^{-x^2}dx\int_0^{\infty} y^{2m-1}e^{-y^2}dy \\ &=4\int_0^{\infty}\int_0^{\infty} x^{2n-1}y^{2m-1}e^{-(x^2+y^2)}dxdy \end{aligned}$$

변수변환 $x=r\cos\theta$, $y=r\sin\theta$에 의하면 면적소 $dxdy$는 $rdrd\theta$로 바뀌어지므로

$$\Gamma(m)\Gamma(n)=4\int_0^{\frac{\pi}{2}}\int_0^{\infty} r^{2(m+n-1)}e^{-r^2}\sin^{(2m-1)}\theta\cos^{(2n-1)}\theta r dr d\theta$$
$$=4\int_0^{\frac{\pi}{2}}\sin^{2m-1}\theta\cos^{2n-1}\theta d\theta\int_0^{\infty} r^{2(m+n)-1}e^{-r^2}dr$$

(3)과 (5)에 의하여

$$\Gamma(m)\Gamma(n)=B(m,\ n)\Gamma(m+n)$$
$$\therefore\ B(m,\ n)=\frac{\Gamma(m)\Gamma(n)}{\Gamma(m+n)} \tag{6}$$

또 (3)식에서

$$\int_0^{\frac{\pi}{2}}\cos^{2n-1}\sin^{2m-1}\theta d\theta=\frac{1}{2}B(m,\ n)=\frac{\Gamma(m)\Gamma(n)}{2\Gamma(m+n)}\quad (m,\ n>0) \tag{7}$$

$2n-1=r,\ 2m-1=0$이라면 $n=\frac{r+1}{2},\ m=\frac{1}{2}$이므로

$$\int_0^{\frac{\pi}{2}}\cos^r\theta d\theta=\frac{\Gamma\left(\frac{r+1}{2}\right)\Gamma\left(\frac{1}{2}\right)}{2\Gamma\left(\frac{r}{2}+1\right)}=\frac{\Gamma\left(\frac{r+1}{2}\right)}{\Gamma\left(\frac{r}{2}+1\right)}\cdot\frac{\sqrt{\pi}}{2}\quad (r>-1) \tag{8}$$

마찬가지로 $2n-1=0,\ 2n-1=r$이라면

$$\int_0^{\frac{\pi}{2}}\sin^r\theta d\theta=\frac{\Gamma\left(\frac{r+1}{2}\right)}{\Gamma\left(\frac{r}{2}+1\right)}\cdot\frac{\sqrt{\pi}}{2}\quad (r>-1) \tag{9}$$

(8), (9)를 **Wallis공식**이라 한다. ■

예제 1 $\displaystyle\int_0^1\frac{dx}{\sqrt{1-x^{\frac{1}{4}}}}$의 값을 구하라.

풀이 $x^{\frac{1}{4}}=y$로 바꾸면, $x=y^4,\ dx=4y^3dy$이므로, 이 적분 I는

$$I=\int_0^1 4y^3(1-y)^{-\frac{1}{2}}dy=4B\left(4,\ \frac{1}{2}\right)=\frac{4\Gamma(4)\Gamma\left(\frac{1}{2}\right)}{\Gamma\left(\frac{9}{2}\right)}$$

그런데 $\Gamma(4)=3!,\ \Gamma\left(\frac{1}{2}\right)=\sqrt{\pi},\ \Gamma\left(\frac{9}{2}\right)=\frac{7}{2}\cdot\frac{5}{2}\cdot\frac{3}{2}\cdot\frac{1}{2}\sqrt{\pi}$
이므로 이들 값을 대입하여 구하는 적분 I의 값은

$$I=\int_0^1\frac{dx}{\sqrt{1-x^{\frac{1}{4}}}}=\frac{128}{35}$$ □

다음은 미분방정식 $\frac{1}{y}\frac{dy}{dx}=\frac{p}{x-\alpha}+\frac{q}{x-\beta}$에서 Beta분포의 밀도함수

$$f(x)=\frac{1}{B(p+1,\ q+1)}x^p(1-x)^q \ (0<x<1),\ \text{그 밖에서 } f(x)=0$$

을 유도해보자.

미분방정식을 적분한 식 $\log y=p\log(x-\alpha)+q\log(x-\beta)+\log k$에서

$$y=K(x-\alpha)^p(x-\beta)^q$$

을 얻는다. 적분상수 K를 다음 조건을 만족하도록 정한다.

$$I=K\int_\alpha^\beta(x-\alpha)^p(\beta-x)^q dx=1$$

이 적분에서 $x=\alpha+(\beta-\alpha)v$이라면

$$x-\alpha=(\beta-\alpha)v,\ \beta-x=\beta-\alpha-(\beta-\alpha)v=(\beta-\alpha)(1-v)$$

이고, $dx=(\beta-\alpha)dv$, $x=\alpha$때 $v=0$, $x=\beta$때 $v=1$이므로

$$\begin{aligned}I&=K\int_0^1(\beta-\alpha)^p v^p(\beta-\alpha)^q(1-v)^q(\beta-\alpha)dv\\&=K(\beta-\alpha)^{p+q+1}\int_0^1 v^p(1-v)^q dv=K(\beta-\alpha)^{p+q+1}B(p+1,\ q+1)=1\end{aligned}$$

에서

$$K=\frac{1}{(\beta-\alpha)^{p+q+1}B(p+1,\ q+1)}=\frac{\Gamma(p+q+2)}{(\beta-\alpha)^{p+q+1}\Gamma(p+1)\Gamma(q+1)}$$

따라서 구하는 밀도함수 $f(x)$는 다음과 같다.

$$f(x)=\frac{\Gamma(p+q+2)}{(\beta-\alpha)^{p+q+1}\Gamma(p+1)\Gamma(q+1)}(x-\alpha)^p(\beta-x)^q \ (\alpha\le x\le\beta)$$

특히 $\alpha=0$, $\beta=1$인 경우는

$$f(x)=\frac{\Gamma(p+q+2)}{\Gamma(p+1)\Gamma(q+1)}x^p(1-x)^q \ (0<x<1)$$

이 밀도함수는 구간(0, 1)에서 밀도함수가 $f(x)$이고, 그 밖에서 $f(x)=0$이 되는 **Beta분포의 밀도함수**이다. 특히 $p=q=0$인 경우는 $f(x)=1(0<x<1)$, 그 밖에서 0이 되는 균등분포 $U(0,\ 1)$의 밀도함수가 된다.

다음은 pearson계의 미분방정식

$$\frac{dy}{dx}=\frac{(x+a)y}{b+cx+dx^2}$$

에서 $a=c=0,\ \frac{d}{b}=\frac{1}{n},\ \frac{1}{2d}=-\frac{n+1}{2}$이라면, 다음과 같은 t분포의 밀도함수가 유도된다.

$$f(x)=\frac{1}{\sqrt{n}\,B\left(\frac{n}{2},\ \frac{1}{2}\right)}\left(1+\frac{x^2}{n}\right)^{-\frac{n+1}{2}}\quad(-\infty<x<\infty)$$

$\frac{dy}{y}=\frac{x}{b+dx^2}dx$를 적분하면

$$\log y=\frac{1}{2d}\log(b+dx^2)+\frac{1}{2d}\log k=\log[k(b+dx^2)]^{\frac{1}{2d}}$$

$$=\log\left[kb\left(1+\frac{d}{b}x^2\right)^{\frac{1}{2d}}\right]\text{에서 } y=(kb)^{\frac{1}{2d}}\left(1+\frac{d}{b}x^2\right)^{\frac{1}{2d}}$$

이 식에서 $(kb)^{\frac{1}{2d}}=c$이라면, $\frac{d}{b}=\frac{1}{n},\ \frac{1}{2d}=-\frac{n+1}{2}$이므로

$$f(x)=c\left(1+\frac{x^2}{n}\right)^{-\frac{n+1}{2}}$$

이 식을 써서 $\int_{-\infty}^{\infty}f(x)dx=c\int_{-\infty}^{\infty}\left(1+\frac{x^2}{n}\right)^{-\frac{n+1}{2}}dx=1$되게 c를 정한다.

$$I=\int_{-\infty}^{\infty}\left(1+\frac{x^2}{n}\right)^{-\frac{n+1}{2}}dx=2\int_0^{\infty}\left(1+\frac{x^2}{n}\right)^{-\frac{n+1}{2}}dx$$

$1+\frac{x^2}{n}=\frac{1}{t}$이라면 $x>0$이므로,

$$x=\sqrt{n}\left(\frac{1}{t}-1\right)^{\frac{1}{2}},\ dx=-\frac{\sqrt{n}}{2}t^{-\frac{1}{2}}\ (1-t)^{-\frac{1}{2}}$$

$0<x<\infty$일 때, $0<t<1$이므로

$$I=2\int_0^1 t^{\frac{n+1}{2}}\left(-\frac{\sqrt{n}}{2}\right)t^{-\frac{3}{2}}\ (1-t)^{-\frac{1}{2}}\ dt$$

$$=\sqrt{n}\int_0^1 t^{\frac{n}{2}-1}(1-t)^{\frac{1}{2}-1}dt=\sqrt{n}\,B\left(\frac{n}{2},\ \frac{1}{2}\right)$$

따라서

$$\int_{-\infty}^{\infty}f(x)dx=c\int_{-\infty}^{\infty}\left(1+\frac{x^2}{n}\right)^{-\frac{n+1}{2}}dx=c\sqrt{n}\,B\left(\frac{n}{2},\ \frac{1}{2}\right)=1$$

이므로

$$c=\frac{1}{\sqrt{n}B\left(\frac{n}{2},\frac{1}{2}\right)}=\frac{\Gamma\left(\frac{n}{2}+\frac{1}{2}\right)}{\sqrt{n}\,\Gamma\left(\frac{n}{2}\right)\Gamma\left(\frac{1}{2}\right)}=\frac{\Gamma\left(\frac{n}{2}+\frac{1}{2}\right)}{\sqrt{\pi n}\,\Gamma\left(\frac{n}{2}\right)}$$

따라서 자유도가 n의 t분포의 밀도함수 $f_n(x)$는 다음과 같다.

$$\begin{aligned}f_n(x)&=\frac{\Gamma\left(\frac{n}{2}+\frac{1}{2}\right)}{\sqrt{\pi n}\,\Gamma\left(\frac{n}{2}\right)}\left(1+\frac{x^2}{n}\right)^{-\frac{n+1}{2}}\\&=\frac{1}{\sqrt{n}B\left(\frac{n}{2},\frac{1}{2}\right)}\left(1+\frac{x^2}{n}\right)^{-\frac{n+1}{2}}\ (-\infty<x<\infty)\end{aligned}$$

□

2 오차함수

오차함수 $\mathrm{er}f(x)$를 다음과 같이 정의한다.

$$\mathrm{er}f(x)=\frac{2}{\sqrt{\pi}}\int_0^x e^{-x^2}dx \tag{10}$$

이 적분은 확률론에서 대단히 중요한 함수이고, 다음 성질이 있다.

$$\begin{aligned}&\mathrm{er}f(-x)=-\mathrm{er}f(x)\\&\mathrm{er}f(0)=0\\&\mathrm{er}f(\infty)=\frac{2}{\sqrt{\pi}}\int_0^\infty e^{-x^2}dx=\frac{2}{\sqrt{\pi}}\times\frac{\sqrt{\pi}}{2}=1\end{aligned}$$

또 **여오차함수** $\mathrm{cer}f(x)$를 $1-\mathrm{er}f(x)$로 정의한다. 즉,

$$\mathrm{cer}f(x)=1-\mathrm{er}f(x)=1-\frac{2}{\sqrt{\pi}}\int_0^x e^{-x^2}dx=\frac{2}{\sqrt{\pi}}\int_x^\infty e^{-x^2}dx \tag{11}$$

$y=\mathrm{er}f(x)$의 그래프는 x가 커짐에 따라 1에 가까워지며 이 곡선의 기울기는 x가 커짐에 따라 점차로 작아진다.

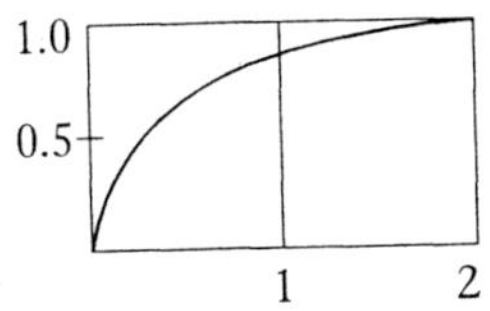

[그림 9.2]

$\mathrm{er}f(x)$는 x가 1에 비하여 충분히 작은 경우는 다음 전개식

$$\mathrm{er}f(x)=\frac{2}{\sqrt{\pi}}x\left(1-\frac{x^2}{3}+\frac{x^4}{10}-\cdots\right)$$

으로 나타내진다.

x가 1에 비하여 비교적 큰 경우는 다음 전개식

$$\mathrm{er}f(x)=1-\frac{e^{-x^2}}{\sqrt{\pi}\,x}\left(1-\frac{1}{2x^2}+\frac{3}{4x^4}-\frac{15}{8x^6}+\cdots\right)$$

으로 나타내지며, 대체로 x가 2정도 되면 $\mathrm{er}f(x)$와 1과의 차는 0.005보다 작다.

오차함수는 정규분포에서 확률을 구하는데 이용되는 함수이다.

실제의 확률문제에서는

$$\frac{1}{a\sqrt{2\pi}}\int_{x_1}^{x^2} e^{-\frac{(x-b)^2}{2a^2}}dx$$

의 값이 계산되는데, 변수변화

$$y=\frac{x-b}{a}$$

에 의하면 $dx=ady$이고, $x=x_1$일 때 $y=\frac{x_1-b}{a}$, $x=x_2$일 때, $y=\frac{x_2-b}{a}$이므로

$$\frac{1}{a\sqrt{2\pi}}\int_{x_1}^{x_2} e^{-\frac{(x-b)^2}{2a^2}}dx=\frac{1}{a\sqrt{2\pi}}\int_{\frac{x_1-b}{a}}^{\frac{x_2-b}{a}} e^{-\frac{y^2}{2}}\,ady=\frac{1}{\sqrt{2\pi}}\int_{\frac{x_1-b}{a}}^{\frac{x_2-b}{a}} e^{-\frac{y^2}{2}}\,dy$$

$$=\mathrm{er}f\frac{x_2-b}{a}-\mathrm{er}f\frac{x_1-b}{a}$$

이다. $\mathrm{er}f(x)$의 값은 표로 주어져 있어서 이를 이용하여 값을 구한다.

3 특수함수의 Laplace변환

[1] Γ함수의 Laplace 변환

m이 양의 정수일 때 $L\{t^n\}=\frac{m!}{s^{m+1}}$이다. (8.1 참조)

m이 양의 정수가 아닌 경우 t^m의 Laplace 변환은

$$L\{t^m\}=\int_0^\infty e^{-st}t^m dt$$

$x=st$인 치환을 하면

$$\int_0^\infty e^{-st}t^m dt=\frac{1}{s^{m+1}}\int_0^\infty x^m e^{-x}dx$$

우변의 적분에서 $\int_0^\infty x^m e^{-x}dx=\Gamma(m+1)$이므로

$$L\{t^m\}=\frac{1}{s^{m+1}}\Gamma(m+1)$$

예제 2 $L\{t^{-\frac{1}{2}}\}$, $L\{t^{\frac{1}{2}}\}$을 구하라.

풀이 $$L\{t^{-\frac{1}{2}}\}=\frac{1}{s^{-\frac{1}{2}+1}}\Gamma\left(-\frac{1}{2}+1\right)=\frac{\Gamma\left(\frac{1}{2}\right)}{\sqrt{s}}=\frac{\sqrt{\pi}}{\sqrt{s}}=\sqrt{\frac{\pi}{s}}$$

$$L\{t^{\frac{1}{2}}\}=\frac{1}{s^{\frac{1}{2}+1}}\Gamma\left(\frac{1}{2}+1\right)=\frac{\frac{1}{2}\Gamma\left(\frac{1}{2}\right)}{s\sqrt{s}}=\frac{1}{s\sqrt{s}}\cdot\frac{\sqrt{\pi}}{2}=\frac{\sqrt{\pi}}{2s\sqrt{s}}$$ □

[2] 오차함수의 Laplace변환

$$L^{-1}\left\{\frac{1}{\sqrt{s}(s-1)}\right\}=\frac{1}{\sqrt{\pi}}L^{-1}\left\{\sqrt{\frac{\pi}{s}}\frac{1}{s-1}\right\}=\frac{1}{\sqrt{\pi}}\frac{1}{\sqrt{t}}*e^t$$

$$=\frac{1}{\sqrt{\pi}}\int_0^t\frac{1}{\sqrt{\tau}}e^{t-\tau}d\tau=\frac{2e^t}{\sqrt{\pi}}\int_0^t e^{-\tau}\frac{d\tau}{2\sqrt{\tau}}$$

$\gamma=\sqrt{\tau}$ 인 치환을 하면

$$\int_0^t e^{-\tau}\frac{d\tau}{2\sqrt{\tau}}=\int_0^{\sqrt{t}}e^{-\gamma^2}d\gamma$$

그런데 $\mathrm{er}f(x)=\frac{2}{\sqrt{\pi}}\int_0^t e^{-\gamma^2}d\gamma$이므로

$$L^{-1}\left\{\frac{1}{\sqrt{s}(s-1)}\right\}=e^t\mathrm{er}f(\sqrt{t})$$

양변에 e^{-t}를 곱하고 좌변의 s를 $s+1$로 바꾸면 다음과 같다.

$$L^{-1}\left\{\frac{1}{\sqrt{s}(s+1)}\right\}=\mathrm{er}f(\sqrt{t})$$

예제 3 $L\{\mathrm{er}f(\sqrt{t})\}=L\left\{\frac{2}{\sqrt{\pi}}\int_0^{\sqrt{t}}e^{-u^2}du\right\}=\frac{1}{s\sqrt{s+1}}$임을 밝혀라.

풀이 $$L\left\{\frac{2}{\sqrt{\pi}}\int_0^{\sqrt{t}}e^{-u^2}du\right\}=L\left\{\frac{2}{\sqrt{\pi}}\int_0^{\sqrt{t}}\left(1-u^2+\frac{u^4}{2!}-\frac{u^6}{3!}+\cdots\right)du\right\}$$

$$=L\left\{\frac{2}{\sqrt{\pi}}\left(t^{1/2}-\frac{t^{3/2}}{3}+\frac{t^{5/2}}{5\cdot 2}-\frac{t^{7/2}}{7\cdot 3!}+\cdots\right)\right\}$$

$$=\frac{2}{\sqrt{\pi}}\left\{\frac{\Gamma(3/2)}{s^{3/2}}-\frac{\Gamma(5/2)}{3s^{5/2}}+\frac{\Gamma(7/2)}{5\cdot 2s^{7/2}}-\frac{\Gamma(3/2)}{7\cdot 3!s^{9/2}}+\cdots\right\}$$

$$=\frac{1}{s^{3/2}}-\frac{1}{2}\frac{1}{s^{5/2}}+\frac{1\cdot 3}{2\cdot 4}\frac{1}{s^{7/2}}-\frac{1\cdot 3\cdot 5}{2\cdot 4\cdot 6}\frac{1}{s^{9/2}}+\cdots$$

$$=\frac{1}{s^{3/2}}\left\{1-\frac{1}{2}\frac{1}{s}+\frac{1\cdot 3}{2\cdot 4}\frac{1}{s^2}-\frac{1\cdot 3\cdot 5}{2\cdot 4\cdot 6}\frac{1}{s^3}+\cdots\right\}$$

$$=\frac{1}{s^{3/2}}\left(1+\frac{1}{s}\right)^{\frac{1}{2}}=\frac{1}{s\sqrt{s+1}}$$ □

연습문제 (9.2)

1. $\int_0^1 \frac{x^{p-1}}{\sqrt{1-x^q}}=\frac{\sqrt{\pi}}{q}\frac{\Gamma\left(\frac{p}{q}\right)}{\Gamma\left(\frac{1}{2}+\frac{p}{q}\right)}$ $(p,\ q>0)$임을 밝혀라.

2. 다음 적분값을 구하라.

(1) $\int_0^1 \frac{xdx}{\sqrt{1-x^4}}$ (2) $\int_0^1 \frac{dx}{\sqrt{1-x^4}}$

3. Wallis의 공식을 써서 다음 공식을 증명하라.

(1) $\int_0^{\frac{\pi}{2}} \sin^n\theta d\theta=\frac{(n-1)(n-3)\cdots 1}{n(n-1)\cdots 2}\cdot\frac{\pi}{2}$ (n은 양의 짝수)

(2) $\int_0^{\frac{\pi}{2}} \cos^n\theta d\theta=\frac{(n-1)(n-3)\cdots 2}{n(n-2)\cdots 3.1}$ (n은 양의 홀수)

4. Wallis의 공식을 써서 다음 적분값을 구하라.

(1) $\int_0^{\frac{\pi}{2}} \frac{d\theta}{\sqrt{\cos\theta}}$ (2) $\int_0^{\frac{\pi}{2}} \sqrt{\sin\theta}\, d\theta$

5. 다음을 구하라.

(1) $L\{\frac{e^{-2t}}{\sqrt{t}}\}$ (2) $L\{t^{-\frac{7}{2}}e^{3t}\}$

(3) $L\{t\ \mathrm{er}\,f(2\sqrt{t}\,)\}$ (4) $L\{e^{3t}\mathrm{er}\,f(\sqrt{t}\,)\}$

6. $B(m,\ n)=\int_0^1 x^{m-1}(1-x)^{n-1}dx=\frac{\Gamma(m)\Gamma(n)}{\Gamma(m+n)}$ $(m>0,\ n>0)$임을 Laplace변환을 써서 밝혀라.

제 10 장

급 수 해

10.1 1계미분방정식의 급수해

1 급수해를 구하는 방법

[1] $x=0$일 때 조건 $y=y_0$를 만족하는 급수해

응용수학에서 나오는 미분방정식의 문제에서 지금까지 설명한 방법으로 풀리지 않는 경우가 많다. 따라서 무한급수의 형식으로라도 해를 얻으려는 노력은 당연한 것이다. 우선 1계미분방정식의 급수해의 문제를 다루어 보자.

미분방정식

$$\frac{dy}{dx}=f(x,\ y) \tag{1}$$

에서 $x=0$일 때, $y=y_0$를 만족하는 해를

$$y=A_0+A_1x+A_2x^2+A_3x^3+\cdots+A_nx^n+\cdots \tag{2}$$

꼴이라고 가정하자. 단, $A_0=y_0$이고, 나머지 A들은 결정되어야 할 상수로 급수 (2)를 미분방정식 (1)에 대입하고, 미정계수법으로 미지의 상수를 구한다.

예제 1 조건 $x=0$일 때 $y=y_0$를 만족하는 미분방정식 $y'=x^2+y$의 급수해를 구하라.

풀이 급수해를

$$y = A_0 + A_1 x + A_2 x^2 + A_3 x^3 + \cdots + A_n x^n + \cdots = \sum_{n=0} A_n x^n$$

으로 가정한다. 그런데 수렴역 내에서 이 급수는 항별로 미분할 수 있고, 급수로 된 도함수 y'도 같은 수렴역 내에서 수렴한다.

$$y' = A_1 + 2A_2 x + 3A_3 x^2 + 4A_4 x^3 + \cdots + nA_n x^{n-1} + \cdots = \sum_{n=0} nA_n x^{n-1}$$

이들을 준 방정식에 대입하면

-1	$y = \sum_{n=0}^{\infty} A_n x^n$
$+1$	$y' = \sum_{n=0}^{\infty} nA_n x^{n-1}$

$$y' - y = \sum_{n=0}^{\infty} nA_n x^{n-1} - \sum_{n=0}^{\infty} A_n x^n = \sum_{n=0}^{\infty} [(n+1)A_{n+1} - A_n] x^n = x^2$$

$n=0$일 때, $A_1 - A_0 = 0$에서 $A_1 = A_0 = y_0$,

$n=1$일 때, $2A_2 - A_1 = 0$에서 $A_2 = \frac{1}{2}A_1 = \frac{1}{2}A_0 = \frac{1}{2}y_0$,

$n=2$일 때, $3A_3 - A_2 = 1$에서 $A_3 = \frac{1}{3} + \frac{1}{3}A_2 = \frac{1}{3} + \frac{1}{6}y_0$,

$n=3$일 때, $4A_4 - A_3 = 0$에서 $A_4 = \frac{1}{4}A_3 = \frac{1}{12} + \frac{1}{24}y_0$,

....

$(n+1)A_{n+1} - A_n = 0$에서 $A_{n+1} = \frac{1}{n+1}A_n \quad n \geq 3$

마지막 관계식을 **순환공식**이라 하는데, 이것은 추가되는 계수를 구하는 데 이용된다.

순환공식에서 계수 $A_n (n=0,\ 1,\ 2,\ \cdots)$의 값을 구하는데 차례로 대입

$$A_5 = \frac{1}{5}A_4 = \frac{1}{60} + \frac{1}{120}y_0,\quad A_6 = \frac{1}{6}A_5 = \frac{1}{360} + \frac{1}{720}y_0,\ \cdots$$

하여 계수를 구하기도 하고, 다음과 같이 이웃한 계수사이의 관계식을 구하기도 한다.

$$A_n = \frac{1}{n}A_{n+1},\quad A_{n-1} = \frac{1}{n-1}A_{n-2}\text{에서}\quad A_n = \frac{1}{n(n-1)}A_{n-2},\quad A_{n-2} = \frac{1}{n-2}A_{n-3}$$

이므로

$$A_n=\frac{1}{n(n-1)(n-2)\cdots 4}A_3=\frac{1}{n(n-1)(n-2)\cdots 4\cdot 3}\left(1+\frac{1}{2}A_0\right)$$
$$=\frac{1}{n!}(2+y_0),\ n\geq 3$$

이들 계수를 가정한 급수에 대입하면

$$y=y_0+y_0x+\frac{1}{2}y_0x^2+\frac{1}{3!}(2+y_0)x^3+\frac{1}{4!}(2+y_0)x^4+\cdots+\frac{1}{n!}(2+y_0)x^n+\cdots$$
$$=(y_0+2)\left(1+x+\frac{1}{2!}x^2+\frac{1}{3!}x^3+\cdots+\frac{1}{n!}x^n+\cdots\right)-x^2-2x-2$$
$$=(y_0+2)e^x-x^2-2x-2$$

□

(참고) 준 미분방정식을 적분인자 e^{-x}을 사용하여 풀면

$$ye^{-x}=\int x^2e^{-x}dx=(-x^2-2x-2)e^{-x}+C$$
$$\therefore\ y=Ce^{-x}-x^2-2x-2$$

초기조건 $x=0$일 때 $y=y_0$을 사용하면 $C=y_0+2$이므로 같은 결과

$$y=(y_0+2)e^x-x^2-2x-2$$

를 얻는다.

예제 2 초기조건 $x=0$일 때 $y=y_0$을 만족하는 미분방정식 $(1-x)y'+y=2x$의 급수해를 구하라.

풀이 구하는 급수를 $y=\sum_{n=0}^{\infty}A_nx^n$라고 가정한다. 단, $A_0=y_0$이다. 그러면

$$y'=\sum_{n=0}^{\infty}nA_nx^{n-1}$$

이다. y 및 y'를 준 미분방정식 $(1-x)y'+y-2x=0$에 대입하면

$+1$	$y=\sum_{n=0}^{\infty}A_nx^n$
$+(1-x)$	$y'=\sum_{n=0}^{\infty}nA_nx^{n-1}$

$$(1-x)y'+y-2x=\sum_{n=0}^{\infty}(1-n)A_nx^n+\sum_{n=0}^{\infty}nA_nx^{n-1}-2x$$
$$=\sum_{n=0}^{\infty}\{(1-n)A_n+(n+1)A_{n+1}\}x^n-2x$$

$$=(A_0+A_1)+(2A_2-2)x+\sum_{n=2}^{\infty}\{(1-n)A_n+(n+1)A_{n+1}\}x^n=0$$

$$\therefore\ A_0+A_1=0,\ 2A_2-2=0,\ (1-n)A_n+(n+1)A_{n+1}=0\ (n\geq 2)$$

$$\therefore\ A_1=-A_0,\ A_2=1,\ A_{n+1}=\frac{n-1}{n+1}A_n\ (n\geq 2)$$

따라서

$$A_n=\frac{n-2}{n}A_{n-1}=\frac{(n-2)(n-3)}{n(n-1)}A_{n-2}=\frac{(n-2)(n-3)(n-4)}{n(n-1)(n-2)}A_{n-3}=\cdots$$

$$=\frac{(n-2)(n-3)(n-4)\cdots 2\cdot 1}{n(n-1)(n-2)\cdots 4\cdot 3}A_2=\frac{2}{n(n-1)},\ n\geq 2$$

구하는 해는

$$y=y_0(1-x)+\sum_{n=2}^{\infty}\frac{2}{n(n-1)}x^n$$

판정비를 사용하여 수렴역을 구하면

$$\lim_{n\to\infty}\left|\frac{A_{n+1}x^{n+1}}{A_nx^n}\right|=|x|\lim_{n\to\infty}\frac{n-1}{n+1}=|x|$$

이므로 이 급수해는 $|x|<1$에서 수렴한다. □

(참고) 적분인자 $\mu=\dfrac{1}{1-x}$를 써서 풀면 미분방정식의 해는 $y=2(1-x)\log(1-x)+2x+c(1-x)$이고, 구하는 특수적분은 $y=y_0(1-x)+2(1-x)\log(1-x)+2x$이다.

[2] 조건 $x=x_0$일 때, $y=y_0$를 만족하는 (1)의 해를 구하는 방법

(i) 변환 $x-x_0=v$에 의하여

$$x=v+x_0,\qquad \frac{dy}{dx}=\frac{dy}{dv} \tag{3}$$

이므로 1계미분방정식 $dy/dx=f(x,\ y)$는

$$\frac{dy}{dv}=g(v,\ y)\ \ (v=0\text{일 때},\ y=y_0) \tag{4}$$

로 된다.

(ii) 조건 $v=0$일 때 $y=y_0$을 만족하는 방정식 (4)의 급수해를 구한다.

(iii) (ii)에서 얻은 해에서 $v=x-x_0$로 치환하면 준미분방정식의 해를 얻는다.

예제 3 조건 $x=2$일 때 $y=3$을 만족하는 미분방정식 $y'=y+x^2-4x+1$을 풀어라.

풀이 $x=v+2$라면 준방정식은 $\frac{dy}{dv}-y=v^2-3$이 된다.

$v=0$일 때 $y=3$을 만족하는 급수해를 $y=\sum_{n=0}^{\infty} A_n v^n$, $A_0=3$이라 가정한다.

$$\begin{array}{r|l} -1 & y=\sum_{n=0}^{\infty} A_n v^n,\ A_0=3 \\ +1 & y'=\sum_{n=0}^{\infty} nA_n v^{n-1} \\ \hline \end{array}$$

$$\begin{aligned} y'-y &= \sum_{n=0}^{\infty} nA_n v^{n-1}-\sum_{n=0}^{\infty} A_n v^n \\ &= \sum_{n=0}^{\infty} (n+1)A_{n+1} v^n-\sum_{n=0}^{\infty} A_n v^n \\ &= \sum_{n=0}^{\infty} [(n+1)A_{n+1}-A_n]v^n = v^2-3 \end{aligned}$$

$n=0$일 때 $A_1-A_0=-3$, $n=1$일 때 $2A_2-A_1=0$
$n=2$일 때 $3A_3-A_2=1$, $n\geq 3$일 때 $(n+1)A_{n+1}-A_n=0$

$$A_0=3,\ A_1=A_0-3=3-3=0,\ A_2=\frac{1}{2}A_1=0,\ A_3=\frac{1}{3}(1-A_2)=\frac{1}{3}$$

$A_{n+1}=\frac{A_n}{n+1}(n\geq 3)$이므로 $A_4=\frac{A_3}{4}=\frac{1}{3\cdot 4}=\frac{2}{4!}$, $A_5=\frac{A_4}{5}=\frac{2}{5!}$, $\cdots$, $A_n=\frac{2}{n!}$

따라서

$$\begin{aligned} y &= 3+\frac{1}{3}v^3+\frac{2}{4!}v^4+\cdots+\frac{2}{n!}v^n+\cdots \\ &= 3+\frac{2}{3!}(x-2)^3+\frac{2}{4!}(x-2)^4+\cdots+\frac{2}{n!}(x-2)^n+\cdots \end{aligned}$$ □

예제 4 $(x-1)$의 멱급수로 미분방정식 $xy'-y=x+1$의 해를 구하라.

풀이 $x=v+1$로 놓으면 준방정식은 $(v+1)\frac{dy}{dv}-y=v+2$가 된다.

급수해를 $y=\sum_{n=0}^{\infty} A_n v^n$라고 가정하면

$$\frac{dy}{dv}=\sum_{n=0}^{\infty} nA_n v^{n-1}$$

이므로 이들을 준미분방정식에 대입하여 계수를 구한다.

$$\begin{array}{r|l} -1 & y=\sum_{n=0}^{\infty} A_n v^n \\ +(v+1) & y'=\sum_{n=0}^{\infty} nA_n v^{n-1} \end{array}$$

$$\begin{aligned}(v+1)y'-y&=\sum_{n=0}^{\infty}(n-1)A_n v^n+\sum_{n=0}^{\infty} nA_n v^{n-1}\\&=\sum_{n=0}^{\infty}\{(n-1)A_n+(n+1)A_{n+1}\}v^n\\&=(A_1-A_0)+2A_2 v+\sum_{n=2}^{\infty}\{(n+1)A_{n+1}+(n-1)A_n\}v^n=v+2\end{aligned}$$

양변에서 동차항의 계수를 같다고 놓으면

$A_1-A_0=2$에서 $A_1=2+A_0$, $2A_2=1$에서 $A_2=\frac{1}{2}$

$(n+1)A_{n+1}+(n-1)A_n=0$에서 $A_{n+1}=-\frac{n-1}{n+1}A_n,\ n\geq 2$

$\therefore\ A_n=(-1)^n\frac{(n-2)(n-3)\cdots 2\cdot 1}{n(n-1)\cdots 4\cdot 3}A_2=(-1)^n\frac{1}{n(n-1)},\ n\geq 2$

따라서 구하는 급수해는

$$\begin{aligned}y&=A_0+(2+A_0)v+\sum_{n=2}^{\infty}(-1)^n\frac{1}{n(n-1)}v^n\\&=A_0+(2+A_0)(x-1)+\sum_{n=2}^{\infty}(-1)^n\frac{1}{n(n-1)}(x-1)^n\end{aligned}$$ □

[3] $P(x)y'+Q(x)y=0$에서 $P(0)=0$인 경우의 급수해

dy/dx에 x의 함수 $P(x)$가 곱해진 경우 $P(0)=0$이면, $x=0$일 때, $y=y_0(\neq 0)$되는 x의 급수해는 구할 수 없는 경우가 있다. 그러한 보기를 들어 보자.

[보기 1] $$x\frac{dy}{dx}+(a_0+a_1x)y=0 \tag{5}$$

의 급수해의 형태를 알아보자. 변수분리형으로 일반해를 구해보면 (5)에서 어떤 종류의 급수해를 기대할 수 있는지를 알 수 있다. (5)의 해를 변수분리법으로 구한다. $\frac{dy}{y}+\frac{a_0+a_1x}{x}dx=0$에서 $\log y+a_0\log x+a_1x=\log c$이므로 일반해가

$$y=cx^{-a_0}e^{-a_1x} \tag{6}$$

이라는 사실에서 (5)의 급수해의 일반형을 알 수 있다.

e^{-a_1x}은 x의 멱급수로 전개되므로 (5)의 일반해는

$$y=x^{-a_0}(c_0+c_1x+c_2x^2+\cdots) \tag{7}$$

의 꼴로 놓아야 한다. 여기서 a_0가 음의 정수이거나 영이 될 때만 해 (7)은 x의 정멱급수가 되나, 그렇지 않으면 (5)의 급수해는 다음과 같은 꼴로 가정해야 한다.

$$y=A_0x^k+A_1x^{k+1}+A_2x^{k+2}+\cdots=x^k\sum_{n=0}^{\infty}A_nx^n \tag{8}$$

미지의 k와 계수 A_0, A_1, A_2, $\cdots$ 들은 (8)식을 방정식 (5)에 대입하여 결정한다.

예제 5 $x\dfrac{dy}{dx}+\left(\dfrac{3}{2}+2x\right)y=0$의 해를 $y=x^k\sum\limits_{n=0}^{\infty}A_nx^n$꼴로 구하라.

풀이

$$\begin{array}{c|l} +\left(\dfrac{3}{2}+2x\right) & y=x^k\sum\limits_{n=0}^{\infty}A_nx^n=\sum\limits_{n=0}^{\infty}A_nx^{n+k} \\ +x & y'=\sum\limits_{n=0}^{\infty}(n+k)A_nx^{n+k-1} \end{array}$$

$$\begin{aligned} xy'+\left(\frac{3}{2}+2x\right)y&=\sum_{n=0}^{\infty}\left\{(n+k)+\frac{3}{2}\right\}A_nx^{n+k}+2\sum_{n=0}^{\infty}A_nx^{n+k+1} \\ &=\left(k+\frac{3}{2}\right)A_0x^k+\sum_{n=1}^{\infty}\left\{(n+k)+\frac{3}{2}\right\}A_nx^{n+k}+2\sum_{n=0}^{\infty}A_nx^{n+k+1} \\ &=\left(k+\frac{3}{2}\right)A_0x^k+\sum_{n=0}^{\infty}\left\{\left(n+k+\frac{5}{2}\right)A_{n+1}+2A_n\right\}x^{n+k+1}=0 \end{aligned}$$

$\left(k+\dfrac{3}{2}\right)A_0=0$, $\left(n+k+\dfrac{5}{2}\right)A_{n+1}+2A_n=0$에서 $k+\dfrac{3}{2}=0$ $\therefore$ $k=-\dfrac{3}{2}$, $A_0\neq0$

순환공식은

$$A_{n+1}=\frac{-2A_n}{n-\dfrac{3}{2}+\dfrac{5}{2}}=-\frac{2}{n+1}A_n,\ n\geq0$$

$n=0$일 때 $A_1=-2A_0$

$n=1$일 때 $A_2=-\dfrac{2}{2}A_1=-\dfrac{2}{2}(-2A_0)=\dfrac{4}{2}A_0$

$n=2$일 때 $A_3=-\dfrac{2}{3}A_2=-\dfrac{2}{3}\left(-\dfrac{4}{2}A_0\right)=\dfrac{8}{3!}A_0$

$n=3$일 때 $A_4=-\dfrac{2}{4}A_3=-\dfrac{2}{4}\left(\dfrac{8}{3!}A_0\right)=-\dfrac{16}{4!}A_0$, $\cdots$,

일반적으로 $\qquad A_n=(-1)^{n+1}\dfrac{2^n}{n!}A_0$

따라서 구하는 일반해는

$$y=A_0x^{-\frac{3}{2}}\left\{1-2x+\frac{2^2}{2!}x^2-\frac{2^3}{3!}x^3+\cdots+(-1)^{n+1}\frac{2^n}{n!}x^n+\cdots\right\}$$

□

예제 6 다음 미분방정식의 급수해를 $y=\sum_{n=0}^{\infty} A_n x^{n+k}$꼴로 구하라.

$$x(1-x^2)\frac{dy}{dx}+y=0$$

풀이 $y=\sum_{n=0}^{\infty} A_n x^{n+k}$를 방정식 $x(1-x^2)y'+y=0$에 대입한다.

$$\begin{array}{r|l} +1 & y=\sum_{n=0}^{\infty} A_n x^{n+k} \\ +x(1-x^2) & y'=\sum_{n=0}^{\infty}(n+k)A_n x^{n+k-1} \\ \hline \end{array}$$

$$x(1-x^2)y'+y=\sum_{n=0}^{\infty}(n+k+1)A_n x^{n+k}-\sum_{n=0}^{\infty}(n+k)A_n x^{x+k+2}$$

$$=(k+1)A_0x^k+(k+2)A_1x^{k+1}-\sum_{n=0}^{\infty}\{(n+k+3)A_{n+2}-(n+k)A_n\}x^{n+k+2}=0$$

$$\therefore\ (k+1)A_0=0,\ (k+2)A_1=0,\ (n+k+3)A_{n+2}-(n+k)A_n=0$$

(i) $A_1=0$일 때 $A_0\neq 0,\ k=-1,\ (n+2)A_{n+2}-(n-1)A_n=0$

$$\therefore\ A_{n+2}=\frac{n-1}{n+2}A_n\ \ (n\geq 0)$$

$A_1=0$이므로 순환공식에서 $A_1=A_3=A_5=\cdots=0$

$$A_2=-\frac{1}{2}A_0,\ A_4=\frac{1}{4}A_2=-\frac{1}{8}A_0,\ A_6=\frac{3}{6}A_4=\frac{3}{6}\left(-\frac{1}{8}A_0\right)=-\frac{1}{16}A_0,\ \cdots$$

따라서 구하는 급수해는

$$y=A_0x^{-1}\left(1-\frac{1}{2}x^2-\frac{1}{8}x^4-\frac{1}{16}x^6+\cdots\right)$$

(ii) $A_0=0,\ A_1\neq 0,\ k=-2$인 경우도 같은 해를 얻는다. □

2 비선형 1계미분방정식의 급수해

비선형 1계 미분방정식

$$y'=f(x,\ y) \tag{9}$$

의 급수에 의한 해법도 1계선형미분방정식의 급수에 의한 해법에 준한다.

먼저 주어진 미분방정식의 초기조건이 특별히

$$y(0)=0 \tag{10}$$

인 경우를 생각하자. 이 초기조건에서 급수해는 다음과 같이 주어진다.

$$y = A_1x + A_2x^2 + \cdots \tag{11}$$

(11)을 미분방정식 (9)에 대입하여 좌우변을 전개하고, 좌우변에서의 같은 차수의 계수들을 같다고 놓아서 미지의 계수 A_1, A_2, $\cdots$, A_n, $\cdots$을 차례로 구해나간다.

예제 7 다음 미분방정식을 풀어라.

$$\frac{dy}{dx} = 1 + xy^2, \ y(0) = 0$$

풀이 급수 (11)을 준 미분방정식에 대입하면

$$\begin{aligned} A_1 + 2A_2x + 3A_3x^2 + \cdots &= 1 + x(A_1x + A_2x^2 + \cdots)^2 \\ &= 1 + A_1{}^2x^3 + 2A_1A_2x^4 + (A_2{}^2 + 2A_1A_3)x^5 + (2A_1A_4 + 2A_2A_3)x^6 + \cdots \end{aligned}$$

양변에서 x의 같은 차수의 계수들을 같게 놓으면

$$A_1 = 1, \ A_2 = 0, \ A_3 = 0, \ 4A_4 = A_1{}^2 = 1, \ 5A_5 = 2A_1A_2 = 0,$$

$$6A_6 = A_2{}^2 + 2A_1A_3 = 0, \ 7A_7 = 2A_1A_4 + 2A_2A_3 = \frac{1}{2}, \ \cdots$$

급수해의 첫 몇 항을 구하면, 해는 다음과 같다.

$$y = x + \frac{1}{4}x^4 + \frac{1}{14}x^7 + \cdots$$ □

일반적인 초기조건

$$y(x_0) = y_0$$

에 대한 급수해는 우선

$$x - x_0 = \xi, \ y - y_0 = \eta$$

인 변환에 의하여 변수 x, y를 새로운 변수 ξ, η로 바꾸고, 새로운 초기조건

$$(\xi = 0\text{일 때}, \ \eta = 0)$$

을 만족하는 멱급수

$$\eta = A_1\xi + A_2\xi^2 + \cdots + A_n\xi^n + \cdots$$

을 변수변환에 의하여 변환된 미분방정식

$$\frac{d\eta}{d\xi} = \phi(\xi, \ \eta)$$

에 대입하여 급수해를 구한다.

예제 8 $\dfrac{dy}{dx}=1+xy^2$, $y(1)=1$을 풀어라.

풀이 $x-1=\xi$, $y-1=\eta$

라고 놓으면, 주어진 방정식은 다음과 같이 변환된다.

$$\frac{d\eta}{d\xi}=1+(1+\xi)(1+\eta)^2=2+\xi+2\eta+2\xi\eta+\eta^2+\xi\eta^2$$

초기조건 $\eta(0)=0$에서 급수해는 다음형이 된다.

$$\eta=A_1\xi+A_2\xi^2+\cdots$$

이것을 변환된 미분방정식에 대입하면,

$$\begin{aligned}A_1+2A_2\xi+3A_3\xi^2+\cdots&=2+\xi+2(A_1\xi+A_2\xi^2+\cdots)\\&\quad+2\xi(A_1\xi+A_2\xi^2+\cdots)+(A_1\xi+A_2\xi^2+\cdots)^2+\xi(A_1\xi+A_2\xi^2+\cdots)^2\end{aligned}$$

우변을 전개하고 양변에서 ξ의 같은 차수의 계수를 같다고 놓으면

$$\begin{aligned}&A_1=2,\ 2A_2=1+2A_1,\ 3A_3=2A_2+2A_1+A_1^2,\\&4A_4=2A_3+2A_2+2A_1A_2+A_1^2,\ \cdots\end{aligned}$$

이것에서 $A_1=2$, $A_2=\dfrac{5}{2}$, $A_3=\dfrac{13}{3}$, $A_4=\dfrac{83}{12}$, $\cdots$

$$\therefore\ \eta=2\xi+\frac{5}{2}\xi^2+\frac{13}{3}\xi^3+\frac{83}{12}\xi^4+\cdots$$

이 해에서 $\xi=x-1$, $\eta=y-1$로 바꾸면 구하는 해가 구해진다.

$$y=1+2(x-1)+\frac{5}{2}(x-1)^2+\frac{13}{3}(x-1)^3+\frac{83}{12}(x-1)^4+\cdots$$ □

연습문제 (10.1)

1. x의 멱급수로 미분방정식 $(1-x)y'=x^2-y$의 해를 구하라.

2. $x-1$의 멱급수로 미분방정식 $xy'=1-x+2y$의 해를 구하라.
   힌트) $x-1=v$로 놓고, v의 멱급수로 $(v+1)\dfrac{dy}{dv}=-v+2y$를 풀어라.

3. 지정된 점 근방에서 다음 미분방정식의 급수해를 구하라.
   (1) $y'=x+2xy$ $[x=0]$
   (2) $xy'=x+y$ $[x=1]$
   (3) $xy'=x^2-x+y$ $[x=0]$
   (4) $(x+1)y'-y=x(x+1)$ $[x=0]$

10.2 2계제차선형미분방정식의 급수해

1 특이점이 없는 경우

주어진 미분방정식의 급수해가 존재할 수 있는가를 조사하는 것은 해석학의 중요한 과제의 하나이다. 본 교재에서는 2계선형미분방정식이 급수해의 형태를 설명하는 것과 그 해법을 중심으로 다루어 본다.

미분방정식

$$p_0(x)y'' + p_1(x)y' + p_2(x)y = 0 \tag{1}$$

을 생각하자. 여기서 $p_i(x)$는 x에 관한 다항식이다. 만일 $p_0(a) \neq 0$이면 $x=a$를 방정식 (1)의 **통상점**이라 하고, $p(a)=0$이면 $x=a$를 **특이점**이라 한다.

$x=0$이 통상점이면 (1)은 $x=0$의 근방에서 급수해 $y=\sum_{n=0}^{\infty} A_n x^n$를 갖는다.

> **정리 10.1** 2계제차선형미분방정식
>
> $$y'' + f_1(x)y' + f_2(x)y = 0 \tag{2}$$
>
> 은 계수 $f_1(x)$와 $f_2(x)$가 수렴하는 구간에서 멱급수 $y=\sum_{n=0}^{\infty} A_n n^n$형의 2개의 일차독립인 급수해를 갖는다.

일반적으로 2계제차선형미분방정식의 일반꼴은

$$p_0(x)y'' + p_1(x)y' + p_2(x)y = 0 \tag{3}$$

인 형식을 하며

$$f_1(x) = \frac{p_1(x)}{p_0(x)}, \quad f_2(x) = \frac{p_2(x)}{p_0(x)}$$

라고 놓음으로써 이 미분방정식은 (2)의 형식으로 변형되고, 풀이를 요구하는 구간안의 x에 대하여 $p_0(x) \neq 0$이고, $f_1(x)$, $f_2(x)$가 같은 구간에서 x의 멱급수로 전개할 수 있으면 위의 정리가 적용된다.

예제 1 x의 멱급수로 방정식 $(1+x^2)y''+xy'-y=0$을 풀어라.

풀이 여기서 $p_0(x)=1+x^2$이고, $p_0(0)\neq 0$이므로 $x=0$은 통상점이다.

구하는 급수해

$$y=\sum_{n=0}^{\infty}A_n x^n$$

을 준방정식에 대입하여 계수를 정한다.

$$\begin{array}{r|l} -1 & y=\sum_{n=0}^{\infty}A_n x^n \\ +x & y'=\sum_{n=0}^{\infty}nA_n x^{n-1} \\ +(1+x^2) & y''=\sum_{n=0}^{\infty}n(n-1)A_n x^{n-2} \\ \hline \end{array}$$

$$\begin{aligned}(1+x^2)y^2+xy'-y&=\sum_{n=0}^{\infty}\{n(n-1)+n-1\}A_n x^n+\sum_{n=0}^{\infty}n(n-1)A_n x^{n-2}\\ &=\sum_{n=0}^{\infty}(n^2-1)A_n x^n+\sum_{n=0}^{\infty}(n+2)(n+1)A_{n+2}x^n\\ &=\sum_{n=0}^{\infty}\{(n^2-1)A_n+(n+2)(n+1)A_{n+2}\}x^n=0\end{aligned}$$

$(n+2)(n+1)A_{n+2}+(n^2-1)A_n=0$에서 $A_{n+2}=-\dfrac{n-1}{n+2}A_n \quad n\geq 0$

순환공식에서 $A_3=A_5=A_7=\cdots=0$임은 분명하다. $n=0$일 때 $A_2=\dfrac{1}{2}A_0$이고, n이 짝수$(n=2k)$이면

$$\begin{aligned}A_{2k}&=-\frac{2k-3}{2k}A_{2k-2}=\frac{(2k-3)(2k-5)}{2k(2k-2)}A_{2k-4}=\cdots\\ &=(-1)^{k-1}\frac{1\cdot 3\cdot 5\cdots(2k-3)}{2^k k!}A_0 \quad (k\geq 2)\end{aligned}$$

따라서 구하는 해는

$$\begin{aligned}y&=A_0\left(1+\frac{1}{2}x^2-\frac{1}{8}x^4+\frac{1}{16}x^6-\frac{5}{128}x^8+\cdots\right)+A_1x\\ &=A_0\left\{1+\frac{1}{2}x^2+\sum_{k=2}^{\infty}(-1)^{k+1}\frac{1\cdot 3\cdot 5\cdots(2k-3)}{2^k k}x^{2k}\right\}+A_1x\end{aligned}$$

여기서 $\lim_{n\to\infty}\left|\dfrac{A_{n+2}x^{n+2}}{Ax^n}\right|=x^2\lim_{n\to\infty}\dfrac{n-1}{n+2}=x^2$이므로 $|x|<1$에서 이 급수는 수렴한다.

준미분방정식을 $y''+\dfrac{x}{1+x^2}y'-\dfrac{1}{1+x^2}y=0$으로 바꿀 때 $\dfrac{x}{1+x^2}$ 및 $\dfrac{1}{1+x^2}$의 x의 멱급수전개가 $|x|<1$에서 수렴하므로, 위 급수해는 $|x|<1$에서 수렴한다. □

예제 2 $x-2$의 멱급수로 방정식 $y''+(x-1)y'+y=0$의 급수해를 구하라.

풀이 $x=v+2$로 놓고, 준 방정식에 대입하면

$$\frac{d^2y}{dv^2}+(v+1)\frac{dy}{dv}+y=0 \quad \cdots \text{①}$$

우선 방정식을 v의 멱급수로 급수해를 구한다.

$$y=\sum_{n=0}^{\infty}A_n v^n$$

을 준방정식에 대입한다.

$+1$	$y=\sum_{n=0}^{\infty}A_n v^n$
$+(v+1)$	$y'=\sum_{n=0}^{\infty}nA_n v^{n-1}$
$+1$	$y''=\sum_{n=0}^{\infty}n(n-1)A_n v^{n-2}$

$$y''+(v+1)y'+y=\sum_{n=0}^{\infty}(n+1)A_n v^n+\sum_{n=0}^{\infty}nA_n v^{n-1}+\sum_{n=0}^{\infty}n(n-1)A_n v^{n-2}$$
$$=\sum_{n=0}^{\infty}\{(n+1)A_n+(n+1)A_{n+1}+(n+2)(n+1)A_{n+2}\}v^n=0$$

$(n+2)(n+1)A_{n+2}+(n+1)A_n+(n+1)A_{n+1}=0$에서

$$A_{n+2}=-\frac{1}{n+2}(A_n+A_{n+1})$$
$$A_2=-\frac{1}{2}(A_0+A_1),\ A_3=-\frac{1}{3}(A_1+A_2)=\frac{1}{6}(A_0-A_1),$$
$$A_4=-\frac{1}{4}(A_2+A_3)=\frac{1}{12}(A_0+2A_1),\ \cdots$$

①의 해는 다음과 같다.

$$y=A_0+A_1v-\frac{1}{2}(A_0+A_1)v^2+\frac{1}{6}(A_0-A_1)v^3+\frac{1}{12}(A_0+2A_1)v^4+\cdots$$
$$=A_0\left(1-\frac{1}{2}v^2+\frac{1}{6}v^3+\frac{1}{12}v^4+\cdots\right)+A_1\left(v-\frac{1}{2}v^2-\frac{1}{6}v^3+\frac{1}{6}v^4+\cdots\right)$$

$v=x-2$이므로 구하는 급수해는

$$y=A_0\left\{1-\frac{1}{2}(x-2)^2+\frac{1}{6}(x-2)^3+\frac{1}{12}(x-2)^4-\frac{1}{20}(x-2)^5-\frac{1}{180}(x-2)^6+\cdots\right\}$$
$$+A_1\left\{(x-2)-\frac{1}{2}(x-2)^2-\frac{1}{6}(x-2)^3+\frac{1}{6}(x-2)^4-\frac{1}{36}(x-2)^6+\cdots\right\}$$

□

2 특이점이 있는 경우

[1] 정칙특이점

$$p_0(x)y''+p_1(x)y'+p_2(x)y=0 \text{ (단, } p_i(x)\text{는 } x\text{에 관한 다항식)} \tag{4}$$

에 특이점이 있는 경우는 앞 절의 방법으로 급수해를 구할 수는 없다.

[보기 1] 방정식 $xy''+(x^2-x)y'+2y=0$에서 $x=0$은 $p(0)=0$이므로 $x=0$은 특이점이다. 급수해를

$$y=A_0+A_1x+A_2x^2+A_3x^3+\cdots$$

이라 하고, 이것을 준 방정식에 대입하여

$$2A_0+A_1x+(2A_2+A_1)x^2+(5A_3+2A_2)x^3+\cdots=0$$

이고, 이 관계가 항등적으로 만족하기 위하여는 $A_0=0,\ A_1=0,\ A_2=0,\ A_3=0,\ \cdots$ 이 성립하는 것이 필요하다. 따라서 준 방정식을 만족하는 (2)의 형의 급수해는 존재하지 않는다.

(4)에서 $x=a$가 특이점인 경우, (4)를 다음과 같은 형

$$y''+\frac{R_1(x)}{x-a}y'+\frac{R_2(x)}{(x-a)^2}y=0 \tag{5}$$

으로 바꾸어 쓸때, $R_1(x)$, $R_2(x)$가 $x=a$에 관하여 Taylor급수로 전개할 수 있으면 $x=a$를 방정식 (4)의 **정칙특이점**이라 한다.

[보기 2] 방정식 $(1+x)y''+2xy'-3y=0$에서 $x=-1$은 특이점이다. 방정식을

$$y''+\frac{R_1(x)}{x+1}y'+\frac{R_2(x)}{(x+1)^2}y=y''+\frac{2x}{x+1}y'+\frac{-3(x+1)}{(x+1)^2}y=0$$

으로 바꾸어 쓸 때, $R_1(x)=2x=2(x+1)-2,\ R_2(x)=-3(x+1)$는 $x=-1$에 관한 Taylor 전개이므로, $x=-1$은 정칙특이점이다.

[보기 3] 방정식 $x^3y''+x^2y'+y=0$에서 $x=0$은 특이점이나, 방정식을

$$y''+\frac{1}{x}y'+\frac{1/x}{x^2}y=0$$

인 꼴로 바꿀 때, $R_2(x)=\frac{1}{x}$은 $x=0$에 관한 Taylor 급수로 전개할 수 없으므로 $x=0$은 정칙특이점이 아니다.

> **정리 10.2** $x=0$이 (4)의 정칙특이점일 때는 다음과 같은 급수해가 존재한다.
>
> $$y=x^m\sum_{n=0}^{\infty}A_nx^n=A_0x^m+A_1x^{m+1}+A_2x^{m+2}+\cdots+A_nx^{m+n}+\cdots,\quad A_0\neq 0 \tag{6}$$
>
> m과 A_i들을 (6)식이 방정식 (1)을 만족하도록 결정해야 한다.
>
> $x=0$만이 정칙 특이점이거나 특이점이 없으면, x의 멱급수로 구해진 급수해는 x의 모든 유한값에 대하여 수렴하고, 만약 $x=0$ 이외의 다른 특이점이 있으면, 원점을 중심으로 하고, 원점에서 가장 가까운 특이점까지를 수렴반지름으로 한다.

예제 3 급수해로 방정식 $2xy''+(x+1)y'+3y=0$을 풀어라.

풀이 $R_1(x)=(x+1)/2$, $R_2(x)=3x$이므로 $x=0$은 정칙특이점이다.

$y=\sum_{n=0}^{\infty}A_nx^{n+m}$을 준방정식에 대입한다.

$+3$	$y=\sum_{n=0}^{\infty}A_nx^{n+m}$
$+(x+1)$	$y'=\sum_{n=0}^{\infty}(n+m)A_nx^{n+m-1}$
$+2x$	$y''=\sum_{n=0}^{\infty}(n+m)(n+m-1)A_nx^{n+m-2}$

$$\begin{aligned}2xy''+(x+1)y'+3y&=\sum_{n=0}^{\infty}\{2(n+m)(n+m-1)+(n+m)\}A_nx^{n+m-1}\\&\quad+\sum_{n=0}^{\infty}\{(n+m)+3\}A_nx^{n+m}\\&=m(2m-1)A_0x^{m-1}+\sum_{n=0}^{\infty}\{(n+m+1)(2n+2m+1)A_{n+1}\\&\quad+(n+m+3)A_n\}x^{n+m}=0 \qquad \cdots ①\end{aligned}$$

$A_0\neq 0$이므로, 첫째 항의 계수 $m(2m-1)=0$에서 $m=0$ 또는 $m=\frac{1}{2}$이다. 그러나 m에 관계없이 첫째 항 후의 모든 항의 계수 A_i들은 순환공식

$$A_{n+1}=-\frac{m+n+3}{(m+n+1)(2m+2n+1)}A_n \quad n\geq 0$$

을 만족할 경우 0이 된다. 따라서 순환공식을 만족하는 급수

$$\bar{y}=A_0x^m\left\{1-\frac{m+3}{(m+1)(2m+1)}x+\frac{(m+3)(m+4)}{(m+1)(m+2)(2m+1)(2m+3)}x^2\right.$$
$$\left.-\frac{(m+4)(m+5)}{(m+1)(m+2)(m+3)(2m+1)(2m+3)(2m+5)}x^3+\cdots\right\} \quad \cdots ②$$

는 미분방정식

$$2x\bar{y}''+(x+1)\bar{y}'+3\bar{y}=m(2m-1)A_0x^{m-1} \quad \cdots ③$$

을 만족한다.

③의 우변은 $m=0$ 또는 $m=\frac{1}{2}$일 때 0이 된다.

$m=0$, $A_0=1$일 때 특수해는

$$y_1=1-3x+2x^2-2x^3/3+\cdots$$

$m=\frac{1}{2}$, $A_0=1$일 때 특수해는

$$y_2=\sqrt{x}\,(1-7x/6+21x^2/40-11x^3/80+\cdots)$$

따라서 구하는 급수해는

$$\begin{aligned}y&=Ay_1+By_2\\&=A(1-3x+2x^2-2x/3+\cdots)+B\sqrt{x}\,(1-7x/6+21x^2/40-11x^3/80+\cdots)\end{aligned}$$ □

[2] 결정방정식

예제 3의 ①에서 최저차항의 계수 또는 ③의 우변의 계수는 $f(m)A_0$꼴을 한다. 방정식 $f(m)=0$을 **결정방정식**이라 한다.

2계미분방정식의 결정방정식의 근은 다음 3가지 경우로 구분된다.

(a) 서로 다르고, 정수만큼 다르지 않거나

(b) 같거나

(c) 서로 다르며, 정수만큼 다르다.

이들 각 경우의 미분방정식의 급수해를 구하는 해법을 살펴보자.

(a) 결정방정식의 근 m_1, m_2의 차가 정수가 아닌 경우

이 경우는 앞 예제에서 설명된 해법에 준한다.

예제 4 방정식 $2x^2y''-xy'+(x^2+1)y=0$의 급수해를 구하라.

풀이

$$\begin{array}{c|l} +(x^2+1) & y=\sum_{n=0}^{\infty} A_n x^{n+m} \\ -x & y'=\sum_{n=0}^{\infty}(n+m)A_n x^{n+m-1} \\ +2x^2 & y''=\sum_{n=0}^{\infty}(n+m)(n+m-1)A_n x^{n+m-2} \end{array}$$

$$\begin{aligned} 2x^2y''+xy'+(x^2+1)y &= \sum_{n=0}^{\infty}\{2(n+m)(n+m-1)-(n+m)+1\}A_n{}^{n+m} \\ &\quad +\sum_{n=0}^{\infty} A_n x^{n+m+2} \\ &=(2m-1)(m-1)A_0x^m+(2m+1)mA_1x^{1+m} \\ &\quad +\sum_{n=0}^{\infty}\{(2n+2m+3)(n+m+1)A_{n+2}+A_n\}x^{n+m+2}=0 \end{aligned}$$

A_0, A_1을 제외한 모든 항의 계수 A_2, A_3, …들은 순환공식을 만족해야 한다.

$$A_{n+2}=-\frac{1}{(m+n+1)(2m+2n+3)}A_n,\ n\geq 0$$

결정방정식 $(m-1)(2m-1)=0$의 근은 $m=\frac{1}{2}$, 1이고, 어느 경우나 첫째 항은 0이 된다. 그러나 이들 m의 값이 둘째 항을 0으로 하지 않으므로 둘째항에서 $A_1=0$으로 한다.

$A_1=0$일 때, 순환공식에서 $A_1=A_3=A_5=\cdots=0$이 된다. 따라서

$$\bar{y}=A_0x^m\left\{1-\frac{1}{(m+1)(2m+3)}x^2+\frac{1}{(m+1)(2m+3)(m+3)(2m+7)}x^4-\cdots\right\}$$

은 방정식 $\quad 2x^2\bar{y}''-x\bar{y}'+(x^2+1)\bar{y}=(m-1)(2m-1)A_0x^m$

을 만족하고, 우변은 $m=\frac{1}{2}$ 또는 $m=1$일 때 0이 된다.

$$m=\tfrac{1}{2}\text{이고, } A_0=1\text{일 때, } y_1=\sqrt{x}\,(1-x^2/6+x^4/168-x^6/11088+\cdots)$$
$$m=1\text{이고, } A_0=1\text{일 때, } y_2=x(1-x^2/10+x^4/360-x^6/28080+\cdots)$$

이고, 이들 두 해는 1차독립이므로 구하는 급수해는

$$\begin{aligned} y=Ay_1+By_2 &= A\sqrt{x}\,(1-x^2/6+x^4/168-x^6/11088+\cdots) \\ &\quad +Bx(1-x^2/10+x^4/360-x^6/28080+\cdots) \end{aligned}$$

$x=0$이 유일한 특이점이므로, 이 급수는 x의 모든 유한한 값에 대하여 수렴한다. □

(b) 결정방정식의 근 m_1과 m_2가 같을 경우,

이 경우 급수해는

$$y=A\bar{y}|_{m=m_1}+B+\frac{\partial \bar{y}}{\partial m}\bigg|_{m=m_1} \tag{7}$$

의 형으로 구해진다.

다음 예제를 들어서 설명한다.

예제 5 미분방정식 $xy''+y'-y=0$의 급수해를 구하라.

풀이 $y=x^m\sum A_n x^n$이라 놓고 y, y' 및 y''를 준 방정식에 대입하면

$$m^2A_0x^{m-1}+\{(m+1)^2A_1-A_0\}x^m+\{(m+2)^2A_2-A_1\}x^{m+1}$$
$$+\cdots+\{(m+n)^2A_n-A_{n-1}\}x^{m+n-1}+\cdots=0$$

첫째 항을 제외한 모든 항 A_1, A_2, …은 순환공식

$$A_n=\frac{1}{(m+n)^2}A_{n-1},\ n\geq 1 \qquad \cdots ①$$

에 의하여 정해진다.

$$\bar{y}=A_0x^m\left(1+\frac{1}{(m+1)^2}x+\frac{1}{(m+1)^2(m+2)^2}x^2+\frac{1}{(m+1)^2(m+2)^2(m+3)^2}x^3+\cdots\right)$$

은 방정식

$$x\bar{y}''+\bar{y}'-\bar{y}=m^2A_0x^{m-1} \qquad \cdots ②$$

을 만족한다. 결정방정식의 근은 중근 $m=0$이고, $m=0$일 때 한 급수해가 존재한다.

그러나 $\bar{y}$를 독립변수 x와 m의 함수로 보면

$$\frac{\partial \bar{y}'}{\partial m}=\frac{\partial}{\partial m}\left(\frac{\partial \bar{y}}{\partial x}\right)=\frac{\partial}{\partial x}\left(\frac{\partial \bar{y}}{\partial m}\right)=\left(\frac{\partial \bar{y}}{\partial m}\right)'$$
$$\frac{\partial \bar{y}''}{\partial m}=\frac{\partial}{\partial m}\frac{\partial}{\partial x}\left(\frac{\partial \bar{y}}{\partial x}\right)=\frac{\partial}{\partial x}\frac{\partial}{\partial m}\left(\frac{\partial \bar{y}}{\partial x}\right)=\frac{\partial}{\partial x}\frac{\partial}{\partial x}\left(\frac{\partial \bar{y}}{\partial m}\right)=\left(\frac{\partial \bar{y}}{\partial m}\right)''$$

이고, ②를 m에 관하여 편미분하면

$$x\left(\frac{\partial \bar{y}}{\partial m}\right)''+\left(\frac{\partial \bar{y}}{\partial m}\right)'-\left(\frac{\partial \bar{y}}{\partial m}\right)=2mA_0x^{m-1}+m^2A_0x^{m-1}\log x \quad \cdots ③$$

②와 ③으로부터 $y_1=\bar{y}|_{m=0}$과 $y_2=\frac{\partial \bar{y}}{\partial m}\Big|_{m=0}$은 준미분방정식의 해이다.

$A_0=1$이라면

$$\frac{\partial \bar{y}}{\partial m}=x^m \log x\left[1+\frac{1}{(m+1)^2}x+\frac{1}{(m+2)^2(m+2)^2}x^2\right.$$
$$\left.+\frac{1}{(m+1)^2(m+2)^2(m+3)^2}x^3+\cdots\right]$$
$$+x^m\left[-\frac{2}{(m+1)^3}x-\left\{-\frac{2}{(m+1)^3(m+2)^2}+\frac{2}{(m+1)^2(m+2)^3}\right\}x^2+\cdots\right]$$
$$=\bar{y}\log x-2x^m\left[\frac{1}{(m+1)^3}x+\left\{\frac{1}{(m+1)^3(m+2)^2}+\frac{1}{(m+1)^2(m+2)^3}\right\}x^2+\cdots\right]$$

이며, 여기서 얻는 두 해

$$y_1=\bar{y}|_{m=0}=1+x+\frac{x^2}{(2!)^2}+\frac{x^3}{(3!)^2}+\cdots,$$
$$y_2=\frac{\partial \bar{y}}{\partial m}\bigg|_{m=0}=y_1\log x-2\left\{x+\frac{1}{(2!)^2}\left(1+\frac{1}{2}\right)x^2+\frac{1}{(3!)^2}\left(1+\frac{1}{2}+\frac{1}{3}\right)x^3+\cdots\right\}$$

은 1차 독립인 해이므로 구하는 급수해는

$$y=Ay_1+By_2=(A+B\log x)\left[1+x+\frac{1}{(2!)^2}x^2+\frac{1}{(3!)^2}x^3+\cdots\right]$$
$$-2B\left\{x+\frac{1}{(2!)^2}\left(1+\frac{1}{2}\right)x^2+\frac{1}{(3!)^2}\left(1+\frac{1}{2}+\frac{1}{3}\right)x^3+\cdots\right\}$$

이 급수는 $x\neq 0$인 모든 유한한 값에 대하여 수렴한다. □

(c) 결정방정식의 두 근 m_1, m_2가 정수 만큼 다른 경우($m_1<m_2$)

큰 근 m_2에 대하여는 늘 한 해가 구해지나, 작은 근 m_1에 대하여는 해가 구해질 수도 있고, 그렇지 않을 수도 있다.

해가 구해지지 않는 경우, m_1에 대한 해는 매개변수변화법으로 해를 구할 수 있다.

예제 6 미분방정식 $xy''+(x-1)y'-y=0$의 급수해를 구하라.

풀이 $y=\sum_{n=0}^{\infty} A_n x^{n+m}$이라 하고, y, y' 및 y''를 준 방정식에 대입하면

$$(m-2)mA_0x^{m-1}+[(m-1)(m+1)A_1+(m-1)A_0]x^m+[m(m+2)A_2+mA_1]x^{m+1}$$
$$+\cdots+[(m+n-2)(m+n)A_n+(m+n-2)A_{n-1}]x^{m+n-1}+\cdots=0$$

결정방정식의 근은 $m=0$, 2이고 정수만큼 다르다. 계수 A_i는 순환공식

$$A_n=\frac{m+n-2}{(m+n-2)(m+n)}A_{n-1}=-\frac{1}{m+n}A_{n-1}\quad(n\geq 1)$$

을 만족하도록 정한다. 여기서 작은 근 $m=0$에 대하여 $A_i\to\infty$되는 일은 없

다. 이것은 인수 $m+n-2$로 약분되기 때문이다. 따라서

$$\bar{y}=A_0x^m\left\{1-\frac{1}{m+1}x+\frac{1}{(m+1)(m+2)}x^2-\frac{1}{(m+1)(m+2)(m+3)}x^3+\cdots\right\}$$

은 미분방정식을

$$x\bar{y}''+(x-1)\bar{y}'-\bar{y}=(m-2)mA_0x^{m-1}$$

만족한다. $A_0=1$, $m=0$, $m=2$일 때

$$y_1=\bar{y}|_{m=0}=1-x+x^2/2!-x^3/3!+\cdots=e^{-x}$$
$$y_2=\bar{y}|_{m=2}=x^2-2x^3/3!+2x^4/4!-2x^5/5!+\cdots=2(e^{-x}+x-1)$$

이 경우는 결정방정식의 두 근에 대하여 각각 1차독립인 해를 얻을 수 있으므로 구하는 해는

$$y=c_1e^{-x}+c_2\{2(e^{-x}+x-1)\}=Ae^{-x}+B(1-x)$$

이고, 이 해는 x의 모든 유한한 값에 대하여 수렴한다. □

예제 7 $x^2y''-(x^2+4x)y'+4y=0$의 급수해를 구하라.

풀이 $x=0$은 정칙특이점이므로, 구하는 급수해는 $y=\sum_{n=0}^{\infty}A_nx^{m+n}$꼴이다.

$+4$	$y=\sum_{n=0}^{\infty}A_nx^{m+n}$
$-(x^2+4x)$	$y'=\sum_{n=0}^{\infty}(m+n)A_nx^{m+n-1}$
$+x^2$	$y''=\sum_{n=0}^{\infty}(m+n)(m+n-1)A_nx^{m+n-2}$

$$\begin{aligned}x^2y''-(x^2+4x)y'-4y&=\sum_{n=0}^{\infty}\{(m+n)(m+n-1)-4(m+n)+4\}A_nx^{m+n}\\&\quad-\sum_{n=0}^{\infty}(m+n)A_nx^{m+n+1}\\&=(m-1)(m-4)A_0x^m+\sum_{n=0}^{\infty}\{(m+n)(m+n-3)A_{n+1}-(m+n)A_n\}x^{m+n+1}\equiv 0\end{aligned}$$

결정방정식 $f(m)=(m-1)(m-4)=0$에서 $m=1,\ 4$

(i) $m=4$(큰 근)일 때 순환공식

$$(n+4)(n+1)A_{n+1}-(n+4)A_n=0\text{에서 } A_{n+1}=\frac{1}{n+1}A_n$$
$$\therefore\ A_n=\frac{1}{n}A_{n-1}=\frac{1}{n!}A_0$$

$$\therefore \ \bar{y}=A_0x^4\sum_{n=0}^{\infty}\frac{x^n}{n!}=A_0x^4e^x$$

(ii) $m=1$(작은 근)일 때 순환공식 $(n+1)(n-2)A_{n+1}-(n+1)A_n=0$에서

$$A_{n+1}=\frac{1}{n-2}A_n \text{ 또는 } A_n=\frac{1}{n-3}A_{n-1}$$

$n=1$일 때 $A_1=-\frac{1}{2}A_0$; $n=2$일 때, $A_2=-A_1=\frac{1}{2}A_0$

$n\geq 3$일 때 A_n은 결정되지 않는다.

따라서 (i)에서 얻은 부분해를 이용하여 매개변수변화법으로 완전해를 구한다.

$$y=x^4e^x \ (A_0=1)$$

에서 구하는 해를 $y=uv$이라 놓으면 $(x^4e^x=v)$

$$\begin{array}{r|l} +4 & y=uv \\ -(x^2+4x) & y'=u'v+uv' \\ +x^2 & y''=u''v+2u'v'+uv'' \\ \hline \end{array}$$

$$x^2y''-(x^2+4x)y'+4y=u\{x^2v''-(x^2+4y)v'+4v\}$$
$$+x^2vv''+\{2x^2v-v(x^2+4x)\}u'=0 \ \cdots \ ①$$

그런데 $y=v$가 해이므로 $x^2v''-(x^2+4x)v'+4v=0$이고, $v=x^4e^x$이므로

$$v'=4x^3e^x+x^4e^x=\frac{4v}{x}+v=\frac{4v+xv}{x}=\frac{(x+4)v}{x}$$

따라서 ①식은 $x^2vu''+\{2x(x+4)-(x^2+4x)\}u'v=0$

또는 $x^2u''+(x^2+4x)u'=0$에서 $xu''+(x+4)u'=0$

이 방정식은 u'에 관한 1계선형미분방정식이므로

$$u'=c_1e^{-\int\frac{x+4}{x}dx}=c_1x^{-4}e^{-x} \ \therefore \ u=c_1\int x^{-4}e^{-x}dx+c_2$$

따라서 구하는 일반해는

$$y=uv=x^4e^x\left(c_1\int x^{-4}e^{-x}dx+c_2\right)$$

□

3 충분히 큰 x값에 대한 급수해와 우변에 음수의 거듭제곱항이 있는 경우

[1] 충분히 큰 x값에 대한 급수해

준미분방정식을 충분히 큰 x의 값에 대하여 풀어야 할 때가 때때로 있다. 그러한 경우 이미 얻은 급수해가 x의 모든 유한값에 대하여 유용하다 하더라도 실용성이 없다. 이와 같은 경우는 변수변환

$$x=\frac{1}{z}$$

에 의하여 변형된 방정식을 $z=0$ 근방에서의 급수해를 구하고 $z=\frac{1}{x}$을 대입한다.

예제 8 $2x^2(x-1)y''+x(3x+1)y'-2y=0$의 충분히 큰 x에 대하여 수렴하는 급수해를 구하라.

풀이

$$x=\frac{1}{z},\ y'=\frac{dy}{dz}\frac{dz}{dx}=-\frac{1}{x^2}\frac{dy}{dz}=-z^2\frac{dy}{dz},$$

$$y''=\frac{2}{x^3}\frac{dy}{dz}+\frac{1}{x^4}\frac{d^2y}{dz^2}=z^4\frac{d^2y}{dz^2}+2z^3\frac{dy}{dz}$$

이들을 준 방정식에 대입하면

$$\frac{2}{z^2}\left(\frac{1-z}{z}\right)\left(z^4\frac{d^2y}{dz^2}+2z^3\frac{dy}{dz}\right)+\frac{1}{z}\left(\frac{3}{z}+1\right)\left(-z^2\frac{dy}{dz}\right)-2y=0$$

정리하면

$$2(z-z^2)\frac{d^2y}{dz^2}+[4(1-z)-(3+z)]\frac{dy}{dz}-2y$$

$$=2(z-z^2)\frac{d^2y}{dz^2}+(1-5z)\frac{dy}{dz}-2y=0$$

$x=\infty$의 상 $z=0$은 정칙특이점이므로 구하는 급수해의 꼴을

$$y=\sum_{n=0}^{\infty}A_nz^{m+n}$$

이라 하고, 이것을 위 방정식에 대입하면

$$m(2m-1)A_0z^{m-1}+\sum_{n=0}^{\infty}[(m+n)(2m+2n-1)A_n$$

$$-\{2(m+n)^2-(m+n)+1\}A_{n-1}]z^{m+n-1}=0$$

순환공식은

$$A_n=\frac{2(m+n)^2-(m+n)+1}{(m+n)(2m+2n-1)}A_{n-1}\ (n\geq 1)$$

따라서 순환공식을 만족하는 무한급수

$$\bar{y}=A_0z^m\left(1+\frac{2m^2+3m+2}{(m+1)(2m+1)}z+\frac{2m^2+3m+2}{(m+1)(2m+1)}\cdot\frac{2m^3+7m+7}{(m+2)(2m+3)}z^2+\cdots\right)$$

를 준 방정식에 대입하면

$$2(z-z^2)\frac{d^2\bar{y}}{dz^2}+(1-5z)\frac{d\bar{y}}{dz}-2\bar{y}=m(2m-1)A_0z^{m-1}$$

$m=0$, $A_0=1$에 대한 해는

$$y_1=1+2z+\frac{7z^2}{3}+\frac{112z^2}{45}+\cdots=1+\frac{2}{x}+\frac{7}{3x^2}+\frac{112}{45x^3}+\cdots$$

$m=\frac{1}{2}$, $A_0=1$에 대한 해는

$$y_2=z^{\frac{1}{2}}\left(1+\frac{4z}{3}+\frac{22z^2}{15}+\frac{484z^3}{315}+\cdots\right)=x^{-\frac{1}{2}}\left(1+\frac{4}{3x}+\frac{22}{15x^2}+\frac{484}{315x^3}+\cdots\right)$$

따라서 구하는 급수해는

$$\begin{aligned}y&=Ay_1+By_2\\&=A\left(1+\frac{2}{x}+\frac{7}{3x^2}+\frac{112}{45x^3}+\cdots\right)+Bx^{-\frac{1}{2}}\left(1+\frac{4}{3x}+\frac{22}{15x^2}+\frac{484}{315x^3}+\cdots\right)\end{aligned}$$

이 z에 관한 급수는 $|z|<1$ 즉 $z=0$을 중심으로 하고 반지름 1인 원의 내부의 모든 점에서 수렴한다. 따라서 x에 관한 급수해는 $|x|>1$. 즉 $x=0$에 중심을 갖는 반지름인 1인 원의 외부의 모든 점에 대하여 수렴한다. □

[2] $P_0(x)y''+P_1(x)y'+P_2(x)y=Q(x)$의 해법($Q(x)$는 분수식)

미분방정식

$$P_0(x)y''+P_1(x)y'+P_2(x)y=Q(x)$$

는 여함수와 특수적분의 합으로 된다. 우변 $Q(x)$에 x의 음수의 멱이 있을 때, 특수적분은 다음 예제에서와 같이 구한다.

예제 9 $(x^2-x)y''+3y'-2y=x+\frac{3}{x^2}$을 $x=0$근방에서 급수해를 구하라.

풀이 $y=\sum_{n=0}^{\infty}A_nx^{m+n}$, $y'=\sum_{n=0}^{\infty}(m+n)A_nx^{m+n-1}$, $y''=\sum_{n=0}^{\infty}(m+n)(m+n-1)A_nx^{m+n-2}$

를 준 방정식에 대입하여

$$\begin{aligned}m(4-m)A_0x^{m-1}+\sum_{n=0}^{\infty}[(m+n)(4-m-n)A_n+(m+n)(m+n-3)A_{n-1}]x^{n+m-1}\\=x+\frac{3}{x^2}\ \cdots\ ①\end{aligned}$$

급수해를 구하기 위하여 다음 순환공식에 의한 y를 $\bar{y}$라면

$$A_n=\frac{m+n-3}{m+n-4}A_{n-1}\ (n\geq 1)$$

$$\bar{y}=A_0x^m\left(1+\frac{m-2}{m-3}x+\frac{m-1}{m-3}x^2+\frac{m}{m-3}x^3+\frac{m+1}{m-3}x^4+\cdots\right)$$

은 방정식

$$(x^2-x)\bar{y}''+3\bar{y}'-2\bar{y}=m(4-m)A_0x^{m-1}\ \cdots\ ②$$

을 만족한다.

②의 우변은 $m=0$, 4일 때 0이 된다. $m=0$, $A_0=1$인 경우

$$y_1=1+\frac{2x}{3}+\frac{x^2}{3}$$

이고, $m=4$, $A_0=1$인 경우

$$y_2=x^4(1+2x+3x^2+4x^3+5x^4+\cdots)=\frac{x^4}{(1-x)^2}\ \ (|x|<1)$$

이므로, 우변이 0인 경우의 급수해(여함수)는

$$y=A(x^2+2x+3)+\frac{Bx^4}{(1-x)^2}$$

특수해를 구하려면, 준 미분방정식의 우변의 각 항을 생각해야 한다.

②의 우변의 항 x에 대하여 항등적으로

$$m(4-m)A_0x^{m-1}=x$$

이므로 $m=2$, $A_0=\frac{1}{4}$이다. $m=2$에 대한 순환공식은 $A_n=\frac{n-1}{n-2}A_{n-1}$이므로 $A_1=A_2=A_3=\cdots=0$. 따라서, 항 x에 대응하는 특수적분은 $\frac{x^2}{4}$이다.

다음은 ②의 우변의 항 $\frac{3}{x^2}$에 대하여, 항등적으로

$$m(4-m)A_0x^{m-1}=\frac{3}{x^2}$$

이므로 $m=-1$, $A_0=-\frac{3}{5}$이고, 순환공식은 $A_n=\frac{n-4}{n-5}A_{n-1}$이므로

$$A_1=\frac{3}{4}A_0,\ A_2=\frac{1}{2}A_0,\ A_3=\frac{1}{4}A_0,\ A_4=A_5=A_6=\cdots=0.$$

따라서 우변의 항 $\frac{3}{x^2}$에 대응하는 특수적분은 $-\frac{3}{5}x^{-1}\left(1+\frac{3}{4}x+\frac{1}{2}x^2+\frac{1}{4}x^3\right)$이다.
따라서 구하는 급수해는

$$y=A(x^2+2x+3)+\frac{Bx^4}{(1-x)^2}-\frac{3}{5x}-\frac{9}{20}-\frac{3}{10}x-\frac{3}{20}x^2$$

□

연습문제 (10.2)

1. $x=0$ 근방에서 다음 미분방정식의 급수해를 구하라.

(1) $y''+xy=0$

(2) $y''-xy'+x^2y=0$

(3) $(1-x^2)y''-2xy'+2y=0$

(4) $y''-xy'+2y=0$

2. $x=0$의 근방에서 다음 미분방정식의 급수해를 구하라.

(1) $2(x^2+x^3)y''-(x-3x^2)y'+y=0$

(2) $4xy''+2(1-x)y'-y=0$

(3) $2x^2y''-xy'+(1-x^2)y=0$

(4) $xy''+y'+xy=0$

(5) $x^2y''+x(1+x^3)y'-y=0$

(6) $x^2y''+x(x^2+2)y'+(x^2-2)y=0$

3. $2x^3y''+x^2y'+y=0$의 $x=\infty$근방에서의 급수해를 구하라.

4. $xy'-(x+2)y=-2x^2-2x$의 $x=0$근방에서의 급수해를 구하라.

제 *11* 장

Legendre 방정식과 Bessel 방정식

11.1 Legendre 방정식

[1] Legendre 방정식

$$(1-x^2)\frac{d^2y}{dx^2}-2x\frac{dy}{dx}+r(r+1)y=0 \tag{1}$$

의 꼴의 미분방정식을 **Legendre의 미분방정식**이라 한다. 이것은 구상도체 및 열분포를 조사하는 물리학의 문제 등에서 중요한 방정식이다. 이 방정식을 바꾸어 쓰면

$$y''-\frac{2x}{1-x^2}y'+\frac{r(r+1)}{1-x^2}y=0 \tag{2}$$

이 되고, 계수가 x의 멱급수로 전개되므로, 그 급수해는

$$y=\sum_{n=0}^{n}A_nx^n \tag{3}$$

의 꼴을 갖는다. (3)을 준 방정식 (1)에 대입하여

$r(r+1)$	$y=\sum_{n=0}^{\infty}A_nx^n$
$-2x$	$y'=\sum_{n=0}^{\infty}nA_nx^{n-1}$
$1-x^2$	$y''=\sum_{n=0}^{\infty}n(n-1)A_nx^{n-2}$

$$(1-x^2)y''-2xy'+r(r+1)y$$
$$=\sum_{n=0}^{\infty}[(n+2)(n+1)A_{n+2}-\{n(n-1)+2n-r(r+1)\}A_n]x^n=0$$

따라서
$$(n+2)(n+1)A_{n+2}-\{n(n-1)+2n-r(r+1)\}A_n$$
$$=(n+2)(n+1)A_{n+2}-(r-n)(n+r+1)A_n=0$$

에서 순환공식은

$$A_{n+2}=-\frac{(r-n)(n+r+1)}{(n+2)(n+1)}A_n \tag{4}$$

n에 0, 1, 2, 3, …을 대입하여

$$A_2=-\frac{r(r+1)}{2\cdot 1}A_0=-\frac{r(r+1)}{2!}A_0,\ A_3=-\frac{(r-1)(r+2)}{3\cdot 2}A_1$$
$$A_4=-\frac{(r-2)(r+3)}{4\cdot 3}A_2=\frac{(r-2)r(r+1)(r+3)}{4!}A_0$$
$$A_5=-\frac{(r-3)(r+4)}{5\cdot 4}A_3=\frac{(r-3)(r-1)(r+2)(r+4)}{5!}A_1$$
$$\cdots\cdots\cdots\cdots\cdots\cdots$$

이들 계수를 (3)에 대입하면 다음 급수해를 얻는다.

$$y=A_0\left[1-r(r+1)\left(\frac{x^2}{2!}\right)+(r-2)r(r+1)(r+3)\left(\frac{x^4}{4!}\right)-\cdots\right]$$
$$+A_1\left[x-(r-1)(r+2)\left(\frac{x^3}{3!}\right)+(r-3)(r-1)(r+2)(r+4)\left(\frac{x^5}{5!}\right)-\cdots\right] \tag{5}$$

단, $-1<x<1$이고, A_0와 A_1은 임의상수이다.

예제 1 다음 2계미분방정식의 급수해를 구하라.

$$(a^2-z^2)\frac{d^2y}{dz^2}-2z\frac{dy}{dz}+12y=0\ \ (a\neq 0)\ \cdots ①$$

풀이 $z=ax$이라면, $\frac{dx}{dz}=\frac{1}{a}$이므로 $\frac{dy}{dz}=\frac{dy}{dx}\cdot\frac{dx}{dz}=\frac{1}{a}\frac{dy}{dx}$,

$$\frac{d^2y}{dz^2}=\frac{1}{a}\frac{d}{dz}\left(\frac{dy}{dx}\right)=\frac{1}{a}\frac{d^2y}{dx^2}\cdot\frac{dx}{dz}=\frac{1}{a^2}\frac{d^2y}{dx^2}$$

이들 식을 준 미분방정식에 대입하면

$$(1-x^2)\frac{d^2y}{dx^2}-2x\frac{dy}{dx}+3(3+1)y=0\ \cdots ②$$

따라서 준 미분방정식은 3차의 Legendre의 방정식이다.

②의 급수해는 (5)식에 $r=3$을 대입하여

$$y=A_0\left(1-\frac{3\cdot 4}{2!}x^2+\frac{3\cdot 1\cdot 4\cdot 6}{4!}x^4-\cdots\right)+A_1\left(x-\frac{2\cdot 5}{3!}x^3\right)$$

$$=A_0(1-6x^2+3x^4-\cdots)+A_1\left(x-\frac{5}{3}x^3\right)$$

따라서 구하는 급수해는 $x=z/a$이므로

$$y=A_0\left(1-\frac{6z^2}{a^2}+\frac{3z^4}{a^4}-\cdots\right)+A_1\left(\frac{z}{a}-\frac{5z^3}{3a^3}\right)\ (A_0,\ A_1\text{은 임의상수})$$ □

전자기이론에서 다음 편미분방정식이 나온다.

$$\sin\theta\frac{\partial}{\partial r}\left(r^2\frac{\partial u}{\partial r}\right)+\frac{\partial}{\partial\theta}\left(\sin\theta\frac{\partial u}{\partial\theta}\right)=0 \tag{6}$$

여기서 u는 potenial, θ는 z축에서 측정한 각도, r은 구의 내부의 임의점에의 원점에서의 거리이고, potenial은 z축에 관하여 대칭이라고 가정한다. 이 편미분방정식을 풀어보자.

해 $u=u(r,\ \theta)$는 r의 함수와 θ의 함수의 곱의 꼴

$$u(r,\ \theta)=R(r)\Theta(\theta)$$

로 나타내진다 하자. 이 식을 방정식 (6)에 대입한다.

$$\frac{\partial u}{\partial\theta}=R\Theta',\ \frac{\partial u}{\partial r}=\Theta R'$$

이므로

$$\Theta\sin\theta\frac{d}{dr}(r^2R')+R\frac{d}{d\theta}(\Theta'\sin\theta)=0$$

이 식을 $R\Theta\sin\theta$로 나누고 이항하면

$$\frac{1}{\Theta\sin\theta}\frac{d}{d\theta}(\Theta'\sin\theta)=-\frac{1}{R}\frac{d}{dr}(r^2R') \tag{7}$$

이 식의 좌변은 r에 무관계하고, 우변은 θ에 무관계하므로 각각의 값은 상수이다. 그 값을 λ이라면 이 식은 2개의 상미분 방정식

$$\frac{1}{\sin\theta}\frac{d}{d\theta}(\Theta'\sin\theta)-\lambda\Theta=0 \tag{8}$$

과

$$\frac{d}{dr}(r^2R')+\lambda R=0 \tag{9}$$

로 분해된다.

(8)식에서 $x=\cos\theta$, $\Theta(\theta)=y(x)$인 변환을 하고, λ를 $-r(r+1)$이라면

$$\Theta'=\frac{dy}{dx}\frac{dx}{d\theta}=-\sin\theta\cdot y',\ \frac{d}{d\theta}(\Theta'\sin\theta)=\frac{d}{dx}(-\sin^2\theta y')\frac{dx}{d\theta}$$
$$=\frac{d}{dx}[-(1-x^2)y'](-\sin\theta)=[-(1-x^2)y''+2xy'](-\sin\theta)$$

이들 식을 (8)식에 대입하면

$$\frac{1}{\sin\theta}[-(1-x^2)y''+2xy'](-\sin\theta)+r(r+1)y=0$$

이므로, 다음 Legendre의 방정식을 얻는다.

$$(1-x)y''-2xy'+r(r+1)y=0$$

편미분방정식 (6)식이 2개의 상미분방정식 (8)식과 (9)식으로 분해된 것이다.

[2] Legendre 다항식

[1] Legendre 다항식의 공식

r이 음수가 아닌 정수인 경우, r이 짝수(0포함)이면 (5)의 첫 번째 급수는 다항식으로 되고, r이 홀수이면, 두 번째 급수가 다항식으로 된다. 이들 다항식의 값이 $x=1$일 때 1이 되도록 임의상수 A_0, A_1을 결정한 다항식을 **Legendre의 다항식**이라 하고, r의 값을 첨자로 해서

$$P_r(x)$$

로 나타낸다. 그러면 $P_r(x)$는 명백히 r차의 다항식이다. 몇 개의 $P_r(x)$를 열거하면 다음과 같다.

$$P_0(x)=1 \qquad P_1(x)=x$$
$$P_2(x)=-\frac{1}{2}(3x^2-1) \qquad P_3(x)=\frac{1}{2}(5x^3-3x)$$
$$P_4(x)=\frac{1}{8}(35x^4-30x^2+3) \qquad P_5(x)=\frac{1}{8}(63x^5-70x^3+15x)$$

이들 Legendre의 다항식은 Legendre 방정식의 특수해이다.

Legendre의 다항식 $P_n(x)$는 다음 정리로서 구해진다.

정리 11.1 $P_n(x)=\dfrac{1}{n!2^n}\dfrac{d^n}{dx^n}(x^2-1)''$(Rodrigues의 공식) (11)

증명 $v=(x^2-1)^n$이라면 $\dfrac{dv}{dx}=2nx(x^2-1)^{n-1}$

이므로, 이 두 식에서

$$(1-x^2)\frac{dv}{dx}+2nxv=0$$

이것을 x에 관하여 미분하면

$$(1-x^2)\frac{dv^2}{dx^2}+2(n-1)x\frac{dv}{dx}+2nv=0$$

이 식을 x에 관하여 r회 미분하면

$$(1-x^2)\frac{d^2v_r}{dx^2}+2(n-r-1)x\frac{dv_r}{dx}+(r+1)(2n-r)v_r=0$$

$$\text{단, } v_r=\frac{d^rv}{dx^r}$$

특히 $r=n$이라 놓으면 위 식은

$$(1-x^2)\frac{d^2v_n}{dx^2}-2x\frac{dv_n}{dx}+n(n+1)v_n=0$$

이 방정식은 $r=n$인 Legendre의 방정식이다. 따라서 v_n는 Legendre의 방정식을 만족한다. 그런데

$$v_n=\frac{d^nv}{dx^n}=\frac{d^n}{dx^n}(x^2-1)^n$$

이므로 v_n은 n차의 다항식이다. Legendre의 방정식은 다항식 형태의 해를 가지므로 $P_n(x)$는 v_n의 상수배이다. v_n에서 우변식을 미분하면

$$\begin{aligned}P_n(x)&=C\frac{d^n}{dx^n}(x^2-1)^n=C\frac{d^n}{dx^n}\{(x-1)^n(x+1)^n\}\\&=C[\{(x-1)^n\}^{(n)}(x+1)^n+n\{(x-1)^n\}^{(n-1)}\{(x+1)^n\}'+\cdots]\\&=C\{n!(x+1)^n+n^3(n-1)(n-2)\cdots2(x-1)(x+1)^{n-1}+\cdots\}\end{aligned}$$

$$P_n(1)=C\cdot n!2^n=1\text{에서 } C=\frac{1}{2^n\cdot n!}$$

$$\therefore\ P_n(x)=\frac{1}{2^nn!}\frac{d^n}{dx^n}(x^2-1)^n \tag{12}$$

이 공식을 Legendre 다항식에 관한 **Rodrigues의 공식**이라 한다. ■

[2] Legendre다항식의 생성함수

> **정리 11.2** Legendre의 다항식 $P_n(x)$는
>
> $$\phi(x,\ z)=(1-2xz+z^2)^{-\frac{1}{2}}$$
>
> 을 z의 올림차수순으로 전개했을 때 z^n의 계수이다.

증명

$$\phi=(1-2xz+z^2)^{-\frac{1}{2}}=\sum_{n=0}^{\infty}A_n(x)z^n \tag{13}$$

이라 놓으면, $A_n(x)$는 x에 관한 n차의 다항식이고, $x=1$일 때

$$\phi(1,\ z)=(1-2z+z^2)^{-\frac{1}{2}}=\frac{1}{1-z}$$

$$=1+z+z^2+\cdots+z^n+\cdots$$

이므로, $A_n(1)=1$이다. 따라서 A_n이 Legendre의 방정식을 만족함이 밝혀지면, $A_n(x)$는 n차의 다항식이므로, $P_n(x)$와 일치될 것이다.
여기서는 $(1-2xz+z^2)^{-\frac{1}{2}}$을 전개해서 확인해 보자.
다음 전개식을 이용하여 ϕ를 전개한다.

$$\frac{1}{\sqrt{1-w}}=(1-w)^{-\frac{1}{2}}=1-\frac{1}{2}(-w)+\frac{-\frac{1}{2}\left(-\frac{3}{2}\right)}{2!}(-w)^2+\frac{-\frac{1}{2}\left(-\frac{3}{2}\right)\left(-\frac{5}{2}\right)}{3!}(-w)^3+\cdots$$

$$=1+\frac{1}{2}w+\frac{3}{8}w^2+\frac{15}{48}w^3+\frac{105}{384}w^4+\frac{945}{3840}w^5+\cdots \quad (-1<w<1)$$

$w=2xz-z^2$이라면

$$(1-2xz+z^2)^{-\frac{1}{2}}=[1-(2xz-z^2)]^{-\frac{1}{2}}=1+\frac{1}{2}(2xz-z^2)+\frac{3}{8}(2xz-z^2)^2+\frac{15}{48}(2xz-z^2)^3$$

$$+\frac{105}{384}(2xz-z^2)^4+\frac{945}{3840}(2xz-z^2)^5+\cdots$$

이 전개식을 z의 올림차순으로 정돈하면

$$(1-2xz+z^2)^{-\frac{1}{2}}=1+xz-\frac{1}{2}z^2+\frac{3}{2}x^2z^2-\frac{3}{2}xz^3+\frac{3}{8}z^4+\frac{5}{2}x^3z^3-\frac{15}{4}x^2z^4+\frac{15}{5}xz^5-\frac{5}{16}z^6$$

$$+\frac{35}{8}x^4z^4-\frac{35}{4}x^3z^5+\frac{105}{16}x^2z^6-\frac{35}{16}xz^7+\frac{35}{128}z^8+\cdots$$

$$=1+xz+\left(-\frac{1}{2}+\frac{3}{2}x^2\right)z^2+\left(-\frac{3}{2}x+\frac{5}{2}x^3\right)z^3+\left(\frac{3}{8}-\frac{15}{4}x^2+\frac{35}{8}x^4\right)z^4+\cdots$$
$$=P_0(x)+P_1(x)z+P_2(x)z^2+P_3(x)z^3+P_4(x)z^4+\cdots \qquad \square$$

함수 $\phi(x, z)=(1-2xz+z^2)^{\frac{1}{2}}$을 $P_n(x)$를 구하는 **생성함수**이라 한다.
생성함수를 이용하면 Legendre다항식의 여러 가지 성질을 알 수 있다.
간단한 성질

$$P_n(1)=1\text{이고, } P_n(-1)=(-1)^n$$

등이 쉽게 증명된다.

$$\phi(1, z)=\frac{1}{\sqrt{1-2z+z^2}}=\frac{1}{\sqrt{(1-z)^2}}=\frac{1}{1-z}=\sum_{n=0}^{\infty}P_n(1)z^n \quad (-1<z<1)$$

$\frac{1}{1-z}=\sum_{n=0}^{\infty}z^n$에서 $P_n(1)=1$임을 알 수 있다.

예제 2 $P_n(x)$의 생성함수를 써서, 다음 식이 성립함을 증명하라.

(1) $P_n(-1)=(-1)^n$

(2) $P_{n-1}(0)=0,\ P_{2n}(0)=(-1)^n\dfrac{(2n)!}{2^{2n}(n!)^2}$ $(n=1, 2, 3, \cdots)$

풀이 (1) 생성함수 $\phi(x, z)=(1-2xz+z^2)^{-\frac{1}{2}}$에서 $x=-1$이라 놓으면

$$(1+2z+z^2)^{-\frac{1}{2}}=\sum_{n=0}^{\infty}P_n(-1)z^n$$

그런데 좌변

$$(1+2z+z)^{-\frac{1}{2}}=\{(1+z)^2\}^{-\frac{1}{2}}=(1+z)^{-1}=1-z+z^2-z^3+\cdots+(-1)^nz^n+\cdots$$

이므로 $(|z|<1)$

$$P_0(-1)+P_1(-1)z+P_2(-1)z^2++P_n(-1)z^n+\cdots$$
$$=1-z+z^2-\cdots+(-1)^nz^n+\cdots \quad (n=0, 1, 2, \cdots)$$
$$\therefore\ P_n(-1)=(-1)^n \quad (n=0, 1, 2, \cdots)$$

(2) 생성함수에서 $x=0$이라 놓으면

$$(1+z^2)^{-\frac{1}{2}}=\sum_{n=0}^{\infty}P_n(0)z^n$$

그런데

$$(1+z^2)^{-\frac{1}{2}}=1-\frac{1}{2}z^2+\frac{1\cdot 3}{2\cdot 4}z^4-\frac{1\cdot 3\cdot 5}{2\cdot 4\cdot 6}z^6+\cdots\ (z^2<1)$$

이므로

$$P_0(0)+P_1(0)z+P_2(0)z^2+P_3(0)z^3+P_4(0)z^4+\cdots=1-\frac{1}{2}z^2+\frac{1\cdot 3}{2\cdot 4}z^4-\cdots$$

$$\therefore\ P_{2n-1}(0)=0\ (n=1,\ 2,\ 3,\ \cdots)$$

$$P_{2n}(0)=(-1)^n\frac{1\cdot 3\cdot 5\cdots(2n-1)(2n)}{2\cdot 4\cdot 6\cdots 2n}=(-1)^n\frac{1\cdot 2\cdot 3\cdot\cdots\cdot(2n-1)(2n)}{(2\cdot 4\cdot 6\cdot\cdots\cdot 2n)^2}$$

$$=(-1)^n\frac{(2n!)}{\{2^n(1\cdot 2\cdot 3\cdots n)\}^2}=(-1)^n=\frac{(2n)!}{2^{2n}(n!)^2}\ (n=1,\ 2,\ 3,\ \cdots)\ \square$$

정리 11.4 Legendre 다항식 $P_n(x)$를 만들어내는데 다음 생성함수가 사용된다.

$$\frac{1}{\sqrt{1-2xz+z^2}}=\sum_{n=0}^{\infty}P_n(x)z^n\quad(|z|<\sqrt{2}-1) \tag{14}$$

증명 전개식

$$\frac{1}{\sqrt{1-y}}=(1-y)^{-\frac{1}{2}}=\sum_{n=0}^{\infty}\binom{-1/2}{n}(-y)^n=\sum_{n=0}^{\infty}\frac{-\frac{1}{2}\left(-\frac{1}{2}-1\right)\cdots\left(-\frac{1}{2}-n+1\right)}{n!}(-1)^n y^n$$

$$=\sum_{n=0}^{\infty}\frac{(2n)!}{(2^n n!)^2}y^n\ (|y|<1)$$

이 식에서 $y=2xz-z^2$이라면

$$\frac{1}{\sqrt{1-2xz+z^2}}=\sum_{n=0}^{\infty}\frac{(2n!)}{(2^n n!)^2}\sum_{k=0}^{n}{}_nC_k(-1)^k(2x)^{n-k}z^{2k+(n-k)}$$

$n+k=m$이라면, $n=m-k$, $n-k=m-2k$, $0\leq k\leq m/2$이므로 $m/2$를 넘지 않는 최대의 정수를 M이라면

z^m의 계수$=z^{n+k}$의 계수

$$=\sum_{k=0}^{M}\frac{\{2(m-k)\}!\,{}_{m-k}C_k(-1)^k(2x)^{m-2k}}{\{2^{m-k}(m-k)!\}^2}\quad\begin{pmatrix}n=m-k\\ n+k=m-2k\end{pmatrix}$$

$$=\frac{1}{2^m}\sum_{k=0}^{M}\frac{(-1)^k(2m-2k)!}{k!(m-k)!(m-2k)!}x^{m-2k}=P_m(x)$$

$$\therefore\ \frac{1}{\sqrt{1-2xz+z^2}}=\sum_{m=0}^{\infty}P_m(x)z^m$$

■

예제 3 생성함수를 써서 다음을 증명하라.

$$\int_0^1 P_n(x)dx=0,\ \int_0^1 P_{2n-1}(x)dx=(-1)^{n-1}\frac{1\cdot 3\cdot \cdots \cdot (2n-3)}{2^n n!}$$

풀이 $$\sum_{n=0}^{\infty}\left(\int P_n(x)dx\right)z^n=\int_0^1\left(\sum_{n=0}^{\infty}P_n(x)z^n\right)dx=\int_0^1\frac{1}{\sqrt{1-2xz+z^2}}dx$$

$$=\left[\frac{\sqrt{1-2xz+z^2}}{-z}\right]_0^1=\frac{1}{z}(\sqrt{1+z^2}-1+z)$$

$$=\frac{1}{z}\left[1+\frac{1}{2}z^2+\frac{\frac{1}{2}\left(\frac{1}{2}-1\right)}{2!}z^4+\cdots+\frac{\frac{1}{2}\left(\frac{1}{2}-1\right)\cdots\left(\frac{1}{2}-n+1\right)}{n!}z^{2n}+\cdots-1+z\right]$$

$$=1+\frac{1}{2}z+\sum_{n=2}^{\infty}(-1)^n\frac{1\cdot 3\cdot \cdots \cdot (2n-3)}{2^n n!}z^{2n-1}$$

양변의 z의 계수를 비교해서

$$\int_0^1 P_{2n}(x)dx=0\ (n\ge 1),\ \int_0^1 P_{2n-1}(x)dx=(-1)^{n-1}\frac{1\cdot 3\cdot \cdots (2n-3)}{2^n n!}\quad (n\ge 2)$$ □

예제 4 Legendre 다항식 $P_n(x)$에서 x^n의 계수 A_n은 다음식으로 구해진다. A_1, A_2, A_3을 구하라.

$$A_n=\frac{1\cdot 3\cdot \cdots \cdot (2n-1)}{n!}$$

풀이 $A_1=\frac{1}{1!}=1,\ A_2=\frac{1\cdot 3}{2!}=\frac{3}{2},\ A_3=\frac{1\cdot 3\cdot 5}{3!}=\frac{5}{2}$ □

[3] Legendre 다항식 $P_n(\cos\theta)$

Legendre방정식 $(1-x^2)y+2xy'+n(n+1)y=0$에서 $x=\cos\theta$라면

$$\frac{dy}{dx}=\frac{dy}{d\theta}\frac{d\theta}{dx}=\left(1\Big/\frac{dx}{d\theta}\right)\frac{dy}{d\theta}=-\frac{1}{\sin\theta}\frac{dy}{d\theta}=-\csc\theta\frac{dy}{d\theta}$$

$$\frac{d^2y}{dx^2}=\frac{d}{d\theta}\left(\frac{dy}{dx}\right)\frac{d\theta}{dx}=\frac{d}{d\theta}\left(-\csc\theta\frac{dy}{d\theta}\right)(-\csc\theta)$$

$$=\left(\frac{\cos\theta}{\sin^2\theta}\frac{dy}{d\theta}-\frac{1}{\sin\theta}\frac{d^2y}{d\theta^2}\right)(-\csc\theta)$$

$$=\csc^2\theta\left(\frac{d^2y}{d\theta^2}-\frac{\cos\theta}{\sin\theta}\frac{dy}{d\theta}\right)$$

이들 도함수를 Legendre방정식에 대입하면

$$\sin^2\theta \frac{d^2y}{d\theta^2}+\cos\theta\frac{dy}{d\theta}+n(n+1)\sin\theta\cdot y=0$$

이 방정식의 해는 $P_n(x)=P_n(\cos\theta)$이다. 이러한 해를 갖는 미분방정식은 경계치 문제에서 자주 사용된다.

예제 4 $P_2(\cos\theta)=\frac{1}{2}(3\cos 2\theta+1)$임을 밝혀라.

풀이 $P_2(x)=\frac{1}{2}(3x^2-1)=\frac{1}{2}(3\cos^2\theta-1)=\frac{1}{4}[3(2\cos^2\theta-1)+1]=\frac{1}{4}(3\cos 2\theta+1)$

□

[4] Legendre 다항식의 성질

정리 11.3 Legendre의 다항식 $P_n(x)$ $(n=0,\ 1,\ 2,\ \cdots)$에서 다음이 성립된다.

$$\int_{-1}^{1}P_m(x)P_n(x)dx=0 \ (단,\ m\neq n) \tag{15}$$

증명 Legendre의 방정식 $(1-x^2)y''-2xy+n(n+1)y=0$은

$$\frac{d}{dx}[(1-x^2)y']+n(n+1)y=0 \tag{16}$$

으로 쓰여진다. $P_n(x)$는 (16)의 한 해이므로

$$\frac{d}{dx}[(1-x^2)P'_n(x)]+n(n+1)P_n(x)=0$$

같은 방법으로

$$\frac{d}{dx}[(1-x^2)P'_m(x)]+m(m+1)P_m(x)=0 \tag{17}$$

(16)에 $P_m(x)$를 곱한것에서 (17)에 $P_n(x)$를 곱한 것을 빼면

$$P_m(x)\frac{d}{dx}[(1-x^2)P'_n(x)]-P_n(x)\frac{d}{dx}[(1-x^2)P'_m(x)]$$
$$+(n-m)(n+m+1)P_m(x)P_n(x)=0$$

이 식의 양변을 x에 관하여 -1에서 1까지 적분하면

$$\int_{-1}^{1}P_m(x)\frac{d}{dx}[(1-x^2)P'_n(x)]dx-\int_{-1}^{1}P_n(x)\frac{d}{dx}[(1-x^2)P'_m(x)]dx$$
$$+(n-m)(n+m+1)\int_{-1}^{1}P_m(x)P_n(x)dx=0$$

부분적분에 의하면 앞의 두 정적분의 값은 0이 되므로

$$(n-m)(n+m+1)\int_{-1}^{1} P_m(x)P_n(x)dx=0$$

$m\neq n$이므로
$$\int_{-1}^{1} P_m(x)P_n(x)dx=0 \ (m\neq n) \tag{18}$$ ■

[5] Legendre 다항식으로의 함수의 전개

정리 11.5 $\displaystyle\int_{-1}^{1} P^2{}_n(x)dx=\frac{2}{2n+1}$ (19)

증명 Legendre 다항식의 생성함수식의 양변을 제곱하면

$$\frac{1}{1-2xz+z^2}=\left[\sum_{n=0}^{\infty} P_n(x)z^n\right]^2$$

이 식의 양변을 x에 관하여 구간 $(-1, 1)$에서 적분하면, 우변의 서로 다른 n에 대한 곱의 항들은 직교성 (19)에 의하여 0이 되므로

$$\int_{-1}^{1}\frac{dx}{1-2xz+z^2}=\sum_{n=0}^{\infty} z^{2n}\int_{-1}^{+1}[P_n(x)]^2dx \ (|z|<1)$$

그런데 좌변을 적분하여

$$\int_{-1}^{1}\frac{dx}{1-2xz+z^2}=\frac{1}{z}\log\frac{1+z}{1-z}=\frac{1}{z}[\log(1+z)-\log(1-z)]$$
$$=2\left(1+\frac{z^2}{3}+\frac{z^4}{5}+\cdots+\frac{z^{2n}}{2n+1}+\cdots\right)$$
$$=\sum_{n=0}^{\infty} z^{2n}\int_{-1}^{1}[P_n(x)]^2dx \ (|z|<1)$$

양변의 z^{2n}의 계수를 비교하면 다음을 얻는다.

$$\int_{-1}^{1}[P_n(x)]^2dx=\frac{2}{2n+1} \ (n=0, 1, 2, \cdots) \tag{20}$$ ■

함수 $F(x)$가 구간 $(-1, 1)$에서 구분적으로 연속이고, 또 그의 도함수가 구간 $(-1, 1)$내에서 구분적으로 연속이며, $F(x)$가 다음과 같은 급수로 전개가 된다고 하자.

$$f(x)=\sum_{n=0}^{\infty} a_nP_n(x) \tag{21}$$

계수 a_n을 정하기 위하여 (21)식의 양변에 $P_n(x)$를 곱하고, 구간 $(-1, 1)$에서 적분

하면

$$\int_{-1}^{1} f(x)P_n(x)dx = a_n\int_{-1}^{1}[P_n(x)]^2dx = \frac{2a_n}{2n+1}$$

이 식에서 계수 a_n은 다음 식으로 주어진다.

$$a_n = \frac{2n+1}{2}\int_{-1}^{+1} f(x)P_n(x)dx \quad (n=0,\ 1,\ 2,\ \cdots) \tag{22}$$

예제 5 $f(x)=x^2$을 Legendre의 다항식으로 전개하라.

풀이 $f(x)=x^2=a_0P_0(x)+a_1P_1(x)+a_2P_2(x)$

이라면 계수 $a_n(n=0,\ 1,\ 2)$은

$$a_n = \frac{2n+1}{2}\int_{-1}^{1} f(x)P_n(x)dx$$

$n=0,\ 1,\ 2$를 대입하여 a_n을 구한다.

$n=0$일 때, $P_0(x)=1$이므로

$$a_0 = \frac{1}{2}\int_{-1}^{1} x^2 dx = \frac{1}{3}$$

$n=1$일 때, $P_1(x)=x$이므로

$$a_1 = \frac{3}{2}\int_{-1}^{1} x^2\cdot x dx = 0$$

$n=2$일 때, $P_2(x)=\frac{1}{2}(3x^2-1)$이므로

$$a_2 = \frac{5}{2}\int_{-1}^{1} x^2\cdot\frac{1}{2}(3x^2-1)dx = \frac{2}{3}$$

$$\therefore\ f(x)=x^2=\frac{1}{3}P_0(x)+\frac{2}{3}P_2(x)$$

□

예제 6 $f(x)=2x^3+2x^2-x-3$을 Legendre의 다항식으로 전개하라.

풀이 $f(x)=2x^3+2x^2-x-3=a_0P_0(x)+a_1P_1(x)+a_2P_2(x)+a_3P_3(x)$

$$a_n = \frac{2n+1}{2}\int_{-1}^{1} f(x)P_n(x)dx,\ n=0,\ 1,\ 2,\ 3$$

차례로 a_0, a_1, a_2, a_3을 구한다.

$$a_0 = \frac{1}{2}\int_{-1}^{1}(2x^3+2x^2-x-3)dx = \frac{1}{2}\int_{-1}^{1}(2x^2-3)dx = -\frac{7}{3}$$

$$a_1=\frac{3}{2}\int_{-1}^{1}(2x^3+2x^2-x-3)(x)dx=\frac{3}{2}\int_{-1}^{1}(2x^4-x^2)dx=\frac{1}{5}$$

$$a_2=\frac{5}{2}\int_{-1}^{1}(2x^3+2x^2-x-3)\left(\frac{1}{2}\right)(3x^2-1)dx=\frac{5}{4}\int_{-1}^{1}(6x^4-11x^2+3)dx=\frac{19}{3}$$

$$a_3=\frac{7}{2}\int_{-1}^{1}(2x^3+2x^2-x-3)\left(\frac{1}{2}\right)(5x^2-3x)dx=\frac{7}{4}\int_{-1}^{1}(10x^6-11x^4-3x^2)dx=\frac{4}{5}$$

따라서 구하는 Legendre 다항식으로의 전개식은

$$f(x)=\frac{7}{3}P_0(x)+\frac{1}{5}P_1(x)+\frac{19}{3}P_2(x)+\frac{4}{5}P_3(x)$$ □

예제 7 다음 함수의 Legendre 급수를 구하라.

$$f(x)=\begin{cases}1 & (-1<x<0)\\ 0 & (0<x<1)\end{cases}$$

풀이 $a_n=\frac{2n+1}{2}\int_{-1}^{1}f(x)P_n(x)dx=\frac{2n+1}{2}\int_{-1}^{0}1\cdot P_n(x)dx+\frac{2n+1}{2}\int_{0}^{1}0\cdot P_n(x)dx$

$$=\frac{2n+1}{2}\int_{-1}^{0}P_n(x)dx$$

차례로 $n=0,\ 1,\ 2,\ \cdots$에 대한 a_n을 구하면

$$a_0=\frac{1}{2}\int_{-1}^{0}1\,dx=\frac{1}{2},\ a_1=\frac{3}{2}\int_{-1}^{0}xdx=-\frac{3}{4},\ a_2=\frac{5}{2}\int_{-1}^{0}\frac{1}{2}(3x^2-1)dx=0,$$

$$a_3=\frac{7}{16},\ a_4=0,\ a_5=-\frac{11}{32},\ \cdots$$

구하는 급수는

$$f(x)\sim\frac{1}{2}P_0(x)-\frac{3}{4}P_1(x)+\frac{7}{16}P_3(x)-\frac{11}{32}P_5(x)+\cdots$$ □

정리 11.6 $f(x)$가 구간 $(-1,\ 1)$에서 구분적으로 연속이면, 계수

$$a_n=\frac{n+1}{2}\int_{-1}^{1}f(x)P_n(x)dx$$

를 가지는 함수 $f(x)$는

$$\frac{f(x+0)+f(x-0)}{2}$$

에 수렴한다.

연습문제 (11.1)

1. $x^4=\frac{8}{35}P_4(x)+P_2(x)+P_0(x)$임을 밝혀라.

2. 다음을 증명하라.

$$\int_{-1}^{1} P_n(x)dx=0 \quad (n=0,\ 1,\ 2,\ \cdots)$$

3. 다음을 증명하라.

$$\int_{-1}^{1} xP_n(x)P_{n-1}(x)dx=\frac{2n}{4n^2-1}$$

4. $f(x)$가 n차의 다항식이면 $f(x)$는 Legendre의 다항식으로

$$f(x)=a_0P_0(x)+a_1P_1(x)+\cdots+a_nP_n(x)$$

   로 전개됨을 밝혀라.

   〈힌트〉 적당한 상수 a_n에 대하여 $f(x)-a_nP_n(x)$는 $n-1$차의 다항식이 된다.

5. $f(x)=9x^2+2x-9$를 Legendre 다항식으로 전개하라.

11.2 Bessel 방정식

1 Bessel 방정식

[1] Bessel 방정식의 급수해

방정식

$$x^2y''+xy'+(x^2-r^2)y=0 \tag{1}$$

꼴의 미분방정식을 r차의 **Bessel 방정식**이라고 한다. 이 방정식은 현 또는 막의 진동, 전류의 전도, 열전도, 음향학의 연구에서 중심이 되는 방정식이다. 우선 이 방정식의 급수해를 구해 보자. $x=0$이 정칙특이점이므로 이 방정식의 해를 구하기 위한 급수해의 꼴을

$$y=\sum_{n=0}^{\infty}A_nx^{n+m} \tag{2}$$

이라 하고, 준방정식에 대입한다.

$+(x^2-r^2)$	$y=\sum_{n=0}^{\infty}A_nx^{n+m}$
$+x$	$y=\sum_{n=0}^{\infty}(n+m)A_nx^{n+m-1}$
$+x^2$	$y=\sum_{n=0}^{\infty}(n+m)(n+m-1)A_nx^{n+m-2}$

$$\begin{aligned}x^2y''+xy'+(x^2-r^2)y&=\sum_{n=0}^{\infty}[(n+m)^2-r^2]A_nx^{n+m}+\sum_{n=0}^{\infty}A_nx^{n+m+2}\\&=(m^2-r^2)A_0x^m+[(m+1)^2-r^2]A_1x^{m+1}\\&\quad+\sum_{n=0}^{\infty}\{[n+m+2)^2-r^2]A_{n+2}+A_n\}x^{n+m+2}=0\end{aligned} \tag{3}$$

(3)이 성립하려면 각 항의 계수가 영이 되어야 하므로

$$A_0(m^2-r^2)=0,\ A_1[(m+1)^2-r^2]=0$$

과 순환공식

$$A_{n+2}=\frac{-1}{(n+m+2)^2-r^2}A_n \tag{4}$$

을 얻는다. 따라서 다음 두 가지 경우를 생각할 수 있다. 즉

$$m=\pm r;\ A_0\neq 0;\ A_1=0$$
$$m+1=\pm r;\ A_0=0;\ A_1\neq 0$$

첫째 경우 $m=\pm r$, $A_0\neq 0$, $A_1=0$일 때는, n이 홀수이면 A_n은 영이고, n이 짝수이면 A_n은 다음과 같다.

(i) $m=r$인 경우

$$A_2=\frac{-A_0}{(r+2)^2-r^2}=\frac{-A_0}{2(2r+2)}=\frac{-A_0}{2^2(r+1)}$$
$$A_4=\frac{-A_2}{(r+4)^2-r^2}=\frac{-A_2}{4(2r+4)}=\frac{A_0}{2!\cdot 2^4(r+1)(r+2)}$$
$$A_6=\frac{-A_4}{(r+6)^2-r^2}=\frac{-A_4}{6(2r+6)}=\frac{-A_0}{2!\cdot 2^4(r+1)(r+2)\cdot 6(2r+6)}$$
$$=\frac{-A_0}{3!\cdot 2^6(r+1)(r+2)(r+3)}$$

따라서 r이 음의 정수가 아닌 한

$$y_1=A_0x^r\left[1-\frac{1}{(r+1)}\left(\frac{x}{2}\right)^2+\frac{1}{2!(r+1)(r+2)}\left(\frac{x}{2}\right)^4-\cdots\right] \tag{5}$$

은 한 해이고, 이것은 모든 x에 대하여 수렴한다.

(ii) $m=-r$인 경우

$m=-r$, $A_0\neq 0$, $A_1=0$인 경우는, 위에서 얻은 해에서 r을 $-r$로 대치한 급수해

$$y_2=A_0x^{-r}\left[1+\frac{1}{(r-1)}\left(\frac{x}{2}\right)^2+\frac{1}{2!(r-1)(r-2)}\left(\frac{x}{2}\right)^4+\cdots\right] \tag{6}$$

를 얻고, 이 해도 모든 x에 대하여 수렴한다. 따라서 r이 정수가 아니면, y_1과 y_2가 1차독립이므로 Bessel 방정식의 일반해는

$$y=c_1x^r\left[1-\frac{1}{(r+1)}\left(\frac{x}{2}\right)^2+\frac{1}{2!(r+1)(r-2)}\left(\frac{x}{2}\right)^4-\cdots\right]$$
$$+c_2x^{-r}\left[1+\frac{1}{(r-1)}\left(\frac{x}{2}\right)^2+\frac{1}{2!(r-1)(r+2)}\left(\frac{x}{2}\right)^4+\cdots\right]\ (-\infty<x<\infty) \tag{7}$$

이다. $m+1=\pm r$, $A_0=0$, $A_1\neq 0$인 경우도 위와 같은 해를 얻게 된다.

[2] Bessel 함수

(1)의 Bessel 방정식의 일반해를 간단히 표현하고, Bessel 함수를 정의하기 위하여 (5)에서 A_0을

$$A_0=\frac{1}{2^r\Gamma(r+1)} \quad (r>0)$$

이라 놓고, y_1의 우변의 급수를 $J_r(x)$라고 표시하여 이것을 **제 1 종 r차의 Bessel 함수**라고 한다. $J_r(x)$는 다음과 같이 표시된다.

$$J_r(x)=\frac{x^r}{2^r\Gamma(r+1)}\left[1-\frac{1}{(r+1)}\left(\frac{x}{2}\right)^2+\frac{1}{2!(r+1)(r+2)}\left(\frac{x}{2}\right)^4-\cdots\right]$$

또는

$$J_r(x)=\sum_{n=0}^{\infty}(-1)^n\frac{1}{n!\Gamma(n+r+1)}\left(\frac{x}{2}\right)^{2n+r} \tag{8}$$

이것은 방정식 (1)의 한 특수해이다.

마찬가지로 급수해 (6)에서

$$A_0=\frac{2^r}{\Gamma(1-r)}$$

이라고 놓으면, 그 결과는 $J_r(x)$에서 r을 $-r$로 대치한 것과 같으므로 이것을 $J_{-r}(x)$라고 표시하면, r이 정수가 아닐 때 방정식 (1)의 일반해 (7)은 다음과 같다.

$$y=c_1J_r(x)+c_2J_{-r}(x)$$

(8)을 사용하면, $r=0$과 $r=1$에 대한 Bessel 함수는

$$J_0(x)=\sum_{n=0}^{\infty}(-1)^n\frac{1}{(n!)^2}\left(\frac{x}{2}\right)^{2n}$$

$$J_1(x)=\sum_{n=0}^{\infty}(-1)^n\frac{1}{n!(n+1)!}\left(\frac{x}{2}\right)^{2n+1} \tag{9}$$

이들을 각각 **0차 및 1차의 Bessel 함수**라고 한다.

예제 1 다음 미분방정식의 일반해를 구하라.

$$x^2y''+xy'+\left(x^2-\frac{1}{9}\right)y=0$$

풀이 주어진 미분방정식은

$$x^2y''+xy'+\left\{x^2-\left(\frac{1}{3}^2\right)\right\}y=0$$

이므로, $\frac{1}{3}$차의 Bessel 방정식이다. 따라서 그 일반해는

$$y=c_1J_{\frac{1}{3}}(x)+c_2J_{-\frac{1}{3}}(x) \quad (c_1,\ c_2\text{는 임의상수})$$

□

정리 11.7 r이 양의 정수일 때

$$J_{-r}(x)=(-1)^r J_r(x) \tag{10}$$

인 관계가 성립한다.

증명 $J_{-r}(x)=\sum_{n=0}^{\infty}(-1)^n\frac{1}{n!\Gamma(n-r+1)}\left(\frac{x}{2}\right)^{2n-r}=\sum_{n=0}^{\infty}(-1)^n\frac{1}{n!(n-r)!}\left(\frac{x}{2}\right)^{2n-r}$

$=\sum_{n=0}^{\infty}(-1)^n\frac{1}{n!(n-r)!}\left(\frac{x}{2}\right)^{2n-r}=\sum_{n=0}^{\infty}(-1)^{n+r}\frac{1}{(n+1)!n!}\left(\frac{x}{2}\right)^{2(n+r)-r}$

$n=1,\ 2,\ \cdots,\ r-1$이면, $n-r+1$은 0 또는 음의 정수이며, $\Gamma(n-r+1)=\Gamma$(0 또는 음의 정수)$=\pm\infty$이므로

$$\begin{aligned}J_{-r}(x)&=(-1)^r\sum_{n=0}^{\infty}(-1)^n\frac{1}{n!\Gamma(n+r+1)}\left(\frac{x}{2}\right)^{2n+r}\\&=(-1)^r J_r(x)\end{aligned}$$

따라서 r이 정수일 때 J_{-r}과 J_r은 일차독립이 아니므로, 이 경우 (1)의 일반해는

$$y=c_1J_r(x)+c_2J_{-r}(x)$$

로는 표시되지 않는다. ■

[3] r이 양의 정수인 경우의 Bessel 방정식의 일반해

방정식 (1)은 $J_r(x)$를 특수해로 가지므로 일반해를 구하려면,

$$y=vJ_r(x)$$

로 놓고, 매개변수변화법으로 해를 구한다. 이 y를 Bessel 방정식에 대입한다.

$+(x^2-r^2)$	$y=vJ_r$	
$+x$	$y'=vJ_r'$	$+J_rv'$
$+x^2$	$y''=vJ_r''$	$+2J_r'v'+J_rv''$

$$x^2y''+xy'+(x^2-r^2)y=x[v'(J_r+2xJ_r')+xJ_rx'']=0$$

$$p=v'=\frac{dv}{dx},\ v''=\frac{dp}{dx}$$

이라면 Bessel 방정식은

$$p(J_r+2xJ_r')+xJ_r\frac{dp}{dx}=0\text{이므로 }\frac{dp}{p}=-\left(\frac{1}{x}+\frac{2J_r'}{J_r}\right)dx$$

적분하면

$$\log p = -\log x - 2\log J_r + \log c_2 \text{에서 } p = \frac{c_2}{xJ_r}$$

$p = \dfrac{dv}{dx}$이므로

$$v = c_2 \int \frac{dx}{xJ_r^{\,2}} + c_1$$

그런데 $y = vJ_r$이므로 구하는 일반해는

$$y = c_1 J_r(x) + c_2 J_r(x) \int \frac{dx}{xJ_r^{\,2}}$$

여기서 얻은 함수

$$Y_r(x) = J_r \int \frac{dx}{xJ_r^{\,2}} \tag{11}$$

를 **제2종 r차 Bessel함수**라고 한다. 따라서 양의 정수 r에 대한 Bessel 방정식 (1)의 일반해는

$$y = c_1 J_r(x) + c_2 Y_r(x) \tag{12}$$

예제 2 다음 미분방정식에 $y = x \cdot u(x)$인 변환을 하면, Bessel방정식이 됨을 밝히고, 그 일반해를 구하라.

$$xy'' - y' + + xy = 0$$

풀이 $y = xu(x)$에서 $\dfrac{dy}{dx} = u(x) + x\dfrac{du}{dx}$, $\dfrac{d^2y}{dx^2} = 2\dfrac{du}{dx} + \dfrac{d^2u}{dx^2}$

이들을 준 미분방정식에 대입하면

$$x\left\{2\frac{du}{dx} + x\frac{d^2u}{dx^2}\right\} - \left\{u + x\frac{du}{dx}\right\} + x^2u = 0$$

따라서

$$x^2\frac{d^2u}{dx^2} + x\frac{du}{dx} + (x^2 - 1)u = 0$$

이 미분방정식은 분명히 u를 미지함수로 하는 1차의 Bessel 미분방정식이다. 그 일반해는

$$u(x) = c_1 J_1(x) + c_2 Y_1(x) \ \ (c_1,\ c_2\text{는 임의상수})$$

따라서 준 미분방정식의 일반해는 $y = xu(x)$이므로

$$y = x\{c_1 J_1(x) + c_2 Y_1(x)\} \ \ (c_1,\ c_2\text{는 임의상수})$$

□

2 특수한 Bessel 함수

[1] 특수한 $J_r(x)$의 값

다음은 $r=\frac{1}{2}$ 및 $r=-\frac{1}{2}$일 때, $J_r(x)$의 값을 구해 보자.

$r=\frac{1}{2}$이면 앞절 (8)식에서

$$J_{\frac{1}{2}}(x)=\sum_{n=0}^{\infty}(-1)^n\frac{1}{n!\Gamma\left(\frac{2n+3}{2}\right)}\left(\frac{x}{2}\right)^{2n+\frac{1}{2}}$$

$$=\sqrt{\frac{2}{x}}\sum_{n=0}^{\infty}(-1)^n\frac{x^{2n+1}}{2^{2n+1}n!\frac{2n+1}{2}\frac{2n-1}{2}\cdots\frac{1}{2}\Gamma\left(\frac{1}{2}\right)}$$

$$=\sqrt{\frac{2}{\pi x}}\sum_{n=0}^{\infty}(-1)^n\frac{x^{2n+1}}{2^n\cdot n!(2n+1)(2n-1)\cdots 1}$$

$$=\sqrt{\frac{2}{\pi x}}\sum_{n=0}^{\infty}(-1)^n\frac{x^{2n+1}}{(2n+1)!}=\sqrt{\frac{2}{\pi x}}\sin x$$

$$\therefore\ J_{\frac{1}{2}}(x)=\sqrt{\frac{2}{\pi x}}\sin x \qquad (13)$$

예제 3 $J_0(x)=\frac{1}{\pi}\int_0^{\pi}\cos(x\sin\theta)d\theta$임을 밝혀라.

풀이 $\cos x=\sum_{n=0}^{\infty}\frac{(-1)^n}{(2n)!}x^{2n}$에서 $\cos(x\sin\theta)=\sum_{n=0}^{\infty}\frac{(-1)^n}{(2n)!}(x\sin\theta)^{2n}$이므로

$$\int_0^{\pi}\cos(x\sin\theta)d\theta=\sum_{n=0}^{\infty}\frac{(-1)^n}{(2n)!}x^{2n}\int_0^{\pi}\sin^{2n}\theta d\theta$$

그런데

$$\int_0^{\pi}\sin^{2n}d\theta=2\int_0^{\pi/2}\sin^{2n}\theta d\theta=2\cdot\frac{2n-1}{2n}\cdot\frac{2n-3}{2n-2}\cdot\cdots\cdot\frac{1}{2}\cdot\frac{\pi}{2}=\frac{(2n)!}{(2^n n!)^2}\pi$$

이므로

$$\frac{1}{\pi}\int_0^{\pi}\cos(x\sin\theta)d\theta=\sum_{n=0}^{\infty}\frac{(-1)^n}{(2^n n!)^2}x^{2n}=\sum_{n=0}^{\infty}\frac{(-1)^n}{(n!)^2}\left(\frac{x}{2}\right)^{2n}=J_0(x)$$ □

다음은 $J_{-\frac{1}{2}}(x)$를 구해 보자.

$$J_{-\frac{1}{2}}(x)=\sum_{n=0}^{\infty}(-1)^n\frac{1}{n!\Gamma\left(\frac{2n+1}{2}\right)}\left(\frac{x}{2}\right)^{2n-\frac{1}{2}}$$

$$=\sqrt{\frac{2}{x}}\sum_{n=0}^{\infty}(-1)^n\frac{x^{2n}}{2^{2n}n!\frac{2n-1}{2}\frac{2n-3}{2}\cdots\frac{1}{2}\Gamma\left(\frac{1}{2}\right)}$$

$$=\sqrt{\frac{2}{\pi x}}\sum_{n=0}^{\infty}(-1)^n\frac{x^{2n+1}}{2^n\cdot n!(2n-1)(2n-3)\cdots 3\cdot 1}$$

$$=\sqrt{\frac{2}{\pi x}}\sum_{n=0}^{\infty}(-1)^n\frac{x^{2n}}{(2n)!}=\sqrt{\frac{2}{\pi x}}\cos x$$

$$\therefore\ J_{-\frac{1}{2}}(x)=\sqrt{\frac{2}{\pi x}}\cos x \tag{14}$$

이 공식으로부터 Bessel 함수의 성질이 3각함수의 성질과 비슷하다는 것을 알 수 있다. 그래프 모양도 비슷하고, $J_0(x)=0$, $J_1(x)=0$의 근은 대략 주기적이며 π의 간격을 갖는다. 또한 x가 양의 값을 취하며 더 증대함에 따라서, $J_r(x)$의 값이 근사적으로 다음 공식에 의하여 주어진다.

$$J_r(x)\approx\sqrt{\frac{2}{\pi x}}\cos\left(x-\frac{\pi+2r\pi}{4}\right)$$

[2] $J_r(x)$의 상호관계

$J_r(x)$를 포함하는 중요한 상호관계식은 $J_r(x)$의 급수전개식에서 얻을 수 있다.

$$J_r(x)=\sum_{n=0}^{\infty}(-1)^n\frac{1}{n!\Gamma(n+r+1)}\left(\frac{x}{2}\right)^{2n+r}$$

이므로

$$xJ'_r=\sum_{n=0}^{\infty}\frac{(-1)^n(2n+r)}{n!\Gamma(n+r+1)}\left(\frac{x}{2}\right)^{2n+r}$$

$$=rJ_r+x\sum_{n=0}^{\infty}\frac{(-1)^n}{(n-1)!\Gamma(n+r+1)}\left(\frac{x}{2}\right)^{2n+r-1}$$

$$=rJ_r-x\sum_{n=0}^{\infty}\frac{(-1)^n}{n!\Gamma(n+r+2)}\left(\frac{x}{2}\right)^{2n+r+1}$$

$$=rJ_r-xJ_{r+1} \tag{15}$$

마찬가지 다음 관계식이 성립한다.

$$xJ'_r+rJ_r=xJ_{r-1} \tag{16}$$

(15)+(16)에서 $2xJ'_r = xJ_{r-1} - xJ_{r+1}$이므로

$$2J'_r = J_{r-1} - J_{r+1} \tag{17}$$

(17)에 $r=0$을 대입하고, $J_{-1} = -J_1$임에 유의하면

$$2J_0' = J_{-1} - J_1 = -J_1 - J_1 = -2J_1$$

$$\therefore\ J_0' = -J_1 \tag{18}$$

또 (15)의 양변에 x^{-r-1}을 곱하면

$$x^{-r}J'_r = x^{-r-1}rJ_r - x^{-r}J_{r+1}$$

따라서

$$\frac{d}{dx}(x^{-r}J_r) = -x^{-r}J_{r+1} \tag{19}$$

마찬가지 방법으로 다음식이 유도된다.

$$\frac{d}{dx}(x^r J_r) = -x^r J_{r-1} \tag{20}$$

또 (15)에서 (16)을 변끼리 빼면

$$\frac{2r}{x}J_r = J_{r-1} + J_{r+1} \tag{21}$$

(21)에서 $r=0$이라 놓으면

$$J_{-1}(x) = -J_1(x)$$

이고, (21)에서 $r=-1$이라 놓으면

$$J_{-2}(x) + J_0(x) = -\frac{2}{x}J_{-1}(x) = \frac{2}{x}J_1(x) \tag{22}$$

이고, (21)에서 $r=1$이라 놓으면

$$J_0(x) + J_2(x) = \frac{2}{x}J_1(x) \tag{23}$$

(23)에서 (22)를 변끼리 빼면

$$J_{-2}(x) = -J_2(x)$$

(21)에서 $r=-2$, $r=2$라 놓으면 다음 관계식을 얻는다.

$$J_{-3}(x) + J_{-1}(x) = -\frac{4}{x}J_{-2}(x) \tag{24}$$

$$J_1(x) + J_3(x) = \frac{4}{x}J_2(x) \tag{25}$$

또 (24)와 (25)를 변끼리 더하면

$$J_{-3}(x)=-J_3(x)$$

를 얻는다. 일반적으로 r이 정수일 때 다음 관계가 성립한다.

$$J_{-r}(x)=(-1)^r J_r(x)$$

(21)식에 $r=\dfrac{1}{2}$을 대입하면

$$\frac{1}{x}J_{\frac{1}{2}}(x)=J_{-\frac{1}{2}}(x)+J_{\frac{3}{2}}(x)$$

따라서

$$J_{\frac{3}{2}}(x)=\frac{1}{x}J_{\frac{1}{2}}(x)-J_{-\frac{1}{2}}(x)$$
$$=\sqrt{\frac{2}{\pi x}}\left(\frac{\sin x}{x}-\cos x\right)$$

또한 (21)식에 $r=\dfrac{3}{2}$을 대입하면

$$\frac{3}{x}J_{\frac{3}{2}}=J_{\frac{1}{2}}+J_{\frac{5}{2}}$$

를 얻으며, 여기서

$$J_{\frac{5}{2}}=\frac{3}{x}J_{\frac{3}{2}}-J_{\frac{1}{2}}=\sqrt{\frac{2}{\pi x}}\left(\frac{3-x^2}{x^2}\sin x-\frac{3}{x}\cos x\right)$$

마찬가지 방법으로 다음 관계식을 얻는다.

$$J_{-\frac{3}{2}}=\sqrt{\frac{2}{\pi x}}\left(-\sin x-\frac{\cos x}{x}\right)$$
$$J_{-\frac{2}{5}}=\sqrt{\frac{2}{\pi x}}\left(\frac{3}{x}\sin x+\frac{3-x^2}{x^2}\cos x\right)$$

제 1 종 0차의 수정 Bessel 함수를 다음과 같이 정의한다.

$$I_0(x)=J_0(ix)=1+\frac{1}{2^2}x^2+\frac{1}{2^2 4^2}x^4+\frac{1}{2^2 4^2 6^2}x^6+\cdots$$

미분방정식 $$y''+\frac{1}{x}y'-y=0,\ x>0 \tag{26}$$

을 0차의 **수정 Bessel 방정식**이라 한다.

$$K_0(x)=[\log 2-r]I_0(x)-I_0(x)\log x+\frac{1}{4}x^2+\cdots$$

을 **2종 0차의 수정 Bessel 함수**라 한다.

0차의 수정 Bessel 방정식 (26)의 일반해는

$$y(x)=c_1I_0(x)+c_2K_0(x),\ x>0 \tag{27}$$

미분방정식
$$y''+\frac{1}{x}y'-b^2y=0$$

의 일반해는

$$y(x)=c_1I_0(bx)+c_2K_0(bx),\ x>0 \tag{28}$$

3 Bessel 방정식의 Laplace 변환

미분방정식
$$t^2y''(t)+ty'(t)+(t^2-n^2)y(t)=0$$

은 n차의 Bessel 방정식이다.

$n=0$인 영차의 Bessel 방정식의 해를 Laplace 변환에 의하여 구해 보자.

(i) 영차의 Bessel 방정식의 Laplace 변환에 의한 해법

$$ty''(t)+y'(t)+ty(t)=0 \tag{29}$$

의 초기조건을 $y(0)=1$이라 하자. $y(t)$와 그의 도함수의 변환이 존재한다고 하고, 방정식 (29)의 양변에 Laplace 변환을 취하면

$$-\frac{d}{ds}[s^2Y(s)-s-y'(0)]+sY(s)-1-\frac{d}{ds}Y(s)=0$$

간단히 하면

$$(s^2+1)Y'(s)+sY(s)=0$$

변수를 분리하고, 적분하면

$$\frac{dY}{Y}=-\frac{sds}{s^2+1}\text{에서 } Y(s)=\frac{c}{\sqrt{s^2+1}}\ (c\text{는 임의상수})$$

$s>1$이라 하고 우변을 이항정리로 전개하면

$$\begin{aligned}Y(s)&=\frac{c}{s}\left(1+\frac{1}{s^2}\right)^{-\frac{1}{2}}\\&=\frac{c}{s}\left\{1-\frac{1}{2}\frac{1}{s^2}+\frac{1\cdot 3}{2^2\cdot 2!}\frac{1}{s^4}-\cdots+(-1)^n\frac{1\cdot 3\cdot 5\cdots(2n-1)}{2^n\cdot n!}\frac{1}{s^{2n}}+\cdots\right\}\\&=c\sum_{n=0}^{\infty}\frac{(-1)^n(2n)!}{(2^n\cdot n!)^2s^{2n+1}}\end{aligned}$$

역변환을 취하여

$$y(t)=c\sum_{n=0}^{\infty}\frac{(-1)^n}{(2^n\cdot n!)^2}t^{2n}$$

$y(0)=1$이므로 $c=1$이다.

$$\therefore\ y(t)=\sum_{n=0}^{\infty}\frac{(-1)^n}{(2^n\cdot n!)^2}t^{2n}=J_0(t)$$

이 멱급수는 모든 t에 대하여 수렴하며, 영차의 Bessel 방정식을 만족한다. 이 급수로 정의된 함수가 영차의 Bessel 함수 $J_0(t)$이다.

(ii) 1차의 Bessel 방정식의 Laplace 변환에 의한 해법

방정식
$$t^2y''(t)+ty'(t)+(t^2-1)y(t)=0 \tag{30}$$

의 양변에 Laplace 변환을 취하면

$$\frac{d^2}{ds^2}[s^2Y(s)-sy(0)-y'(0)]+\frac{d}{ds}[sY(s)-y(0)]+\frac{d^2}{ds^2}Y(s)-Y(s)=0$$

정리하면
$$(s^2+1)Y''(s)+3sY'(s)=0$$

이것을 풀면
$$Y(s)=\frac{c_1s}{\sqrt{s^2+1}}+c_2$$

그런데 $y(t)$가 지수위의 함수이므로 $s\to\infty$일 때 $Y(s)=\int_0^{\infty}e^{-st}y(t)dt\to 0$. 따라서 $c_1+c_2=0$이 된다.

$$\therefore\ Y(s)=c_1\left(\frac{s}{\sqrt{s^2+1}}-1\right)$$

그런데 $J_0(t)$에서 $J_0(0)=1$이고, $L\{J_0(t)\}=\dfrac{1}{\sqrt{s^2+1}}$이므로

$$L\{J_0'(t)\}=sL\{J_0(t)\}-J_0(0)=\frac{s}{\sqrt{s^2+1}}-1$$

따라서

$$Y(s)=c_1L\{J_0'(t)\}$$

이므로

$$\begin{aligned}y(t)=c_1J_0'(t)&=-\frac{2t}{2^2}+\frac{4t^3}{2^24^2}-\frac{6t^5}{2^24^26^2}+\cdots\\&=-c_1\left[\frac{1}{1\cdot 2!}\left(\frac{t}{2}\right)-\frac{1}{2!3!}\left(\frac{t}{2}\right)^3+\frac{1}{3!4!}\left(\frac{t}{2}\right)^5-\cdots\right]\end{aligned}$$

우변의 괄호 안은 $J_1(t)$이므로

$$y(t) = -c_1 J_1(t) = -c_1 \sum_{n=0}^{\infty} \frac{(-1)^2}{n!(n+1)!}\left(\frac{t}{2}\right)^{2n+1}$$

$J_1(t)$는 1종 1차의 Bessel 함수이다.

$$J_0'(t) = -J_1(t)$$

이므로

$$L\{J_1(t)\} = 1 - \frac{s}{\sqrt{s^2+1}} = \frac{1}{\sqrt{s^2+1}\,(s+\sqrt{s^2+1})}$$

연습문제 (11.2)

1. 다음을 밝혀라.

   (1) $J(1) = 0.7652$ (2) $J(1) = 0.4401$

2. $J_0(2) = a$, $J_1(2) = b$인 경우 다음을 밝혀라.

   (1) $J_2(2) = b - a$ (2) $J_1' = a - \frac{1}{2}b$ (3) $J_2'(2) = a$

3. $\frac{d}{dx}J_0(x) = -J_1(x)$임을 증명하라.

4. 미분에 의하여 다음을 증명하라. 단, k는 양의 정수이다.

   (1) $\frac{d}{dx}x^k J_k(x) = x^k J_{k-1}(x)$ (2) $\frac{d}{dx}x^{-k} J_k(x) = -x^{-k} J_{k+1}(x)$

5. 다음을 증명하라.

   (1) $L\{e^{-at}J_0(bt)\} = \frac{1}{\sqrt{s^2-2as+a^2+b^2}}$ (2) $L\{tJ_0(at)\} = \frac{s}{(s^2+a^2)^{\frac{3}{2}}}$

6. 다음을 구하라.

   (1) $L\{tJ_0(t)e^{-t}\}$ (2) $\int_0^{\infty} te^{-3t} J_0(4t)\,dt$

제 12 장

수 치 해

12.1 1계미분방정식의 Taylor급수에 의한 해법

[1] picard의 반복법

본장에서는 초기조건이 주어진 1계미분방정식의 수치적 해법을 다루어보자. 해가 해석적으로 구할 수 없는 경우나, 또는 구할 수 있을 때에도 주어진 x의 값에 대한 y의 값을 구할 때, 해석적인 해를 이용하지 말고 직접 수치적으로 구하는 것이 편리할 때도 있다. 또 이 방법 이외는 해를 구할 수 없는 경우나, 해를 양함수로 표시하는 것이 불가능할 때, 구하는 함수의 값을 근사적인 수치계산법으로 해를 구하는 해법이다.

이와 같은 경우에 x의 어떤 특정한 값에 대한 함수 y의 근사값을 미분방정식의 일반해 또는 특수해에 의하여 구하지 않고, 방정식으로부터 직접 수치해를 구하는 기본적인 원리는 다음과 같다.

1계미분방정식과 초기조건

$$y' = f(x, y), \quad y(x_0) = y_0 \tag{1}$$

에서 x_0근방의 x의 값에 대한 y의 값을 구할 때, x_0근방에서의 x에 대한 y의 값 $y_1 = y(x_1)$은 다음 관계식을 만족한다.

$$\int_{y_0}^{y} dy = \int_{x_0}^{x} f(x, y(x))dx \text{에서 } y - y_0 = \int_{x_0}^{x} f(x, y(x)dx \tag{2}$$

여기서 $y(x)$를 알 수 없으므로, y_1이 구해지지 않으나 (2)식의 적분에서 $y(x)$에 y의 근사값 y_0을 대입하여 적분함으로써 근사적으로 새로운 y의 근사값 y_1을 구할 수 있다.

이러한 방법 가운데 초등적인 picard의 반복법을 소개한다.

$$y_1 = y_0 + \int_{x_0}^{x} f(x,\ y_0)dx \tag{3}$$

다음 제 2 근사값 y_2는 (2)의 우변의 y를 y_1로 바꾸어서 구한다. 즉

$$y_2 = y_0 + \int_{x_0}^{x} f(x,\ y_1)dx \tag{4}$$

이 방법을 계속하면

$$y_n = y_0 + \int_{x_0}^{x} f(x,\ y_{n-1})dx \tag{5}$$

가 된다. 근사해의 계열

$$y_0\ y_1,\ y_2,\ y_3,\ \cdots$$

에서 그 각각은 그 앞의 것보다 요구되는 해의 더 좋은 근사값이 된다.

Picard의 방법은 실질적으로 고려해 볼만한 가치가 있다. 그러나 이 방법은 적분할 때 일어나는 적분의 어려움 때문에 근사값을 구하는 데 있어서 불편한 점이 있다.

예제 1 $x=0$일 때 $y=1$을 만족하는 미분방정식 $dy/dx=x-y$에서 $x=0.2$일 때의 y의 근사값을 Picard의 방법으로 구하라.

풀이 여기서 $f(x,\ y)=x-y,\ x_0=0,\ y_0=1$이므로

$$y_1 = y_0 + \int_0^x f(x,\ y_0)dx = 1 + \int_0^x \left(x-1\right)dx = \frac{1}{2}x^2 - x + 1,$$

$$y_2 = y_0 + \int_0^x f(x,\ y_1)dx = 1 + \int_0^x \left(x - \frac{1}{2}x^2 + x - 1\right)dx = -\frac{1}{6}x^3 + x^2 - x + 1,$$

$$y_3 = y_0 + \int_0^x f(x,\ y_2)dx = 1 + \int_0^x \left(\frac{1}{6}x^3 - x^2 + 2x - 1\right)dx$$

$$= \frac{1}{24}x^4 - \frac{1}{3}x^3 + x^2 - x + 1,$$

$$y_4 = y_0 + \int_0^x f(x,\ y_3)dx = 1 + \int_0^x \left(-\frac{1}{24}x^4 + \frac{1}{3}x^3 - x^2 + 2x - 1\right)dx$$

$$= -\frac{x^5}{120} + \frac{x^4}{12} - \frac{x^3}{3} + x^2 - x + 1$$

$$y_5 = \frac{1}{720}x^6 - \frac{1}{60}x^5 + \frac{1}{12}x^4 - \frac{1}{3}x^3 + x^2 - x + 1,\ \cdots$$

$x=0.2$일 때 $y_0=1$, $y_1=0.82$, $y_2=0.83867$, $y_3=0.83740$, $y_4=0.83746$, $y_5=0.83746$ 따라서 소수점 다섯째 자리까지는 $y(0.2)=0.83746$이다. □

[주의] 주어진 미분방정식의 일반해는 $y=x-1+ce^{-x}$이다. 초기조건 $x=0$, $y=1$을 만족하는 특수해는 $y=x-1+2e^{-x}$이다. $x=0.2$를 대입하여 얻는 수치해 0.8374615…와 위에서 구한 해는 소수 다섯자리까지 같다.

예제 2 $x=0$일 때 $y=1$을 만족하는 미분방정식 $dy/dx=3x+y^2$에서 $x=0.1$에 대응하는 y의 근사값을 Picard의 방법으로 구하라.

풀이 여기서 $f(x, y)=3x+y^2$, $x_0=0$, $y_0=1$이므로

$$y_1=y_0+\int_0^x(3x+y_0^2)dx=1+\int_0^x(3x+1)dx=\frac{3}{2}x^2+x+1$$

$$y_2=y_0+\int_0^x(3x+y_1^2)dx=1+\int_0^x\left(\frac{9}{4}x^4+3x^3+4x^2+5x+1\right)dx$$

$$=\frac{9}{20}x^5+\frac{3}{4}x^4+\frac{4}{3}x^3+\frac{5}{2}x^2+x+1$$

$x=0.1$일 때 $y_0=1$, $y_1=1.115$, $y_2=1.1264$, … □

2 Taylor급수에 의한 수치해법

초기조건이 주어진 1계미분방정식

$$\frac{dy}{dx}=f(x, y), \ (x=x_0, \ y=y_0) \tag{6}$$

에서 함수 y의 $x=x_0$를 중심으로 하는 Taylor급수전개는 다음과 같다.

$$y=y_0+y'_0(x-1)+\frac{y''_0}{2!}(x-1)^2+\frac{y'''_0}{3!}(x-1)^3+\cdots+\frac{y^{(n)}_0}{n!}(n-1)^n+\cdots$$

여기서 y'_0는 $x=x_0$, $y=y_0$일 때의 y'의 값이고, 준 미분방정식 (6)에서

$$y'_0=f(x_0, \ y_0)$$

로 구해지며, y_0''는 (6)을 x로 미분한 우변에 $x=x_0$, $y=y_0$, $y'=y'_0$를 대입하여 얻는다. 일반적으로 $y_0^{(n)}$ $(n=1, 2, \cdots)$도 마찬가지로 구해 나간다.

특히 $x_0=0$일 때, $y=y(0)$되는 Taylor 급수는 다음과 같다.

$$y=y(0)+\frac{y'(0)}{1!}x+\frac{y''(0)}{2!}x^2+\cdots+\frac{y^{(n)}(0)}{n!}x^n+\cdots$$

만일 $y(0)$의 값을 y_0로 나타내면, 미분방정식 (6)에서 $y'(0)$은 다음 형으로 구해진다.

$$y'(0)=f(0,\ y_0)$$

고계도함수 $y''(0),\ \cdots,\ y^{(n)}(0)$도 위에서와 같이 방정식 (6)을 순차로 미분하고, 추가되는 초기조건을 대입하여 구한다.

이 방법은 함수 $f(x,\ y)$의 모든 편도함수가 존재할 때 가능하다.

예제 3 $\frac{dy}{dx}=x-y$에서 다음을 Taylor급수의 방법으로 구하라.

(1) $x=0$일 때 $y=1$이다. $x=0.2$일 때의 y의 근사값

(2) $x=1$일 때 $y=0.4$이다. $x=1.6$일 때의 y의 근사값

풀이 (1) $y(0)=1,\ y'=x-y$이므로 $y'(0)=0-1=-1$,

$y''=1-y'$이므로 $y''(0)=1-y'(0)=1+1=2$,

$y'''=-y''$이므로 $y'''(0)=-y''(0)=-2$,

$y^{(4)}=-y'''$이므로 $y^{(4)}(0)=-(-2)=2$, 마찬가지로

$y^{(5)}(0)=-2,\ y^{(6)}=2,\ \cdots\cdots$

$$\therefore\ y=1-x+\frac{2}{2!}x^2+\frac{-2}{3!}x^3+\frac{2}{4!}x^4+\frac{-2}{5!}x^5+\cdots$$
$$=1-x+x^2-\frac{1}{3}x^3+\frac{1}{12}x^4-\frac{1}{60}x^5+\cdots$$

이 식에서 $y(0.2)$의 근사값 y_1은

$$y_1=1-0.2+0.04-\frac{1}{3}(0.008)+\frac{1}{12}(0.0016)-\frac{1}{60}(0.00032)+\cdots\approx 0.83746$$

(2) $y(1)=0.4,\ y'(1)=1-0.4=0.6,\ y''(1)=1-y'(1)=1-0.6=0.4$,

$y'''(1)=-y''(1)=-0.4,\ \ y^{(4)}(1)=-y'''(1)=0.4,\ \ y^{(5)}(1)=-0.4,\ \ \cdots$이므로

$h=x-1$일 때

$$y=0.4+0.6h+0.4\frac{h^2}{2}-0.4\frac{h^3}{6}+0.4\frac{h^4}{24}-0.4\frac{h^5}{120}+0.4\frac{h^6}{720}+\cdots$$

$x=1.6$일 때, $h=0.6$이므로, $y(1.6)$의 근사값 y_1은

$$y_1=0.4+0.6(0.6)+0.4(0.18)-0.4(0.036)+0.4(0.0054)-0.4(0.000648)+\cdots$$
$$=0.81953$$

□

예제 4 $\dfrac{dy}{dx}=3x+y^2$에서, $x=0$일 때 $y=1$이다. $x=0.1$일 때, y의 근사값을 Taylor급수의 방법으로 구하라.

풀이 (1) 여기서 $(x_0,\ y_0)=(0,\ 1)$, $y(x_0)=1$이므로

$$
\begin{aligned}
&y'(x)=3x+y^2 && y'(0)=1\\
&y''(x)=3+2yy' && y''(0)=5\\
&y'''(x)=2(y')^2+2yy'' && y'''(0)=12\\
&y^{(4)}(x)=6y'y''+2yy''' && y^{(4)}(0)=54\\
&y^{(5)}(x)=6(y'')^2+8y'y'''+2yy^{(4)} && y^{(5)}(0)=354\\
&\cdots\cdots\cdots\cdots\cdots\cdots
\end{aligned}
$$

이므로 $$y=1+x+\frac{5}{2}x^2+2x^3+\frac{9}{4}x^4+\frac{177}{60}x^5+\cdots$$

$x=0.1$일 때, y의 근사값 y_1은

$$y_1=1+0.1+0.025+0.002+0.00022+0.00003+\cdots=1.12725$$ □

연습문제 (12.1)

1. $x=0$일 때 $y=1$을 만족하는 미분방정식 $\dfrac{dy}{dx}=x+y^2$에서, $x=0.1$일 때의 y의 근사값을 Picard의 방법으로 y_1, y_2, y_3을 구하라.

2. $y'=1+y^2$, $y(0)=0$의 근사해를 Picard의 방법으로 $y_1(x)$, $y_2(x)$, $y_3(x)$를 구하라.

3. $x=0$일 때, $y=1$을 만족하는 미분방정식 $\dfrac{dy}{dx}=x+y^2$의 해에 대하여, $x=0.2$일 때 y의 근사값을 Taylor급수의 방법으로 구하라.

4. $y'=2x(1+y)$, $y(0)=0$의 해는 $y=e^{x^2}-1$이다. $y(0)=0$이라 하고, Picard의 방법에 의하여 근사해가 다음과 같음을 밝혀라.

$$y_n(x)=x^2+\frac{x^4}{2!}+\frac{x^6}{3!}+\cdots+\frac{x^{2n}}{n!}$$

12.2 Euler의 방법과 Runge-Kutta법

[1] Euler의 방법

[1] Euler의 방법

1계 미분방정식 $$y'=f(x,\ y) \tag{1}$$

의 수치해에서 Taylor 급수의 제 1 근사값으로 처음 두 항만 $y_1 \approx y_0 + hf(x_0,\ y_0)$을 취한다.

이 근사법을 기하학적으로 설명한다. $P(x_0,\ y_0)$을 지나는 (1)의 적분곡선을 PQ이라고 하고, Q를 $x=x_0+h$에 대응하는 곡선상의 점이라 하자. 그러면 $\bar{y}=MQ=y_0+k$이다. θ가 P에 있어서의 접선의 경사각이면, (1)에서 $\tan\theta=f(x_0,\ y_0)$이므로 $x=x_0+h$에서의 y의 근사값 $\bar{y}$는

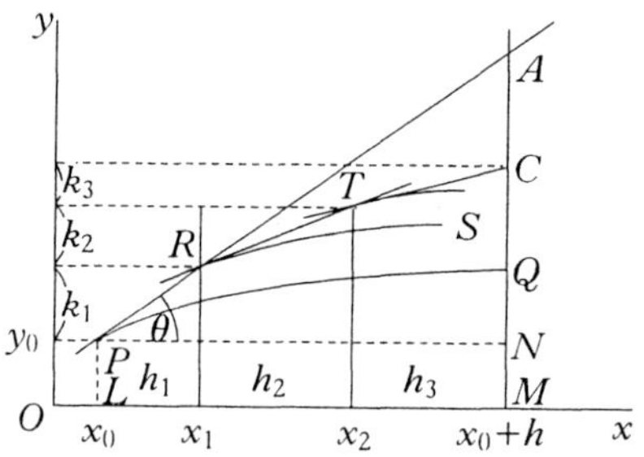

[그림 12.1]

$$y=y_0+hf(x_0,\ y_0)=LP+h\tan\theta=MN+NA=MA$$

더 좋은 근사값을 얻기 위하여, 폭 h의 구간 LM을 폭 $h_1,\ h_2,\ h_3,\ \cdots,\ h_n$의 n개의 소구간으로 나눈다(그림에서 $n=3$). 직선 $x=x_0+h_1$은 $R(x_0+h_1,\ y_0+k_1)=(x_1,\ y_1)$에서 점 P에서의 접선 PA와 만난다고 하자. 그러면

$$y_1=y_0+k_1=y_0+h_1f(x_0,\ y_0)$$

RS를 R을 통과하는 (1)의 적분곡선이라고 하고, R에 있어서의 접선상에 점 $T(x_1+h_2,\ y_1+k_2)=(x_2,\ y_2)$를 취한다. 그러면

$$y_2=y_1+k_2=y_1+h_2f(x_1,\ y_1)=y_1+h_2f(x_0+h,\ y_0+h_1f_0)$$

이 방법을 충분히 반복하면, 마침내는 MQ의 근사값 MC에 도달된다.

소구간의 폭이 작아지고, 소구간의 수를 증가시킬 때 더 좋은 근사값을 얻게 된다는 것은 그림에서 알 수 있다.

예제 1 $x=1$일 때 $y=1.2$를 만족하는 미분방정식 $\dfrac{dy}{dx}=3x+y^2$의 해를 Euler 방법으로, $n=4$로 하여 $x=1.1$에 대한 y의 근사값을 구하라.

풀이 여기서 $h=0.1$이고 $h_1=h_2=h_3=h_4=0.025$로 한다. 구하는 근사해는

$$y_0+k_1+k_2+k_3+k_4=y_3+k_4$$

이다.

(a) $(x_0,\ y_0)=(1,\ 1.2),\ h_1=0.025,\ f(x_0,\ y_0)=4.44,\ k_1=h_1f(x_0,\ y_0)=0.111$

$$\therefore\ y_1=y_0+k_1=1.311$$

(b) $(x_1,\ y_1)=(1.025,\ 1.311),\ h_2=0.025,\ f(x_1,\ y_1)=4.7937,$
$k_2=h_2f(x_1,\ y_1)=0.1198$

$$\therefore\ y_2=y_1+k_2=1.4308$$

(c) $(x_2,\ y_2)=(1.05,\ 1.4308),\ h_3=0.025,\ f(x_2,\ y_2)=5.1972,$
$k_3=h_3f(x_2,\ y_2)=0.1198$

$$\therefore\ y_3=y_2+k_3=1.5607$$

(d) $(x_3,\ y_2)=(1.075,\ 1.5607),\ h_4=0.025,\ \ f(x_3,\ y_3)=5.6608,$
$k_4=h_4f(x_3,\ y_3)=0.1415$

$$\therefore\ \bar{y}\approx y_3+k_4=1.7022$$ □

[2] 수정 Euler법

미분방정식 $$y'=f(x,\ y),\ y(x_0)=y_0$$

에서 $y(x_i)=y_i,\ y(x_{i+1})=y_{i+1},\ x_{i+1}=x_i+h$이라면

$$\int_{y_i}^{y_{i+1}}y'dx=\int_{x_i}^{x_{i+1}}f(x,\ y)dx=\int_{x_i}^{x_{i+1}}f\big(x,\ y(x)\big)dx\simeq\int_{x_i}^{x_{i+1}}f(x_i,\ y(x_i)dx$$

$$=\int_{x_i}^{x_{i+1}}f_i(x_i,\ y_i)dx=f_i[x]_{x_i}^{x_{i+1}}=hf_i \qquad (1)$$

좌변 $=\int_{y_i}^{y_{i+1}} dy = y_{i+1} - y_i$이므로 $y_{i+1} - y_i \simeq hf_i \quad \therefore\ y_{i+1} \simeq y_i + hf_i$

이것은 Euler의 공식이다.

(1)식의 우변을 사다리꼴 공식에 의하여 계산하면

$$\begin{aligned} y_{i+1} - y_i &= \int_{x_i}^{x_{i+1}} f(x,\ y(x)dx \\ &\simeq \frac{h}{2}\Big[f(x_i,\ y_i) + f(x_{i+1} + y_{i+1})\Big] \end{aligned}$$

$$\therefore\ y_{i+1} = y_i + \frac{h}{2}[f(x_i,\ y_i) + f(x_{i+1},\ y_{i+1})] \tag{2}$$

그런데 공식 (2)에서 우변에 y_{i+1}을 포함하므로, 이 공식으로 y_{i+1}을 구할 수는 없다. 그래서 (2)식의 우변의 y_{i+1}을 Euler공식에 의하여 구한값 $\hat{y}_{i+1}$로 바꾼 다음 공식으로 y_{i+1}을 구한다.

$$y_{i+1} = y_i + \frac{h}{2}[f(x_i,\ y_i) + f(x_{i+1},\ \hat{y}_{i+1})]$$
$$\text{단, } \hat{y}_{i+1} = y_i + hf(x_i,\ y_i)$$

이런 방법을 **수정 Euler의 방법**이라 한다. 이 방법은 Euler법으로 예측하고, 사다리꼴 공식으로 예측값을 수정한다 하여 **예측-수정법**이라고도 한다.

예제 2 $y' = x + y$, $y(0) = 1$을 $h = 0.1$로 하여 수정 Euler법에 의하여 $y(0.2)$의 값을 구하라.

풀이 $x_0 = 0,\ x_1 = x_0 + h = 0.1,\ x_2 = 0.2,\ y_0 = 1$

(1단계) $\hat{y}_1 = y_0 + hf(x_0,\ y_0) = y_0 + h(x_0 + y_0) = 1 + 0.1(0+1) = 1.1$

$$\begin{aligned} \therefore\ y_1 &= y_0 + \frac{h}{2}[f(x_0,\ y_0) + f(x_1,\ \hat{y}_1)] = y_0 + \frac{h}{2}[(x_0 + y_0) + (x_1 + \hat{y}_1)] \\ &= 1 + 0.05[(0+1) + (0.1 + 1.1)] = 1.11 \end{aligned}$$

(2단계) $\hat{y}_2 = y_1 + hf(x_1,\ y_1) = y_1 + h(x_1 + y_1) = 1.1 + 0.1(0.1 + 1.11) = 1.231$

$$\begin{aligned} \therefore\ y_2 &= y_1 + \frac{h}{2}[f(x_1,\ y_1) + f(x_2,\ \hat{y}_2)] = y_1 + \frac{h}{2}[(x_1 + y_1) + (x_2 + \hat{y}_2)] \\ &= 1.11 + 0.05[(0.1 + 1.11) + (0.2 + 1.231)] = 1.11 + 0.05(2.641) \\ &= 1.24205 \end{aligned}$$

(참값은 $y(0.1) = 1.1103$, $y(0.2) = 1.2432$) □

[3] 여러번 수정하는 수정 Euler의 방법

2회 수정하는 경우의 공식은 다음과 같다.

예측: $\hat{y}_{i+1}=y_i+hf(x_i,\ y_i)$

$$\begin{aligned} &1\text{회 수정: } y^*_{i+1}=y_i+\frac{h}{2}[f(x_i,\ y_i)+f(x_{i+1},\ \hat{y}_{i+1})] \\ &2\text{회 수정: } y^{**}_{i+1}=y_i+\frac{h}{2}[f(x_i,\ y_i)+f(x_{i+1},\ y^*_{i+1})] \end{aligned} \tag{3}$$

예제 3 $y'=x+y$, $y(0)=1$을 $h=0.1$로 하고, 각 단계에서 2회 수정할 때, $y(0.2)=y_1^{**}$를 구하여라.

풀이 $\hat{y}_1=y_0+h(x_0+y_0)=1+0.1(0+1)=1.1$

1단계: $y_1^*=y_0+\frac{h}{2}[(x_0+y_0)+(x_1+\hat{y}_1)]=1+\frac{0.1}{2}[(0+1)+(0.1+1.1)]=1.11$

$y_1^{**}=y_0+\frac{h}{2}[(x_0+y_0)+(x_1+y_1^*)]$

$=1+0.05[(0+1)+(0.1+1.11)]=1.1105$

2단계: $\hat{y}_2=y_1+h(x_1,\ y_1)=1.1105+0.1[0.1+1.1105)=1.23155$

$y_2^*=y_1+\frac{h}{2}[(x_1,\ y_1)+(x_2+\hat{y}_2)]$

$=1.1105+0.05[(0.1+1.1105)+(0.2+1.23155)]=1.2426025$

$y_2^{**}=y_1+\frac{h}{2}[(x_1+y_1)+(x_2+y_2^*)]$

$=1.1105+0.05[(0.1+1.1105)+(0.2+1.2426025)]$

$=1.243155125\simeq 1.2432$ □

3회 수정하는 경우의 수정 Euler 방법의 계산공식은 다음과 같다.

예측값: $\hat{y}_{i+1}=y_i+hf(x_i,\ y_i)$

1차 수정값: $y^{(1)}_{i+1}=y_i+\frac{h}{2}[f(x_i,\ y_i)+f(x_{i+1},\ \hat{y}_{i+1})]$

2차 수정값: $y^{(2)}_{i+1}=y_i+\frac{h}{2}[f(x_i,\ y_i)+f(x_{i+1},\ y^{(1)}_{i+1})]$

3차 수정값: $y^{(3)}_{i+1}=y_i+\frac{h}{2}[f(x_i,\ y_i)+f(x_{i+1},\ y^{(2)}_{i+1})]$

2 Runge-kutta 법

4차의 Runge-kutta법은 오차가 h^5 정도인 계산법으로 공식은 다음과 같다.

$$x_1=x_0+h,\ y_1=y_0+\frac{1}{6}(k_1+2k_2+2k_3+k_4) \tag{4}$$

$$\text{단, } k_1=hf(x_0,\ y_0)$$
$$k_2=hf\left(x_0+\frac{h}{2},\ y_0+\frac{k_1}{2}\right)$$
$$k_3=hf\left(x_0+\frac{h}{2},\ y_0+\frac{k_2}{2}\right)$$
$$k_4=hf(x_0+h,\ y_0+k_3)$$

예제 4 4차의 Runge-Kutta 법으로 다음 미분방정식을 풀어라. 단, $h=0.5$로 하고, $y(0.5)$를 구하라.

$$y'=x+y,\ y(0)=2$$

풀이 $k_1=hf(x_0,\ y_0)=0.5(0+2)=1.0$

$$k_2=hf\left(x_0+\frac{h}{2},\ y_0+\frac{k_1}{2}\right)=0.5\left(0+0.25+2+\frac{1}{2}\right)=1.375$$
$$k_3=hf\left(x_0+\frac{h}{2},\ y_0+\frac{k_2}{2}\right)=0.5\left(0+0.25+2+\frac{1.375}{2}\right)=1.46875$$
$$k_4=hf(x_0+h,\ y_0+k_3)=0.5(0+0.5+2+1.46875)=1.984375$$
$$\therefore\ y_1=y(0.5)=y_0+\frac{1}{6}(k_1+2k_2+2k_3+k_4)=3.4453125$$ □

3 연립1계 미분방정식의 수치해법

[1] Euler의 방법에 의한 해법

연립1계 미분방정식

$$\frac{dx}{dt}=f(t,\ x,\ y), \quad \frac{dy}{dt}=g(t,\ x,\ y) \qquad \text{단, } \begin{cases} x(t_0)=x_0 \\ y(t_0)=y_0 \end{cases}$$

의 Euler의 방법은 다음과 같다. $x=x(t)$, $y=y(t)$이다.

연립미분방정식의 Euler의 방법 (1)

$$\begin{cases} x_{i+1}=x_i+hf(t_i,\ x_i,\ y_i) \\ y_{i+1}=y_i+hg(t_i,\ x_i,\ y_i) \end{cases} \quad 단,\ h=t_{i+1}-t_i \tag{5}$$

예제 5 다음 연립방정식의 수치해를 구간 [0, 0.1]에서 $h=0.02$로 하여 Euler의 방법으로 x_1, y_1 및 x_2, y_2를 구하라.

$$\frac{dx}{dt}=x+2y,\ x(0)=6,\ \frac{dy}{dt}=3x+2y,\ y(0)=4$$

풀이 $t_0=0,\ x_0=6,\ y_0=4;\ f(t,\ x,\ y)=x+2y,\ g(t,\ x,\ y)=3x+2y$
$f_0=f(0,\ 6,\ 4)=6+2(4)=14,\ g_0=g(0,\ 6,\ 4)=3(6)+2(4)=26$

$$x_1=x_0+hf_0=6+0.02(14)=6.28$$
$$y_1=y_0+hg_0=4+0.02(26)=4.52$$

$f_1=f(0.02,\ 6.28,\ 4.52)=6.28+2(4.52)=15.32$
$g_1=g(0.02,\ 6.28,\ 4.52)=3(6.28)+2(4.52)=27.88$

$$x_2=x_1+hf_1=6.28+0.02(15.32)=6.5864$$
$$y_2=y_1+hg_1=4.52+0.02(27.88)=5.0776$$ □

[2] Runge-Kutta법에 의한 방법

(1) 2차의 Runge-Kutta법

초기조건이 주어진 1계 연립미분방정식

$$\begin{cases} x'=f(t,\ x,\ y),\ x(t_0)=x_0 \\ y'=g(t,\ x,\ y),\ y(t_0)=y_0 \end{cases}$$

의 2차의 Runge-Kutta법에 의한 해는 다음과 같이 구한다.

연립미분방정식에서의 2차의 Runge-Kutta법

$$x_{i+1}=x_i+k_1,\ y_{i+1}=y_i+l_1,\ t_{i+1}=t_i+h \tag{6}$$

$$단,\ k_1=hf(t_i,\ x_i,\ y_i),\ k_2=hf\left(t_i+\frac{h}{2},\ x_i+\frac{k_1}{2},\ y_i+\frac{l_1}{2}\right)$$

$$l_1=hg(t_i,\ x_i,\ y_i),\ l_2=hg\left(t_i+\frac{h}{2},\ x_i+\frac{k_1}{2},\ y_i+\frac{l_1}{2}\right)$$

(2) 4차의 Runge-Kutta의 방법

연립 1계 미분방정식 (1)에 대한 Runge-Kutta법의 계산공식은 다음과 같다.

연립미분방정식의 4차의 Runge-Kutta법

$$\begin{cases} x_{i+1}=x_i+\dfrac{1}{6}(k_1+k_2+k_3+k_4) \\ y_{i+1}=y_i+\dfrac{1}{6}(l_1+l_2+l_3+l_4) \end{cases} \tag{7}$$

단, $k_1=hf(t_i,\ x_i,\ y_i)$, $\quad l_1=hg(t_i,\ x_i,\ y_i)$이고, $h=t_{i+1}-t_i$이다.

$$k_2=hf\left(t+\frac{h}{2},\ x+\frac{k}{2},\ y+\frac{l}{2}\right),\quad l_2=hg\left(t+\frac{h}{2},\ x+\frac{k}{2},\ y+\frac{l}{2}\right)$$

$$k_3=hf\left(t_i+\frac{h}{2},\ x_i+\frac{k_2}{2},\ y_i+\frac{l_2}{2}\right),\ l_3=hg\left(t_i+\frac{h}{2},\ x_i+\frac{k_2}{2},\ y_i+\frac{l_2}{2}\right)$$

$$k_4=hf(t_i+h,\ x_i+k_3,\ y_i+l_3),\quad l_4=hg(t_i+h,\ x_i+h_3,\ y_i+l_3)$$

예제 6 다음 연립미분방정식의 수치해를 구간 [0, 0.02]에서 $h=0.01$로 하여 $x(0.01)$와 $y(0.01)$의 값을 4차의 Runge-Kutta법으로 구하여라.

$$\frac{dx}{dt}=f(t,\ x,\ y)=x+2y,\ x(0)=6$$

$$\frac{dy}{dt}=g(t,\ x,\ y)=3x+2y,\ y(0)=4$$

풀이 $k_1=0.02f(0,\ 6,\ 4)=0.02(6+2\times 4)=0.28$,

$l_1=0.02g(0,\ 6,\ 4)=0.02(3\times 6+2\times 4)=0.52$

$$x_0+\frac{k_1}{2}=6+\frac{0.28}{2}=6.14,\ y_0+\frac{l_1}{2}=4+\frac{0.52}{2}=4.26$$

$k_2=0.02f(0.01,\ 6.14,\ 4.26)=0.2932$,

$l_2=0.02g(0.01,\ 6.14,\ 4.26)=0.5388$

$$x_0+\frac{k_2}{2}=6.1466,\ y_0+\frac{l_2}{2}=4.2694$$

$k_3=0.02f(0.01,\ 6.1466,\ 4.2694)=0.293708$,

$l_3=0.02g(0.01,\ 6.1466,\ 4.2694)=0.539572$

$$x_0+k_3=6.293708,\ y_0+l_3=4.539572$$

$k_4=0.02f(0.02,\ 6.293708,\ 4.539572)=0.307457$,

$l_4=0.02g(0.02,\ 6.293708,\ 4.539572)=0.5592053$

따라서 구하는 $x(0.01)$, $y(0.01)$의 값 x_1, y_1은 다음과 같다.

$$x_1 = 6 + \frac{1}{6}(0.28 + 2\times 0.2932 + 2\times 0.293708 + 0.307457) = 6.29354551$$

$$y_1 = 4 + \frac{1}{6}(0.52 + 2\times 0.5388 + 2\times 0.539572 + 0.5592053) = 4.53932490$$ □

4 고계 미분방정식의 수치해법

[1] Euler법에 의한 해법

2계 미분방정식

$$y'' = f(x, y, y'),\ y(x_0) = y_0,\ y'(x_0) = y'_0$$

은 $y' = z$, $y'' = z'$으로 바꾸어 놓으면 계수가 하나 낮은 연립미분방정식

$$\begin{cases} y' = z, & y(x_0) = y_0 \\ z' = f(x, y, z), & z(x_0) = y'_0 \end{cases} \tag{8}$$

으로 나타내진다.

연립미분방정식 (8)의 해법에 대한 Euler의 공식은 다음과 같다.

Euler법에 의한 2계 미분방정식의 해법

$y'' = f(x, y, y')$, $y(x_0) = y_0$, $y'(x_0) = y_0'$은 $y' = z$인 차환으로 연립미분방정식

$$\begin{aligned} y' &= z, & y(x_0) &= y_0, \\ z' &= f(x, y, z), & z(x_0) &= z_0 \end{aligned}$$

으로 변형되어 Euler공식

$$y_1 = y_0 + hz_0,\ z_1 = z_0 + hf(x_0, y_0, z_0) \tag{9}$$

으로 해를 구한다. 일반적으로

$$\begin{cases} y_{i+1} = y_i + hz_i \\ z_{i+1} = z_i + hf(x_i, y_i, z_i) \quad (i = 0, 1, 2, \cdots) \end{cases}$$

에 의하여 해가 구해진다.

예제 7 $y''=y$, $y(0)=1$, $y'(0)=2$일 때, $h=0.1$로 하여 $y(0.2)$ 및 $y'(0.2)$의 값을 구하라.

풀이 Euler공식에 의하면

$$\begin{cases} y'=z, \ y(0)=1 \ \ y_1=y_0+hz_0=1+0.1(2)=1.2 \\ z'=y, \ z(0)=2, \ z_1=z_0+hy_0=2+0.1(1)=2.1 \end{cases}$$

마찬가지로

$$y_2=y_1+hz_1=1.2+0.1(2.1)=1.41$$
$$z_2=z_1+hy_1=2.1+0.1(1.2)=2.22$$
$$\therefore \ y(0.2)=1.41, \ y'_0(0.2)=2.22$$

□

3계 미분방정식에 대하여도 마찬가지 해법이 적용된다. 3계 미분방정식

$$\begin{cases} y^{(3)}=f(x, \ y, \ y', \ y'') \\ y(x_0)=y_0, \ y'(x_0)=y_0, \ y''(x_0)=y''_0 \end{cases}$$

은 다음과 같이 1계 연립미분방정식으로 변형한다.

$$\begin{cases} y'=u \\ y''=u'=v \\ y'''=v'=w \end{cases} \Leftrightarrow \begin{cases} y'=u \\ u'=v \\ v'=w=f(x, \ y, \ u, \ v) \end{cases}$$

단, $y(x_0)=y_0$, $u(x_0, \ y_0)=u_0$, $v(x_0, \ y_0)$, $u_0)=v_0$이다.

일반적으로 고계미분방정식은 1계 연립미분방정식으로 변형하여 풀 수 있다.

[2] 수정 Euler법에 의한 해법

2계 미분방정식

$$y''=f(x, \ y, \ y'), \ y(x_0)=y_0, \ y'(x_0)=y'_0$$

은 변환

$$y'=z, \ y''=z'$$

에 의하여 바뀌면, 다음 1계연립미분방정식을 얻는다.

$$y'=z, \ z'=f(x, \ y, \ z), \ y(x_0)=y_0, \ z(x_0)=z_0$$

예측값 $\hat{y}_{i+1}$은 Euler공식으로, 수정값 y_{i+1}은 사다리꼴 공식으로 구한다.

수정 Euler의 방법

(1) y_{i+1}, z_{i+1}을 다음 Euler공식으로 예측한다.

$$y_{i+1}=y_i+hz_i,\ z_{i+1}=z_i+hf(x_i,\ y_i,\ z_i)$$

(2) 다음 사다리꼴 공식으로 수정한다.

$$\hat{y}_{i+1}=y_i+\frac{h}{2}(z_i+\hat{z}_{i+1})$$
$$z_{i+1}=z_i+\frac{h}{2}[f(x_i,\ y_i,\ z_i)+f(x_{i+1},\ \hat{y}_{i+1},\ \hat{z}_{i+1})$$

예제 8 $y''=x+y$, $y(0)=1$, $y'(0)=-1$일 때, $y(0.1)$ 및 $y'(0.1)$의 값을 수정 Euler법으로 구하라. 단, 수정은 1회만 하고, $h=0.1$로 한다.

풀이 $y'=z$이라면 주어진 미분방정식은

$$\begin{cases} y'=z, & y(0)=1 \\ z'=x+y, & z(0)=-1 \end{cases}$$

우선 $y_1=(0.1)$, $z_1=z(0.1)$을 Euler법을 예측하면

$$\hat{y}_1=y_0+hz_0=1+0.1(-1)=0.9$$
$$\hat{z}_1=z_0+h(x_0+y_0)=-1+0.1(0+1)=-0.9$$

다음은 사다리꼴 공식에 의하여 이들 값을 수정하면

$$y_1=y_0+\frac{h}{2}(z_0+\hat{z}_1)=1+\frac{0.1}{2}(-1-0.9)=0.905$$
$$z_1=z_0+\frac{h}{2}[(x_0+y_0)+(x_1+\hat{y}_1)]$$
$$=-1+\frac{0.1}{2}[(0+1)+(0.1+0.9)]=-0.9$$ □

[3] Runge-Kutta법에 의한 수치적 해법

2계 미분방정식 $y''=f(x,\ y,\ y')$, $y(x_0)=y_0$, $y'(x_0)=y'_0$은 치환 $y'=z$에 의하여 다음과 같은 1계연립미분방정식이 된다.

$$\begin{cases} y'=z, & y(x_0)=y_0 \\ z'=f(x,\ y,\ z), & z(x_0)=z_0 \end{cases}$$

해는 다음의 4차의 Runge-Kutta법 공식에 의하여 구할 수 있다.

4차의 Runge-Kutta법

$$y_1=y_0+\frac{1}{6}(k_1+2k_2+2k_3+k_4)$$
$$z_1=z_0+\frac{1}{6}(l_1+2l_2+2l_3+l_4) \tag{10}$$

단, $k_1=hz_0,\ l_1=hf(x_0,\ y_0,\ z_0)$

$$k_2=h\left(z_0+\frac{l_1}{2}\right),\ l_2=hf\left(x_0+\frac{h}{2},\ y_0+\frac{k_1}{2},\ z_0+\frac{l_1}{2}\right)$$
$$k_3=h\left(z_0+\frac{l_2}{2}\right),\ l_3=hf\left(x_0+\frac{h}{2},\ y_0+\frac{k_2}{2},\ z_0+\frac{l_2}{2}\right)$$
$$k_4=h(z_0+l_3),\ l_4=hf(x_0+h,\ y_0+k_3,\ z_0+l_3)$$

예제 9 $y''=x+2y,\ \ y(0)=1,\ \ y'(0)=2$일 때 $y(0.1)$과 $y'(0.1)$의 값을 4차의 Runge-Kutta법으로 구하라. 단, $h=0.1$로 한다.

풀이 y의 각 단계의 증분을 $k_1,\ k_2,\ k_3,\ k_4$로, z의 각 단계의 증분을 $l_1,\ l_2,\ l_3,\ l_4$로 한다.

$$y_1=y_0+\frac{1}{6}(k_1+2k_2+2k_3+k_4)$$
$$z_1=z_0+\frac{1}{6}(l_1+2l_2+2l_3+l_4)\ \ y'=z,\ y_0=1,\ z_0=2$$
$$k_1=hz_0=0.1(2)=0.2$$
$$l_1=h(x_0+2y_0)=0.1(0+2\times1)=0.2$$
$$k_2=h\left(z_0+\frac{h}{2}\right)=0.1\left(2+\frac{0.2}{2}\right)=0.21$$
$$l_2=h\left\{x_0+\frac{h}{2}+2\left(y_0+\frac{h}{2}\right)\right\}=0.1\left\{\left(0+\frac{0.1}{2}\right)\right\}+2\left(1+\frac{0.2}{2}\right)\Big\}=0.225$$
$$k_3=h\left(z_0+\frac{l_2}{2}\right)=0.1\left(2+\frac{0.225}{2}\right)=0.21125$$
$$l_3=h\left\{x_0+\frac{h}{2}+2\left(y_0+\frac{k_2}{2}\right)\right\}=0.1\left\{\left(0+\frac{0.1}{2}\right)\right\}+2\left(1+\frac{0.21}{2}\right)\Big\}=0.226$$
$$k_4=h(z_0+l_3)=0.1(2+0.226)=0.2226$$
$$l_4=h\{(x_0+h)+2(y_0+k_3)\}=0.1\{(0+0.1)+2(1+0.21125)\}=0.25225$$

따라서 $y_1=y(0.1),\ z_1=y'(0.1)$의 값은

$$y_1=1+\frac{1}{6}(0.2+2\times0.21+2\times0.21125+0.2226)=1.21142$$
$$z_1=2+\frac{1}{6}(0.2+2\times0.225+2\times0.226+0.25225)=2.22571$$

□

연습문제 (12.2)

1. 다음 미분방정식을 Euler법으로 $y(1)$의 값을 구하라.

$$y'=ry,\ y(0)=y_0,\ h=\frac{1}{n}$$

2. $h=0.2$로 하고, 다음 미분방정식을 수정 Euler법으로 $y(1.6)$을 구하라.

$$y'=2x,\ y(0)=1$$

3. $y'=\frac{1}{2}(x-y)$, $y(0)=1$이다. $y(3)$의 값을 Euler법으로 구하라. 단. $h=0.5$로 한다.

4. $y'=\frac{1}{2}(x-y)$, $y(0)=1$을 오차가 $0(h^4)$되게 Taylor방법으로 $y(0.5)$의 근사값을 구하라. 단, $h=0.5$로 한다.

5. $y'=\frac{1}{2}(x-y)$, $y(0)=1$을 구간 $[0, 1]$에서 $h=0.25$로 하여 4차의 Runge-Kutta법으로 $y(1)$의 값을 구하라.

6. 다음 연립미분방정식을 4차의 Runge-Kutta법으로 $y(0.02)$의 값을 구하라.
단, $h=0.02$로 한다.

$$\begin{cases} \dfrac{dx}{dy}=x+2y.\ x(0)=6 \\ \dfrac{dy}{dx}=3x+2y,\ y(0)=4 \end{cases}$$

7. $y''=y$, $y(0)=1$, $y'(0)=0$, $h=0.1$로 하여 Euler법으로 $y(0.2)$의 값을 구하라.

제 13 장

Fourier급수

13.1 Fourier급수

1 Fourier급수 전개

[1] Fourier급수

함수 $f(x)$는 구간 $[-\pi, \pi]$에서 정의되어 있고, 2π를 주기로 갖는 주기함수라 하자. 즉 $f(x+2\pi)=f(x)$이다. 또한 $\int_{-\pi}^{\pi}|f(x)|dx$가 존재한다고 하자. 이 때 $f(x)$는 삼각급수

$$f(x)=\frac{a_0}{2}+\sum_{n=1}^{\infty}(a_n\cos nx+b\sin nx) \tag{1}$$

$$=\frac{a_0}{2}+a_1\cos x+a_2\cos 2x+\cdots+a\cos nx+\cdots$$

$$+b_1\sin x+b_2\sin 2x+\cdots+b_n\sin nx+\cdots$$

로 전개된다. 계수 a_0, a_1, a_2, $\cdots a_n$, $\cdots$ 및 b_1, b_2, b_3, $\cdots b_n$, $\cdots$을 구하는 방법을 살펴보자.

계수 a_n을 구하기 위하여 (1)의 양변에 $\cos mx$를 곱하고, $-\pi$에서 π까지 적분하면

$$\int_{-\pi}^{\pi}f(x)\cos mx dx=\frac{a_0}{2}\int_{-\pi}^{\pi}\cos mx dx+\sum_{n=1}^{\infty}a_n\int_{-\pi}^{\pi}\cos nx\cos mx dx$$

$$+\sum_{n=1}^{\infty}b_n\int_{-\pi}^{\pi}\sin nx\cos mx dx$$

적분 $\int_{-\pi}^{\pi}\cos nx\cos mxdx=\begin{cases}\pi & (m=n)\\ 0 & (m\neq n)\end{cases}$, $\int_{-\pi}^{\pi}\sin nx\sin mxdx=\begin{cases}\pi & (m=n)\\ 0 & (m\neq n)\end{cases}$

$$\int_{-\pi}^{\pi}\sin nx\cos mxdx=0 \tag{2}$$

의 사실을 이용하면

$$m=0\text{일 때, } \int_{-\pi}^{\pi}f(x)dx=\frac{a_0}{2}[x]_{-\pi}^{\pi}=a_0\pi \quad \therefore\ a_0=\frac{1}{\pi}\int_{-\pi}^{\pi}f(x)dx$$

$$m\neq 0\text{일 때, } \int_{-\pi}^{\pi}f(x)\cos mxdx=\frac{a_0}{2}\left[\frac{1}{m}\sin mx\right]_{-\pi}^{\pi}+a_m\int_{-\pi}^{\pi}\cos^2 mxdx=\pi a_m$$

$$\therefore\ a_m=\frac{1}{\pi}\int_{-\pi}^{\pi}f(x)\cos mxdx\ \ (m=1,\ 2,\ \cdots)$$

마찬가지로 급수 b_m을 구하기 위하여 (1)의 양변에 $\sin mx$를 곱하고, $-\pi$에서 π까지 적분하면

$$\int_{-\pi}^{\pi}f(x)\sin mxdx=\frac{a_0}{2}\sin mxdx+\sum_{n=1}^{\infty}a_n\cos nx\sin mxdx$$
$$+\sum_{n=1}^{\infty}b_n\int_{-\pi}^{\pi}\sin nx\sin mmxdx$$

(2)에 의하여 $\int_{-\pi}^{\pi}f(x)\sin mxdx=b_m\int_{-\pi}^{\pi}\sin^2 mxdx=b_m\pi$

$$\therefore\ b_m=\frac{1}{\pi}\int_{-\pi}^{\pi}f(x)\sin mxdx\ \ (m=1,\ 2,\ \cdots)$$

를 얻는다.

일반적으로 2π를 주기로 하는 주기함수 $f(x)$에 대한 삼각급수는 다음과 같다.

$$f(x)\sim\frac{a_0}{2}+\sum_{n=1}^{\infty}(a_n\cos nx+b_n\sin nx) \tag{3}$$

$$\text{단, } a_n=\frac{1}{\pi}\int_{-\pi}^{\pi}f(x)\cos nxdx\ \ (n=0,\ 1,\ 2,\ \cdots)$$
$$b_n=\frac{1}{\pi}\int_{-\pi}^{\pi}f(x)\sin nxdx\ \ (n=1,\ 2,\ \cdots) \tag{4}$$

급수 (3)을 $f(x)$의 **Fourier급수**라 하고, 그 계수 a_n, b_n을 $f(x)$의 **Fourier계수**라 한다.

(3)에서 등호 =를 사용하지 않고 기호 ~를 사용한 것은 그 우변의 급수가 공식 (4)를 써서 $f(x)$에서 만들어낸 것 뿐인 것을 나타낸 것이다. 즉 계산은 형식적인 것이고, 함수 $f(x)$가 Fourier급수로 전개가능한지를 밝히지 않았기 때문이다. 이들 조건을 제시함으로써 기호 ~는 등호 =로 바꾸어진다.

[2] Fourier급수의 수렴

Fourier급수로의 전개조건에 대한 다음 정리(Dirichlet의 조건)가 있다.

정리 13.1 (Dirichlet의 조건) 주어진 함수 $f(x)$가 주기 2π의 구간에서 다음 조건(Dirichlet의 조건)을 만족한다 하자.

1°. 일가함수이다.

2°. 유한개의 유한불연속점을 제외하고는 연속(구분적으로 연속)이다.

3°. 유한개의 극대, 극소를 갖는다.

이 경우, 주어진 함수는 다음 삼각급수(Fourier급수)(1)의 꼴로 전개할 수 있고, 그 합은 $f(x)$에 수렴한다.

증명 증명은 이 책의 정도를 넘으므로 생략한다. ■

위 정리에서 함수 $f(x)$가 구분적으로 연속이라는 용어를 사용하였다. 이 용어의 정의를 내린다.

정의 13.2 어떤 구간 $I=[a, b]$에서 정의된 함수 $f(x)$가 구간 I 내의 유한개의 점을 제외하고는 연속이고, I의 끝점이 아닌 불연속점 $x_1, x_2, \cdots, x_k$에서 좌우의 극한값 즉

$$f(x_i+0)=\lim_{t\to+0}f(x_i+t),\ f(x_i-0)=\lim_{t\to-0}f(x_i+t)\quad(i=1, 2, \cdots, k)$$

가 존재하고, 구간의 끝점에서

$$f(a+0)=\lim_{t\to+0}f(a+t),\ f(b-0)=\lim_{t\to-0}f(b+t)$$

가 존재할 경우 $f(x)$는 구간 I에서 **구분적으로 연속** 이라 한다.

함수 $f(x)$가 구간 $I=[a, b]$에서 구분적으로 연속이면, 적분 $\int_b^a f(x)dx$는 존재하고, $[f(x)]^2$, $f(x)\cos nx$, $f(x)\sin nx$도 구간 I에서 구분적으로 연속이고, 구간 $I=[a, b]$에서 이들 함수의 적분이 존재한다.

우리가 이 장에서 다루는 모든 함수는 구분적으로 연속인 것에 한한다.

[2] Fourier코사인 급수와 사인급수

일반적으로 함수 $f(x)$의 Fourier급수는 다음과 같이 주어진다 하자.

$$f(x)=\frac{a_0}{2}+\sum_{n=1}^{\infty}(a_n\cos nx+b_n\sin nx)$$

여기서 계수 a_n과 b_n(Fourier계수)은 다음 식으로 구해진다.

$$a_n=\frac{1}{\pi}\int_{-\pi}^{\pi}f(x)\cos nxdx \quad (n=0,\ 1,\ 2,\ \cdots)$$

$$b_n=\frac{1}{\pi}\int_{-\pi}^{\pi}f(x)\sin nxdx \quad (n=1,\ 2,\ \cdots)$$

(i) 함수 $f(x)$가 우함수이면, $f(x)\sin nx$는 기함수이므로

$$b_n=\frac{1}{\pi}\int_{-\pi}^{\pi}f(x)\sin nxdx=0 \quad (n=1,\ 2,\ \cdots)$$

이며, $f(x)\cos nx$는 우함수이므로

$$a_n=\frac{1}{\pi}\int_{-\pi}^{\pi}f(x)\cos nxdx=\frac{2}{\pi}\int_{0}^{\pi}f(x)\cos nxdx \quad (n=0,\ 1,\ 2,\ \cdots)$$

(ii) 함수 $f(x)$가 기함수이면, $f(x)\cos nx$는 기함수이므로

$$a_n=\frac{1}{\pi}\int_{-\pi}^{\pi}f(x)\cos nxdx=0 \quad (n=0,\ 1,\ 2,\ \cdots)$$

이고, $f(x)\sin nx$는 우함수이므로

$$b_n=\frac{1}{\pi}\int_{-\pi}^{\pi}f(x)\sin nxdx=\frac{2}{\pi}\int_{0}^{\pi}f(x)\sin nxdx \quad (n=1,\ 2,\ \cdots)$$

정리 13.3 Dirichlet의 조건을 만족하는 함수 $f(x)$를 구간 $[-\pi,\ \pi]$에서 Fourier급수로 전개할 때, $f(x)$가 우함수이면

$$f(x)=\frac{a_0}{2}+\sum_{n=1}^{\infty}a_n\cos nx \quad \text{(Fourier 코사인급수)}$$

$$\text{단, } a_n=\frac{2}{\pi}\int_{0}^{\pi}f(x)\cos nxdx \quad (n=0,\ 1,\ 2,\ \cdots)$$

이고, $f(x)$가 기함수이면, $f(x)$의 Fourier급수는 다음과 같이 전개된다.

$$f(x)=\sum_{n=1}^{\infty}b_n\sin nx,\ b_n=\frac{2}{\pi}\int_{0}^{\pi}f(x)\sin nxdx \quad (n=1,\ 2,\ \cdots)$$

예제 1 $f(x)=\begin{cases}-1 & (-\pi\leq x<0)\\ +1 & (0\leq x<\pi)\end{cases}$ 를 Fourier급수로 전개하라.

풀이 $a_n=\frac{1}{\pi}\int_{-\pi}^{0}(-1)\cos nxdx+\frac{1}{\pi}\int_{0}^{\pi}1\cdot\cos nxdx=0\ \ (n=0,\ 1,\ 2,\ \cdots)$

$$b_n=\frac{1}{\pi}\int_{-\pi}^{0}(-1)\sin nxdx+\frac{1}{\pi}\int_{0}^{\pi}1\cdot\sin nxdx=\begin{cases}0 & (n=2,\ 4,\ 6,\ \cdots)\\ \frac{4}{n\pi} & (n=1,\ 3,\ 5,\ \cdots)\end{cases}$$

이므로, $f(x)$의 Fourier급수전개는 다음과 같다.

$$f(x)=\frac{4}{\pi}\left(\sin x+\frac{1}{3}\sin 3x+\frac{1}{5}\sin 5x+\cdots\right)$$ □

예제 2 $f(x)=\begin{cases}\frac{\pi}{2}+x & (-\pi\leq x<0)\\ \frac{\pi}{2}-x & (0\leq x\leq\pi)\end{cases}$ 를 Fourier급수로 전개하라.

풀이 $f(x)$는 우함수이므로 $b_n=0$이고,

$$a_0=\frac{2}{\pi}\int_0^{\pi}\left(\frac{\pi}{2}-x\right)dx=\frac{2}{\pi}\left[\frac{\pi}{2}x-\frac{x^2}{2}\right]_0^{\pi}=0$$

$$a_n=\frac{2}{\pi}\int_0^{\pi}\left(\frac{\pi}{2}-x\right)\cos nxdx=\frac{2}{\pi}\left\{\left[\left(\frac{\pi}{2}-x\right)\frac{\sin nx}{n}\right]_0^{\pi}+\frac{1}{n}\int_0^{\pi}\sin nxdx\right\}$$

$$=\frac{2}{n^2\pi}(1-\cos n\pi)=\frac{2}{n^2\pi}[1-(-1)^n]=\begin{cases}\frac{4}{n^2\pi} & (n\text{이 홀수})\\ 0 & (n\text{이 짝수})\end{cases}$$

이므로, 구하는 $f(x)$의 Fourier급수전개는

$$f(x)\sim\frac{4}{\pi}\cos x+\frac{4}{9\pi}\cos 3x+\cdots=\frac{4}{\pi}\sum_{n=1}^{\infty}\frac{\cos(2n-1)x}{(2n-1)^2}$$ □

(참고) a_n의 계산식에서 분모에 n이 인수로 들어가는 경우는 a_0를 a_n의 계산공식으로 구할 수 없어서 별도로 a_0를 구해야 한다.

예제 3 $f(x)=x^2$을 구간 $[-\pi,\ \pi]$에서 Fourier급수로 전개하라.

풀이 x^2는 우함수이므로, x^2은 다음과 같이 코사인만의 급수로 전개된다.

$$x^2=\frac{a_0}{2}+a_1\cos x+a_2\cos 2x+\cdots+a_m\cos mx+\cdots \quad \cdots ①$$

$$a_n=\frac{1}{\pi}\int_{-\pi}^{\pi}x^2\cos nxdx=\frac{4}{n^2}\cos n\pi=(-1)^n\frac{4}{n^2}\ \ (n=1,\ 2,\ \cdots)$$

$$a_0=\frac{1}{\pi}\int_{-\pi}^{\pi}x^2dx=\frac{1}{\pi}\left[\frac{x^3}{3}\right]_{-\pi}^{\pi}=\frac{2}{3}\pi^2$$

이들 계수를 ①식에 대입하면

$$x^2=\frac{\pi^2}{3}-4\left(\cos x-\frac{\cos 2x}{2^2}+\frac{\cos 3x}{3^2}-\frac{\cos 4x}{4^2}+\cdots\right) \qquad \square$$

함수 $f(x)$는 반구간 $(0<x<\pi)$에서 Fourier사인급수(반구간 Fourier사인급수)

$$f(x)=\sum_{n=1}^{\infty} b_n \sin nx,\quad b_n=\frac{2}{\pi}\int_0^{\pi} f(x)\sin nx dx \quad (n=1,\ 2,\ \cdots)$$

으로 나타내어지며, 또한 반구간 $(0<x<\pi)$에서 Fourier코사인급수

$$f(x)=\frac{a_0}{2}+\sum_{n=1}^{\infty} a_n \cos nx,\quad a_n=\frac{2}{\pi}\int_0^{\pi} f(x)\cos nx dx \quad (n=0,\ 1,\ 2,\ \cdots)$$

로도 나타내진다. 이와 같은 결과는 반구간$(0<x<\pi)$에서 정의된 함수가 전구간 $(-\pi<x<\pi)$에서의 기함수 또는 우함수의 한 부분으로 정의할 수 있기 때문이다.

예제 4 $f(x)=x$를 구간 $[0,\ \pi]$에서 코사인급수로 전개하라.

풀이 $f(x)=x$는 $[-\pi,\ \pi]$에서 기함수이나, $[-\pi,\ \pi]$에서의 우함수

$$g(x)=\begin{cases} x & [0,\ \pi] \\ -x & [-\pi,\ 0] \end{cases}$$

의 한 부분이므로, 함수 $f(x)=x$는 우함수 $g(x)$의 Fourier급수인 다음과 같은 코사인급수로 전개된다.

$$x=\frac{a_0}{2}+a_1\cos x+a_2\cos 2x+\cdots+a_n\cos nx+\cdots$$

$$a_0=\frac{2}{\pi}\int_0^{\pi} x dx=\pi,\quad a_n=\frac{2}{\pi}\int_0^{\pi} x\cos nx dx=\frac{2}{\pi}\left[\frac{x\sin nx}{n}+\frac{\cos nx}{n^2}\right]_0^{\pi}$$

$$=\begin{cases} 0 & (n\text{은 짝수}) \\ -\dfrac{4}{n^2\pi} & (n\text{은 홀수}) \end{cases}$$

따라서 이들 a_n의 값을 대입하면 $f(x)$는 다음과 같이 전개된다.

$$x=\frac{\pi}{2}-\frac{4}{\pi}\left(\cos x+\frac{\cos 3x}{3^2}+\frac{\cos 5x}{5^2}+\cdots\right) \qquad \square$$

(참고) 어떤 문헌에서는 $f(x)$의 Fourier 급수를

$$f(x)=a_0+\sum_{n=1}^{\infty}(a_n\cos nx+b_n\sin nx)$$

로 하고, $a_0=\frac{1}{2\pi}\int_{-\pi}^{\pi} f(x)dx$로 계산하고 있다.

2 구간의 확장

정리 13.4 $f(x)$가 $2L$을 주기로 갖는 주기함수라 하자. 즉 $f(x+2L)=f(x)$라면, 적분 $\int_{-L}^{L}|f(x)|dx$가 존재할 때, $f(x)$는 다음과 같이 전개된다.

$$f(x) \sim \frac{a_0}{2}+\sum_{n=1}^{\infty}\left(a_n\cos\frac{n\pi}{L}x+b_n\sin\frac{n\pi}{L}x\right)$$

Fourier계수는 다음과 같다.

$$a_n=\frac{1}{L}\int_{-L}^{L}f(x)\cos\frac{n\pi}{L}xdx \quad (n=0,\ 1,\ 2,\ \cdots)$$

$$b_n=\frac{1}{L}\int_{-L}^{L}f(x)\sin\frac{n\pi}{L}xdx \quad (n=1,\ 2,\ 3,\ \cdots)$$

증명 변수변환 $x=\frac{L}{\pi}z$에 의하면 $f(x)=f\left(\frac{L}{\pi}z\right)[=g(z)]$는 주기 2π인 주기함수이므로

$$f(x)=f\left(\frac{L}{\pi}z\right)=\frac{a_0}{2}+a_1\cos z+a_2\cos 2z+\cdots+a_n\cos nz+\cdots$$
$$+b_1\sin z+b_2\sin 2z+\cdots+b_n\sin nz+\cdots$$

따라서

$$\begin{aligned}f(x)=&\frac{a_0}{2}+a_1\cos\frac{\pi}{L}x+a_2\cos\frac{2\pi}{L}x+\cdots+a_n\cos\frac{n\pi}{L}x+\cdots\\&+b_1\sin\frac{\pi}{L}x+b_2\sin\frac{2\pi}{L}x+\cdots+b_n\sin\frac{n\pi}{L}x+\cdots\end{aligned} \tag{5}$$

이고, 이때 변수변환에서 $z=-\pi$일 때 $x=-L$, $z=\pi$일 때 $x=L$이므로 (1)은 확장된 구간 $[-L,\ L]$에서 Fourier급수로 전개된다. Fourier계수는

$$a_n=\frac{1}{\pi}\int_{-\pi}^{\pi}f\left(\frac{L}{\pi}z\right)\cos nzdz=\frac{1}{\pi}\int_{-L}^{L}f(x)\cos\frac{n\pi}{L}x\cdot\frac{\pi}{L}dx$$
$$=\frac{1}{L}\int_{-L}^{L}f(x)\cos\frac{n\pi x}{L}dx \quad (n=0,\ 1,\ 2,\ \cdots)$$

$$b_n=\frac{1}{\pi}\int_{-\pi}^{\pi}f\left(\frac{L}{\pi}z\right)\sin nzdz=\frac{1}{\pi}\int_{-L}^{L}f(x)\sin\frac{n\pi x}{L}\cdot\frac{\pi}{L}dx$$
$$=\frac{1}{L}\int_{-L}^{L}f(x)\sin\frac{n\pi x}{L}dx \quad (n=1,\ 2,\ 3,\ \cdots)$$

특히 $f(x)$가 우함수이면 구간 $[-L, L]$에서

$$f(x) \sim \frac{a_0}{2} + \sum_{n=1}^{\infty} a_n \cos\frac{n\pi}{L}x, \text{ 단, } a_n = \frac{2}{L}\int_0^L f(x)\cos\frac{n\pi}{L}x\,dx \quad (n=0, 1, 2, \cdots)$$

$f(x)$가 기함수이면 구간 $(-L, L)$에서

$$f(x) \sim \sum_{n=1}^{\infty} b_n \sin\frac{n\pi}{L}x, \text{ 단, } b_n = \frac{2}{L}\int_0^L f(x)\sin\frac{n\pi}{L}x\,dx \quad (n=1, 2, 3, \cdots)$$ ■

예제 5 다음 주기함수 $f(x)$를 Fourier급수로 전개하라.

$$f(x) = \begin{cases} 8 & (0 \le x < 2) \\ -8 & (-2 \le x < 0) \end{cases} \quad (\text{주기 } 4)$$

풀이 $f(x)$는 기함수이므로 $a_n = 0 (n=0, 1, 2, \cdots)$이고, 주기는 $2L=4$이므로

$$b_n = \frac{2}{2}\int_0^2 f(x)\sin\frac{n\pi}{2}x\,dx = 8\int_0^2 \sin\frac{n\pi}{2}x\,dx = \begin{cases} \dfrac{32}{n\pi} & (n\text{이 홀수}) \\ 0 & (n\text{이 짝수}) \end{cases}$$

$$\therefore\ f(x) \sim \frac{32}{\pi}\left(\sin\frac{\pi x}{2} + \frac{1}{3}\sin\frac{3\pi x}{2} + \frac{1}{5}\sin\frac{5\pi x}{2} + \cdots\right)$$ □

예제 6 구간 $[-5, 5]$에서 다음 함수의 Fourier급수 전개를 구하라.

$$f(x) = \begin{cases} 0 & (-5 \le x < 0) \\ 3 & (0 \le x \le 5) \end{cases}$$

풀이 $g(x) = f(x) - \frac{3}{2}$이라면

$$g(x) = \begin{cases} -\dfrac{3}{2} & (-5 \le x < 0) \\ \dfrac{3}{2} & (0 \le x \le 5) \end{cases}$$

이고, 이 함수 $g(x)$는 기함수이다. 이것의 Fourier급수 전개는

$$g(x) \sim \frac{6}{\pi}\left(\sin\frac{\pi x}{5} + \frac{1}{3}\sin\frac{3\pi x}{5} + \frac{1}{5}\sin\frac{5\pi x}{5} + \cdots\right)$$

이므로, 함수 $f(x)$와 $g(x)$ 사이의 관계 $f(x) = g(x) + \frac{3}{2}$에 의하여

$$f(x) \sim \frac{3}{2} + \frac{6}{\pi}\left(\sin\frac{n\pi}{5} + \frac{1}{3}\sin\frac{3\pi x}{5} + \frac{1}{5}\sin\frac{5\pi x}{5} + \cdots\right)$$ □

3 Fourier급수와 무한급수

Fourier급수의 수렴성을 살펴보자.

가령 $f(x)$가 다음 그림에서와 같은 함수라 하자. 여기서 주기 T는 $T=b-a$이고, 구간 (a, b) 내의 점 $x=x_1$에서 불연속이라 하자.

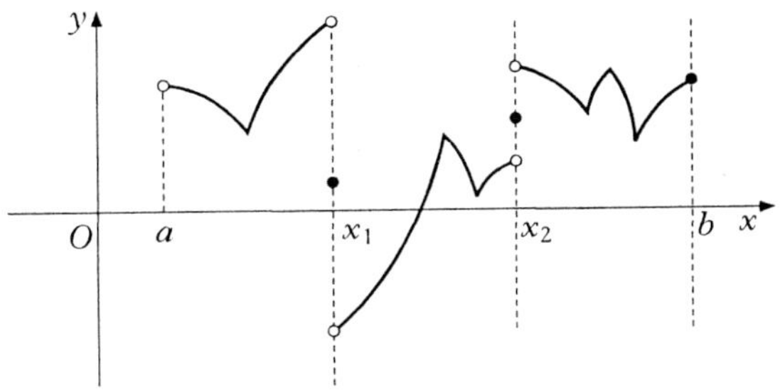

[그림 13.1]

만일 $f(x)$가 $x=x_1$에서 불연속이면 $x=x_1$에서의 Fourier급수의 전개식의 합은

$$\frac{1}{2}\{f(x_1-0)+f(x_1+0)\}$$

에 수렴하고, $f(x)$가 $x=x_0$에서 연속이면, Fourier급수의 전개식의 합은 $f(x_0)$에 수렴한다. 이 사실은 다음과 같이 정리로 주어져 있다.

> **정리 13.5** $f(x)$가 $2L$을 주기로 갖고, 임의의 폐구간에서 구분적으로 연속이고, 또한 $f'(x)$도 구분적으로 연속이면 $f(x)$의 Fourier급수는
> (1) $f(x)$가 연속인 점에서는 $f(x)$에 수렴한다.
> (2) $f(x)$가 불연속인 점에서는 $\frac{1}{2}[f(x+0)+f(x-0)]$에 수렴한다.

예제 7 함수 $f(x)=\begin{cases} -1 & (-\pi\leq x<0,\ x=\pi) \\ +1 & (0\leq x<\pi) \end{cases}$의 Fourier급수는 $x=0$에서 정리 13.5의 (2)가 성립하는가?

풀이 $f(x)$는 $x=0$에서 불연속이고, $f(+0)=1$, $f(-0)=-1$이므로,

$$\frac{1}{2}[f(+0)+f(-0)]=0,\ f(x)\sim\frac{4}{\pi}\left(\sin x+\frac{1}{3}\sin 3x+\frac{1}{5}\sin 5x+\cdots\right)$$

의 우변에 $x=0$을 대입하면, 이 급수는 $0=\frac{1}{2}[f(+0)+f(-0)]$에 수렴한다. 따라서 정리 13.5의 (2)가 성립한다. □

예제 8 $f(x)=\begin{cases} \frac{\pi}{2}+x & (-\pi \leq x < 0) \\ \frac{\pi}{2}-x & (0 \leq x \leq \pi) \end{cases}$

의 Fourier급수의 $x=0$에서의 수렴관계를 살피고, 다음 관계를 증명하라.

$$1+\frac{1}{3^2}+\frac{1}{5^2}+\cdots=\frac{\pi^2}{8}$$

풀이 $f(x)$는 $x=0$에서 연속이고, $f(x)$의 Fourier 급수전개식은

$$f(x)\sim\frac{4}{\pi}\left\{\cos x+\frac{1}{3^2}\cos 3x+\frac{1}{5^2}\cos 5x+\cdots\right\}$$

준식에서 $f(0)=\frac{\pi}{2}$이고, 이 값은 우변에 $x=0$을 대입한 값과 같으므로

$$\frac{\pi}{2}=f(0)=\frac{4}{\pi}\left\{1+\frac{1}{3^2}+\frac{1}{5^2}+\cdots\right\} \quad \therefore\ 1+\frac{1}{3^2}+\frac{1}{5^2}+\cdots=\frac{\pi^2}{8}$$ □

예제 9 함수 $f(x)=x(-2\leq x\leq 2)$의 Fourier급수

$$f(x)\sim\frac{4}{\pi}\left(\sin\frac{\pi x}{2}-\frac{1}{2}\sin\frac{2\pi x}{2}+\frac{1}{3}\sin\frac{3\pi x}{2}\right)$$

를 이용하여 다음을 구하라.

(1) $f(x)$의 Fourier급수를 항별로 적분하여, 함수 $g(x)=x^2(-2\leq x\leq 2)$의 Fourier급수를 구하라.

(2) $\sum_{n=1}^{\infty}\frac{(-1)^{n-1}}{n^2}$을 구하라.

풀이 (1) $g(x)=2\int_0^x f(x)dx\sim C-\frac{16}{\pi^2}\left(\cos\frac{\pi x}{2}-\frac{1}{2^2}\cos\frac{2\pi x}{2}+\frac{1}{3^2}\cos\frac{3\pi x}{2}-\cdots\right)$

여기서 $g(0)=0$에서 $C=\frac{16}{\pi^2}\left(1-\frac{1}{2^2}+\frac{1}{3^2}-\frac{1}{4^2}+\cdots\right)$

그런데 이 상수 C는 $g(x)=x^2(-2\leq x\leq 2)$의 Fourier 급수의 상수항이므로

$$C=\frac{1}{2}\int_0^2 x^2dx=\frac{4}{3}\left(=\frac{a_0}{2}\right)$$

$$\therefore\ g(x)\sim\frac{4}{3}-\frac{16}{\pi^2}\left(\cos\frac{\pi x}{2}-\frac{1}{2^2}\cos\frac{2\pi x}{2}+\frac{1}{3^2}\cos\frac{3\pi x}{2}-\cdots\right)$$

(2) 위에서 구한 $g(x)$의 Fourier급수에 $x=0$을 대입하면, $x=0$에서 $g(x)=x^2$은 연속이므로 다음 등식이 성립한다.

$$0=\frac{4}{3}-\frac{16}{\pi^2}\left(1-\frac{1}{2^2}+\frac{1}{3^2}-\frac{1}{4^2}+\cdots\right)$$

$$\therefore \sum_{n=1}^{\infty}\frac{(-1)^{n-1}}{n^2}=1-\frac{1}{2^2}+\frac{1}{3^2}-\frac{1}{4^2}+\cdots=\frac{\pi^2}{16}\cdot\frac{4}{3}=\frac{\pi^2}{12}$$ □

연습문제 (13.1)

1. 구간 $[-\pi, \pi]$에서 정의된 함수 $f(x)=|\sin x|$의 Fourier급수를 구하라.

2. $f(x)=|x|$의 Fourier급수를 구하라.

3. $f(x)=x$를 구간 $[0, \pi]$에서 Fourier코사인급수로 전개하라.

4. 다음 주기함수의 Fourier급수를 구하라.

(1) $f(x)=\begin{cases}-x & (-4\leq x<0)\\ x & (0\leq x<4)\end{cases}$ (주기 8)

(2) $f(x)=4x\ (0\leq x<10)$ (주기 10)

(3) $f(x)=\begin{cases}2x & (0\leq x<3)\\ 0 & (-3\leq x<0)\end{cases}$ (주기 6)

5. $f(x)=\dfrac{\pi-x}{2}\ (0\leq x<2\pi)$, $f(2\pi)=\dfrac{\pi}{2}$일 때, $f(x)$의 Fourier급수를 구하라.

6. $f(x)=C\ (0<x<\pi)$ (C는 상수)를 반구간 $[0, \pi]$에서 Fourier사인급수로 전개하라.

7. 다음과 같이 정의된 주기함수의 Fourier급수를 구하라.

$$f(x)=\begin{cases}-1 & (-2<x\leq -1)\\ x & (-1<x\leq 1)\\ 1 & (1<x<2)\end{cases}$$

13.2 Fourier 급수의 적분과 미분

1 Fourier 급수의 적분

구간 $[-\pi, \pi]$에서 $f(x)=x$의 Fourier급수는

$$x=\sum_{n=1}^{\infty}(-1)^{n+1}\frac{2}{n}\sin nx \tag{1}$$

로 전개된다. 물론, $-\pi<x<\pi$에서 $f'(x)=1$은 구분적으로 매끈(구분적으로 연속(PWC)이고, 구분적으로 연속인 도함수를 갖는 상태)하다. 이것을 PWS로 약기한다.

Fourier 급수 (1)을 항별로 적분하면

$$\sum_{n=1}^{\infty}2(-1)^{n+1}\cos nx \tag{2}$$

인데, (2)는 구간 $(-\pi, \pi)$에서 수렴하지 않는다. $f(x)$의 Fourier급수의 항별도함수로 되는 급수는 $f(x)$의 도함수와 다를 수 있다.

정리 13.6 (Fourier 급수의 적분) 함수 $f(x)$가 구간 $[-\pi, \pi]$에서 구분적으로 연속이며, $f(x)$의 Fourier 급수가

$$\frac{1}{2}a_0+\sum_{n=1}^{\infty}(a_n\cos nx+b_n\sin nx) \tag{3}$$

일 때, $-\pi\leq x\leq\pi$인 임의의 x에 대하여 다음이 성립한다.

$$\int_{-\pi}^{x}f(t)dt=\frac{1}{2}a_0(x+\pi)+\sum_{n=1}^{\infty}\frac{1}{n}[a_n\sin nx-b_n(\cos nx-(-1)^n]$$

이 식의 우변은 정확히 Fourier급수 (3)을 $-\pi$에서 x까지 항별로 적분한 것이다. 이것은 PWC(구분적으로 연속)인 함수는 그의 Fourier급수를 항별로 적분할 수 있다는 것을 의미한다.

이 사실은 비록 Fourier급수가 특수한 점 x(비약하는 점)에서 $f(x)$에 수렴하지 않을지라도 성립한다.

증명 f가 구간 $[-\pi, \pi]$에서 PWC이라 하고

$$h(x)=\int_a^x\left[f(t)-\frac{a_0}{2}\right]dt \tag{4}$$

이라면
$$\int_a^x f(t)dt=h(x)+\frac{a_0}{2}(x-a) \tag{5}$$

$$\begin{aligned} h(x+2\pi) &= \int_a^x\left[f(t)-\frac{a_0}{2}\right]dt+\int_x^{x+2\pi}\left[f(t)-\frac{a_0}{2}\right]dt \\ &= h(x)+\int_{-\pi}^{\pi}\left[f(t)-\frac{a_0}{2}\right]dt=h(x) \end{aligned}$$

여기서 $\int_{-\pi}^{\pi}f(x)dt-\frac{a_0}{2}\int_{-\pi}^{\pi}dt=\pi a_0-\pi a_0=0$

따라서 $h(x)$는 주기가 2π인 주기함수이므로

$$h(-\pi)=h(\pi)$$

이고, $h(x)$는 $-\pi\leq x\leq\pi$에서 $f(x)$와 마찬가지로 PWS이므로 $h(x)$는 다음과 같은 Fourier급수로 나타내진다.

$$h(x)=\frac{A_0}{2}+\sum_{n=1}^{\infty}(A_n\cos nx+B_n\sin nx) \tag{6}$$

$$A_n=\frac{1}{\pi}\int_{-\pi}^{\pi}h(x)\cos nxdx,\ n\in\mathbb{N}_0\text{이고},\ B_n=\frac{1}{\pi}\int_{-\pi}^{\pi}h(x)\sin nxdx,\ n\in\mathbb{N} \tag{7}$$

(7)을 부분적분법으로 적분하면

$$\begin{aligned} A_n &= \frac{1}{\pi}\left\{\left[\frac{h(x)\sin nx}{n}\right]_{-\pi}^{\pi}-\frac{1}{n}\int_{-\pi}^{\pi}\left[f(x)-\frac{a_0}{2}\right]\sin nxdx\right\} \\ &= -\frac{1}{n}\left[\frac{1}{\pi}\int_{-\pi}^{\pi}f(x)\sin nxdx-\frac{a_0}{2\pi}\int_{-\pi}^{\pi}\sin nxdx\right]=-\frac{b_n}{n},\ n\in\mathbb{N} \end{aligned} \tag{8}$$

마찬가지로 B_n을 구하면

$$B_n=\frac{a_n}{n},\ n\in\mathbb{N}$$

이들 계수를 (6)에 대입하면

$$h(x)=\frac{A_0}{2}+\sum_{n=1}^{\infty}\left[-\frac{b_n}{n}\cos nx+\frac{a_n}{n}\sin nx\right] \tag{9}$$

(4)식에서 $h(a)=\int_a^a\left[f(t)-\frac{a_0}{2}\right]dt=0$이고, (6)식에서

$$h(a)=\frac{A_0}{2}+\sum_{n=1}^{\infty}\left[\frac{a_n}{n}\sin na-\frac{b_n}{n}\cos na\right]=0$$

이므로
$$\frac{A_0}{2}=-\sum_{n=1}^{\infty}\left[\frac{a_n}{n}\sin na-\frac{b_n}{n}\cos na\right] \tag{10}$$

(10)을 (9)에 대입하면 다음과 같다.

$$\int_a^x f(t)dt=\left(\frac{a_0}{2}\right)(x-a)+\sum_{n=1}^{\infty}\left[\frac{a_n(\sin nx-\sin na)}{n}-\frac{b_n(\cos nx-\cos na)}{n}\right] \tag{11}$$

공식 (11)은 $f(x)$의 Fourier급수를 항별로 적분한 것과 같다.

특히 $a=-\pi$이라면 다음 (12)식을 얻는다.

$$\int_{-\pi}^x f(t)dt=\frac{a_0}{2}(x+\pi)+\sum_{n=1}^{\infty}\frac{1}{n}[a_n\sin nx-b_n n(\cos nx-(-1)^n] \tag{12}$$ □

이 관계식은 $f(t)$가 주기 2π를 가지는 PWC인 함수이면, $f(t)$의 Fourier급수 전개

$$\frac{a_0}{2}+\sum_{n=1}^{\infty}(a_n\cos nx+b_n\sin nx)$$

가 수렴하든 안하든 간에 이 급수는 임의의 구간에서 항별로 적분할 수 있다는 것을 나타낸다.

예제 1 다음 Fourier급수

$$x^2=\frac{\pi^2}{3}+4\sum_{n=1}^{\infty}\frac{(-1)^n\cos nx}{n^2},\quad -\pi<x<\pi \quad \cdots ①$$

를 x에 관하여 0에서 x까지 항별 적분하면, 수렴하는 급수

$$x^3-\pi^2x=12\sum_{n=1}^{\infty}\frac{(-1)^n\sin nx}{n^3}$$

을 얻을 수 있음을 밝혀라.

풀이 함수 x^2은 앞 정리의 가정을 만족하므로, x^2의 Fourier급수 전개식 ①은 항별 적분할 수 있다.

$$\int_0^x t^2dt=\frac{\pi^2}{3}\int_0^x dt+4\sum_{n=1}^{\infty}\frac{(-1)^n}{n^2}\int_0^x\cos nt dt$$

이므로
$$\left[\frac{t^3}{3}\right]_0^x=\frac{\pi^2}{3}[t]_0^x+4\sum_{n=1}^{\infty}\frac{(-1)^n}{n^3}[\sin nt]_0^x$$

따라서 $\dfrac{x^3}{3}=\dfrac{\pi^2}{3}x+4\displaystyle\sum_{n=1}^{\infty}\frac{(-1)^n\sin nx}{n^3}$에서 $x^3-\pi^2x=12\displaystyle\sum_{n=1}^{\infty}\frac{(-1)^n\sin nx}{n^3}$ ⋯ ②

$F(x)=x^3-\pi^2x$는 $F(-\pi)=F(\pi)$이고, 다항식이므로, Fourier급수의 전개조건을 모두 만족한다. 따라서 ②는 $-\pi\le x\le\pi$에서 균등절대수렴한다. □

$f(x)$가 구간 $[-L, L]$에서 PWC이고, 그의 Fourier급수가

$$\frac{1}{2}a_0+\sum_{n=1}^{\infty}\left(a_n\cos\frac{n\pi x}{L}+b_n\sin\frac{n\pi x}{L}\right)$$

로 주어지면, $-L\leq x\leq L$인 임의의 x에 대하여

$$\int_{-L}^{x}f(t)\,dt=\frac{1}{2}a_0(x+L)+\frac{L}{\pi}\sum_{n=1}^{\infty}\frac{1}{n}\left[a_n\sin\left(\frac{n\pi x}{L}\right)-b_n\left(\cos\left(\frac{n\pi x}{L}\right)-(-1)^n\right)\right]$$

이 성립한다. □

2 Fourier급수의 미분

정리 13.7 $f(x)$가 구간 $[-L,\ L]$에서 연속이고, $f(L)=f(-L)$이며, $f'(x)$가 $[-L,\ L]$에서 PWC이라 하자. 그러면 $-L\leq x\leq L$에서 $f(x)$의 Fourier급수는 다음과 같다.

$$f(x)=\frac{1}{2}a_0+\sum_{n=1}^{\infty}\left(a_n\cos\frac{n\pi x}{L}+b_n\sin\frac{n\pi x}{L}\right)$$

$f''(x)$가 존재하는 $(-L,\ L)$ 내의 각 점에서 $f(x)$는 항별미분할 수 있고, 미분한 급수는 $f'(x)$에 수렴한다. $f'(x)$는

$$f'(x)=\sum_{n=1}^{\infty}\frac{n\pi}{L}\left(-na_n\sin\frac{\pi x}{L}+b_n\cos\frac{n\pi x}{L}\right)$$

$$\text{단, } a_n=\frac{1}{L}\int_{-L}^{L}f(x)\cos\frac{n\pi x}{L}dx,\ b_n=\frac{1}{L}\int_{-L}^{L}f(x)\sin\frac{n\pi x}{L}dx$$

$f''(x)$는 존재하지 않으나, $f''(x+)$와 $f''(x-)$가 존재할 때, $f'(x)$는

$$\frac{f'(x+)+f'(x-)}{2}$$

에 수렴한다. 이 정리의 증명은 연습문제로 남겨둔다.

예제 2 $f(x)=x^2(-2\leq x\leq 2)$은 위 정리의 가정을 만족하고, $f(x)$의 Fourier급수는 다음과 같다.

$$f(x)=\frac{4}{3}+\frac{16}{\pi^2}\sum_{n=1}^{\infty}(-1)^n n^2\cos\frac{n\pi x}{2}$$

$f'(x)$의 Fourier급수를 구하고, $\sum_{n=1}^{\infty}(-1)^{n+1}n\sin\frac{n\pi}{2}$의 값을 구하라.

풀이 $f'(x)=2x$는 연속이고, $f''(x)=2$가 구간 $[-2, 2]$에서 존재하므로, $-2<x<2$에서 $f'(x)$의 Fourier급수는 $f(x)$의 Fourier급수를 항별로 미분하여 얻을 수 있다.

$$f'(x)=2x=\frac{8}{\pi}\sum_{n=1}^{\infty}\frac{(-1)^{n+1}}{n}\sin\frac{n\pi x}{2}$$

이 급수에서 $x=1$이면 $f'(1)=2$이므로

$$\frac{8}{\pi}\sum_{n=1}^{\infty}\frac{(-1)^{n+1}}{n}\sin\frac{n\pi x}{2}=2\text{에서, }\sum_{n=1}^{\infty}\frac{(-1)^{n+1}}{n}\sin\left(\frac{n\pi}{2}\right)=\frac{\pi}{4}$$ □

정리 13.8 (Bessel 부등식) $f(x)$가 구간 $[0, L]$에서 적분가능이다.

(1) $f(x)$의 구간 $[0, L]$에서의 Fourier 사인 전개에서 계수는 다음 관계를 만족한다.

$$\sum_{n=1}^{\infty}b_n^2\leq\frac{2}{L}\int_{-L}^{L}f(x)^2dx$$

(2) $f(x)$의 구간 $[0, L]$에서의 Fourier 코사인 전개에서 계수는 다음 관계를 만족한다.

$$\frac{1}{2}a_0^2+\sum_{n=1}^{\infty}a_n^2\leq\frac{2}{L}\int_0^L f(x)^2dx$$

(3) $f(x)$가 구간 $[-L, L]$에서 적분가능하면, $f(x)$의 구간 $[-L, L]$에서의 Fourier 계수는 다음을 만족한다.

$$\frac{1}{2}a_0^2+\sum_{n=1}^{\infty}(a_n^2+b_n^2)\leq\frac{1}{L}\int_{-L}^{L}f(x)^2dx$$

$f(x)$의 Fourier급수, Fourier 사인급수, Fourier 코사인급수의 제곱의 합은 수렴한다.

증명 (1)의 관계만을 증명한다. $\int_0^L f(x)$가 존재하므로, Fourier 사인 급수를 계산할 수 있고, 이 사인급수는

$$\sum_{n=1}^{\infty}b_n\sin\frac{n\pi x}{L},\ \text{단, } b_n=\frac{2}{L}\int_0^L f(x)\sin\frac{n\pi x}{L}dx$$

처음 N개의 항의 부분합은

$$S_N(x)=\sum_{n=1}^{N}b_n\sin\frac{n\pi x}{L}$$

다음 관계를 살펴본다.

$$0\le\int_0^L(f(x)-S_N(x))^2dx=\int_0^L f(x)^2dx-2\int_0^L f(x)S_N(x)dx+\int_0^L S_N(x)^2dx$$

$$=\int_0^L f(x)^2dx-2\int_0^L f(x)\left(\sum_{n=1}^N b_n\sin\frac{n\pi x}{L}\right)dx+\int_0^L\left(\sum_{n=1}^N b_n\sin\frac{n\pi x}{L}\right)\left(\sum_{m=1}^N b_n\sin\frac{m\pi x}{L}\right)dx$$

$$=\int_0^L f(x)^2dx-2\sum_{n=1}^N b_n\int_0^L f(x)\sin\frac{n\pi x}{L}dx+\sum_{n=1}^N\sum_{m=1}^N b_nb_m\int_0^L\sin\frac{n\pi x}{L}\sin\frac{m\pi x}{L}dx$$

$$=\int_0^L f(x)^2dx-\sum_{n=1}^N b_n(Lb_n)+\sum_{n=1}^N b_nb_n\frac{L}{2}.$$

여기서 $\int_0^L\sin\frac{n\pi x}{L}\sin\frac{m\pi x}{L}dx=\begin{cases}0 & \text{if } n\ne m\\ L/2 & \text{if } n=m\end{cases}$ 이다.

따라서 다음 관계를 얻는다.

$$0\le\int_0^L f(x)^2dx-L\sum_{n=1}^N b_n^2+\frac{L}{2}\sum_{n=1}^N b_n^2$$

이므로

$$\sum_{n=1}^N b_n^2\le\frac{2}{L}\int_0^L f(x)^2dx$$

N이 충분히 커도 위 식은 성립하므로 $N\to\infty$로 할 때 다음 관계가 얻어진다.

$$\sum_{n=1}^\infty b_n^2\le\frac{2}{L}\int_0^L f(x)^2dx$$

다른 관계식 (2)와 (3)도 마찬가지로 증명된다. ■

예제 3 $f(x)=x^2$, $-\pi\le x\le\pi$의 Fourier급수는 $[-\pi, \pi]$ 안의 모든 x에 대하여 수렴한다. $f(x)$의 Fourier급수

$$x^2=\frac{1}{3}\pi^2+\sum_{n=1}^\infty 4\frac{(-1)^n}{n^2}\cos(nx)$$

에서 다음 관계식이 성립함을 밝혀라.

$$\sum_{n=1}^\infty\frac{1}{n^4}\le\frac{\pi^4}{90}$$

풀이 $a_0=\frac{2\pi^2}{3}$, $a_n=\frac{4(-1)^n}{n^2}$, $b_n=0$(우함수)이므로 Bessel부등식 (3)에 의하면

$$\frac{1}{2}\left(\frac{2\pi^2}{3}\right)^2+\sum_{n=1}^\infty\left(\frac{4(-1)^n}{n^2}\right)^2\le\frac{1}{\pi}\int_{-\pi}^{\pi}x^4dx=\frac{2}{5}\pi^4$$

이 관계식에서

$$16\sum_{n=1}^\infty\frac{1}{n^4}\le\left(\frac{2}{5}-\frac{2}{9}\right)\pi^4=\frac{8\pi^4}{45}\quad\therefore\ \sum_{n=1}^\infty\frac{1}{n^4}\le\frac{\pi^4}{90}$$ □

3 Parseval의 등식

> **정리 13.9** $f(x)$가 구간 $[-\pi, \pi]$에서 연속인 함수이고, $f'(x)$가 구분적으로 연속이며, $f(x)$와 그 Fourier계수 a_n, b_n사이에는 다음 등식
>
> $$\frac{1}{n}\int_{-\pi}^{\pi}[f(x)]^2dx=\frac{a_0^2}{2}+\sum_{n=1}^{\infty}(a_n^2+b_n^2) \tag{3}$$
>
> 이 성립한다. 이 관계를 **Parseval의 등식**이라 한다.

증명 $f(x)$가 연속이면, $f(x)$의 Fourier급수는 구간 $[-\pi, \pi]$에서 $f(x)$에 수렴하므로

$$f(x)=\frac{a_0}{2}+\sum_{n=1}^{\infty}(a_n\cos nx+b_n\sin nx)$$

이고,

$$[f(x)]^2=\frac{a_0}{2}f(x)+\sum_{n=1}^{\infty}[(a_nf(x)\cos nx+b_nf(x)\sin nx)]$$

은 구간 $[-\pi, \pi]$에서 균등하게 수렴한다. 따라서 $-\pi$에서 π까지 항별로 적분하면

$$\int_{-\pi}^{\pi}[f(x)]^2dx=\frac{a_0}{2}\int_{-\pi}^{\pi}f(x)dx+\sum_{n=1}^{\infty}\left[a_n\int_{-\pi}^{\pi}f(x)\cos nxdx+b_n\int_{-\pi}^{\pi}f(x)\sin nxdx\right]$$

$$=\frac{a_0}{2}(\pi a_0)+\sum_{n=1}^{\infty}[a_n(\pi a_n)+b_n(\pi b_n)]=\pi\left(\frac{a_0^2}{2}+\sum_{n=1}^{\infty}(a_n^2+b_n^2)\right)$$

따라서 정리가 증명되었다. ■

예제 4 $f(x)=|\sin x|$의 Fourier급수 전개의 결과에 Parseval의 등식을 적용하여, 다음 관계를 유도하라.

$$\frac{1}{1^2\cdot 3^2}+\frac{1}{3^2\cdot 5^2}+\frac{1}{5^2\cdot 7^2}+\cdots=\frac{\pi^2-8}{16}$$

풀이 $f(x)=|\sin x|$는 구간 $-\pi\leq x\leq\pi$에서 연속이므로, $f(x)$는 다음과 같은 Fourier급수로 전개된다.

$$f(x)=\frac{2}{\pi}-\frac{4}{\pi}\left(\frac{\cos 2x}{2^2-1}+\frac{\cos 4x}{4^2-1}+\frac{\cos 6x}{6^2-1}+\cdots\right)$$

따라서 Parseval의 등식에 의하여

$$\frac{1}{\pi}\int_{-\pi}^{\pi}\sin^2xdx=\frac{1}{2}\left(\frac{4}{\pi}\right)^2+\left(\frac{4}{\pi}\right)^2\left[\left(\frac{1}{2^2-1}\right)^2+\left(\frac{1}{4^2-1}\right)^2+\left(\frac{1}{6^2-1}\right)^2+\cdots\right]$$

이고, $\int_{-\pi}^{\pi}\sin^2 x dx=\pi$이므로

$$1=\frac{8}{\pi^2}+\frac{16}{\pi^2}\left(\frac{1}{1^2\cdot 3^2}+\frac{1}{3^2\cdot 5^2}+\frac{1}{5^2\cdot 7^2}+\cdots\right)$$

$$\therefore\ \frac{1}{1^2\cdot 3}+\frac{1}{3^2\cdot 5^2}+\frac{1}{5^2\cdot 7^2}+\cdots=\frac{\pi^2-8}{16}$$ □

연습문제 (13.2)

1. $f(x)=x^2(-L<x<L)$의 Fourier전개에서 다음 합의 공식을 유도하라.

$$\sum_{n=1}^{\infty}\frac{1}{n^2}=\frac{\pi^2}{6}$$

2. $f(x)=1(-\pi<x<\pi)$의 전개식을 적분하여 $F(x)=x$의 전개식을 구하라.

3. $0\leq x\leq\pi$에서 다음 관계를 증명하여라.

(1) $x(\pi-x)=\frac{\pi^2}{6}-\left(\frac{\cos 2x}{1^2}+\frac{\cos 4x}{2^2}+\frac{\cos 6x}{3^2}+\cdots\right)$

(2) $x(\pi-x)=\frac{8}{\pi}\left(\frac{\sin x}{1^3}+\frac{\sin 3x}{3^3}+\frac{\sin 5x}{5^3}+\cdots\right)$

4. 위의 결과와 Parseval의 등식을 이용하여, 다음 관계를 유도하여라.

(1) $\sum_{n=1}^{\infty}\frac{1}{n^2}=\frac{\pi^4}{90}$ (2) $\sum_{n=1}^{\infty}\frac{1}{(2n-1)^6}=\frac{\pi^6}{960}$

13.3 Fourier 적분

[1] Fourier 적분의 정의

무한구간에서 주기를 갖지 않는 함수에는 Fourier급수의 전개는 불가능하다. 이와 같은 함수 $f(x)$를 3각함수의 적분

$$f(x)=\int_0^{\infty}\{A(\alpha)\cos\alpha x+B(\alpha)\sin\alpha x\}dx$$

으로 표현됨을 살펴보자.

함수 $f(x)$가 $(-\infty,\ \infty)$에서 정의되고, 절대적분가능이라 하자. 즉 $\int_{-\infty}^{\infty}|f(x)|dx$가 존재한다 할 때, 지금 구간 $[-L,\ L]$에서만 함수 $f(x)$를 생각하면, 이것은 Fourier급수로 나타내지고, 이 구간의 x에 대하여는

$$f(x)=\frac{a_0}{2}+\sum_{n=1}^{\infty}\left[a_n\cos\frac{n\pi x}{L}+b_n\sin\frac{n\pi x}{L}\right]$$

$$\text{단, } a_n=\frac{1}{L}\int_{-L}^{L}f(t)\cos\frac{n\pi t}{L}dt,\ b_n=\frac{1}{L}\int_{-L}^{L}f(t)\sin\frac{n\pi t}{L}dt$$

로 나타내진다. 계수를 대입하면

$$\begin{aligned}f(x)&=\frac{1}{2L}\int_{-L}^{L}f(t)dt+\sum_{n=1}^{\infty}\left[\frac{1}{L}\int_{-L}^{L}f(t)\cos\frac{n\pi t}{L}dt\cdot\cos\frac{n\pi x}{L}\right.\\&\qquad\left.+\frac{1}{L}\int_{-L}^{L}f(t)\sin\frac{n\pi t}{L}dt\cdot\sin\frac{n\pi x}{L}\right]\\&=\frac{1}{2L}\int_{-L}^{L}f(t)dt+\frac{1}{L}\sum_{n=1}^{\infty}\left[\int_{-L}^{L}f(t)\left(\cos\frac{\pi\pi t}{L}\cos\frac{n\pi x}{L}+\sin\frac{n\pi t}{L}\sin\frac{n\pi t}{L}\right)dt\right]\\&=\frac{1}{2L}\int_{-L}^{L}f(t)dt+\frac{1}{L}\sum_{n=1}^{\infty}\int_{-L}^{L}f(t)\cos\frac{n\pi(t-x)}{L}dt\end{aligned} \tag{1}$$

극한 $\lim_{L\to\infty}\int_{-L}^{L}|f(t)|dt$가 존재하면, $\lim_{L\to\infty}\frac{1}{2L}\int_{-L}^{L}|f(t)|dt$는 0이 된다. 이 경우 $\int_{-\infty}^{\infty}|f(t)|dt$가 수렴하므로 $f(x)$는 $-\infty<x<\infty$에서 절대적분가능하다.

따라서 (1)의 극한은

$$f(x)=\lim_{L\to\infty}\sum_{n=1}^{\infty}\frac{1}{L}\int_{-L}^{L}f(t)\cos\frac{n\pi(t-x)}{L}dt \tag{2}$$

$\alpha_n=\dfrac{n\pi}{L}$이라면, $\Delta\alpha_n=\alpha_{n+1}-\alpha_n=\dfrac{\pi}{L}$이므로, 급수 (2)는

$$f(x)=\lim_{L\to\infty}\sum_{n=1}^{\infty}\frac{1}{\pi}\left[\int_{-L}^{L}f(t)\cos\alpha_n(t-x)dt\right]\Delta\alpha_n \tag{3}$$

(3)은 다음과 같이 나타낼 수 있다.

$$f(x)=\lim_{L\to\infty}\sum_{n=1}^{\infty}F_L(\alpha_n,\ x)\Delta\alpha_n \tag{4}$$

$$\text{단, } F_L(\alpha_n,\ x)=\frac{1}{\pi}\int_{-L}^{L}f(t)\cos\alpha_n(t-x)dt \tag{5}$$

(4)의 합을 정적분으로 나타낸다. $L\to\infty$에 따른 극한에서 $\Delta\alpha_n\to 0$, $L\to\infty$에서 (4)는 $n=1$의 극한에서 $\alpha\to 0$, $n\to\infty$인 경우는 $\alpha\to\infty$이므로

$$f(x)=\frac{1}{\pi}\int_{0}^{\infty}\left[\int_{-\infty}^{\infty}f(t)\cos\alpha(t-x)dt\right]d\alpha \tag{6}$$

로 나타내진다.

(6)에 주어진 결과를 **Fourier 적분표시**라 한다.

(6)의 피적분함수를 전개하면 다음 형식으로 쓸 수 있다.

$$f(x)=\frac{1}{\pi}\int_{0}^{\infty}\left\{\left[\int_{-\infty}^{\infty}f(t)\cos\alpha t dt\right]\cos\alpha x+\left[\int_{-\infty}^{\infty}f(t)\sin\alpha t dt\right]\sin\alpha x\right\}d\alpha$$

따라서 Fourier적분은 다음과 같이 간단히 표시된다.

$$f(x)=\int_{0}^{\infty}[A(\alpha)\cos\alpha x+B(\alpha)\sin\alpha x]d\alpha,\quad -\infty<x<\infty \tag{7}$$

$$\text{단, } A(\alpha)=\frac{1}{\pi}\int_{-\infty}^{\infty}f(t)\cos\alpha t dt,\quad B(\alpha)=\frac{1}{\pi}\int_{-\infty}^{\infty}f(t)\sin\alpha t dt \tag{8}$$

예제 1 다음 그래프로 나타낸 함수 $f(x)$의 fourier 적분표시를 구하라.

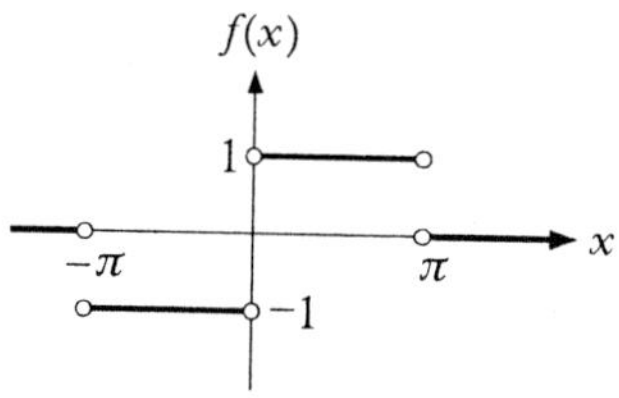

[그림 13.2]

풀이 $f(x)$가 기함수이므로, $A(\alpha)=0$이다. 따라서

$$f(x)=\int_{0}^{\infty}B(\alpha)\sin\alpha x d\alpha$$

$$B(\alpha)=\frac{2}{\pi}\int_{0}^{\pi}1\cdot\sin\alpha t dt+\frac{2}{\pi}\int_{\pi}^{\infty}0\cdot\sin\alpha t dt=\frac{2}{\pi\alpha}(1-\cos\alpha\pi)$$

따라서 $f(x)\sim\dfrac{2}{\pi}\displaystyle\int_{0}^{\infty}\left(\frac{1-\cos\alpha\pi}{\alpha}\right)\sin\alpha x d\alpha$ □

정리 13.10 (Fourier 적분의 수렴정리) $f(x)$가 x축의 모든 유한 구간에서 PWC(구분적으로 연속)이고, 모든 실수 x에 대하여 절대적분가능이면, $f(x)$는 Fourier 적분표시가 가능하고, $f(x)$가 불연속인 점 x에서 Fourier 적분은 $f(x)$의 우극한과 좌극한의 평균값과 같다. 즉

$$\frac{1}{\pi}\int_0^{\infty}\int_{-\infty}^{\infty} f(t)\cos\alpha(t-x)\,dt\,d\alpha=\frac{f(x+)+f(x-)}{2} \tag{9}$$

예제 2 $f(x)$는 다음과 같다.

$$f(x)=\begin{cases} 0 & (x<0) \\ x & (0<x<1) \\ 0 & (x>1) \end{cases}$$

$f(x)$의 Fourier 적분표시를 구하라.

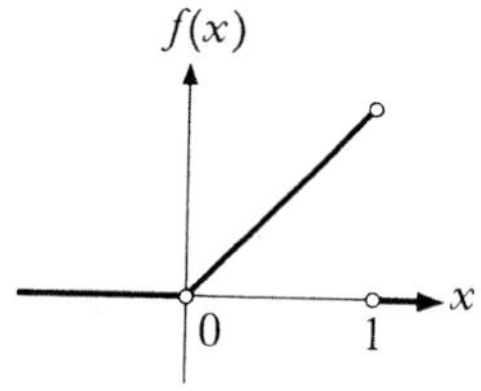

[그림 13.3]

풀이 (1) $f(x)$의 적분표시는

$$f(x)\sim\int_0^{\infty}[A(\alpha)\cos\alpha x+B(\alpha)\sin\alpha x]\,d\alpha \tag{10}$$

$$\begin{aligned} A(\alpha)&=\frac{1}{\pi}\int_{-\infty}^{\infty} f(t)\cos\alpha t\,dt \\ &=\frac{1}{\pi}\int_{-\infty}^{0} 0\cdot\cos\alpha t\,dt+\frac{1}{\pi}\int_0^1 t\cos\alpha t\,dt+\int_0^{\infty} 0\cdot\cos\alpha t\,dt \\ &=\frac{1}{\pi}\left[\frac{1}{\alpha^2}\cos\alpha t+\frac{1}{\alpha}\sin\alpha t\right]_0^1=\frac{1}{\pi}\left[\frac{\cos\alpha+\alpha\sin\alpha-1}{\alpha^2}\right] \\ B(\alpha)&=\frac{1}{\pi}\int_{-\infty}^{\infty} f(t)\sin\alpha t\,dt=\frac{1}{\pi}\int_0^1 t\sin\alpha t\,dt \\ &=\frac{1}{\pi}\left[\frac{1}{\alpha^2}\sin\alpha t-\frac{t}{\alpha}\cos\alpha t\right]_0^1=\frac{1}{\pi}\left[\frac{\sin\alpha-\alpha\cos\alpha}{\alpha^2}\right] \end{aligned}$$

(10)식에서 $A(\alpha)$와 $B(\alpha)$를 그들의 계산된 값으로 바꾸면

$$\begin{aligned} f(x)&\sim\frac{1}{\pi}\int_0^{\infty}\left[\frac{\cos\alpha+\alpha\sin\alpha-1}{\alpha^2}\cos\alpha x+\frac{\sin\alpha-\alpha\cos\alpha}{\alpha^2}\sin\alpha x\right]d\alpha \\ &=\frac{1}{\pi}\int_0^{\infty}\frac{\cos\alpha(1-x)+\alpha\sin\alpha(1-x)-\cos\alpha x}{\alpha^2}\,d\alpha \end{aligned}$$

$x=1$에서 함수 $f(x)$는 정의되지 않으나, 이 점에서 Fourier적분은 $\dfrac{f(1+)+f(1-)}{2}=\dfrac{0+1}{2}=\dfrac{1}{2}$에 수렴한다. □

2 Fourier 사인 적분과 코사인적분

우함수와 기함수의 Fourier 적분표시는 간단하다. $f(x)$가 우함수이면 $A(\alpha)$에 대한 (8)식의 피적분함수는 우함수이므로

$$A(\alpha)=\frac{2}{\pi}\int_0^\infty f(t)\cos \alpha t dt$$

(8)식에서 $B(\alpha)$의 피적분함수는 기함수이므로

$$B(\alpha)=0$$

이 경우, $f(x)$는 다음과 같다.

$$f(x)\sim\int_0^\infty A(\alpha)\cos \alpha x d\alpha,\ 0<x<\infty \tag{11}$$

$$\text{단, } A(\alpha)=\frac{2}{\pi}\int_0^\infty f(t)\cos \alpha t dt \tag{12}$$

(8)식에서 $f(x)$가 기함수이면, $f(t)\cos \alpha t$는 기함수이므로

$$A(\alpha)=0$$

이고,

$$B(\alpha)=\frac{2}{\pi}\int_0^\infty f(t)\sin \alpha t dt$$

따라서 $f(x)$가 기함수이면

$$f(x)\sim\int_0^\infty B(\alpha)\sin \alpha x d\alpha,\ 0<x<\infty \tag{13}$$

$$\text{단, } B(\alpha)=\frac{2}{\pi}\int_0^\infty f(t)\sin \alpha t dt \tag{14}$$

정리 13.10 (Fourier 사인과 코사인 적분의 수렴정리) $f(x)$가 양의 x축 위의 모든 유한구간에서 PWS이라 하고, $f(x)$가 모든 실수 $s>$에 대하여 절대적분가능하면 다음이 성립한다.

(1) Fourier 사인 적분

$$f(x)=\int_0^\infty B(\alpha)\sin \alpha x d\alpha,\ 0<x<\infty \tag{15}$$

$$\text{단, } B(\alpha)=\frac{2}{\pi}\int_0^\infty f(t)\sin \alpha t dt \tag{16}$$

(2) Fourier 코사인 적분

$$f(x)=\int_0^\infty A(\alpha)\cos\alpha x d\alpha,\ 0<x<\infty \tag{17}$$

$$\text{단, } A(\alpha)=\frac{2}{\pi}\int_0^\infty f(t)\cos\alpha t dt \tag{18}$$

적분 (15)와 (17)은 다음 값에 수렴한다.

$$\frac{f(x+)+f(x-)}{2} \tag{19}$$

예제 3 다음 함수 $f(x)$에 대하여 아래 물음에 답하라.

$$f(x)=\begin{cases} 0 & (-\infty<x<-\pi) \\ -1 & (-\pi<x<0) \\ 1 & (0<x<\pi) \\ 0 & (\pi<x<\infty)\end{cases}$$

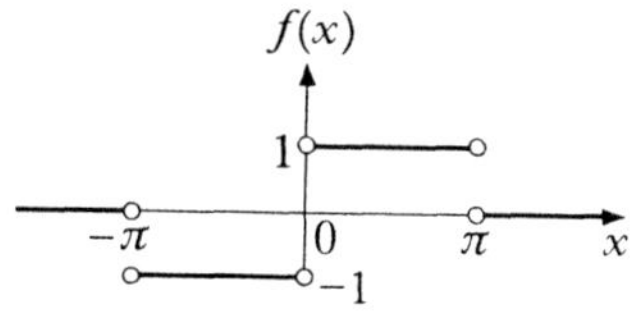

[그림 13.4]

(1) $f(x)$의 Fourier적분을 구하라.

(2) $f(x)$의 Fourier적분은 $x=-\pi$에서 수렴하는가?

풀이 (1) $f(x)$가 기함수이고 절대적분가능이며, PWS이므로, 적분표시는 (15)~(16)을 써서

$$f(x)\sim\int_0^\infty B(\alpha)\sin\alpha x d\alpha$$

$$\text{단, } B(\alpha)=\frac{2}{\pi}\int_0^\infty f(t)\sin\alpha t dt=\frac{2}{\pi}\int_0^\pi 1\cdot\sin\alpha t dt+\frac{2}{\pi}\int_\pi^\infty 0\cdot\sin\alpha t dt$$

$$=\frac{2}{\pi}\left[-\frac{\cos\alpha t}{\alpha}\right]_0^\pi=\frac{2}{\pi\alpha}(1-\cos\alpha\pi)$$

따라서

$$f(x)\sim\frac{2}{\pi}\int_0^\infty\left(\frac{1-\cos\alpha\pi}{\alpha}\right)\sin\alpha x d\alpha$$

(2)

$$f(-\pi)=\frac{1}{2}[f(-\pi+)+f(-\pi-)]=\frac{1}{2}(0-1)=-\frac{1}{2}$$

이므로 $x=-\pi$에서 $-\frac{1}{2}$에 수렴한다. □

3 지수 Fourier적분

$f(x)$의 Fourier적분은 다음과 같이 정의되었다.

$$f(x)=\frac{1}{\pi}\int_0^{\infty}\int_{-\infty}^{\infty}f(t)\cos\alpha(t-x)dtd\alpha \tag{20}$$

Euler관계식에서

$$\cos\alpha(t-x)=\frac{e^{i\alpha(t-x)}+e^{-i\alpha(t-x)}}{2}$$

(20)에 이 관계식을 대입하면

$$f(x)=\frac{1}{\pi}\int_0^{\infty}\int_{-\infty}^{\infty}f(t)\frac{e^{i\alpha(t-x)}+e^{-i\alpha(t-x)}}{2}dtd\alpha \tag{21}$$

이 적분표시는 다음 식과 동일하다.

$$f(x)=\frac{1}{2\pi}\int_0^{\infty}\int_{-\infty}^{\infty}f(t)e^{i\alpha(t-x)}dtd\alpha+\frac{1}{2\pi}\int_0^{\infty}\int_{-\infty}^{\infty}f(t)e^{-i\alpha(t-x)}dtd\alpha \tag{22}$$

(22)식의 둘째 적분에서 α를 $-\alpha$로 바꾸면

$$f(x)=\frac{1}{2\pi}\int_0^{\infty}\int_{-\infty}^{\infty}f(t)e^{i\alpha(t-x)}dtd\alpha+\frac{1}{2\pi}\int_0^{\infty}\int_{-\infty}^{\infty}f(t)e^{i\alpha(t-x)}dt(-d\alpha) \tag{23}$$

또는 다음 식을 얻는다.

$$f(x)=\frac{1}{2\pi}\int_0^{\infty}\int_{-\infty}^{\infty}f(t)e^{i\alpha(t-x)}dtd\alpha+\frac{1}{2\pi}\int_{-\infty}^{0}\int_{-\infty}^{\infty}f(t)e^{i\alpha(t-x)}dtd\alpha \tag{24}$$

이 적분을 한 식으로 종합하면

$$f(x)=\frac{1}{2\pi}\int_{-\infty}^{\infty}\int_{-\infty}^{\infty}f(t)\exp[i\alpha(t-x)]dtd\alpha,\ -\infty<x<\infty \tag{25}$$

또는 다음과 같다.

$$f(x)=\frac{1}{2\pi}\int_{-\infty}^{\infty}\int_{-\infty}^{\infty}f(t)\exp(i\alpha t)\exp(-i\alpha x)dtd\alpha \tag{26}$$

그러므로 (26)식은 다음 형식으로 나타내진다.

$$f(x)\sim\int_{-\infty}^{\infty}C(\alpha)\exp(-i\alpha x)d\alpha,\ -\infty<x<\infty \tag{27}$$

$$\text{단, } C(\alpha)=\frac{1}{2\pi}\int_{-\infty}^{\infty}f(t)\exp(i\alpha t)dt \tag{28}$$

4 Fourier변환

함수 $f(x)$의 Fourier 코사인변환 $C_\alpha\{f\}$를 다음과 같이 정의한다.

$$C_\alpha\{f\}=\int_0^\infty f(t)\cos \alpha t dt=F_c(\alpha),\ \alpha>0 \tag{29}$$

F_c의 역변환은 Fourier 코사인적분으로 다음과 같이 주어진다.

$$f(x)=\frac{2}{\pi}\int_0^\infty F_c(\alpha)\cos \alpha x d\alpha,\ x>0 \tag{30}$$

(30)식의 인자 $\frac{2}{\pi}$를 F_c적분과 f적분 양쪽에 $\sqrt{2/\pi}$씩으로 나누어서 나타내기도 한다.

Fourier 사인변환 $S_\alpha\{f\}$는 다음과 같이 정의한다.

$$S_\alpha\{f\}=\int_0^\infty f(t)\sin \alpha t dt=F_s(\alpha),\ \alpha>0 \tag{31}$$

F_s의 역변환을 다음과 같이 정의한다.

$$f(x)=\frac{2}{\pi}\int_0^\infty F_s(\alpha)\sin \alpha x d\alpha,\ x>0 \tag{32}$$

$f''(x)$의 Fourier 코사인변환에 대한 활용공식을 얻기 위하여 두 번 부분적분을 한다.

$f(x)$의 1계, 2계 도함수가 $(0,\ \infty)$에서 연속이고 절대적분가능이라 하자.

$$C_\alpha\{f''\}=\int_0^\infty f''(t)\cos \alpha t dt=[f'(t)\cos \alpha t]_0^\infty+\alpha\int_0^\infty f'(t)\sin \alpha t dt$$

$f'(t)\to 0(t\to\infty)$이면

$$C_\alpha\{f''\}=-f'(0)+\alpha\left\{[f(t)\sin \alpha t]_0^\infty-\alpha\int_0^\infty f(t)\cos \alpha t dt\right\}$$

$f(t)\to 0(t\to\infty)$이면

$$C_\alpha\{f''\}=-f'(0)-\alpha^2C_\alpha\{f\} \tag{33}$$

$f(x)$가 우함수이면 Fourier cosine변환으로, $f(x)$가 기함수이면 Fourier sine변환으로 나타내진다.

예제 4 다음 적분방정식을 풀어라.

$$\int_0^\infty f(t)\cos \alpha t dt = \begin{cases} 1 & (0<\alpha<\pi) \\ 0 & (\pi<\alpha<\infty) \end{cases}$$

풀이 준방정식 $$\int_0^\infty f(t)\cos \alpha t dt = g(\alpha)$$

은 적분방정식이다. 이 방정식에서 $f(x)$를 결정한다.

Fourier cosine 변환에서

$$f(x) = \frac{2}{\pi}\int_0^\infty g(\alpha)\cos \alpha x d\alpha$$

에 $g(\alpha)$의 값을 대입하면 $f(x)$는

$$f(x) = \frac{2}{\pi}\int_0^\pi 1 \cdot \cos \alpha x d\alpha = \frac{2}{\pi}\left[\frac{1}{x}\sin \alpha x\right]_0^\pi = \frac{2}{\pi x}\sin \pi x$$ □

예제 5 다음 함수의 Fourier적분을 구하라.

$$f(x) = \begin{cases} 1-\dfrac{|x|}{2} & (|x| \leq 2) \\ 0 & (|x|>2) \end{cases}$$

풀이 $f(x)$는 우함수이므로 $f(x)$의 Fourier적분은 Fourier cosine적분이 된다. 따라서 $f(t)$의 Fourier cosine변환은

$$C_\alpha\{f\} = \int_0^\infty f(t)\cos \alpha t dt = \int_0^2 \left(1-\frac{t}{2}\right)\cos \alpha t dt$$

$\alpha \neq 0$일 때

$$C_\alpha\{f\} = \left[\left(1-\frac{t}{2}\right)\frac{\sin \alpha t}{\alpha} + \frac{1}{2\alpha}\left(-\frac{\cos \alpha t}{\alpha}\right)\right]_0^2 = \left(\frac{\sin \alpha}{\alpha}\right)^2$$

$\alpha = 0$일 때

$$C_\alpha\{f\} = \int_0^2 \left(1-\frac{t}{2}\right)dt = \left[t-\frac{t^2}{4}\right]_0^2 = 1$$

f와 g가 실축에서 각각 PWC이고 절대적분가능인 함수라 하자. f와 g의 **합성곱**을 적분

$$f*g = \int_{-\infty}^\infty f(r)g(x-r)dr \tag{34}$$

로 정의한다.

합성곱 (34)의 Fourier지수 변환을 다음과 같이 나타낸다.

$$E_\alpha\{f*g\}=\int_{-\infty}^{\infty}\left[\int_{-\infty}^{\infty}f(r)g(x-r)dr\right]\exp(i\alpha x)dx$$
$$=\int_{-\infty}^{\infty}\int_{-\infty}^{\infty}f(r)g(x-r)\exp(i\alpha x)dxdr$$
$$=\int_{-\infty}^{\infty}f(r)\int_{-\infty}^{\infty}g(x-r)\exp[i\alpha(x-r)dx\exp(i\alpha r)dr$$

$t=x-r$이라면 안쪽 적분은

$$E_\alpha\{f*g\}=\int_{-\infty}^{\infty}f(r)\left[\int_{-\infty}^{\infty}g(t)\exp(i\alpha t)dt\right]\exp(i\alpha r)dr$$
$$=\int_{-\infty}^{\infty}f(r)\exp(i\alpha r)dr\int_{-\infty}^{\infty}g(t)\exp(i\alpha t)dt$$
$$\therefore\ E_\alpha\{f*g\}=E_\alpha\{f\}\cdot E_\alpha\{g\} \tag{35}$$

공식 (35)에서 합성곱의 지수변환은 각 지수변환의 곱과 같다.

예제 6 (1) 함수 $f(x)=e^{-kx}(k>0)$의 Fourier 사인변환을 구하라.
(2) 함수 $f(x)=e^{-kx}(k>0)$의 Fourier 코사인변환을 구하라.

풀이 (1) $S_\alpha\{e^{-kx}\}=\int_0^{\infty}e^{-kt}\sin\alpha t dt=\left[\frac{e^{-kt}}{k^2+\alpha^2}(-k\sin\alpha t-\alpha\cos\alpha t)\right]_0^{\infty}$

$$=\frac{\alpha}{k^2+\alpha^2},\ k>0$$

(2) $C_\alpha\{e^{-kx}\}$은 공식에 의하여 결정된다.

$$C_\alpha\{f''\}=-f'(0)-\alpha^2C_\alpha\{f\}$$

만일 $f=e^{-kx}$이면, $f'=-ke^{-kx}$, $f'(0)=-k$, $f''=k^2e^{-kx}$이므로

$$C_\alpha\{k^2e^{-kx}\}=-(-k)-\alpha^2C_\alpha\{e^{-kx}\} \tag{36}$$

$C_\alpha\{f\}$가 선형 연산자이므로

$$C_\alpha\{k^2e^{-kx}\}=k^2C_\alpha\{e^{-kx}\}$$

(36)식은 다음과 같이 쓸 수 있다.

$$k^2C_\alpha\{e^{-kx}\}=k-a^2C_\alpha\{e^{-kx}\}\text{에서 }(k^2+a^2)C_\alpha\{e^{-kx}\}=k$$

따라서

$$C_\alpha\{e^{-kx}\}=\frac{k}{k^2+\alpha^2},\ k>0$$ □

예제 7 다음 적분방정식을 풀어라.

$$\int_0^\infty f(x)\cos\alpha x dx=\begin{cases}1 & (0<\alpha<\pi)\\ 0 & (\pi<\alpha<\infty)\end{cases}$$

풀이 방정식은

$$\int_0^\infty f(x)\cos\alpha x dx=g(\alpha)$$

형태의 적분방정식이다.

방정식을 풀기 위하여 f를 결정하는 것이 필요하다. 그런데

$$f(x)=\frac{2}{\pi}\int_0^\infty g(\alpha)\cos\alpha x d\alpha$$

이므로, $f(x)$는 다음과 같다.

$$f(x)=\frac{2}{\pi}\int_0^\pi 1\cdot\cos\alpha x d\alpha=\frac{2}{\pi}\left[\frac{1}{x}\sin\alpha x\right]_0^\pi$$
$$=\frac{2}{\pi x}\sin\pi x$$

□

예제 8 다음이 성립함을 밝혀라.

$$E_\alpha\{f(x-c)\}=e^{i\alpha c}E_\alpha\{f(x)\}$$

풀이 c가 실상수이면

$$E_\alpha\{f(x-c)\}=\int_{-\infty}^\infty f(x-c)\exp(i\alpha x)dx$$

$t=x-c$ or $x=t+c$이면

$$E_\alpha\{f(x-c)\}=\int_{-\infty}^\infty f(t)\exp[i\alpha(t+c)]dt$$
$$=e^{i\alpha c}\int_{-\infty}^\infty f(t)\exp(i\alpha t)dt$$
$$=e^{i\alpha c}\int_{-\infty}^\infty f(x)\exp(i\alpha x)dx$$
$$E_\alpha\{f(x-c)\}=e^{i\alpha c}E_\alpha\{f(x)\}$$

□

예제 9 다음 적분방정식의 해를 구하라.

$$f(x)=g(x)+\int_{-\infty}^\infty f(t)h(x-t)dt$$

풀이 f, g, h의 Fourier변환이 존재하고, 이것을 $F_e(\alpha)$, $G_e(\alpha)$, $H_e(\alpha)$로 나타낸다. 방정식의 변환을 합성곱정리를 써서 나타내면

$$F_e(\alpha)=G_e(\alpha)+F_e(\alpha)\cdot H_e(\alpha) \tag{37}$$

이 식에서

$$F_e(\alpha)[1-H_e(\alpha)]=G_e(\alpha)$$

이므로

$$F_e(\alpha)=\frac{G_e(\alpha)}{1-H_e(\alpha)}$$

$F_e(\alpha)$가 역을 가지면

$$f(x)=\frac{1}{2\pi}\int_{-\infty}^{\infty}\frac{G_e(\alpha)}{1-H_e(\alpha)}\exp(-i\alpha x)d\alpha$$ ■

연습문제 (13.3)

1. 다음 함수의 Fourier 적분을 구하라.

$$f(x)=\begin{cases}0 & (x<-2,\ x>2)\\ 1 & (-2<x<2)\end{cases}$$

2. 다음 함수의 Fourier적분표시를 정하라.

$$f(x)=\begin{cases}\sin x & (-\pi<x<\pi)\\ 0 & (x<-\pi,\ x>\pi)\end{cases}$$

3. $f(x)=\begin{cases}|x| & (-2<x<2)\\ 0 & (x<-2,\ x>2)\end{cases}$ 이다.

(1) $f(x)\sim\frac{2}{\pi}\int_0^{\infty}\frac{\cos 2\alpha+2\alpha\sin 2\alpha-1}{\alpha^2}\cos\alpha x d\alpha$임을 밝혀라.

(2) $x=2$일 때, (1)의 적분은 어떤 값에 수렴하는가?

4. $f(x)=xe^{-x}(x\geq 0)$의 Fourier 사인변환을 구하라.

5. 다음 적분방정식을 풀어라.

(1) $\int_0^{\infty}f(x)\sin\alpha x dx=\begin{cases}1-\alpha & (0<\alpha<1)\\ 0 & (1<\alpha<\infty)\end{cases}$ (2) $\int_0^{\infty}f(x)\sin\alpha x dx=e^{-\alpha}$

제 14 장

편미분방정식

14.1 편미분방정식

1 편미분방정식과 해

[1] 편미분방정식

편미분방정식은 하나 또는 그 이상의 편도함수를 포함하는 방정식이다. 그러므로 편미분방정식은 적어도 2개의 독립변수를 포함해야 한다. 편미분방정식의 **계수**는 방정식의 최고계도함수의 계수이다. 예를 들면, z를 종속변수라 하고 x, y를 독립변수라 할 경우

$$x\frac{\partial z}{\partial x}+y\frac{\partial z}{\partial y}=z \text{ 또는 } xp+yq=z \tag{1}$$

는 1계편미분방정식이고

$$\frac{\partial^2 z}{\partial x^2}+3\frac{\partial^2 z}{\partial x\partial y}+\frac{\partial^2 z}{\partial y^2}=0 \text{ 또는 } r+3s+t=0 \tag{2}$$

은 2계편미분방정식이다. 오른쪽 방정식에서 표준기호

$$p=\frac{\partial z}{\partial x},\ q=\frac{\partial z}{\partial y},\ r=\frac{\partial^2 z}{\partial x^2},\ s=\frac{\partial^2 z}{\partial x\partial y},\ t=\frac{\partial^2 z}{\partial y^2}$$

를 사용하였다.

편미분방정식은 변수간의 주어진 관계에서 임의상수를 소거하거나 몇 개의 변수에 관한 임의함수를 소거함으로써 유도된다. 이 책에서는 실제 문제에 많이 나타나는

선형편미분방정식의 해법을 소개하기로 한다.

상미분방정식에서와 같이 종속변수 z와 독립변수 x, y 사이의 관계식이 주어진 편미분방정식을 만족할 때, 그 관계식을 준 편미분방정식의 **해**라고 한다.

[2] 간단한 편미분방정식

간단한 편미분방정식의 해법을 예제를 통해서 알아보자.

예제 1 $u(x, y)=f(x)g(y)$는 2계편미분방정식

$$u\frac{\partial^2 u}{\partial x \partial y}=\frac{\partial u}{\partial x}\cdot\frac{\partial u}{\partial y}$$

의 해임을 밝혀라.

풀이 $u(x, y)$를 각각 x, y에 관하여 편미분하면

$$\frac{\partial u}{\partial x}=f'(x)\,g(y),\ \frac{\partial u}{\partial y}=f(x)g'(y),\ \frac{\partial^2 u}{\partial x \partial y}=f'(x)g'(y)$$

따라서 준미분방정식의 좌변은

$$u\frac{\partial^2 u}{\partial x \partial y}=f(x)g(x)f'(x)g'(y)$$

이고, 우변은

$$\frac{\partial u}{\partial x}\cdot\frac{\partial u}{\partial y}=f'(x)g(y)\cdot f(x)g'(y)=f(x)g(y)f'(x)g'(y)$$

따라서 양변이 같으므로 $u=f(x)g(y)$는 준미분방정식의 해이다. □

예제 2 $u(x, y)=f(x-2y)$ (f는 임의함수)가 편미분방정식

$$\frac{\partial u}{\partial x}+a\frac{\partial u}{\partial y}=0$$

의 해일 때, a의 값을 구하라.

풀이 $v=x-2y$라면

$$u(x, y)=f(v)$$

이므로

$$\frac{\partial u}{\partial x}=\frac{df}{dv}\cdot\frac{\partial v}{\partial x}=\frac{df}{dv}\cdot 1=\frac{df}{dv}$$

$$\frac{\partial u}{\partial y}=\frac{df}{dv}\cdot\frac{\partial v}{\partial y}=\frac{\partial f}{\partial v}(-2)=-2\frac{df}{dv}$$

이들을 준미분방정식에 대입하면

$$(1-2a)\frac{df}{dv}=0$$

이 식이 함수 f의 여하에 관계 없이 성립하려면

$$1-2a=0\text{에서 } a=\frac{1}{2}$$ □

예제 3 다음 2차편미분방정식

$$\frac{\partial^2 u}{\partial x\partial y}=0$$

을 풀어라.

풀이 x를 고정시키고 y에 관하여 적분하여 다음해를 얻는다.

$$\frac{\partial u}{\partial x}=\varphi(x) \quad (\varphi(x)\text{는 임의함수})$$

다음 y를 고정시키고, x에 관하여 적분하면

$$u=\int\varphi(x)dx+g(y)=f(x)+g(y)$$

$$(f(x),\ g(y)\text{는 임의함수})$$ □

주어진 편미분방정식에서 하나의 독립변수를 상수로 보고, 독립변수에 관한 상미분방정식으로서 그의 해를 구할 수 있는 경우가 많다. 이와 같은 경우의 예를 더 들어보자.

예제 4 다음 편미분방정식을 풀어라.

(1) $\dfrac{\partial^2 u}{\partial x^2}=0$ (2) $\dfrac{\partial^2 u}{\partial x^2}+u=0$

풀이 (1) $\dfrac{\partial^2 u}{\partial x^2}=0$에서 y를 상수로 보고, 이 방정식을 x에 관하여 적분하면

$$\frac{\partial u}{\partial x}=f(y) \quad (f\text{는 임의함수})$$

다시 x에 관하여 적분하면 구하는 해는

$$u=f(y)\cdot x+g(y) \quad (f,\ g\text{는 임의함수})$$

(2) y를 상수로 보면, 준편미분방정식은 상미분방정식

$$\frac{d^2u}{dx^2}+u=0$$

이 된다. 이것의 일반해가 $u=A\cos x+B\sin x$ (A, B는 임의상수)이므로, 구하는 편미분방정식의 해는 다음과 같다.

$$u=A(y)\cos x+B(y)\sin x \quad (A(y),\ B(y)\text{는 } y\text{의 임의함수})$$ □

2 편미분방정식의 생성

[1] 임의상수의 소거

z가 2개의 독립변수 x, y의 함수로서

$$g(x,\ y,\ z,\ a,\ b)=0 \tag{3}$$

에 의하여 정의된다고 하자. 여기서 a, b는 임의상수이다.

(3)을 x에 관하여 미분하면

$$\frac{\partial g}{\partial x}+\frac{\partial g}{\partial z}\frac{\partial z}{\partial x}=\frac{\partial g}{\partial x}+p\frac{\partial g}{\partial z}=0 \tag{4}$$

(3)을 y에 관하여 편미분하면

$$\frac{\partial g}{\partial y}+\frac{\partial g}{\partial z}\frac{\partial z}{\partial y}=\frac{\partial g}{\partial y}+q\frac{\partial g}{\partial z}=0 \tag{5}$$

(3), (4), (5)로부터 임의상수를 소거하면, 다음과 같은 1계편미분방정식을 얻는다.

$$f(x,\ y,\ z,\ p,\ q)=0 \tag{6}$$

예제 5 $z=ax^2+by^2+ab$에서 임의상수 a, b를 소거하여 1계편미분방정식을 구하라.

풀이 x, y에 관하여 편미분하면

$$\frac{\partial z}{\partial x}=p=2ax,\ \frac{\partial z}{\partial y}=q=2by$$

이들 식을 a, b에 관하여 풀고, 이것을 준방정식에 대입하면

$$z=\left(\frac{p}{2x}\right)x^2+\left(\frac{q}{2y}\right)y^2+\left(\frac{p}{2x}\right)\left(\frac{q}{2y}\right)$$

간단히 하면 $$pq+2px^2y+2qxy^2=4xyz$$ □

예제 6 $z=a(x+y)$에서 a를 소거하여 1계 편미분방정식을 유도하라.

풀이 x에 관하여 편미분하면 $p=a$이므로 편미분방정식 $z=p(x+y)$를 얻는다.

마찬가지로 y에 관하여 편미분하면 $q=a$이므로 편미분방정식 $z=q(x+y)$가 얻어진다. □

소거할 임의상수가 많을수록 여러 개의 높은 계수의 편미분방정식이 유도된다.

예제 7 $z=ax+by+cxy$에서 a, b, c를 소거하여 편미분방정식을 유도하라.

풀이 x, y에 관하여 편미분하면

$$p=a+cy \cdots ①,\ q=b+cx \cdots ②$$

이들 식과 주어진 관계식에서 3개의 상수를 소거하는 데는 충분하지 않다.

①을 x에 관하여 편미분하면 다음 2계편미분방정식을 얻는다.

$$\frac{\partial p}{\partial x}=\frac{\partial^2 z}{\partial x^2}=r=0$$

②를 y에 관하여 편미분하면 다음 2계편미분방정식을 얻는다.

$$\frac{\partial q}{\partial y}=\frac{\partial^2 z}{\partial y^2}=t=0$$

①을 y에 관하여 편미분하거나 ②를 x에 관하여 편미분하면

$$\frac{\partial p}{\partial y}=\frac{\partial q}{\partial x}=\frac{\partial^2 z}{\partial x \partial y}=s=c$$

①식 $p=a+cy$에서 $a=p-sy$, ②식에서 $b=q-sx$를 얻고, 이들 a, b, c를 준관계식에 대입하면 다음 2계편미분방정식을 얻는다.

$$z=(p-sy)x+(q-sx)y+sxy=px+qy-sxy$$

준관계식에서 3개의 편미분방정식 $r=0$, $t=0$, $z=px+qy-sxy$를 얻는다. □

예제 8 $z=(x^2+a)(y^2+b)$에서 a와 b를 소거한 편미분방정식을 구하라.

풀이 x와 y에 관하여 편미분하면 $p=2x(y^2+b)$와 $q=2y(x^2+a)$. 여기서

$$y^2+b=\frac{p}{2x},\ x^2+a=\frac{q}{2y}$$

$$\therefore\ z=(x^2+a)(y^2+b)=\left(\frac{q}{2y}\right)\left(\frac{p}{2x}\right) \text{ 또는 } pq=4xyz$$ □

예제 9 평면 $x=y$ 위에 중심을 갖고, 반지름이 5인 구군의 미분방정식을 구하라.

풀이 구의 중심을 (a, a, b)라면 구군의 방정식은

$$(x-a)^2+(y-a)^2+(z-b)^2=25 \quad \cdots \text{①}$$

a, b는 임의상수이다. x와 y에 관하여 편미분하고, 2로 나누면

$$(x-a)+(z-b)p=0,\ (y-a)+(z-b)q=0$$

지금 $z-b=-m$이라면, $x-a=pm$이고 $y-a=qm$이다. 이들을 ①에 대입하면

$$m^2(p^2+q^2+1)=25$$

그런데 $x-y=(p-q)m$에서

$$m=\frac{x-y}{p-q}$$

$$\therefore\ m^2(p^2+q^2+1)=\frac{(x-y)^2}{(p-q)^2}(p^2+q^2+1)=25$$

따라서 구하는 편미분방정식은

$$(x-y)^2(p^2+q^2+1)=25(p-q)^2$$

□

예제 10 $z=ax+by+f(a,\ b)$로부터 임의상수 a와 b를 소거하면 광의의 Clairaut의 미분방정식

$$z=px+qy+f(p,\ q)$$

를 얻음을 밝혀라.

풀이 $z=ax+by+f(a,\ b)$를 x와 y에 관하여 편미분하면 $p=a$, $q=b$를 얻는다. 이를 준방정식에 대입하여 바로 요구되는 편미분 방정식을 얻는다. □

[2] 임의함수의 소거

임의함수를 포함하는 관계식에서 편미분에 의하여 그 임의함수를 소거하므로 편미분방정식이 유도된다.

간단한 경우의 몇 가지를 예로 들어보고, 일반적인 임의함수의 소거법을 살펴보자.

예제 11 $z=f(x-y)$에서 임의함수 f를 소거하여 1계미분방정식을 구하라.

풀이 $x-y=t$로 놓으면 $z=f(t)$이고, 이것을 x와 y에 관하여 미분하면

$$p=\frac{df}{dt}\cdot\frac{\partial t}{\partial x}=\frac{df}{dt}\cdot 1$$
$$q=\frac{df}{dt}\cdot\frac{\partial t}{\partial y}=\frac{df}{dt}\cdot(-1)$$

위의 두 식으로부터 $\frac{df}{dt}$를 소거하면 다음 1계편미분방정식을 얻는다.

$$p+q=0$$ □

예제 12 $z=\phi(x+y)$에서 임의함수 ϕ를 소거하여 1계편미분방정식을 구하라.

풀이 $x+y=u$라 놓으면 준관계식은

$$z=\phi(u)$$

x와 y에 관하여 편미분하면

$$p=\frac{d\phi}{du}=\phi'(u) \text{와 } q=\phi'(u)$$

따라서 구하는 편미분방정식은 $p=q$이다. □

예제 13 $z=xf\left(\frac{y}{x}\right)$에서 임의함수 f를 소거하여 1계편미분방정식을 구하라.

풀이 $\frac{y}{x}=t$로 놓으면 $z=xf(t)$이므로 x 및 y에 관하여 편미분하면

$$p=f+x\frac{df}{dt}\cdot\frac{\partial t}{\partial x}=f+x\frac{df}{dt}\left(-\frac{y}{x^2}\right)$$
$$q=x\frac{df}{dt}\cdot\frac{\partial t}{\partial y}=x\frac{df}{dt}\cdot\frac{1}{x}=\frac{df}{dt}$$

이들 식에서는 $\frac{df}{dt}$와 f를 소거하면, 구하는 편미분방정식을 얻는다.

①식에 $f=\frac{z}{x}$, $\frac{\partial f}{\partial t}=q$를 대입하면

$$p=\frac{z}{x}+xq\left(-\frac{y}{x^2}\right)=\frac{z}{x}-\frac{y}{x}q \text{에서 } xp+yq=z$$ □

예제 14 $z=xyf(x^2+y^2+z^2)$에서 임의함수 f를 소거하여 편미분방정식을 구하라.

풀이 함수 f를 변수 $x^2+y^2+z^2$에 관하여 미분하는 것을 기호 f'으로 표시하면, 준방정식을 x, y에 관하여 편미분할 때

$$p=yf+xyf'\cdot(2x+2zp) \quad \cdots \text{①}$$
$$q=xf+xyf'\cdot(2y+2zq) \quad \cdots \text{②}$$

f와 f'를 소거하면 편미분방정식이 얻어진다.

준방정식에서 $f=\dfrac{z}{xy}$이므로 ①식을 ②식으로 나누면

$$\frac{p-y\left(\frac{z}{xy}\right)}{q-x\left(\frac{z}{xy}\right)}=\frac{2x+2zp}{2y+2zq} \text{ 또는 } (xyp-yz)(2y+2zq)=(xyq-xz)(2x+2zp)$$

정리하면 다음 편미분방정식이 얻어진다.

$$x(y^2+z^2)p-y(x^2+z^2)q=(y^2-x^2)z$$ □

편미분방정식은 $Pp+Qq=R$의 꼴을 하고 있다. 편미분방정식에서 z와 그 편도함수 $\dfrac{\partial z}{\partial x}$와 $\dfrac{\partial z}{\partial y}$에 관해서 선형인 것을 **선형편미분방정식**이라 한다. 예제 14의 편미분방정식과 같이 종속변수의 편도함수에 관해서는 선형이지만 종속변수에 대해서는 반드시 선형이 아닌 편미분방정식을 **준선형미분방정식**이라고 부른다.

앞의 예제에서 본 바와 같이 임의함수를 하나 포함하는 함수 관계식에서 유도된 편미분방정식은 모두 선형이었다. 따라서 x, y, z를 포함하는 일정한 함수관계가 주어졌을 때, 미분에 의하여 그 함수를 소거하면 언제나 선형편미분방정식을 얻는다.

정리 14.1 u, v가 x, y, z의 기지함수로서

$$u=u(x,\ y,\ z),\ v=v(x,\ y,\ z)$$

일 때, u, v의 임의함수

$$\phi(u,\ v)=0$$

에서 ϕ를 소거하면 다음 선형편미분방정식

$$Pp+Qq=R$$

을 얻는다. 단, P, Q, R은 x, y, z의 함수이고, $p=\dfrac{\partial z}{\partial x}$, $q=\dfrac{\partial z}{\partial y}$이다.

증명 $\phi(u,\ v)=0$에서 z을 종속변수로 보고, x와 y에 관하여 편미분하면

$$\frac{\partial\phi}{\partial u}\left(\frac{\partial u}{\partial x}+p\frac{\partial u}{\partial z}\right)+\frac{\partial\phi}{\partial v}\left(\frac{\partial v}{\partial x}+p\frac{\partial v}{\partial z}\right)=0$$

$$\frac{\partial\phi}{\partial u}\left(\frac{\partial u}{\partial y}+q\frac{\partial u}{\partial z}\right)+\frac{\partial\phi}{\partial v}\left(\frac{\partial v}{\partial y}+q\frac{\partial v}{\partial z}\right)=0$$

을 얻는다. 이 두 식에서 $\frac{\partial\phi}{\partial u}$와 $\frac{\partial\phi}{\partial v}$를 소거하면

$$\begin{vmatrix} \frac{\partial u}{\partial x}+p\frac{\partial u}{\partial z} & \frac{\partial v}{\partial x}+p\frac{\partial v}{\partial z} \\ \frac{\partial u}{\partial y}+q\frac{\partial u}{\partial z} & \frac{\partial v}{\partial y}+q\frac{\partial v}{\partial z} \end{vmatrix}=\left(\frac{\partial u}{\partial x}+p\frac{\partial u}{\partial z}\right)\left(\frac{\partial v}{\partial y}+q\frac{\partial v}{\partial z}\right)-\left(\frac{\partial u}{\partial y}+q\frac{\partial u}{\partial z}\right)\left(\frac{\partial v}{\partial x}+p\frac{dv}{dz}\right)$$

$$=\frac{\partial u}{\partial x}\cdot\frac{\partial v}{\partial y}-\frac{\partial u}{\partial y}\cdot\frac{\partial v}{\partial x}+p\left(\frac{\partial u}{\partial z}\cdot\frac{\partial v}{\partial y}-\frac{\partial u}{\partial y}\cdot\frac{\partial v}{\partial z}\right)+q\left(\frac{\partial u}{\partial x}\frac{dv}{dz}-\frac{\partial u}{\partial z}\frac{\partial v}{\partial x}\right)=0$$

이 식을 jacobian 기호를 써서

$$p\frac{\partial(u,\ v)}{\partial(y,\ z)}+q\frac{\partial(u,\ v)}{\partial(z,\ x)}=\frac{\partial(u,\ v)}{\partial(x,\ y)}$$

로 나타내진다. 이것은

$$Pp+Qq=R$$

의 꼴을 하며, 이것은 p, q에 관한 1계선형편미분방정식이다. ■

(참고) $$\frac{\partial(u,\ v)}{\partial(x,\ y)}=\begin{vmatrix} \frac{\partial u}{\partial x} & \frac{\partial v}{\partial x} \\ \frac{\partial u}{\partial y} & \frac{\partial v}{\partial y} \end{vmatrix}=\begin{vmatrix} \frac{\partial u}{\partial x} & \frac{\partial u}{\partial y} \\ \frac{\partial v}{\partial x} & \frac{\partial v}{\partial y} \end{vmatrix}=\frac{\partial u}{\partial x}\frac{\partial v}{\partial y}-\frac{\partial u}{\partial y}\frac{\partial v}{\partial x}=J\left(\frac{u,\ v}{x,\ y}\right)$$

를 함수 u, v의 x, y에 관한 Jacobian이라 한다.

예제 15 $\phi\left(\frac{z}{x^3},\ \frac{y}{x}\right)=0$으로부터 만들어지는 미분방정식을 구하라. 단, ϕ는 임의 함수이다.

풀이 $u=\frac{z}{x^3}$, $v=\frac{y}{x}$이라면 $\phi(u,\ v)=0$의 꼴이다. x와 y에 관하여 편미분하면

$$\frac{\partial\phi}{\partial u}\left(\frac{p}{x^3}-\frac{3z}{x^4}\right)+\frac{\partial\phi}{\partial v}\left(-\frac{y}{x^2}\right)=0,\ \frac{\partial\phi}{\partial u}\left(\frac{q}{x^3}\right)+\frac{\partial\phi}{\partial v}\left(\frac{1}{x}\right)=0$$

$\frac{\partial\phi}{\partial u}$와 $\frac{\partial\phi}{\partial v}$를 소거하면

$$\begin{vmatrix} \frac{p}{x^3}-\frac{3z}{x^4} & \frac{-y}{x^2} \\ \frac{q}{x^3} & \frac{1}{x} \end{vmatrix} = \frac{p}{x^4}-\frac{3z}{x^5}+\frac{qy}{x^5}=0 \text{ 또는 } px+qy=3z \quad \cdots \text{ ①}$$ □

[별해] 임의함수관계 $\phi\left(\frac{z}{x^3}, \frac{y}{x}\right)=0$은 $\frac{z}{x^3}=f\left(\frac{y}{x}\right)$ 또는 $z=x^3f\left(\frac{y}{x}\right)$로도 나타내진다.

단, f는 임의함수이다. $v=\frac{y}{x}$라면 $z=x^3f(v)$이다. x에 관하여 미분하면

$$p=3x^2f(v)+x^3\frac{df}{dv}\cdot\frac{\partial v}{\partial x}=3x^2f(v)+x^3\left(\frac{df}{dv}\right)\left(-\frac{y}{x^2}\right)=3x^2f(v)-xyf'(v)$$

$$q=x^3\frac{df}{dv}\cdot\frac{\partial v}{\partial y}=x^3\left(\frac{df}{dv}\right)\left(\frac{1}{x}\right)=x^2f'(v)$$

이들 식에서 $f'(v)$를 소거하면 다음과 같이 ①과 같은 편미분방정식이 구해진다.

$$px+qy=3x^3f(v)=3z$$

예제 16 $\phi(x+y+z,\ x^2+y^2-z^2)=0$에서 ϕ를 소거하여 편미분방정식을 구하라.

풀이 $u=x+y+z$, $v=x^2+y^2-z^2$이면 준관계식은 $\phi(u,\ v)=0$이다. 이것을 x와 y에 관하여 편미분하면

$$\frac{\partial\phi}{\partial u}(1+p)+\frac{\partial\phi}{\partial v}(2x-2zp)=0,\ \frac{\partial\phi}{\partial u}(1+q)+\frac{\partial\phi}{\partial v}(2y-2zq)=0$$

$\frac{\partial\phi}{\partial u}$와 $\frac{\partial\phi}{\partial v}$를 소거하면, 구하는 편미분방정식은

$$\begin{vmatrix} 1+p & 2x-2zp \\ 1+q & 2y-2zq \end{vmatrix}=2(y-x)+2p(y+z)-2q(z+x)=0$$

이 관계식을 정리하면 구하는 다음 편미분방정식이 얻어진다.
간단히 하면

$$(y+z)p-(x+z)q=x-y$$ □

연습문제 (14.1)

1. 다음 편미분방정식을 풀어라.

(1) $\dfrac{\partial^2 u}{\partial y^2}=0$ (2) $\dfrac{\partial^2 u}{\partial x^2}=1$ (3) $\dfrac{\partial^2 u}{\partial y^2}-u=0$ (4) $\dfrac{\partial u}{\partial x}-u=y$

2. 다음 방정식으로부터 임의상수 a, b, c를 소거하여 편미분방정식을 구하라.

(1) $z=(x-a)^2+(y-b)^2$ (2) $z=axy+b$

(3) $ax+by+cz=1$ (4) $z=axe^y+\dfrac{1}{2}a^2e^{2y}+b$

(5) $z=xy+y\sqrt{x^2-a^2}+b$

3. xy평면에 중심을 갖고 반지름이 2인 모든 구면군의 미분방정식을 구하라.

4. x절편과 y절편이 같은 평면군의 미분방정식을 구하라.

5. 다음 함수관계에서 임의함수 ϕ, f, g를 소거하여 편미분방정식을 구하라.

(1) $z=x^2\phi(x-y)$ 또는 $\psi(z/x^2,\ x-y)=0$

(2) $xyz=\phi(x+y+z)$

(3) $z=(x+y)\phi(x^2-y^2)$

(4) $z=f(x)+e^yg(x)$

(5) $x=f(z)+g(y)$

14.2 1계편미분방정식

1 해의 종류

[1] 일 반 해

편미분방정식

$$px+qy=3z \tag{1}$$

는 p, q에 관한 1차이므로 선형이다. 여기서 상미분방정식에서와는 달리 선형이란 것은 종속변수 z의 차수와는 관계가 없다.

모든 1계 편미분방정식이 선형은 아니다.

$$p^2+q^2=1, \quad p+\log q=2z^3 \tag{2}$$

은 비선형이다.

방정식 (1)의 해는 앞 절에서 소개한 임의함수관계

$$\phi\left(\frac{z}{x^3}, \frac{y}{x}\right)=0 \tag{3}$$

또는 이것과 동치인 관계식

$$\frac{z}{x^3}=f\left(\frac{y}{x}\right)$$

에서 얻어졌다. 임의함수를 포함하는 이 해를 **일반해**라고 한다. 방정식 (1)은 함수관계

$$z=ax^3+by^3 \cdots ①, \quad z=dx^3+bx^2y+cxy^2+\frac{dy^4}{x} \cdots ② \tag{4}$$

으로부터도 임의상수를 소거함으로써 얻을 수 있다.

앞장의 문제의 연구에서 2개의 임의상수를 포함하는 관계식에서 통상 1계비선형 편미분방정식을 얻으며, 2개보다 많은 임의상수를 포함하는 관계식으로부터는 고계 편미분방정식을 얻는다. (4)식의 ①은

$$z=ax^3+by^3=x^3\left[a+b\left(\frac{y}{x}\right)^3\right]=x^3g\left(\frac{y}{x}\right)$$

(4)의 ②식은

$$z=x^3\left[a+b\left(\frac{y}{x}\right)+c\left(\frac{y}{x}\right)^2+d\left(\frac{y}{x}\right)^4\right]=x^3h\left(\frac{y}{x}\right)$$

으로 변형되므로 임의함수관계 (3)식의 특별한 경우이다. 따라서 (1)식의 일반해는 임의상수의 표현에 따라서 상미분방정식의 경우보다 더 여러 가지 해를 갖는다.

종속변수 z와 독립변수 x와 y를 포함하는 1계선형편미분방정식은

$$Pp+Qq=R \tag{5}$$

의 꼴을 한다. 여기서 P, Q, R은 x, y, z의 함수이다.

만일 (5)에서 $P=0$이거나 $Q=0$이면 쉽게 풀 수 있다. $Q=0$인 경우 편미분방정식 $\frac{\partial z}{\partial x}=2x+3y$는 x에 관하여 적분하여 일반해 $z=x^2+3xy+\phi(y)$를 얻는다(여기서 ϕ는 임의함수이다).

Langrange는 (5)식의 일반해를 구하는 문제를 상미분방정식으로 되는 다음 **특성방정식**

$$\frac{dx}{P}=\frac{dy}{Q}=\frac{dz}{R} \tag{6}$$

을 푸는 것으로 해결했다. 특성방정식 (6)식의 2개의 독립인 해를

$$u=u(x,\ y,\ z)=a\text{와 } v=v(x,\ y,\ z)=b \tag{7}$$

라고 할 때(a와 b는 임의상수), (5)의 일반해는

$$\phi(u,\ v)=0\ \ (\phi\text{: 임의함수}) \tag{8}$$

이고, u, v 중 적어도 하나는 z를 포함한다.

> **정리 14.2** $u=u(x,\ y,\ z)=a$와 $v=v(x,\ y,\ z)=b$가 $\frac{dy}{P}=\frac{dy}{Q}=\frac{dz}{R}$의 독립인 해일 때 $Pp+Qq=R$의 일반해는 $\phi(u,\ v)=0$이다. 단, $\phi(u,\ v)$는 u, v의 임의함수이고, P, Q, R은 x, y, z의 기지함수이다.

증명 $\phi(u,\ v)=0$을 x와 y에 관하여 미분하면

$$\frac{\partial\phi}{\partial u}\left(\frac{\partial u}{\partial x}+\frac{\partial u}{\partial z}p\right)+\frac{\partial\phi}{\partial v}\left(\frac{\partial v}{\partial x}+\frac{\partial v}{\partial z}p\right)=0$$

$$\frac{\partial\phi}{\partial u}\left(\frac{\partial u}{\partial y}+\frac{\partial u}{\partial z}q\right)+\frac{\partial\phi}{\partial v}\left(\frac{\partial v}{\partial y}+\frac{\partial v}{\partial z}q\right)=0$$

이 두식에서 $\frac{\partial\phi}{\partial y}$, $\frac{\partial\phi}{\partial v}$를 소거하면

$$\begin{vmatrix} \frac{\partial u}{\partial x}+\frac{\partial u}{\partial z}p & \frac{\partial v}{\partial x}+\frac{\partial v}{\partial z}p \\ \frac{\partial u}{\partial y}+\frac{\partial u}{\partial z}q & \frac{\partial v}{\partial y}+\frac{\partial v}{\partial z}q \end{vmatrix}=0$$

이 행렬식을 전개하면

$$\frac{\partial u}{\partial x}\frac{\partial v}{\partial y}-\frac{\partial u}{\partial y}\frac{\partial v}{\partial x}+p\left(\frac{\partial u}{\partial z}\frac{\partial v}{\partial y}-\frac{\partial u}{\partial y}\frac{\partial v}{\partial z}\right)+q\left(\frac{\partial u}{\partial x}\frac{\partial v}{\partial z}-\frac{\partial u}{\partial z}\frac{\partial v}{\partial x}\right)=0$$

이 관계식을 Jacobian기호를 써서 나타내면

$$p\frac{\partial(u,\ v)}{\partial(y,\ z)}+q\frac{\partial(u,\ v)}{\partial(z,\ x)}=\frac{\partial(u,\ v)}{\partial(x,\ y)}\text{에서 } pP+qQ=R$$

한편 $u=a$와 $v=b$의 미분을 취하면

$$\frac{\partial u}{\partial x}dx+\frac{\partial u}{\partial y}dy+\frac{\partial u}{\partial z}dz=0,\ \frac{\partial v}{\partial x}dx+\frac{\partial v}{\partial y}dy+\frac{\partial v}{\partial z}dz=0$$

u, v가 독립인 함수이므로, 다음 관계를 얻는다.

$$\begin{aligned} dx : dy : dz &= \left(\frac{\partial u}{\partial y}\frac{\partial v}{\partial z}-\frac{\partial u}{\partial z}\frac{\partial v}{\partial y}\right) : \left(\frac{\partial u}{\partial z}\frac{\partial v}{\partial x}-\frac{\partial u}{\partial x}\frac{\partial v}{\partial z}\right) : \left(\frac{\partial u}{\partial x}\frac{\partial v}{\partial y}-\frac{\partial u}{\partial y}\frac{\partial v}{\partial x}\right) \\ &= \frac{\partial(u,\ v)}{\partial(y,\ z)} : \frac{\partial(u,\ v)}{\partial(z,\ x)} : \frac{\partial(u,\ v)}{\partial(x,\ y)} = P : Q : R \end{aligned}$$

따라서 $\frac{dx}{P}=\frac{dy}{Q}=\frac{dz}{R}$의 1차독립인 해 $u=a$, $v=b$를 구하면 $\phi(u,\ v)=0$은 $Pp+Qq=R$의 일반해가 된다. ■

예제 1 방정식 $px+qy=3z$의 일반해를 구하라.

풀이 특성방정식은 다음과 같다.

$$\frac{dx}{x}=\frac{dy}{y}=\frac{dz}{3z}$$

$\frac{dx}{x}=\frac{dz}{3z}$에서 $u=\frac{z}{x^3}=a$를 얻고, $\frac{dx}{x}=\frac{dy}{y}$에서 $v=\frac{y}{x}=b$를 얻으므로 일반해는 $\phi=\left(\frac{z}{x^3},\ \frac{y}{x}\right)=0$이다(여기서 ϕ는 임의함수이다).

또는 $\frac{dy}{y}=\frac{dz}{3z}$에서 $u=\frac{z}{y^3}=c$를 얻으므로 $v=\frac{z}{y^3}=c$에서 일반해는

$$\psi(u,\ v)=\psi\left(\frac{z}{x^3},\ \frac{z}{y^3}\right)=0$$

□

예제 2 $(y-z)p+(z-x)q=x-y$를 풀어라.

풀이 특성방정식 $\frac{dx}{y-z}=\frac{dy}{z-x}=\frac{dz}{x-y}$에서

$$dx+dy+dz=0,\ xdx+ydy+zdz=0$$

을 얻고, 적분하여

$$x+y+z=c_1,\ x^2+y^2+z^2=c_2$$

따라서 구하는 일반해는 $\phi(x+y+z,\ x^2+y^2+z^2)=0$이다. □

결국 1계선형편미분방정식 (5)식의 일반해를 구하려면 연립방정식 (6)식에서 그의 해를 (7)식의 형식으로 구하고, 일반해를 (8)식의 형식으로써 나타낸다.

예제 3 $p+q=0$을 풀어라.

풀이 준편미분방정식의 특성방정식은

$$\frac{dx}{1}=\frac{dy}{1}=\frac{dz}{0}\text{에서 } dx=dy,\ dz=0$$

이고, 이것의 두 개의 해는

$$v=x-y=c_1,\ u=z=c_2$$

이므로 주어진 편미분방정식의 일반해는 $f(x-y,\ z)=0$이다.

다른 임의함수 g를 써서 구하는 해를 $z=g(x-y)$의 형으로 쓸 수도 있다. □

예제 4 $(1+y^2+z^2)\dfrac{\partial z}{\partial x}+\dfrac{\partial z}{\partial y}=1$을 풀어라.

풀이 준편미분방정식의 특성방정식은

$$\frac{dx}{1+y^2+z^2}=dy=dz\ \cdots\ ①$$

이고, $dy=dz$로부터 얻는 해는

$$z-y=c_1$$

이고, 이것을 ①식에 대입하여

$$\frac{dx}{1+y^2+(c_1+y)^2}=dy\text{에서 } dx-\{1+y^2+(c_1+y)^2\}dy=0$$

적분하여

$$x-y-\frac{1}{3}y^3-\frac{1}{3}(c_1+y)^3=c_2$$

$c_1=z-y$이므로, c_1을 소거하면 둘째 해는

$$x-y-\frac{1}{3}y^3-\frac{1}{3}z^3=c_2$$

따라서 주어진 편미분방정식의 일반해는

$$f\left(z-y,\ x-y-\frac{1}{3}y^3-\frac{1}{3}z^3\right)=0$$

□

예제 5 $(y-z)p+(x-y)q=z-x$의 일반해를 구하여라.

풀이 특성방정식 $\dfrac{dx}{y-z}=\dfrac{dy}{x-y}=\dfrac{dz}{z-x}$의 분모의 합은 $(y-z)+(x-y)+(z-x)=0$ 이므로, 분자의 합은 $dx+dy+dz=0$이 되어, $x+y+z=a$를 얻는다.
특성방정식의 각 항의 분자, 분모에, 첫째항에는 x, 둘째항에는 y, 셋째항에는 z을 곱하여 분모의 합을 구하면

$$x(y-z)+y(z-x)+z(x-y)=0$$

분자의 합에서 $xdx+xdy+zdz=0$이어야 하므로 $x^2+y^2+z^2=b$를 얻는다.
따라서 일반해는 $\phi(x^2+y^2+z^2,\ x+y+z)=0$ □

[2] 완 전 해

만일 $u=a$와 $v=b$가 특성방정식 $\dfrac{dx}{P}=\dfrac{dy}{Q}=\dfrac{dz}{R}$의 2개의 독립인 해이고, α, β가 임의상수이면, 1계편미분방정식 $Pp+Qq=R$의 완전해는

$$u=\alpha v+\beta \tag{9}$$

의 꼴로 주어진다. [1]의 방정식 $px+qy=3z$에서 보조방정식의 두 해가 $u=\dfrac{z}{x^3}$, $v=\dfrac{y}{x}$이므로 완전해는 다음과 같다.

$$\frac{z}{x^3}=\alpha\left(\frac{y}{x}\right)+\beta$$

1계선형편미분방정식의 완전해 (9)식은 임의상수에 관하여 1차식으로 되어 있다.

예제 6 $2p+3q=1$의 일반해와 완전해를 구하라.

풀이 특성방정식은 다음과 같다.

$$\frac{dx}{2}=\frac{dy}{3}=\frac{dz}{1}$$

$\dfrac{dx}{2}=\dfrac{dz}{1}$에서 $x-2z=a$, $\dfrac{dx}{2}=\dfrac{dy}{3}$에서 $3x-2y=b$이므로 일반해는

$$\phi(x-2z,\ 3x-2y)=0$$

이고, 완전해는 $x-2z=\alpha(3x-2y)+\beta$이다. □

완전해는 일반해의 특수한 경우이다.

예제 7 $(x^2-y^2-z^2)p+2xyq=2xz$의 일반해와 완전해를 구하라.

풀이 특성방정식은

$$\frac{dx}{x^2-y^2-z^2}=\frac{dy}{2xy}=\frac{dz}{2xz}$$

이고, $\frac{dy}{2xy}=\frac{dz}{2xz}$에서 $\frac{dy}{y}=\frac{dz}{z}$이므로, 해는 $\frac{y}{z}=a$

$$\frac{dz}{2xz}=\frac{xdx+ydy+zdz}{x(x^2-y^2-z^2)+y(2xy)+z(2xz)}=\frac{xdx+ydy+zdz}{x(x^2+y^2+z^2)}$$

또는

$$\frac{dz}{z}=\frac{2(xdx+ydy+zdz)}{x^2+y^2+z^2}\text{에서 }\frac{x^2+y^2+z^2}{z}=b$$

따라서 일반해는

$$\phi\left(\frac{y}{z},\ \frac{x^2+y^2+z^2}{z}\right)=0$$

완전해는 $$x^2+y^2+z^n=\alpha\left(\frac{y}{x}\right)+\beta$$ □

② 1계비선형편미분방정식

1계비선형미분방정식

$$f(x,\ y,\ z,\ p,\ q)=0 \tag{10}$$

이

$$g(x,\ y,\ z,\ a,\ b)=0 \tag{11}$$

에서 임의상수 a, b를 소거하여 유도된 것일 때, (11)은 (10)의 **완전해**이다.

이 완전해는 2개의 매개변수로 나타낸 곡면족을 나타내며, 이것은 포락면을 가질 수도 있고, 안 가질 수도 있다. 만일 포락면을 가지는 경우는 포락면을 구하기 위하여

$$g=0,\ \frac{\partial g}{\partial a}=0,\ \frac{\partial g}{\partial b}=0$$

에서 a와 b를 소거하면 얻는다.

소거한 식

$$\phi(x,\ y,\ z)=0 \tag{12}$$

이 (10)을 만족하면, 이것은 (10)의 **특이해**이다. 만일

$$\phi(x,\ y,\ z)=\xi(x,\ y,\ z)\cdot\eta(x,\ y,\ z)$$

이고, $\xi=0$이 (10)식을 만족하고 $\eta=0$이 (10)식을 만족하지 않을 때, $\xi=0$은 특이해이다. 상미분방정식의 경우에서와 같이 특이해는

$$f=0,\ \frac{\partial f}{\partial p}=0,\ \frac{\partial f}{\partial q}=0$$

에서 p와 q를 소거하여도 얻을 수 있다.

예제 8 $z=ax+by-(a^2+b^2)$은 방정식 $z=px+qy-(p^2+q^2)$의 완전해이다. 특이해를 구하라.

풀이

$$g=z-ax-by+a^2+b^2=0,\ \frac{\partial g}{\partial a}=-x+2a=0,\ \frac{\partial g}{\partial b}=-y+2b=0$$

이들 3식에서 a와 b를 소거하면 $z=\frac{1}{2}x^2+\frac{1}{2}y^2-\frac{1}{4}(x^2+y^2)=\frac{1}{4}(x^2+y^2)$을 얻는다.

이것은 준편미분방정식을 만족하므로 특이해이고, 그의 포락면은 $x^2+y^2=4z$이다. □

연습문제 (14.2)

1. 다음 편미분방정식의 일반해를 구하라.
   - (1) $p+q=z$
   - (2) $3p+4q=2$
   - (3) $yq-xp=z$
   - (4) $xzp+yzp=xy$
   - (5) $x^2p+y^2q=z^2$
   - (6) $yp-xq+x^2-y^2=0$
   - (7) $yzp-xzp=xy$
   - (8) $zp+yp=x$
   - (9) $x(y-z)p+y(z-x)q=z(x-y)$

2. $y^2zp-x^2zq=x^2y$의 일반해와 완전해를 구하라.

3. $p^2+q^2=9$의 완전해는 $z=ax+\sqrt{9-a^2}\,y+b$이다. 특이해가 있으면 구하라.

4. $z^2(p^2+q^2+1)=1$의 완전해는 $(1+a^2)(1-z^2)=(x+dy+b)^2$이다. 특이해가 $z=\pm1$임을 밝혀라.

14.3 상수계수의 선형편미분방정식

1 제차 선형편미분방정식

[1] 동차선형편미분방정식

응용에서 많이 나오는 상수계수를 가진 선형편미분방정식은

$$a_0\frac{\partial^n z}{\partial x^n}+a_1\frac{\partial^n z}{\partial x^{n-1}\partial y}+a_2\frac{\partial^n z}{\partial x^{n-2}\partial y^2}+\cdots+a_{n-1}\frac{\partial^n z}{\partial x\partial y^{n-1}}+a_n\frac{\partial^n z}{\partial y^n}=g(x,\ y) \tag{1}$$

의 형식을 갖는다. 이러한 방정식을 **동차선형편미분방정식**이라 한다. 그 이유는 이 방정식이 모두 n차의 편도함수만을 포함하고 있기 때문이다.

동차선형편미분방정식

$$A\frac{\partial z}{\partial x}+B\frac{\partial z}{\partial y}=0 \tag{2}$$

$$A\frac{\partial^2 z}{\partial x^2}+B\frac{\partial^2 z}{\partial x\partial y}+C\frac{\partial^2 z}{\partial y^2}=0 \tag{3}$$

$$A\frac{\partial^2 z}{\partial x^2}+B\frac{\partial^2 z}{\partial x\partial y}+C\frac{\partial^2 z}{\partial y^2}=x+2y \tag{4}$$

를 살펴보자. 여기서 A, B, C는 실상수이다.

연산자 $D_x=\dfrac{\partial}{\partial x}$와 $D_y=\dfrac{\partial}{\partial y}$를 사용하면 (2), (3), (4)는

$$(AD_x+BD_y)z=0 \tag{2$'$}$$

$$(AD_x^2+BD_xD_y+CD_y^2)z=0 \tag{3$'$}$$

$$(AD_x^2+BD_xD_y+CD_y^2)z=x+2y \tag{4$'$}$$

로 나타내진다.

방정식 (2)$'$식은 1계편미분방정식이고, 앞 절의 방법으로 풀면 일반해는

$$z=\phi\left(y-\frac{B}{A}x\right)\ (\phi\text{는 임의})$$

이고, (3)식의 해를 $z=\phi(y+mx)=\phi(u)$ (ϕ는 임의)라면, $u=y+mx$이므로

$$D_x z=\frac{\partial z}{\partial x}=\frac{\partial\phi}{\partial u}\frac{\partial u}{\partial x}=m\frac{d\phi}{du},\ D_y z=\frac{\partial z}{\partial y}=\frac{\partial\phi}{\partial u}\frac{\partial u}{\partial y}=\frac{\partial\phi}{\partial u}$$

$$D_x^2 z=m^2\frac{\partial^2\phi}{\partial u^2},\ D_x D_y z=m\frac{\partial^2\phi}{\partial u^2},\ D_y^2 z=\frac{\partial^2\phi}{\partial u^2}$$

이들 식을 (3)′식에 대입하면

$$\frac{d^2\phi}{du^2}(Am^2+Bm+C)=0$$

여기서 ϕ는 임의함수이므로 $\frac{d^2\phi}{du^2}$는 항등적으로 0이 아니다. 따라서 $Am^2+Bm+C=0$의 근을 m_1, m_2라 할 때, $m_1 \neq m_2$이면 $z=\phi_1(y+m_1x)$와 $z=\phi_2(y+m_2x)$는 방정식 (3)′의 서로 다른 해이다. 따라서

$$z=\phi_1(y+m_1x)+\phi_2(y+m_2x) \tag{5}$$

는 또한 하나의 해이고, 이것은 2개의 임의함수를 포함하므로 일반해이다.

일반적으로

$$f(D_x,\ D_y)z=(D_x-m_1D_y)(D_x-m_2D_y)\cdots(D_x-m_nD_y)z=0 \tag{6}$$

이고, m_1, m_2, $\cdots$, m_n이 서로 다르면,

$$z=\phi_1(y+m_1x)+\phi_2(y+m_2x)+\cdots+\phi_n(y+m_nx) \tag{7}$$

는 $f(D_x,\ D_y)z=0$의 일반해이다.

예제 1 $(D_x{}^2-D_xD_y-6D_y{}^2)z=(D_x+2D_y)(D_x-3D_y)z$을 풀어라.

풀이 여기서 $m_1=-2$, $m_2=3$이므로 일반해는

$$y=\phi_1(y-2x)+\phi_2(y+3x)$$ ❑

다음은 (6)식에서 같은 인수가 있는 경우를 생각하자. 예를 들면

$$(D_x-mD_y)^2z=0 \ \cdots \ ①$$

에서 m은 보조방정식의 중근이다. 이 경우

$$v=(D_x-mD_y)z \ \cdots \ ②$$

라고 놓으면 ①식은

$$(D-mD)v=0\text{에서 } v=\phi_1(y+mx)$$

이것을 ②식에 대입하면

$$(D_x-mD_y)z=\phi_1(y+mx)\text{에서 } p-mq=\phi_1(y+mx)$$

이 방정식의 해를 구하기 위하여 특성방정식

$$dx=-\frac{dy}{m}=\frac{dz}{\phi_1(y+mx)}$$

의 첫 식 $dx=-\frac{dy}{m}$에서 $y+mx=c_1$을 얻고, 이 식을 끝 식에 대입한 $\frac{dz}{\phi_1(c_1)}=dx$에서

$$\frac{z}{\phi_1(c_1)}-x=B\text{이므로 }\frac{z}{\phi_1(y+mx)}-x=B$$

따라서 ①의 일반해는

$$\frac{z}{\phi_1(y+mx)}-x=\phi(y+mx)\text{ 또는 }z=x\phi_1(y+mx)+\phi_2(y+mx)$$

마찬가지로, m이 보조방정식의 r중근이 되는 편미분방정식

$$(D_x-mD_y)^r z=0$$

의 일반해는

$$z=\phi_1(y+mx)+x\phi_2(y+mx)+\cdots+x^{r-1}\phi_r(y+mx)$$

가 됨을 알 수 있다.

그러므로 $m_1=m_2=\cdots=m_k\neq m_{k+1}\neq\cdots\neq m_n$이면 편미분방정식

$$f(D_x,\ D_y)z=(D_x-m_1D_y)^k(D_x-m_{k+1}D_y)\cdots(D_x-m_nD_y)z=0$$

에서 m_1이 보조방정식의 k중근이라면 대응하는 부분해가

$$z=\phi_1(y+m_1x)+x\phi_2(y+m_1x)+x^2\phi_3(y+m_1x)+\cdots+x^{k-1}\phi_k(y+m_1x)$$

이므로, 일반해는

$$\begin{aligned}z=&\phi_1(y+m_1x)+x\phi_2(y+m_1x)+\cdots+x^{k-1}\phi_k(y+m_1x)\\&+\phi_{k+1}(y+m_{k+1}x)+\cdots+\phi_n(y+m_nx)\end{aligned}$$

여기서 $\phi_1,\ \phi_2,\ \cdots,\ \phi_n$은 임의함수이다.

예제 2 $(D_x^3-D_x^2D_y-8D_xD_y^2+12D_y^3)z=(D_x-2D_y)^2(D_x+3D_y)z=0$을 풀어라.

풀이 여기서 $m_1=m_2=2,\ m_3=-3$이므로 일반해는 다음과 같다.

$$z=\phi(y+2x)+x\phi(y+2x)+\phi(y-3x)$$

□

[2] 비동차형의 편미분방정식

상수계수의 제차선형미분방정식

$$f(D_x,\ D_y)z=0$$

에서 $f(D_x,\ D_y)z$이 동차식이 아닌 편미분방정식의 해법을 다음 보기에서 살펴보자.

(A) $(\alpha_1 D_x+\beta_1 D_y+\gamma_1)(\alpha_2 D_x+\beta_2 D_y+\gamma_2)z=0$의 해법

$$(\alpha_1 D_x+\beta_1 D_y+\gamma_1)z=0 \text{ 및 } (\alpha_2 D_x+\beta_2 D_y+\gamma_2)z=0 \tag{8}$$

의 해는 준 편미분방정식의 해가 된다. 첫째 방정식을 풀어보자.

$$\alpha_1\frac{\partial z}{\partial x}+\beta_1\frac{\partial z}{\partial y}=-\gamma_1 z \tag{9}$$

는 1계편미분방정식이고, 이것의 특성방정식은 다음과 같다.

$$\frac{dx}{\alpha_1}=\frac{dy}{\beta_1}=\frac{dz}{-\gamma_1 z}$$

(i) $\alpha_1\neq 0$일 때

$$\frac{dx}{\alpha_1}=\frac{dy}{\beta_1}\text{에서 } \alpha_1 y-\beta_1 x=c_1$$

$$\frac{dx}{\alpha_1}=\frac{dz}{-\gamma_1 z}\text{에서 } \frac{x}{\alpha_1}+\frac{1}{\gamma_1}\log z=\log c_2 \quad \therefore\ ze^{\frac{\gamma_1}{\alpha_1}x}=c_2$$

따라서 (9)의 일반해는

$$ze^{\frac{\gamma_1}{\alpha_1}x}=f_1(\alpha_1 y-\beta_1 x) \text{ 또는 } z=e^{-\frac{\gamma_1}{\alpha_1}x}f_1(\alpha_1 y-\beta_1 x)$$

(ii) $\alpha=0$이면 (9)는

$$\beta_1\frac{\partial z}{\partial y}=-\gamma_1 z \text{ 또는 } \frac{1}{z}\frac{\partial z}{\partial y}=-\frac{\gamma_1}{\beta_1}\text{에서 } \frac{dz}{z}=-\frac{r_1}{\beta_1}dy$$

이므로 일반해는

$$\log z=-\frac{\gamma_1}{\beta_1}y+\log f_1(x) \quad \therefore\ z=e^{-\frac{\gamma_1}{\beta_1}y}f_1(x)$$

둘째 방정식 $(\alpha_2 D_x+\beta_2 D_y+\gamma_2)=0$도 마찬가지로 풀면 다음과 같다.

(iii) $\alpha_2\neq 0$일 때 $z=e^{-\frac{\gamma_2}{\alpha_2}}xf_2(\alpha_2 y-\beta_2 x)$

(vi) $\alpha_2=0$일 때 $z=e^{-\frac{\gamma_2}{\alpha_2}y}f_2(x)$

따라서 주어진 2계편미분방정식의 일반해는 다음과 같다.

$$\alpha_1 \neq 0,\ \alpha_2 \neq 0 \text{일 때 } z = e^{-\frac{\gamma_1}{\alpha_1}x} f_1(\alpha_1 y - \beta_1 x) + e^{-\frac{\gamma_2}{\alpha_2}x} f_2(\alpha_2 y - \beta_2 x)$$

$$\alpha_1 = 0,\ \alpha_2 \neq 0 \text{일 때 } z = e^{-\frac{\gamma_1}{\beta_1}x} f_1(x) + e^{-\frac{\gamma_2}{\alpha_2}x} f_2(\alpha_2 y - \beta_2 x)$$

$$\alpha_1 \neq 0,\ \alpha_2 = 0 \text{일 때 } z = e^{-\frac{\gamma_1}{\alpha_1}x} f_1(\alpha_1 y - \beta_1 x) + e^{-\frac{\gamma_2}{\beta_2}x} f_2(x)$$

$$\alpha_1 = 0,\ \alpha_2 = 0 \text{일 때 } z = e^{-\frac{\gamma_1}{\beta_1}y} f_1(x) + e^{-\frac{\gamma_2}{\beta_2}y} f_2(x)$$

□

(B) $(\alpha D_x + \beta D_y + \gamma)^2 z = 0$의 해법

$$(\alpha D_x + \beta D_y + \gamma) z = u$$

이라면, 준 편미분방정식은

$$(\alpha D_x + \beta D_y + \gamma) u = 0$$

이 방정식의 일반해는 앞 예제에서

$$u = \begin{cases} e^{-\frac{\gamma}{\alpha}y} f_1(\alpha y - \beta x) & (\alpha \neq 0) \\ e^{-\frac{\gamma}{\beta}y} f_1(x) & (\alpha = 0) \end{cases}$$

이므로, 준 편미분방정식은

$$\alpha \frac{\partial z}{\partial x} + \beta \frac{\partial z}{\partial y} = -\gamma z + e^{-\frac{\gamma}{\alpha}x} f_1(\alpha y - \beta x) \quad (\alpha \neq 0) \tag{10}$$

$$\beta \frac{\partial z}{\partial y} = -\gamma z + e^{-\frac{\gamma}{\beta}y} f_1(x) \quad (\alpha = 0) \tag{11}$$

을 각각 풀면 된다. (10)식의 특성방정식은

$$\frac{dx}{\alpha} = \frac{dy}{\beta} = \frac{dz}{-\gamma z + e^{-\frac{\gamma}{\alpha}y} f_1(\alpha y - \beta x)}$$

(i) $\dfrac{dx}{\alpha} = \dfrac{dy}{\beta}$에서 $\alpha y - \beta x = c_1$ (12)

(ii) $\dfrac{dx}{\alpha} = \dfrac{dz}{-\gamma z + e^{-\frac{\gamma}{\alpha}y} f_1(\alpha y - \beta x)} = \dfrac{dz}{-\gamma z + e^{-\frac{\gamma}{\alpha}y} f_1(c_1)}$에서

$$\frac{dz}{dx} + \frac{\gamma}{\alpha} z = \frac{1}{\alpha}^{-\frac{\gamma}{\alpha}x} f_1(c_1)$$

을 얻고, 이것을 풀어서

$$ze^{\frac{\gamma}{\alpha}x}=\frac{x}{\alpha}f_1(c_1)+c_2=\frac{x}{\alpha}f_1(\alpha y-\beta x)+c_2 \tag{13}$$

따라서 (13)식에서 일반해는

$$z=e^{-\frac{\gamma}{\alpha}x}\left\{\frac{x}{\alpha}f_1(\alpha y-\beta x)+f_2(\alpha y-\beta x)\right\}$$

또는

$$z=e^{-\frac{\gamma}{\alpha}x}\{xf_1(\alpha y-\beta x)+f_2(\alpha y-\beta x)\} \tag{14}$$

(11)식의 특성방정식은

$$\frac{dx}{0}=\frac{dy}{\beta}=\frac{dz}{-\gamma z+e^{-\frac{\gamma}{\beta}y}f_1(x)}$$

$dx=0$에서 $x=c_1$

$$\frac{dy}{\beta}=\frac{dz}{-\gamma z+e^{-\frac{\gamma}{\beta}y}f_1(x)}=\frac{dz}{-\gamma z+e^{-\frac{\gamma}{\beta}y}f_1(c_1)}$$

에서 다음 상미분방정식을 얻는다.

$$\frac{dz}{dy}+\frac{\gamma}{\beta}z=\frac{15<}{\beta}e^{-\frac{\gamma}{\beta}y}f_1(c_1)$$

적분하면 $$ze^{\frac{\gamma}{\beta}y}=\frac{y}{\beta}f_1(c_1)+c_2=\frac{y}{\beta}f_1(x)+c_2 \tag{15}$$

따라서 (11)식의 일반해는 (14)식, (15)식에서

$$z=e^{-\frac{\gamma}{\beta}y}\left\{\frac{y}{\beta}f_1(x)+f_2(x)\right\} \text{ 또는 } z=e^{-\frac{\gamma}{\beta}y}\{yf_1(x)+f_2(x)\}$$

일반적으로 $(\alpha D_x+\beta D_y+\gamma)^n z=0$의 일반해는 다음과 같다.

$$z=\begin{cases} e^{-\frac{\gamma}{\beta}x}[f_1(\alpha y-\beta x)+xf_2(\alpha f-\beta x)+\cdots+x^{n-1}f_n(\alpha y-\beta x)] \ (\alpha\neq 0) \\ e^{-\frac{\gamma}{\alpha}y}[f_1(x)+yf_2(x)+\cdots+y^{n-1}f_n(x)] \ (\alpha=0) \end{cases} \tag{16}$$

2 비제차 상수계수의 선형편미분방정식

편미분방정식의 일반해도 어떤 특수적분과 하나의 여함수의 합으로서 된다.

이절에서는 특수적분을 구하는 방법을 생각한다. 상미분방정식에서와 같이 연산자를 사용할 때, 방정식

$$f(D_x,\ D_y)z=g(x,\ y) \tag{17}$$

의 꼴이 되고, 특수적분을

$$\frac{1}{f(D_x,\ D_y)}g(x,\ y) \tag{18}$$

로 표시한다. 연산자 D_x, D_y는 상미분방정식에서와 같이 다음 법칙을 따른다.

(I) 분배법칙을 만족한다.

(II) 이들 상호간 또는 상수와 가환적이다.

(III) 이들은 지수법칙을 만족한다.

위의 사실에서 $f(D_x,\ D_y)$가 어떤 순서로 인수분해가 되어도 $f(D_x,\ D_y)g(x,\ y)$의 의미는 변하지 않는다. 이제 상미분방정식에서와 같이 연산자 $f(D_x,\ D_y)$가 인수분해되는 경우와 $\dfrac{1}{f(D_x,\ D_y)}$이 부분분수로 분해될 경우를 생각하자.

먼저 1계선형편미분방정식

$$(D_x-aD_y)z=g(x,\ y),\ \text{즉}\ \frac{dz}{dx}-a\frac{dz}{dy}=g(x,\ y) \tag{19}$$

의 특수적분 $\dfrac{1}{D_x-aD_y}g(x,\ y)$를 구해보자. (19)의 특성방정식은

$$dx=\frac{dy}{-a}=\frac{dz}{g(x,\ y)} \tag{20}$$

이고, (20)의 한 적분 $y+ax=A$에 의하여 둘째 적분은 $dz=g(x,\ A-ax)dx$를 적분하여 z를 구할 수 있으므로, 공식

$$\frac{1}{D_x-aD_y}g(x,\ y)=\int g(x,\ A-ax)dx \tag{21}$$

를 얻는다. 이것을 적분한 뒤에 A 대신 $y+ax$를 대입하므로 특수적분을 얻는다.

예제 3 $(D_x+D_y)(D_x-3D_y)z=ye^x$을 풀어라.

풀이 $(D_x+D_y)z=\dfrac{1}{(D_x-3D_y)}ye^x$에서

$$\frac{1}{(D_x-3D_y)}ye^x=\int(A-3x)e^xdx=(A+3)e^x-3xe^x$$

A 대신에 $y+3x$를 대입하면 우변은 $(y+3)e^x$이 되므로

$$z=\frac{1}{D_x+D_y}(y+3)e^x=\int(A+x+3)e^xdx=(A+2)e^x+xe^x$$

A 대신에 $y-x$를 대입하여 구하는 특수적분은 $(y+2)e^x$이다.

여함수는 $z=\phi(y-x)+\phi_2(y+3x)$이므로 일반해는

$$z=(y+2)e^x+\phi_1(y-x)+\phi_2(y+3x)$$

□

[별해] 역연산자를 부분분수로 분해하여 각각에 공식 (21)을 이용한다.

$$\frac{1}{(D_x+D_y)(D_x-3D_y)}ye^x=\frac{1}{4D_x}\left(\frac{1}{D_x+D_y}+\frac{3}{D_x-3D_y}\right)ye^x$$

따라서 구하는 특수적분은

$$z=\frac{1}{4D_x}(y-1+3y+9)e^x=\frac{1}{D_x}(y+2)e^x=(y+2)e^x$$

예제 4 $(D_x{}^2-D_xD_y-6D_y{}^2)z=(D_x+2D_y)(D_x-3D_y)z=x+y$를 풀어라.

풀이 여함수는 $z=\phi_1(y-2x)+\phi_2(y+3x)$이다. 특수적분은 다음 식에서 구한다.

$$z=\frac{1}{D_x+2D_y}\left[\frac{1}{D_x-3D_y}(x+y)\right]$$

(a) $u=\dfrac{1}{D_x-3D_y}(x+y)$에서 u를 구한다.

$u=\int(x+a-3x)dx=ax-x^2$에서 a에 $y+3x$를 대입하여

$u=xy+2x^2$을 얻는다.

(b) $z=\dfrac{1}{D_x+2D_y}u=\dfrac{1}{D_x+2D_y}(xy+2x^2)=\int[x(a+2x)+2x^2]dx=\dfrac{1}{2}ax^2+\dfrac{4}{3}x^3$

a에 $y-2x$를 대입하여 특수적분 $z=\dfrac{1}{2}x^2y+\dfrac{1}{3}x^3$을 얻는다. 따라서 일반해는

$$z=\phi_1(y-2x)+\phi_2(y+3x)+\frac{1}{2}x^2y+\frac{1}{3}x^3$$ □

예제 5 다음 방정식의 특수적분을 구하라.

(1) $p+3q=\cos(2x+y)$ (2) $p-2q=(y+1)e^{3x}$

풀이 (1) $m=-3$이고, $g(x,\ y)=\cos(2x+y)$이므로

$$z=\int g(x,\ a-mx)dx=\int\cos(2x+a+3x)dx=\frac{1}{5}\sin(5x+a)$$

a에 $y-3x$를 대입한다. 구하는 특수적분은 $z=\dfrac{1}{5}\sin(2x+y)$

(2) $z=\int g(x,\ a-mx)dx=\int(a-2x+1)e^{3x}dx=\dfrac{1}{3}(a+1)e^{3x}-\dfrac{2}{3}xe^{3x}+\dfrac{2}{9}e^{3x}$

a에 $y+2x$를 대입하여

$$z=\frac{1}{3}(y+2x+1)e^{3x}-\frac{2}{3}xe^{3x}+\frac{2}{9}e^{3x}=\frac{1}{3}\left(y+\frac{5}{3}\right)e^{3x}$$ □

3 특수적분을 구하는 간단한 방법

[1] $g(x, y)$가 $g(ax+by)$인 형일 때

편미분방정식에서도 특수적분을 구하는 간단한 방법이 있다.

$$D_x g(ax+by)=ag'(ax+by),\ D_y g(ax+by)=bg'(ax+by)$$
$$D_x^2 g(ax+by)=a^2 g''(ax+by),\ D_x D_y g(ax+by)=abg''(ax+by)$$
$$D_y^2 g(ax+by)=b^2 g''(ax+by),\ \cdots$$

일반적으로 $f(D_x, D_y)$가 D_x, D_y에 관한 n차동차식이면

$$f(D_x, D_y)g(ax+by)=f(a, b)g^{(n)}(ax+by) \tag{22}$$

$$\therefore\ g(ax+by)=\frac{1}{f(D_x, D_y)}f(a, b)g^{(n)}(ax+by)$$

$f(a, b)\neq 0$이면

$$\boxed{\frac{1}{f(D_x, D_y)}g^{(n)}(ax+by)=\frac{1}{f(a, b)}g(ax+by)} \tag{23}$$

여기서 $g^{(n)}$을 G라고 놓으면

$$\frac{1}{f(D_x, D_y)}G(ax+by)=\frac{1}{f(a, b)}\int\int\cdots\int G(ax+by)[d(ax+by)]^n$$

$f(a, b)=0$일 때는 다음과 같은 방법으로 풀어야한다.

$$(D_x-aD_y)z=x^r g(y+ax),\ 즉\ \frac{\partial z}{\partial x}-a\frac{\partial z}{\partial y}=x^r g(y+ax)$$

의 해를 구해보자.

$f(D_x, D_y)=D_x-aD_y$에서 $f(0, 1)=0$이므로 공식 (23)을 이용할 수 없다.

특성방정식 $\dfrac{dx}{1}=\dfrac{dy}{-a}=\dfrac{dz}{x^r(y+ax)}$에서 $y+ax=c_1$,

$\dfrac{dx}{1}=\dfrac{dz}{c_1x^r}$에서 $z=\dfrac{c_1}{r+1}x^{r+1}=\dfrac{x^{r+1}}{r+1}g(y+ax)$

따라서 다음 공식을 얻는다.

$$\boxed{\frac{1}{D_x-aD_y}x^r g(y+ax)=\frac{x^{r+1}}{r+1}g(y+ax)} \tag{24}$$

일반화하면

$$\frac{1}{D_x-aD_y}g(y+ax)=\frac{1}{(D_x-aD_y)^{n-1}}xg(y+ax)=\cdots=\frac{x^n}{n!}g(y+ax)$$

이들 성질을 이용하면 다음 공식들이 얻어진다.

$$\frac{1}{f(D_x,\ D_y)}e^{ax+by}=\frac{1}{f(a,\ b)}e^{ax+by}\ (\text{단, } f(a,\ b)\neq 0) \tag{25}$$

만일 $f(a,\ b)=0$이면, $f(D_x,\ D_y)=\left(D_x-\frac{a}{b}D_y\right)^r g(D_x,\ D_y)$ (단, $g(a,\ b)\neq 0$)

이 경우는

$$\frac{1}{f(D_x,\ D_y)}e^{ax+by}=\frac{1}{\left(D_x-\frac{a}{b}D_y\right)^r}\frac{1}{g(D_x,\ D_y)}e^{ax+by}$$
$$=\frac{1}{g(a,\ b)}\frac{1}{\left(D_x-\frac{a}{b}D_y\right)^r}e^{ax+by}=\frac{1}{g(a,\ b)}\frac{x^r}{r!}e^{ax+by}$$

예제 6 다음 편미분방정식을 풀어라.

$$(D_x-D_y)(D_x-2D_y)z=e^{2x+3y}+e^{x+y}+\sin(x-2y)$$

풀이 $f(D_x,\ D_y)z=\sin(ax+by)$의 특수적분도 마찬가지로 구해진다.

$$D_x{}^2\sin(ax+by)=-a^2\sin(ax+by)$$
$$D_xD_y\sin(ax+by)=-ab\sin(ax+by)$$
$$D_x{}^2\sin(ax+by)=-b^2\sin(ax+by)$$

이므로

$$f(D_x{}^2,\ D_xD_y,\ D_y{}^2)\sin(ax+by)=f(-a^2,\ -ab,\ -b^2)\sin(ax+by)$$

$f(-a^2,\ -ab,\ -b^2)\neq 0$이면 다음 공식이 유도된다.

$$\frac{1}{f(D_x{}^2,\ D_xD_y,\ D_y{}^2)}\sin(ax+by)=\frac{1}{f(-a^2,\ -ab,\ -b^2)}\sin(ax+by) \tag{26}$$

마찬가지로 $f(D_x,\ D_y)z=\cos(ax+by)$의 특수적분도 $f(-a^2,\ -ab,\ -b^2)\neq 0$인 경우 다음 공식이 유도된다.

$$\frac{1}{f(D_x{}^2,\ D_xD_y,\ D_y{}^2)}\cos(ax+by)=\frac{1}{f(-a^2,\ -ab,\ -b^2)}\cos(ax+by) \tag{27}$$ □

특히 $g(x, y)$가 다항식으로 가령 $g(x, y)=\sum a_{ij}x^i y^j$이면 다음 예에서와 같은 방법이 사용된다(단, i, j는 양의 정수 또는 0이고, a_{ij}는 상수이다).

예제 7 $(D_x^2-D_xD_y-6D_y^2)z=x+y$의 특수적분을 구하라.

풀이

$$\frac{1}{D_x^2-D_xD_y+6D_y^2}(x+y)=\frac{1}{D_x^2}\frac{1}{1-\frac{D_y}{D_x}-6\frac{D_y^2}{D_x^2}}(x+y)$$

$$=\frac{1}{D_x^2}\left\{\left[1+\frac{D_y}{D_x}+\cdots\right](x+y)\right\}$$

$$=\frac{1}{D_x^2}\left(x+y+\frac{1}{D_x}\right)=\frac{1}{D_x^2}(x+y+x)$$

$$=\frac{1}{D_x^2}(2x+y)=\frac{1}{3}x^3+\frac{1}{2}x^2y$$ □

예제 8 $(D_x-2D_y)(D_x+4D_y)z=2x+3y$를 풀어라.

풀이 여함수는 $z=\phi_1(y+2x)+\phi_2(y-4x)$이다. 특수적분은 구하기 위하여

$$(D_x+4D_y)(D_x-2D_y)z=2x+3y\text{에서 } (D_x-D_y)z=u$$

라면, 준방정식은 $(D_x+4D_y)u=2x+3y$ 이므로

$$u=\int[2x+3(a+4x)]dx=\int(14x+3a)dx=\frac{1}{28}(2x+3y)^2$$

이고

$$u=(D_x-2D_y)z=\frac{1}{28}(2x+3y)^2\text{에서}$$

$$z=\frac{1}{28}\int[2x+3(a-2x)]^2dx=-\frac{1}{336}(3a-4x)^3=-\frac{1}{336}(2x+3y)^3$$

따라서 일반해는

$$z=\phi_1(y+2x)+\phi_2(y-4x)-\frac{1}{336}(2x+3y)^3$$ □

예제 9 $(D_x-2D_y)^2(D_x+3D_y)z=e^{2x+y}$을 풀어라.

풀이 여함수는 $z=\phi_1(y+2x)+x\phi_2(y+2x)+\phi_3(y-3x)$
특수적분

$$\frac{1}{(D_x-2D_y)(D_x-2D_y)(D_x+3D_y)}e^{2x+y}$$

으로 나타내지고, $(D_x+3D_y)u=e^{2x+y}$에서

$u=\frac{1}{5}e^{2x+y}$, $(D_x-2D_y)v=u=\frac{1}{5}^{2x+y}$에서

$$v=\frac{1}{5}\int e^{2x+(a-2x)}dx=\frac{1}{5}xe^a=\frac{1}{5}xe^{2x+y}$$

을 얻고, $(D_x-2D_y)z=v=\frac{1}{5}xe^{2x+y}$에서

$$z=\frac{1}{5}\int xe^{2x+(a-2x)}dx=\frac{1}{5}\int xe^a dx=\frac{1}{10}x^2e^a=\frac{1}{10}x^2e^{2x+y}$$

따라서 일반해는

$$z=\phi_1(y+2x)+x\phi_2(y+2x)+\phi_3(y-3x)+\frac{1}{10}x^2e^{2x+y}$$ □

예제 10 $D_x(D_x-2D_y)z=e^{2x}+x^3y$를 풀어라.

풀이 여함수는

$$z=\phi_1(y)+\phi_2(y+2x)$$

특수적분은

$$\frac{1}{D_x{}^2-2D_xD_y}e^{2x}+\frac{1}{D_x{}^2-2D_xD_y}x^3y$$

로 주어지고, 첫 항에서

$$\frac{1}{(2)^2-2(2)(0)}e^{2x}=\frac{1}{4}e^{2x}$$

둘째 항에서

$$\frac{1}{D^2}\frac{1}{1-2\frac{D_y}{D_x}}x^3y=\frac{1}{D_x{}^2}\left(1+2\frac{D_y}{D_x}+\cdots\right)x^3y=\frac{1}{D_x{}^2}\left(x^3y+\frac{2}{D_x}x^3\right)$$

$$=\frac{1}{D_x{}^2}\left(x^3y+\frac{1}{2}x^4\right)=\frac{x^5y}{20}+\frac{x^6}{60}$$

일반해는

$$z=\phi_1(y)+\phi_2(y+2x)+\frac{1}{4}e^{2x}+\frac{x^5y}{20}+\frac{x^6}{60}$$ □

예제 11 다음 편미분방정식을 풀어라.

$$(D_x+D_y)(D_x+2D_y)(D_x-3D_y)z=\sin(x+2y)+e^{3x+y}$$

풀이 여함수는 $z=\phi_1(y-x)+\phi_2(y-2x)+\phi_3(y+3x)$이고, 특수적분은

$$\frac{1}{(D_x+D_y)(D_x^2-D_xD_y-6D_y^2)}\sin(x+2y)+\frac{1}{(D_x+D_y)(D_x^2-D_xD_y-6D_y^2)}e^{3x+y}$$

첫 항에서

$$\frac{1}{(D_x+D_y)(D_x^2-D_xD_y-6D_y^2)}\sin(x+2y)=\frac{1}{(D_x+D_y)}\frac{1}{-1+2+24}\sin(x+2y)$$

$$=\frac{1}{25}\frac{D_x-D_y}{D_x^2-D_y^2}\sin(x+2y)=\frac{1}{25(3)}(D_x-D_y)\sin(x+2y)=-\frac{1}{75}\cos(x+2y)$$

둘째 항에서

$$\frac{1}{(D_x-3D_y)(D_x^2+3D_xD_y+2D_y^2)}e^{3x+y}=\frac{1}{D_x-3D_y}\frac{e^{3x+y}}{9+9+2}$$

$$=\frac{1}{20}\frac{1}{D_x-3D_y}e^{3x+y}=\frac{1}{20}xe^{3x+y}$$

일반해는

$$z=\phi_1(y-x)+\phi_2(y-2x)+\phi_3(y+3x)-\frac{1}{75}\cos(x+2y)+\frac{1}{20}xe^{3x+y}$$ □

[2] 미정계수법

$g(x,\ y)$가 $ax\sin(ax+by)$일때 미정계수법을 적용해 보자.

예제 12 $(D_x^2+5D_xD_y+5D_y^2)z=x\sin(3x-2y)$의 특수적분을 구하라.

풀이 특수적분을

$$z=Ax\sin(3x-2y)+Bx\cos(3x-2y)+C\sin(3x-2y)+D\cos(3x-2y)$$

이라 하고, 미지상수 A, B, C, D를 결정한다.

$$D_x^2z=(6A-9D)\cos(3x-2y)-(6B+9C)\sin(3x-2y)-9Ax\sin(3x-2y)$$
$$-9Bx\cos(3x-2y)$$
$$D_xD_yz=(-2A+6D)\cos(3x-2y)+(2B+6C)\sin(3x-2y)+6Ax\sin(3x-2y)$$
$$+6Bx\cos(3x-2y)$$
$$D_y^2z=-4D\cos(3x-2y)-4C\sin(3x-2y)-4Ax\sin(3x-2y)$$
$$-4Bx\cos(3x-2y)$$

이들을 준방정식에 대입하면

$$(D_x^2+5D_xD_y+5D_y^2)z=Ax\sin(3x-2y)+Bx\cos(3x-2y)$$
$$+(C+4B)\sin(3x-2y)+(D-4A)\cos(3x-2y)=x\sin(3x-2y)$$

따라서 $A=1$, $B=C=0$, $D=4$이다. 따라서 구하는 특수적분은

$$z=x\sin(3x-2y)+4\cos(3x-2y)$$ □

예제 13 $(D_x^3+D_x^2D_y-D_xD_y^2-D_y^3)z=(D_x+D_y)^2(D_x-D_y)z=e^x\cos 2y$를 풀어라.

풀이 여함수는

$$z=\phi_1(y-x)+x\phi_2(y-x)+\phi_3(y+x)$$

특수적분을 $z=Ae^x\cos 2y+Be^x\sin 2y$이라면

$$D_x^3z=Ae^x\cos 2y+Be^x\sin 2y,\quad D_xD_y^2z=-4Ae^x\cos 2y-4Be^x\cos 2y$$
$$D_x^2D_yz=-2Ae^x\sin 2y+2Be^x\cos 2y,\quad D_y^3z=8Ae^x\sin 2y-8Be^x\cos 2y$$

이들을 준 방정식에 대입하여

$$(5A+10B)e^x\cos 2y+(5B-10A)e^x\sin 2y=e^x\cos 2y$$

$5A+10B=1$, $5B-10A=0$에서 $A=\frac{1}{25}$, $B=\frac{2}{25}$이므로 특수적분은

$$z=\frac{1}{25}e^x\cos 2y+\frac{2}{25}e^x\sin 2y$$

따라서 일반해는

$$z=\phi_1(y-x)+x\phi_2(y-x)+\phi_3(y+x)+\frac{1}{25}e^x\cos 2y+\frac{2}{25}e^x\sin 2y$$ □

일반적으로 다음 경우는 특수해의 형태를 알 수 있어서 미정계수법이 적용된다.

$g(x, y)$	특수해의 일반꼴
(1) x, y에 관한 m차동차형	$(m+n)$차의 동차형 단, n은 $f(D_x, D_y)$의 계수
(2) $\alpha\cos(ax+by)+\beta\sin(ax+by)$	$A\cos(ax+by)+B\sin(ax+by)$
(3) e^{ax+by}	Ae^{ax+by}

단, (2)에서는 $f(D_x^2, D_xD_y, D_y^2)$에서 $f(-a, -ab, -b^2)\neq 0$인 경우이고, (3)에서는 $f(D_x, D_y)$에서 $f(a, b)\neq 0$인 경우이다.

예제 14 $(D_x{}^2-6D_xD_y+9D_y{}^2)z=24x^2+18xy$를 풀어라.

풀이 여함수는 $z=\phi_1(y+3x)+x\phi_2(y+3x)$이다.

특수적분을 4차의 동차식 $z=A_0x^4+A_1x^3y+A_2x^2y^2+A_3xy^3+A_4y^4$으로 한다. 이를 준방정식의 좌변에 대입하면

$$\begin{aligned}&(12A_0x^2+6A_1xy+2A_2y^2)-6(3A_1x^2+4A_2xy+3A_3y^2)\\&\quad+9(2A_2x^2+6A_3xy+12A_4y^2)=(12A_0-18A_1+18A_2)x^2\\&\quad+(6A_1-24A_2-54A_3)xy+(2A_2-18A_3+108A_4)y^2\\&=24x^2+18xy\end{aligned}$$

양변의 계수를 비교하면

$$\begin{cases}12A_0-18A_1+18A_2=24\\6A_1-24A_2-54A_3=18\\2A_2-18A_3+108A_4=0\end{cases}$$

$A_2=A_3=A_4=0$이라면

$$A_1=3,\ A_0=\frac{13}{2}\quad\therefore\ z=\frac{13}{2}x^4+3x^2y$$

구하는 일반해는

$$z=\phi_1(y+3x)+x\phi_2(y+3x)+\frac{13}{2}x^4+3x^3y$$ □

연습문제 (14.3)

1. 다음 각 편미분방정식을 풀어라.

(1) $(D_x^2-8D_xD_y+15D_y^2)z=0$

(2) $(D_x^2-2D_xD_y-D_y^2)z=0$

(3) $(D_x^2-4D_xD_y+4D_y^2)z=0$

(4) $(D_x^3+2D_x^2D_y-D_xD_y^2-2D_y^3)z=0$

(5) $(D_x^3D_y^2+D_x^2D_y^3)z=0$

2. 다음 편미분방정식을 풀어라.

(1) $(D_x-2D_y+3)(D_x+D_y+2)z=0$

(2) $(2D_x-D_y)(D_x+3D_y+2)z=0$

(3) $(D_x-2D_y+3)^2z=0$

(4) $(3D_y-2)^2z=0$

3. 다음 편미분방정식의 일반해를 구하라.

(1) $(D_x+2D_y)(D_x-3D_y)z=x+y$

(2) $(D_x^2+D_xD_y-2D_y^2)z=e^x(y+1)$

4. 다음 편미분방정식을 풀어라.

(1) $(D_x^2+4D_xD_y+4D_y^2)z=5e^{2x+3y}$

(2) $(D_x^2+D_xD_y-2D_y^2)z=\sin(x+2y)$

(3) $(D_x^2-7D_xD_y+10D_y^2)z=12x^2y+y^3$

5. 다음 편미분방정식을 풀어라.

(1) $(D_x^2+5D_xD_y+6D_y^2)z=e^{x-y}$

(2) $(D_x^2+D_y^2)z=x^2y^2$

(3) $(D_x^3-3D_x^2D_y+41D_y^3)z=e^{y+2x}$

(4) $(D_x^3+2D_x^2D_y-D_xD_y^2-2D_y^3)z=(y+2)e^x$

(5) $(D_x^3-3D_x^2D_y-4D_xD_y^2+12D_y^3)z=\sin(y+2x)$

(6) $(D_x^2-3D_xD_y^2+2D_y^3)z=\sqrt{x+2y}$

(7) $(D_x^3+D_x^2D_y-6D_xD_y^2)z=x^2+y^2$

(8) $(D_x^3-2D_x^2D_y)z=2e^{2x}+3x^2y$

14.4 편미분방정식의 응용

1 파동방정식

[1] 파동방정식의 해

두 고정점 O, L 사이에 당겨 있는 현의 운동을 생각한다. 원점을 O, OL을 x축으로 취하고, 현의 길이를 l이라 하면, 점 L의 좌표는 $(l,\ 0)$이다.

현을 xy평면에서 당겼다 놓으면, 현은 xy평면에서 상하로 진동한다.

현 위의 임의의 점의 변위를 $u(x,\ t)$이라 할 때, 현의 운동의 방정식은 다음 식으로 나타내진다.

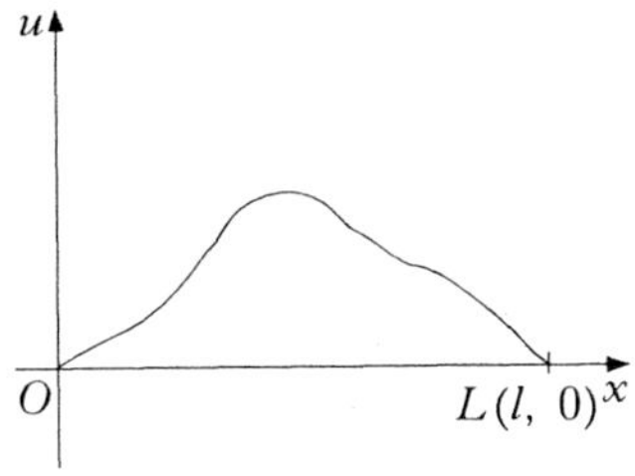

[그림 14.1]

$$\frac{\partial^2 u}{\partial t^2}=c\frac{\partial^2 u}{\partial x^2} \tag{1}$$

이 방정식을 **1차원 파동방정식**이라 한다.

현은 $x=0$과 $x=l$에서 고정되었으므로, 두 개의 경계조건

$$u(0,\ t)=0,\ u(l,\ t)=0\ (\text{모든 } t\text{에서})$$

을 갖는다.

방정식 (1)이 $u=X(x)T(t)$꼴의 해를 갖는다 하고, (1)에 대입하면

$$XT''=c^2X''T\text{에서 }\frac{X''}{X}=\frac{T''}{c^2T}\ (=\lambda) \tag{2}$$

λ는 부수조건을 만족하게 정한다.

(i) $\lambda>0$인 경우

$$X''-\lambda X=0,\ T''-\lambda c^2T=0$$

에서

$$X=a_1e^{\sqrt{\lambda}x}+a_2e^{-\sqrt{\lambda}x},\ T=a_3e^{c\sqrt{\lambda}t}+a_4e^{-c\sqrt{\lambda}t}$$

이므로

$$u=(a_1e^{\sqrt{\lambda}x}+a_2e^{-\sqrt{\lambda}x})(a_3e^{c\sqrt{\lambda}t}+a_4e^{-c\sqrt{\lambda}t})$$

(ii) $\lambda=0$일 때 $X=b_1x+b_2,\ T=b_3t+b_4$

이므로 $u=(b_1x+b_2)(b_3t+b_4)$

(iii) $\lambda<0$인 경우

$$X=d_1\cos\sqrt{-\lambda}\,x+d_2\sin\sqrt{-\lambda}\,x,\ T=d_3\cos c\sqrt{\lambda}\,t+d_4\sin c\sqrt{-\lambda}\,t$$

$$\therefore\ u=(d_1\cos\sqrt{-\lambda}\,x+d_2\sin\sqrt{-\lambda}\,x)(d_3\cos c\sqrt{-\lambda}\,t+d_4\sin c\sqrt{-\lambda}\,t) \tag{3}$$

현의 운동은 주기운동이므로, t의 주기함수를 포함하는 해가 필요하다. 따라서 해는 $\lambda<0$에 대한 (iii)의 경우이어야 한다.

(i) 경계조건 $u(0,\ t)=0$에서 $\cos\sqrt{-\lambda}\,x=1$, $\sin\sqrt{-\lambda}\,x=0$이므로

$$u(0,\ t)=d_1(d_3\cos c\sqrt{-\lambda}\,t+d_4\sin c\sqrt{-\lambda}\,t)=0$$

이것은 모든 t에 관하여 성립해야 하므로 $d_1=0$

(ii) 조건 $u(l,\ t)=0$에서

$$d_2\sin\sqrt{-\lambda}\,l(d_3\cos c\sqrt{-\lambda}\,t+d_4\sin c\sqrt{-\lambda}\,t)=0$$

여기서 $d_2=0$이라면 해는 $u=0$되어 무의미하고, $d_2\neq0$ $d_3=d_4=0$이라도 $u=0$ 되어 무의미하다.

따라서 $\sin\sqrt{-\lambda}\,l=0$되게 λ를 정한다. 즉 $\sqrt{-\lambda}\,l=n\pi$

$$\therefore\ \lambda=-\left(\frac{n\pi}{l}\right)^2\ (n\text{: 임의 정수})$$

이 경우 $\left(-\lambda>0,\ \sqrt{-\lambda}=\frac{n\pi}{l}\right)$ (3)에서

$$u=d_2\sin\frac{n\pi x}{l}\left(d_3\cos\frac{cn\pi}{l}t+d_4\sin\frac{cn\pi}{l}t\right) \tag{4}$$

(iii) 둘째 초기조건 $\left.\frac{\partial u}{\partial t}\right|_{t=0}=d_2\sin\frac{n\pi x}{l}d_4\frac{cn\pi}{l}\cos\left.\frac{cn\pi}{l}t\right|_{t=0}=d_2d_4\left(\sin\frac{n\pi x}{l}\right)\frac{cn\pi}{l}=0$

$d_2\neq0$이며, $\frac{cn\pi}{l}\neq0$, $\sin\frac{n\pi x}{l}\neq0$이므로, $\quad d_4=0$

(iv) 초기조건 $u(x,\ 0)=A_0\sin\frac{\pi x}{l}$이 주어지면 (4)에서

$$u(x,\ 0)=d_2d_3\sin\frac{n\pi x}{l}=A_0\sin\frac{\pi x}{l}$$

여기서 $d_2d_3=A_0$, $n=1$이라면 구하는 해는

$$u=A_0\sin\frac{\pi x}{l}\cos\frac{c\pi t}{l} \tag{5}$$

이고, 주기$=\dfrac{2\pi}{\frac{c\pi}{l}}=\dfrac{2l}{c}$인 단순한 진동을 반복한다.

예제 1 파동방정식 (1)의 해 (4)에서 $X(l)=0$인 경우의 해를 구하라.
단, $u(x, 0)=f(x)$, $u_t(x, 0)=g(x)$이다.

풀이 $X(l)=0$에서 $d_1=0$, $d_2\neq 0$이므로 d_2를 d_n이라면

$$X(x)=d_n\sin\frac{n\pi}{l}x \quad (n=1, 2, \cdots)$$

$$T(t)=d_3\cos\frac{n\pi c}{l}t+d_4\sin\frac{n\pi c}{l}t$$

대응하는 해는

$$u(x, t)=K_n\sin\frac{n\pi}{l}x\cos\frac{n\pi c}{l}t+M_n\sin\frac{n\pi}{l}x\sin\frac{n\pi c}{l}t \tag{6}$$

(6)식으로는 초기조건을 만족하는 해를 구할 수 없으므로 $(n=1, 2, \cdots)$급수형으로 (모든 n에 대한 합도 해) 조기조건을 만족하는 해를 구한다.

$$\begin{aligned}u(x, t)&=\sum_{n=1}^{\infty}\left(K_n\sin\frac{n\pi}{l}x\cos\frac{n\pi c}{l}t+M_n\sin\frac{n\pi}{l}x\sin\frac{n\pi c}{l}t\right)\\&=\sum_{n=1}^{\infty}\sin\frac{n\pi}{l}x\left(K_n\cos\frac{n\pi c}{l}t+M_n\sin\frac{n\pi c}{l}t\right)\end{aligned} \tag{7}$$

초기조건

$$u(x, 0)=f(x)=\sum_{n=1}^{\infty}K_n\sin\frac{n\pi}{l}x$$

가 주어지면, 계수 K_n은 Fourier사인급수에서의 계수이므로

$$K_n=\frac{2}{l}\int_0^l f(x)\sin\frac{n\pi x}{l}dx \tag{8}$$

항별미분이 가능하다면

$$u_t(x, t)=\sum_{n=1}^{\infty}\sin\frac{n\pi x}{l}\left[\frac{n\pi c}{l}\left(-K_n\sin\frac{n\pi ct}{l}+M_n\cos\frac{n\pi c}{l}t\right)\right]$$

초기속도

$$u_t(x, 0)=g(x)=\sum_{n=1}^{\infty}\frac{n\pi c}{l}M_n\cos\frac{n\pi x}{l}$$

$\frac{n\pi c}{l}M_n$은 Fourier 사인급수에서 계수이므로

$$\frac{n\pi c}{l}M_n=\frac{2}{l}\int_0^l g(x)\cos\frac{n\pi x}{l}dx\text{에서 } M_n=\frac{2}{n\pi c}\int_0^l g(x)\cos\frac{n\pi x}{l}dx \tag{9}$$

구하는 해는 (7)식으로 주어지고, K_n, M_n은 (8), (9)식으로 정해진다. □

[2] 파동방정식의 D'Alembert 해

파동방정식

$$\frac{\partial^2 u}{\partial t^2}=c^2\frac{\partial^2 u}{\partial x^2} \tag{10}$$

의 해를

$$u=f(x+mt)$$

이라면

$$u_{tt}=m^2 f''(x+mt),\ u_{xx}=f''(x+mt)$$

이고, $f''(x+mt)\neq 0$이므로, 보조방정식은

$$m^2=c^2 \ \therefore\ m=\pm c \ (\neq 0)$$

구하는 (7)의 일반해는

$$u=\phi(x+ct)+\psi(x-ct) \tag{11}$$

이 해를 **D'Alembert 해**라고 한다.

초기조건

$$u(x,\ 0)=f(x),\ u_t(x,\ 0)=g(x)$$

를 만족하는 해를 구해보자.

$$u_t=c\phi'(x+ct)-c\psi'(x-ct)$$

이므로

$$u(x,\ 0)=\phi(x)+\psi(x)=f(x) \tag{12}$$

$$u_t(x,\ 0)=c\phi'(x)-c\psi'(x)=g(x) \tag{13}$$

(13)식에서

$$\phi'(x)-\psi'(x)=\frac{1}{c}g(x)$$

를 얻고, 이 식을 x에 관하여 적분하면

$$\phi(x)-\psi(x)=\frac{1}{c}\int_{x_0}^{x}g(s)ds+k(x_0),\ k(x_0)=\phi(x_0)-\psi(x_0) \tag{14}$$

이 식을 써서 (12)−(14)식, (12)+(14)식을 계산하면

$$\psi(x)=\frac{1}{2}f(x)-\frac{1}{2c}\int_{x_0}^{x}g(s)ds-\frac{1}{2}k(x_0) \tag{15}$$

$$\phi(x)=\frac{1}{2}f(x)+\frac{1}{2c}\int_{x_0}^{x}g(s)ds+\frac{1}{2}k(x_0) \tag{16}$$

(12)식의 x에 $x+ct$를, (15)식의 x에 $x-ct$를 대입하면 (11)식에서

$$u(x,\ t)=\frac{1}{2}[f(x+ct)+f(x-ct)]+\frac{1}{2c}\int_{x-ct}^{x+ct}g(s)ds \tag{17}$$

만일 초기속도가 0이면, $g(x)=0$이므로 u는 다음과 같이 간단하다.

$$u(x,\ t)=\frac{1}{2}[f(x+ct)+f(x-ct)] \tag{18}$$

2 열전도의 방정식

[1] 1차원 열전도

x축 방향으로 흐르는 1차원열도체의 열의 흐름을 생각한다.

선분 $0\leq x\leq l$상에 있는 막대기의 **열전도 방정식**은

$$\frac{\partial u}{\partial t}=c^2\frac{\partial^2 u}{\partial x^2} \tag{19}$$

으로 나타내진다.

편미분방정식 (19)식의 해에서

경계조건 $u(0,\ t)=u(l,\ t)=0\ \ (t>0)$

및 초기조건

$$u(x,\ 0)=f(x)\ \ (0\leq x\leq l)$$

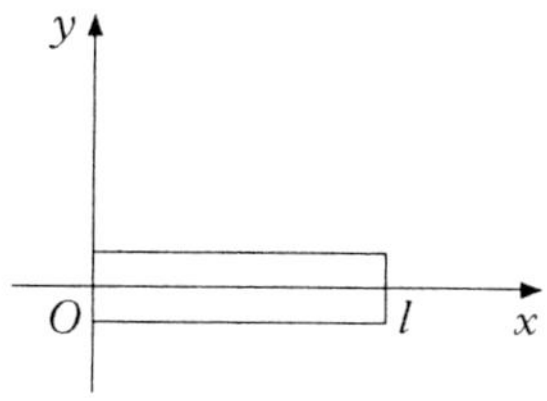

[그림 14.2]

을 만족하는 해를 구한다.

변수분리형의 해

$$u(x,\ t)=X(x)\ T(t)$$

를 (19)식에 대입하면

$$X(t)T'(t)=c^2X''(x)T(t)$$

양변을 $c^2X(x)T(t)$로 나누면

$$\frac{T'}{c^2T}=\frac{X''}{X}\ \ (=-p^2)$$

여기서 다음 두 개의 선형상미분방정식을 얻는다.

$$T'+c^2p^2T=0 \tag{20}$$

$$X''+p^2X=0 \tag{21}$$

(20)식의 해는

$$T=ce^{-c^2p^2t}$$

(21)식의 해는

$$X=A_1\cos px+B_1\sin px$$

이므로 (19)식의 해는 다음과 같다.

$$u=e^{-c^2p^2t}(A\cos px+B\sin px) \tag{22}$$

경계조건

$u(0,\ t)=X(0)T(t)=e^{-c^2p^2t}\cdot A=0$에서 $A=0$

$u(l,\ t)=X(l)T(t)=e^{-c^2p^2t}\cdot B\sin pl=0$에서 $B\neq 0$

이므로 $\sin pl=0,\ pl=n\pi\ \therefore\ p=\dfrac{n\pi}{l}\ (n=1,\ 2,\ \cdots)$

따라서 해 (22)식은

$$u=Be^{-\left(\frac{cn\pi}{l}\right)^2t}\sin\frac{n\pi}{l}x \tag{23}$$

그런데 해 (23)식으로는 초기조건

$$u(x,\ 0)=f(x)$$

를 만족하도록, A와 n을 정할 수 없으므로, 급수형

$$u(x,\ t)=\sum_{n=1}^{\infty}u(x,\ t)=\sum_{n=1}^{\infty}B_ne^{-\left(\frac{cn\pi}{l}\right)^2t}\sin\frac{n\pi}{l}x \tag{24}$$

의 꼴로 해를 구한다.

$$u(x,\ 0)=\sum_{n=1}^{\infty}B_n\sin\frac{n\pi}{l}x=f(x)$$

가 성립하도록 계수 B_n을 구한다.

B_n는 $f(x)$의 Fourier급수의 계수이므로

$$B_n=\frac{2}{l}\int_0^l f(x)\sin\frac{n\pi x}{l}dx \tag{25}$$

이렇게 구한 B_n을 (24)식에 대입하여 해를 얻는다.

예제 2 측면이 절연되고, 양끝의 온도가 0으로 유지되는 길이 l인 막대의 초기온도가

$$f(x)=\begin{cases} x & (0<x<ll/2) \\ l-x & (l/2<x<l) \end{cases}$$

일때, 막대의 온도 u를 구하라.

풀이 구하는 온도 u는

$$u(x,\ t)=\sum_{n=1}^{\infty} u_n(x,\ t)=\sum_{n=1}^{\infty} B_n \sin\frac{n\pi x}{l} x e^{-\left(\frac{cn\pi}{l}\right)^2 t}$$

$$B_n=\frac{2}{l}\int_0^l f(x)\sin\frac{n\pi x}{l}dx$$

B_n를 구하면

$$B_n=\frac{2}{l}\left[\int_0^{l/2} x\sin\frac{n\pi x}{l}dx + \int_{l/2}^{l}(l-x)\sin\frac{n\pi x}{l}dx\right]$$

$$=\begin{cases} \dfrac{4l}{n^2\pi^2} & (n=1,\ 5,\ 9,\ \cdots) \\ -\dfrac{4l}{n^2\pi^2} & (n=3,\ 7,\ 11,\ \cdots) \end{cases}$$

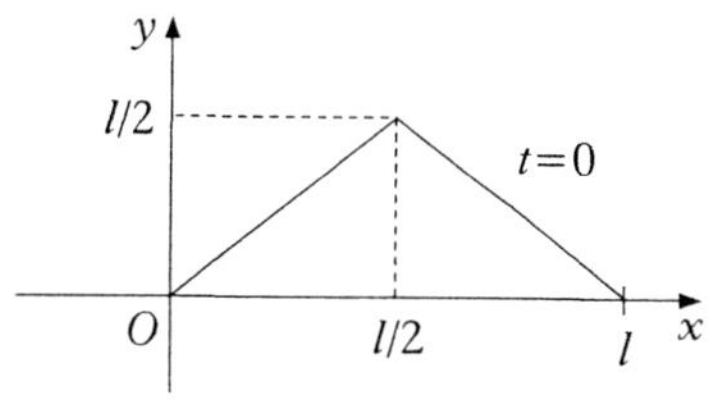

[그림 14.3]

n이 짝수이면 $B_n=0$. 따라서 구하는 해 u는

$$u(x,\ t)=\frac{4l}{\pi^2}\left[\sin\frac{\pi x}{l}\cdot\exp\left\{-\left(\frac{c\pi}{l}\right)^2 t\right\}-\frac{1}{9}\sin\frac{3\pi x}{l}\exp\left\{-\left(\frac{3c\pi}{l}\right)^2 t\right\}+\cdots\right] \quad \square$$

(참고) $\displaystyle\int_{l/2}^{l}(l-x)\sin\frac{n\pi x}{l}dx=\int_{l/2}^{0} z\sin\frac{n\pi(l-z)}{l}d(l-z)\quad (x=l-z)$

$$=-\int_0^{l/2} z\left\{\sin\left(n\pi-\frac{n\pi x}{l}\right)(-dz)=\int_0^{l/2} z\left(\sin n\pi\cos\frac{n\pi x}{l}-\cos n\pi\sin\frac{n\pi x}{l}\right)(-dz)\right.$$

$$=\int_0^{l/2} z\left\{-(-1)^n\sin\frac{n\pi x}{l}dz\right\}=(-1)^{n+1}\int_0^{l/2} x\sin\frac{n\pi x}{l}dx$$

$$\therefore\ B_n=\frac{2}{l}\left[\int_0^{l/2} x\sin\frac{n\pi}{l}xdx+(-1)^{n+1}\int_0^{l/2} x\sin\frac{n\pi x}{l}dx\right]$$

$$=\frac{2}{l}\{1+(-1)^{n+1}\}\int_0^{l/2} x\sin\frac{n\pi x}{l}dx$$

[2] 2차원 열전도

2차원 열전도의 방정식은

$$\frac{\partial u}{\partial t}=c^2\left(\frac{\partial^2 u}{\partial x}+\frac{\partial^2 u}{\partial y^2}\right) \tag{26}$$

으로 주어진다. 특히 열전도가 **정상적** 즉 열이 시간에 무관하면, $\frac{\partial u}{\partial t}=0$이므로, (26)식은

$$\nabla^2 u=\frac{\partial^2 u}{\partial x^2}+\frac{\partial^2 u}{\partial y^2}=0 \tag{27}$$

이 된다. ($\nabla^2 u=u_{xx}+u_{yy}$에서 ∇^2을 Laplacian이라 읽는다)

열전도가 xy평면의 직사각형 영역에서 고려되고, R의 경계선 C에서 온도 u가 주어져서 경계조건을 구성하는 **Dirichlet 문제**를 살펴보자.

온도 u가 직사각형 영역 R의 경계에서 다음 그림과 같이 주어진다 하자.

변수분리법으로 (27)식의 해를 구한다.

$$u(x,\ y)=X(x)Y(y)$$

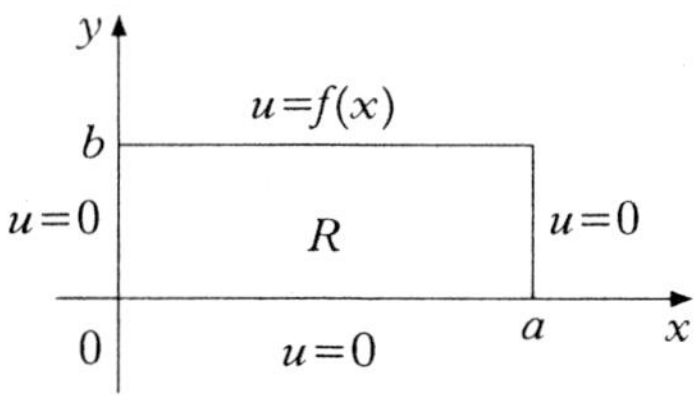

[그림 14.4]

을 (27)식에 대입하면

$$X''T+XT''=0$$

양변을 XY로 나누면

$$\frac{X''}{X}+\frac{Y''}{Y}=0,\ \frac{X''}{X}=-\frac{Y''}{Y}=-k\ \ (k>0)$$

(i) $X''+kX=0,\ X(0)=0,\ X(a)=0$의 해는

$$X=C_1\cos\sqrt{k}\,x+C_2\sin\sqrt{k}\,x$$

$X(0)=C_1=0,\ X(a)=C_2\sin\sqrt{k}\,a=0,\ C_2\neq0$에서 $\sqrt{k}\,a=n\pi\ \therefore\ k=\left(\frac{n\pi}{a}\right)^2$

따라서 $X=C_2\sin\frac{n\pi}{a}x,\ X(0)=0\ X(a)=C_2\sin n\pi=0,\ C_2\neq0$

(ii) $Y''-kY=Y''-\left(\frac{n\pi}{a}\right)^2 Y=0,\ u(x,\ 0)=0$ 즉 $Y(0)=0$

에서 해는 $Y=A_1e^{\frac{n\pi}{a}y}+A_2e^{-\frac{n\pi}{a}y}$이고, $Y(0)=A_1+A_2=0$에서 $A_2=-A_1$

$$\therefore\ Y=A_1(e^{\frac{n\pi}{a}y}-e^{-\frac{n\pi}{a}y})=2A_1\sinh\frac{n\pi}{a}y$$

경계조건 $u(x,\ b)=f(x)$를 만족하는 해를 구하기 위하여 급수형으로 해를 나타낸다.

$$u(x, y)=\sum_{n=1}^{\infty} u_n(x, y)=\sum_{n=1}^{\infty} A^*_n \sin\frac{n\pi x}{a} \sinh\frac{n\pi y}{a}$$

이라면

$$u(x, b)=\sum_{n=1}^{\infty}\left(A^*_n \sinh\frac{n\pi b}{a}\right)\sin\frac{n\pi x}{a}=f(x)$$

$f(x)$의 Fourier 계수 b_n은 $f(x)$의 주기가 $2a$이므로

$$b_n=A^*_n \sinh\frac{n\pi b}{a}=\frac{2}{a}\int_0^a f(x)\sin\frac{n\pi x}{a}dx$$

$$\therefore\ A^*_n=\frac{2}{a\sin\text{h}(n\pi b/a)}\int_0^a f(x)\sin\frac{n\pi x}{a}dx$$

구하는 (26)의 해는

$$u(x, y)=\sum_{n=1}^{\infty} A^*_n \sin\frac{n\pi x}{a}$$

연습문제 (14.4)

1. $0 \leqq x \leqq c$에서 다음 그림의 형상을 하고 있는 탄성현을 조용히 놓을 때, 현의 양단은 고정하고 있다 할 때, 그 진동의 양상을 나타내는 해를 구하라.

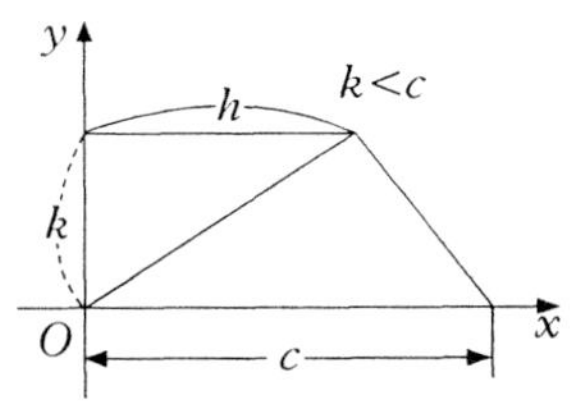

2. $\dfrac{\partial u}{\partial t}=3\dfrac{\partial^2 u}{\partial x^2}$을 경계조건 $u(0, t)=0$, $u(2, t)=0$, $u(x, 0)=x$에서 풀어라.

3. $\dfrac{\partial u}{\partial t}=\dfrac{\partial^2 u}{\partial x^2}$을 경계조건 $u(0, t)=0$, $u(x, 0)=f(x)=\begin{cases}1 & (0\le x\le 1)\\ 0 & (x>1)\end{cases}$에서 풀어라.
단, $u(x, t)$는 $x\geq 0$, $t\geq 0$에서 유계이다.

연습문제 해답

제 1 장

[연습문제 1.1]

1.

	계 수	차 수	독립변수	종속변수
(1)	1	1	x	y
(2)	2	1	x	y
(3)	2	1	$x,\ y,\ t$	U
(4)	3	2	t	s
(5)	1	2	θ	r
(6)	2	1	y	x
(7)	2	3	$x,\ y$	V
(8)	1	1	x 또는 y	y 또는 x

2. (1) $y'=y$ (2) $y'^2+xy'=y$
   (3) $2xyy'+x^2-y^2=0$ (4) $y'^2=4y$
   (5) $y'^2+u^2=1$ (6) $(x^2-y^2)y'=2xy$

3. (1) $y=xy'+\sqrt{1+y'^2}$ (2) $y''-y=0$
   (3) $x^2y''-2xy+2y=0$ (4) $(x-y)^2(1+y'^2)=(x+yy')^2$
   (5) $y''+w^2y=0$ (6) $x^3y'''+3x^2y''=0$

4. (1) $yy'+x=0$ (2) $2xy'=y$
   (3) $(x-y)^2[1+(y')^2]=(x+yy')^2$ (4) $xyy''-yy'+x(y')^2=0$

5. (2) $y=xy'+f(y')$

6. (1) $y'=y-x$ (2) $y'=y/x$ (3) $v=kx$ (4) $v=k(t-2)$
   (5) $v=k\sqrt{x}$ (6) $a=mg-2v$

[연습문제 1.2]

1.~7.은 대입에 의하여 해임을 밝힌다.

[연습문제 1.3]

1. $y=e^x$

2. $y=2x+2e^x$

3. (2) $y=\left(1-\frac{\pi}{2}\right)\sin x+x$

(3) $y=\sin x$

4. $\frac{10}{9.8}$(sec), $-4.9\times\left(\frac{10}{9.8}\right)^2+10\times\frac{10}{9.8}$(m)

5. 0.002667

제 2 장

[연습문제 2.1]

1. (1) $\log|y|-\frac{1}{x}=c$

(2) $2x^2+y=cx^2y$

(3) $y^2=2\tan^{-1}x+c$

(4) $\sqrt{1+x}-\sqrt{1-y}=c$

(5) $\sec x+\cot y=c$

(6) $\sin^{-1}x+\sin^{-1}y=c$

(7) $ax=(x+1)e^y$

(8) $\tan x\tan y=c$

2. (1) $y=\tan^{-1}(x+y)+c$

(2) $y-x-1=c(y-x+1)e^{-2y}$

3. (1) $y^3=4(1+x^3)$

(2) $y^2=x^3+2x-3$

4. (1) $y^3=c(x^2+y^2)$

(2) $3x^2+2xy=c$

(3) $(x+y)^2(3x+y)^3=c$

(4) $cx^2+(x^2-4y^2)^5=0$

(5) $y\sqrt{x^2+y^2}=cx^3$

(6) $(x^2+y^2)^3=cx^4$

5. (1) $3x^2-2xy-y^2-3x+y=c$

(2) $7x^2-6xy+4y^2+4x-10y=c$

(3) $(4y-x-3)(y+2x-3)^2=c$

(4) $(2y-x+1)^5(y+x)^2=c$

(5) $(x-y+1)^2(2x+y+3)^3=c$

(6) $6x^2-4xy-3y^2-14x+12y=c$

(7) $15\log|3x-y+19|=2x-y+c$

(8) $6x-3y+c=\log|3x-6y+2|$

6. (1) $\log\left|\frac{x}{y}\right|-\frac{1}{xy}=c$

(2) $2x^2y^2\log|y|-2xy-1=cx^2y^2$

(3) $x(1+xy)=c(1-xy)$

(4) $y^2(y^2+3x^2+3a^2)^2=c$

(5) $x^4=c(1-2xy)^3e^{2xy}$

[연습문제 2.2]

1. (1) $xy=c$

(2) $2xy+y^2-x^2=c$

(3) $\tan^{-1}\frac{y}{x}-2x=c$

(4) $\sin x+\frac{y}{x}=c$

(5) $-\frac{1}{xy}=\frac{1}{2}\log^2x+c$

(6) $y=\frac{x^3}{2}+cx$

2. (1) $x^3+xy=c$

(2) $x-xy+y=c$

(3) $x^3-3axy+y^3=c$ (4) $\frac{x^2}{y}+y=c$

3. (1) $x^2-2xy-\frac{2}{y}=c$ (2) $xy^2+e^x\sin y=c$

(3) $\log|x|-\frac{y}{x}=c$ (4) $ax^3+3hx^2y+3bxy^2+cy^3=c$

4. $N(x,\ y)=-\cos x+\frac{x^3}{3}-\frac{x^2}{2}\sec y\tan y+F(y)$,

$\frac{1}{3}x^3y-y\cos x-\frac{1}{2}x^2\sec y+\int F(y)dy=c$

5. (1) $\mu=\frac{1}{y^3},\ xy+y^2+\frac{2x}{y^2}=c$ (2) $\mu=\frac{1}{x(x^2+y^2)}\cdot\log|x|-\tan^{-1}$

6. (1) $x^2-y-1=cx$ (2) $\frac{x^2}{y^3}-\frac{1}{y}=c$

(3) $e^x(xy+\sin y)=c$ (4) $x^2+y=cxy$

(5) $e^xy^2+\frac{2}{x}-\frac{y}{x^2}=c$

제 3 장

[연습문제 3.1]

1. (1) $y=1+ce^{-\frac{x^2}{2}}$ (2) $y=ce^{\frac{x^2}{2}}-1$ (3) $y=3+ce^{-\frac{x^2}{4}}$

(4) $y=x(e^x+c)$ (5) $y=(c-\cos x)$ (6) $y=e^x+cx$

(7) $y=ce^x-e^{-x}$ (8) $y=ce^{-x}+\frac{3}{2}e^x$

2. (1) $x^2-2xy=c$ (2) $x^5-5x^3y=c$

(3) $y=ce^{-x}+\cos x$ (4) $y=ce^x-\frac{2}{5}\cos 2x+\frac{4}{5}\sin 2x$

(5) $4y\sin x=2x-\sin x+c$ (6) $y=(x+c)\cos x$

3. (1) $y=x-1+ce^{-x}$ (2) $y=e^{3x}+ce^{2x}$

(3) $y=\frac{x}{2}-\frac{x^3}{4}+\frac{c}{x}$ (4) $y=x+c\sqrt{1+x^2}$

(5) $xy=x^4+2x^2+c$ (6) $y=\frac{1}{2}x\log|x|-\frac{x}{4}+\frac{c}{x}$

(7) $y=e^x(\sqrt{x^2-1}+cx)$ (8) $y=\cos x+c\cos^2 x$

(9) $(a^2+1)y+a\sin x+\cos x=ce^{ax}$ (10) $y=2(\sin x-1)+ce^{-\sin x}$

[연습문제 3.2]

1. (1) $\left(\frac{1}{y}+1\right)^2=c(1-x^2)$ (2) $\frac{1}{y}=x(ce^{-x}-1)$

(3) $\frac{1}{y}=\frac{1}{\cos x}(c-\sin x)$ (4) $\frac{1}{y^2}=ce^{2x}+x+\frac{1}{2}$

(5) $\frac{1}{y^2}=ce^{2x^2}+x^2+\frac{1}{2}$ (6) $\frac{1}{y}=1+ce^{-\cos x}$

(7) $\frac{1}{y^2}=\frac{1}{1+x^2}\left(c+\frac{2}{x}\right)$ (8) $\frac{1}{y^3}=-\sin^3 x-3\sin x\cos^2 x+c$

2. (1) $3x\sin y=cx^3+1$ (2) $4x^9=(c-3x^8)(3y^2+2)^2$

(3) $2y^3e^x=x^2e^x+cx$ (4) $1/(x+y)^2=x^2+1+ce^{x^2}$

3. $3y=(x-1)\log\frac{c(x-1)}{x+1}$

4. $x(y-x)=cy(x-1)$

5. $(x^2-2x-c)y=x^2-2-c$

6. $\frac{1}{y-\sin x}=\mathrm{c}^{-\cos x}\left(c-\int e^{-\cos x}dx\right)$

[연습문제 3.3]

1. (1) $(y-c)(y-x-c)=0$ (2) $(y-c)(y-2x-c)(y-4x-c)$

(3) $(2y-x^2-c)(y-ce^x)=0$ (4) $(x-cy)^2-(x^2-1)=0$

2. (1) $2y=x^2+cx^2$ (2) $c^2y^2-4cx-4=0$

(3) $y=x(c-\log x)$ (4) $ce^{-\frac{1}{2}x^2}=y-1$

(5) $y=c(x-5)+c^2,\ y=-\frac{1}{4}(x-5)^2$ (6) $xy-c^2x+c=0$

(7) $y=(c+\sqrt{x^2+1})^2,\ y=0$ (8) $\begin{cases}\log p^2x=\frac{1}{p}+c\\ y=px(1+p)\end{cases}$

(9) $y^2-cx+2c^2=0$ (10) $y=cx-c^2$

3. (1) $\begin{cases}x=yp^2+p^2\\ (y+1)^3(p^3-1)^2=c\end{cases}$ (2) $y=c(c-x)^2$

(3) $\begin{cases}x=4p+p^3\\ y=2p^2+\frac{3}{4}p^4+c\end{cases}$ (4) $9c^2-2cx+y^2=0,\ x=\pm 3y$

4. (1) $y^2=2cx+c^3$

(2) $x=2(1-p)+ce^{-p},\ y=2-p^2+c(1+p)e^{-p}$

(3) $y^2=cx^2-\frac{2c}{1+c}$

(4) $y^3=cx+\frac{2}{3}c^2$, $y^2=-\frac{3}{8}x^2(S.S.)$

5. (1) $G.S.$: $y^3+3cx-c^2=0$

$S.S.$: $9x^2+4y^3=0$

(2) $G.S.$: $2x^2+2c(x-y)+c^2$

$S.S.$: $x^2+2xy-y^2=0$

(3) $G.S.$: $xy=c+c^2x$

$S.S$: $1+4x^2y=0$

(4) $G.S.$: $(x-c)^2=y^3(1-y)$

$S.S$: $y=1$

제 4 장

[연습문제 4.1]

1. (1) $y=ce^{\frac{x}{k}}$

(2) $\sqrt{x^2-y^2}-k\log\frac{k+\sqrt{k^2-y^2}}{y}=\pm x+c$

(3) $|y|=\frac{1}{2k}\{e^{\pm k(x+c)}+e^{\mp k(x+c)}\}=\frac{1}{k}\cos hk(x+c)$, $y=0$, $y=\pm\frac{1}{k}$

(4) $x^2+y^2=2x^3+c$

(5) $x^2+y^2=c^2$

(6) $y=\pm(\sin^{-1}\sqrt{x}+\sqrt{x-x^2})+c$

2. (1) $\rho=c-2\cos\theta$

(2) $\rho=c(1-\cos\theta)$

3. $2x^2+y^2=c_1$

5. $e^{x^2+y^2}=c_1e^{x^2}$, $x^2-3y^2=1$, $4e^{x^2+y^2-5}=x^2$

(1) $2x^3+3y^2=6x+7$

(2) $9y(x-y)+x^2(x+y)=0$

6. $a=\frac{1}{2}$

[연습문제 4.2]

1. (1) $\frac{c^2x}{dt^2}=g$, $t=0$일 때 $x=0$, $\frac{dx}{dt}=0$

(2) 4,410cm, 2,940cm/sec

2. (1) 2초 후: 2,940cm, 위로 490cm/sec,

4초 후: 1,960cm/sec, 아래로 1,470cm/sec

(2) $g=980\text{cm/sec}^2$이라 할 때, 출발점으로부터 위로 3,062.5cm, 25sec

(3) 2,940cm, 4,165cm

3. (1) $v=49(1-e^{-20t})$, $x=49t+2.45e^{-20t}-2.45$

(2) 49cm/sec

4. (1) 50ft/sec

(2) $v=50-10e^{-0.64t}$, $x=50t+\frac{125}{8}e^{-0.64t}-\frac{125}{5}$

6. 13.9년 7. 7.910 $

8. 6.73배 9. 98%, 96%

10. 36.4시간 11. 53.5분

12. 66.4분 13. 6.473lb/in^2

14. (1) $x=40(1-e^{-t/20})$ (2) 13.9분

15. 37.4lb

16. (1) 5.1lb, 6.6lb, 7.6lb (2) 3시간 53분

17. (1) $x=\dfrac{300\left\{\left(\dfrac{18}{17}\right)^t-1\right\}}{3\left(\dfrac{18}{17}\right)^t-2}$ (2) 26.6lb (3) 100lb

18. $I=\dfrac{1}{2}(1-e^{-20t})$ 19. $I=2\sin 10t-\cos 10t+e^{-20t}$

20. $Q=10te^{-5t}$, $t=\dfrac{1}{5}$초, $Q=\dfrac{2}{e}\fallingdotseq 0.74$coulomb

21. $Q=\dfrac{1}{4}(1-e^{-8t})$, $I=2e^{-8t}$ 22. $I(t)=2e^{-4t}\sin 50t$

제 5 장

[연습문제 5.1]

2. $y=c_1+c_2\log|x|$ 3. $A=\dfrac{3}{4}$; $y=c_1+c_2\log|x|+\dfrac{3}{4}x^2$

4. $y=c_1e^x+c_2e^{2x}$ 5. $A=2$, $B=3$; $y=c_1e^x+c_2e^{2x}+2x+3$

6. (1) $y=c_1e^x+c_2e^{2x}$ (2) $y=c_1e^{2x}+c_2e^{3x}$

(3) $y=e^{-\frac{1}{2}x}\left[c_1\cos\left(\dfrac{\sqrt{7}}{2}x\right)+c_2\sin\left(\dfrac{\sqrt{7}}{2}x\right)\right]$ (4) $y=c_1\cos 2x+c_2\sin 2x$

(5) $y=e^{-x}(c_1\cos 3x+c_2\sin 3x)$ (6) $y=(c_1+c_2x)e^x$

7. (1) $y=(c_1+c_2x+c_3x^2)e^{-x}$

(2) $y=c_1e^{-x}+e^{\frac{1}{2}x}\left(c_2\cos\dfrac{\sqrt{3}}{2}x+c_3\sin\dfrac{\sqrt{3}}{2}x\right)$

(3) $y=c_1e^x+e^{-\frac{1}{2}x}\left(c_2\cos\dfrac{\sqrt{3}}{2}x+c_3\sin\dfrac{\sqrt{3}}{2}x\right)$

(4) $y=c_1e^{kx}+c_2e^{-kx}+c_3\cos kx+\sin kx$

(5) $y=\sum_{n=1}^{4}e^{kx\cos(2n-1)/8}\left[c_{2n-1}\cos\left(kx\sin\dfrac{2n-1}{8}\pi\right)+c_{2n}\sin\left(kx\sin\dfrac{2n-1}{8}\pi\right)\right]$

(6) $y=\{c_1+c_2x)e^{kx}+(c_3+c_4x)e^{-kx}$

(7) $y=c_1e^{rx}+c_2e^{-rx}+c_3\cos\gamma x+c_4\sin\gamma x+e^{\delta x}(c_5\cos\delta x+c_6\sin\delta x)$

$+e^{-\delta x}(c_7\cos\delta x+c_8\sin\delta x)$ 여기서 $r=(\sqrt{a^8+1}-a^4)^{\frac{1}{4}}$

단, $\delta=\frac{\sqrt{2}}{2}(\sqrt{a^8+1}+a^4)^{1/4}$

8. (1) $\frac{d^4y}{dx^4}-10\frac{d^3y}{dx^3}+35\frac{d^2y}{dx^2}-50\frac{dy}{dx}+24y=0$

(2) $\frac{d^4y}{dx^4}-\frac{d^3y}{dx^3}-\frac{7}{4}\frac{dy}{dx}+\frac{15}{16}y=0$

[연습문제 5.2]

1. (1) $y=c_1\cos\sqrt{2}\,x+c_2\sin\sqrt{2}\,x+e^x/3+1$

(2) $y=e^{-x}(c_1\cos x+c_2\sin x)+\frac{1}{2}(x-1)^2+\frac{1}{5}(\sin x-2\cos x)$

(3) $y=c_1+c_2e^{-x}+c_3e^{-2x}+\frac{1}{6}x^3+\frac{1}{4}x^2+\frac{11}{4}x$

(4) $y=c_1e^x+c_2e^{2x}+c_3e^{-2x}+\frac{1}{2}x^2+\frac{1}{6}x^3e^{2x}$

2. (1) $c_1\sin x+c_2\cos x$; $(ax+b)e^{-x}+x(c\sin x+d\cos x)$

(2) $c_1e^{-x}+c_2e^{3x}$; $(ax+b)\sin 2x+(cx+d)\cos 2x+(fx^4+gx^3+hx^2+kx)e^{3x}$

(3) $c_1+c_2x+c_3\sin x+c_4\cos x$; $ax^4+bx^3+cx^2+de^x$

(4) $c_1e^x+c_2xe^x$; $(ax^4+bx^3+cx^2)e^x$

3. (1) $y=c_1\sin x+c_2\cos x+\sin x\log(\csc x-\cot x)$

(2) $y=c_1\sin 2x+c_2\cos 2x+\frac{1}{4}\sin 2x\log\sin 2x-\frac{x}{2}\cos 2x$

(3) $y=c_1e^x+c_2e^{-x}+\frac{1}{2}xe^x$

(4) $y=c_1e^x+c_2e^{-x}+\frac{e^x}{48}(8x^3-12x^2+12x)$

(5) $y=c_1e^{-x}+c_2e^{-2x}+\frac{x}{2}-\frac{3}{4}-3xe^{-2x}$

(6) $y=c_1e^{-2x}+c_2e^x-\frac{1}{2}\log x+\frac{e^x}{3}\int\frac{e^{-x}}{x}dx+\frac{e^{-2x}}{6}\int\frac{e^{2x}}{x}dx$

[연습문제 5.3]

1. (1) $y=ax+\frac{b}{x}$

(2) $y=ax+be^{-x}$

(3) $y=ax+bx^3$

(4) $y=ae^x+b(x+1)$

(5) $y=ax+b(1+x\tan^{-1}x)$ (6) $y=ae^x+b(x^3+3x^2+6x+6)$

2. (1) $y=ax\log|x|+x^2+bx$ (2) $y=ae^x+x^2+bx+1$

(3) $y=\frac{3}{16}x^5+2x^2+ax\log|x|+bx$ (4) $y=\frac{1}{10}e^{4x}(\sin x-\cos x)+ae^x+b$

3. (1) $y=ae^x+be^{2x}+\frac{1}{2}x+\frac{3}{4}$ (2) $y=ae^x+be^{4x}+\frac{1}{4}x+\frac{5}{16}$

(3) $y=ae^x+be^{4x}+\frac{1}{32}(8x^2+20x+21)$ (4) $y=ae^{-x}+be^{-3x}+\frac{2}{15}e^{2x}$

4. (1) $y=(ae^x+be^{-x})e^{-\frac{1}{2}x^2}$ (2) $y=\frac{1}{x^2}(ae^x+be^{-x})$

(3) $y=(a\cos x+b\sin x)x$ (4) $y=(a\cos\sqrt{2}\,x+6\sin\sqrt{2}\,x)x$

(5) $y=\frac{1}{x}(ae^x+be^{-x})$ (6) $y=(ae^{2x}+be^{-2x})\sec x$

5. (1) $y=a\cos(k\log|x|)+b\sin(k\log|x|)$ (2) $y=ae^{3\sin^{-1}x}+be^{-3\sin^{-1}x}$

(3) $y=a\cos(\log|x|)+b\sin(\log|x|)+\frac{1}{26}x^5$

(4) $y=a\cos\frac{1}{x}+b\sin\frac{1}{x}+\frac{1}{x^2}-2$

6. $y^{(4)}-4ay^{(3)}+2(3a^2+b^2)y''-4a(a^2+b^2)y'+(a^2+b^2)^2y=0$

제 6 장

[연습문제 6.1]

1. (1) $y=c_1e^{3x}+c_2e^{-3x}+\frac{x}{6}e^{3x}$ (2) $y=c_1e^{3x}+c_2e^{-3x}-\frac{x}{6}e^{-3x}$

(3) $y=(c_1+x)e^{3x}+c_2e^{2x}$ (4) $y=(c_1-x)e^{2x}+c_2e^{3x}$

(5) $y=c_1e^{3x}+c_2e^{4x}+\frac{12x+7}{144}$ (6) $y=c_1e^{4x}+c_2e^{5x}+\frac{20x+9}{400}$

(7) $y=(c_1+c_2x)e^{3x}+\frac{1}{36}e^{-3x}$ (8) $y=\left(c_1+c_2x+\frac{x^2}{2}\right)e^{3x}$

(9) $y=(c_1+c_2x)e^{-3x}+\frac{1}{36}e^{3x}$ (10) $y=\left(c_1+c_2x+\frac{x^2}{2}\right)e^{-3x}$

2. (1) $y=c_1+c_2e^{-x}+4x$ (2) $y=c_1\cos(2x+c_2)+\frac{1}{3}\cos x$

(3) $y=c_1e^{-x}\cos(\sqrt{3}\,x+c_2)+c_3e^{2x}-\frac{1}{16}(\sin 2x-\cos 2x)$

(4) $y=(c_1+c_2x)e^x+\frac{1}{2}x^2e^x$ (5) $y=c_1+c_2x+c_3e^{-x}+\frac{1}{2}x^2(x-3)$

(6) $y=c_1+c_2e^x+c_2e^{-x}+\frac{1}{4}e^{-x}(2x+3)-\frac{1}{2}x(x+4)$

(7) $y=(c_1+c_2x)e^{3x}+\frac{x^2}{6}e^{3x}$ (8) $y=(c_1+c_2x)e^{-3x}+\frac{x^2}{6}e^{-3x}$

[연습문제 6.2]

1. (1) $y=c_1e^{-x}+x^2-2x+2$ (2) $y=c_1e^x-x^3-2x^2-2$

(3) $y=c_1\cos 2x+c_2\sin 2x+\dfrac{3}{8}(2x^5-10x^3-15x)$

(4) $y=c_1e^x+c_2e^{2x}+\dfrac{1}{4}(2x^2+6x+7)$ (5) $y=c_1+c_2e^x+c_3e^{2x}+2x^3+3x^2+27x$

(6) $y=c_1+c_2x+(c_3+c_4x)e^x+\dfrac{1}{20}x^5+\dfrac{1}{2}x^4+3x^3+12x^2+30x$

2. (1) $y=c_1e^{5x}+c_2e^{-2x}-\dfrac{1}{12}e^x$ (2) $y=e^{-3x}(c_1\cos 4x+c_2\sin 4x)+2e^{3x}$

(3) $y=c_1e^{4x}+c_2e^{-3x}+\dfrac{1}{7}xe^{4x}$ (4) $y=(c_1+c_2x)e^x+\dfrac{1}{2}x^2e^x$

(5) $y=(c_1+c_2x)e^x+c_3e^{4x}-\dfrac{1}{6}x^2e^x$ (6) $y=c_1e^x+c_2e^{2x}+c_3e^{3x}+\dfrac{1}{2}xe^x$

3. (1) $y=c_1e^{-x}+\dfrac{1}{4}e^x(2x-1)$ (2) $y=e^{ax}\left(\dfrac{x^2}{2}+c\right)$

(3) $y=e^{-ax}(c_1+c_2x)+\dfrac{e^{ax}}{4a^3}(ax-1)$ (4) $y=e^{ax}\left(c_1+c_2x+\dfrac{x^3}{6}\right)$

(5) $y=e^{-2x}\left(c_1+c_2x+\dfrac{x^2}{2}\right)$ (6) $y=c_1e^{2x}+c_2e^{4x}-\dfrac{1}{2}xe^{2x}$

(7) $y=c_1e^x+e^{-\frac{x}{2}}\left(c_1\cos\ \dfrac{\sqrt{3}}{2}x+c_2\sin\ \dfrac{\sqrt{3}x}{2}\right)+\dfrac{x}{3}e^x$

(8) $y=c_1+(c_2+c_3x)e^{-2x}-\dfrac{3}{2}x^2e^{-2x}$

(9) $y=c_1e^x+c_2e^{2x}+(0.1x-0.12)\sin x+(0.3x+0.34)\cos x$

(10) $y=(c_1+c_2x)e^x+\dfrac{1}{2}(x\cos x+\cos x-\sin x)$

4. (1) $y=c_1\cos 3x+c_2\sin 3x+\dfrac{1}{4}\sin x$ (2) $y=c_1\cos 3x+c_2\sin 3x+\dfrac{1}{9}\cos x$

(3) $y=c_1+c_2e^{2x}-\dfrac{\cos x+4\sin x}{9}$ (4) $y=c_1+c_2e^{2x}+\dfrac{1}{9}(2\cos x-\sin x)$

(5) $y=c_1+c_2x-\dfrac{x}{6}\cos x$ (6) $y=c_1+c_2e^{2x}+\dfrac{x}{6}\sin x$

(7) $y=a\cos x+b\sin x-\dfrac{1}{3}x\cos 2x+\dfrac{4}{9}\sin 2x$

(8) $y=a\cos x+b\sin x-\dfrac{1}{4}x^2\cos x+\dfrac{x}{4}\sin x$

(6) $y=e^{3x}\left(a\cos 2x+b\sin 2x+\dfrac{1}{3}\sin x\right)$

6. (1) $y=c_1e^{2x}+\frac{1}{17}e^{3x}(\sin 4x-4\cos 4x)$

(2) $y=e^{-x}(c_1\cos x+c_2\sin x)+\frac{1}{4}e^{x}(\cos x+\sin x)$

(3) $y=c_1e^{x}+c_2e^{2x}+\frac{1}{10}e^{4x}(\sin x-\cos x)$

(4) $y=c_1e^{-x}+c_2xe^{-x}+c_3x^2e^{-x}+e^{-x}+e^{-x}\cos x$

(5) $y=e^{-x}(c_1\cos 2x+c_2\sin 2x)+\frac{1}{4}\ x\sin 2x$

(6) $y=e^{-2x}(c_1+c_2x)-\sin x$

(7) $y=ae^{x}+\frac{1}{2}x(\sin x-\cos x)+\frac{1}{2}\sin x$

(8) $y=ae^{-x}-\frac{1}{5}x(2\cos 2x-\sin 2x)+\frac{1}{25}(4\cos 2x+3\sin 2x)$

(9) $y=a\cos x+b\sin x-\frac{1}{3}x\cos 2x+\frac{4}{9}\sin 2x$

(10) $y=a\cos x+b\sin x-\frac{1}{3}x\sin 2x-\frac{4}{9}\cos 2x$

(11) $y=a\cos x+b\sin x-\frac{1}{4}x^2\cos x+\frac{1}{4}x\sin x$

(12) $y=a\cos x+b\sin x+\frac{1}{2}\left(x\sin x+\frac{1}{2}\cos x\right)$

[연습문제 6.3]

1. (1) $y_1=c_1e^{t}+c_2e^{4t}$, $y_2=c_1e^{t}+\frac{2}{5}c_2e^{4t}$

(2) $y_1=c_1\cos\sqrt{3}\,t+c_2\sin\sqrt{3}\,t+c_3\cos t+c_4\sin t$

$y_2=c_1\cos\sqrt{3}\,t+c_2\sin\sqrt{3}\,t-c_3\cos t+c_4\sin t$

2. $y_1=x+1-3e^{x}$, $y_2=2e^{x}-1$

3. (1) $y_1=2c_1e^{4t}+c_2e^{-t}$, $y_2=3c_1e^{4t}-c_2e^{-t}$ (2) $y_1=e^{t}(c_1+c_2t)$, $y_2=c_1e^{t}$

4. $y=-e^{-\frac{t}{2}}[c_1(\frac{1}{2}\cos\sqrt{3}\,t+\sqrt{3}\sin\sqrt{3}\,t)-c_2(\sqrt{3}\cos\sqrt{3}\,t-\frac{1}{2}\sin\sqrt{3}\,t)]$

제 7 장

[연습문제 7.1]

1. (1) $y=\frac{1}{2}x^2\log x+c_1x^2+c_2x+c_3$ (2) $y=\cos x+c_1x^2+c_2x+c_3$

(3) $y=xe^{x}-3e^{x}+c_1x^2+c_2x+c_3$ (4) $y=x\log x-5\log x+c_1x+c_2$

(5) $y=c_1e^x+c_2e^{-x}+6$

(6) $4(\sqrt{y}+c_1)(\sqrt{y}-2c_2)^2=(c_2+3)$

2. (1) $y=c_1e^{-\frac{5}{2}x}+c_2x^2+c_3x+c_4$

(2) $15y+(\sqrt{2x+c_1})^5+c_2x+c_3$

(3) $y=c_1e^{-\frac{x}{a}}+c_2e^{-\frac{x}{a}}+c_3x+c_4$

(4) $y=c_1e^x+c_2e^{-x}+\frac{1}{2}x^2+c_3x+c_4$

3. (1) $y=c_1e^{ax}+c_2$

(2) $y=\log\cos(x-c_1)+c_2$

(3) $y=x^2+c_1\log x+c_2$

(4) $y=c_1x^4+c_2x^2+c_3x+c_4$

(5) $y=c_1+c_2\tan^{-1}x+\frac{1}{x}$

(6) $y=c_1x^2+c_2+(x+1)\log x$

4. (1) $x=c_1+c_2y+y\log y$

(2) $y^2=2x^2+c_1x+c_2$

(3) $x=c_1+c_2\log y+\sin y$

5. (1) $a\neq-1$일 때, $y^{a+1}=A\log x+B$, $a=1$일 때 $y=Ax^B$

(2) $y^3=c_1x+c_2e^{2x}$

6. (1) $(x^2+1)y=\sin x+ax+b$

(2) $xy=a\log(x-1)+b$

(3) $(x+3x^2)y=-\sin x+ax+b$

(4) $y=(A+x)\cot x+B$

(5) $(x^2+x+1)y=ax^2+bx+c$

8. (1) $xy^3+y^2=x^3+ax+b$

(2) $x^2y^2=2x^3+ax+b$

[연습문제 7.2]

1. (1), (2), (3)은 적분 가능 (4) 적분 불가능

2. (1) $xy+2yz+3xz=c$

(2) $e^xy+e^yz+\sin x=c$

(3) $y+\log(x+z)=c$

(4) $xz^2+y=cz^2$

(5) 적분 불가능

(6) $y(x+z)=c(x+y+z)$

(7) $x^2+y^2+z^2=c(y+z)$

(8) $y^2=cxz$

(9) $(x^2+y^2+z^2)e^{z^2}=c$

(10) $\frac{x+y}{z}+\frac{y+z}{x}=c$

3. (1) $x+y=c_1e^{-z}$, $x+y=\frac{c_2}{z}$

(2) $x^2yz=c_1$, $x^2z+x+z=c_2$

(3) $x^4-y^4=c_1$, $x^2-z^2=c_2$

(4) $3x^2-y^2=c_1$, $x^2-z^2=c_2$

(5) $x-y=c_1$, $z=xy+x^2y^2+x^3y^3+c_2$

(6) $y=c_1z$, $x^2+y^2+z^2=c_2z$

(7) $x+2y+3z=c_1$, $x^2+y^2+z^2=c_2$

(8) $xyz^2=c_1$, $x^4+y^4+z^4=c_2$

(9) $xyz=c_1$, $x^2+y^2+z^2=c_2$

제 8 장

[연습문제 8.1]

1. (1) $\frac{24}{s^4}+\frac{2}{s^3}$ (2) $\frac{as}{s^2+4}$ (3) $\frac{1}{2s}+\frac{s}{2s^2+8}$ (4) $\frac{s+2}{s^2+4s+5}$

   (5) $\frac{2s\cos\theta-2w\sin\theta}{s^2+w^2}$ (6) $\frac{1}{2s+2}+\frac{s+1}{2s^2+4s+10}$

   (7) $\frac{3s}{2s^2-32}+\frac{3}{2s}$

3. (1) $(1-e^{-s})/s^2-e^{-s}/s$ (2) $(e^{-s}-e^{-2s})/s^2-e^{-2s}/s$

6. (1) $\frac{1}{3}\sin 3t$ (2) $3\cos t-2\sin t$ (3) $e^{-2t}\cos wt$ (4) $\frac{(e^{at}-e^{b})}{(a-b)}$

8. (1) $\frac{1}{a^2}(e^{-at}+at-1)$ (2) $\frac{1}{w^2}(wt-\sin wt)$ (3) $\left(\frac{1}{4}+\frac{t}{2}\right)e^{-t}-\frac{1}{4}e^{-bt}$

9. (1) $\frac{1}{a-b}(e^{at}-e^{bt})$ (2) $\frac{1}{a^2}(1-\cos at)$

   (3) $\frac{1}{b-a}\{(c-a)e^{-at}-(c-b)e^{-bt}\}$ (4) $[(b-a)t+1]e^{-at}$

   (5) $\frac{1}{(b-a)^2}[e^{-at}+\{(a-b)t-1\}e^{-bt}]\ (a\neq b)$

   (6) $\frac{1}{w^3}(\sinh wt-wt)$

10. (1) $y=-\cos t+2$ (2) $y=(2+t)e^t$

    (3) $y=-(y_0+y_0')e^{-2t}+(2y_0+y_0')e^{-t}$ (4) $y=y_0\cos wt$

    (5) $y=\frac{y_0'}{w}\sin wt$ (6) $y=\frac{a}{w}\sin wt$

    (7) $y=\frac{A}{a^2+w^2}(e^{at}-\cos wt-\frac{a}{w}\sin wt)$

11. (1) $y=2e^{2t}+e^{-t}$ (2) $y=e^{-2t}\sin t+1$

    (3) $y=e^{-t}\cos t-2\cos 2t-\sin^2$ (4) $y=te^{2t}+\cos 2t$

12. (1) $x=-e^{-t}(\cos t+\sin t)$, $y=e^{-t}(1+\sin t)$

    (2) $x=1-e^t+te^t$, $y=-t+te^t$

[연습문제 8.2]

2. (1) $\frac{t\sin at}{2a}$ (2) $te^{-t}+2e^{-t}+t-2$

3. $\frac{1}{s}$, $\frac{1}{1+e^{-as}}$

4. (1) $\frac{4e^{-2s}}{s}$ (2) $\frac{2}{s^2}(1-e^{-5s})-\frac{9}{s}e^{-5s}$

5. (1) $\frac{2e^{-s}}{s^3}$

(2) $\dfrac{3-3(1+2s)e^{-2s}}{s^2(1-e^{-4s})}$ (3) $\dfrac{1-(1+s)e^{-s}}{s^2(1-e^{-2s})}$ 6. $\dfrac{1}{s^2}-\dfrac{e^{-s}}{s(1-e^{-s})}$

제 9 장

[연습문제 9.1]

2. $\dfrac{945}{32}\sqrt{\pi}$, 120

4. (1) $\dfrac{1}{4}\Gamma\left(\dfrac{1}{4}\right)$ (2) $\Gamma\left(\dfrac{5}{4}\right)$

[연습문제 9.2]

2. (1) $\dfrac{1}{2}$ (2) $\Gamma\left(\dfrac{1}{4}\right)^2$

4. (1) $\Gamma\left(\dfrac{2}{3}\right)\Big/s^{\frac{2}{3}}$ (2) $(s^2+2\sqrt{\pi}\,s^{\frac{3}{2}}+6s+3\sqrt{\pi}\,s^{\frac{1}{2}}+2)/s^3$

5. (1) $\sqrt{\pi/(s+2)}$ (2) $105\sqrt{s}/16(s-3)^{\frac{9}{2}}$

제 10 장

[연습문제 10.1]

1. $y=A_0(1-x)+x^3\left(\dfrac{1}{3}+\dfrac{1}{6}x+\dfrac{1}{10}x^2+\cdots+\dfrac{1\cdot 2}{(n+2)(n+3)}x^n+\cdots\right)$

2. $y=A_0[1+2(x-1)+(x-1)^2]+\dfrac{1}{2}(x-1)$

3. (1) $y=-x+ae^{x^2}$ (2) $y=a_0x+x\log x$

 (3) $y=ax+x^2-x\log x$ (4) $y=(1+x)[a_0+x-\log(1+x)]$

[연습문제 10.2]

1. (1) $y=A_0(1-x^3/6+x^6/180-\cdots)+A_1(x-x^4/12+x^7/504-\cdots)$

 (2) $y=A_0(1-x^4/12-x^6/90+x^8/3360+\cdots)+A_1(x+x^3/6-x^5/40-x^7/144-\cdots)$

 (3) $y=Ax+B\left(1-\dfrac{x}{2}\log\dfrac{1+x}{1-x}\right)$

 (4) $y=A(1-x)^2-B\sum_{m=0}^{\infty}\dfrac{x^{2m+1}}{2^m(4m^2-1)m!}$

2. (1) $y=(A\sqrt{x}+Bx)(1-x+x^2-x^3+\cdots)$, $|x|<1$에서 수렴한다.

(2) $y=A\left(1+\frac{x}{2\cdot 1}+\frac{x^2}{2^2\cdot 2!}+\frac{x^3}{2^3\cdot 3!}+\cdots\right)$

$+B\sqrt{x}\left(1+\frac{x}{1\cdot 3}+\frac{x^2}{1\cdot 3\cdot 5}+\frac{x^3}{1\cdot 3\cdot 5\cdot 7}+\cdots\right)$

x의 모든 유한식에 대하여 수렴한다.

(3) $y=Ax\left(1+\frac{x^2}{2\cdot 5}+\frac{x^4}{2\cdot 4\cdot 5\cdot 9}+\frac{x^6}{2\cdot 4\cdot 6\cdot 5\cdot 9\cdot 13}+\cdots\right)$

$+B\sqrt{x}\left(1+\frac{x^2}{2\cdot 3}+\frac{x^4}{2\cdot 4\cdot 3\cdot 7}+\frac{x^6}{2\cdot 4\cdot 6\cdot 3\cdot 7\cdot 11}+\cdots\right)$

x의 모든 유한식에 대하여 수렴한다.

(4) $y=(A+B\log x)\left(1-\frac{x^2}{2^2}+\frac{x^4}{2^2\cdot 4^2}+-\frac{x^6}{2^2\cdot 4^2\cdot 6^2}+\cdots\right)$

$+B\left[\frac{x}{2}-\frac{x}{2\cdot 4}\left(1+\frac{1}{2}\right)+\frac{x}{246}\left(1+\frac{1}{2}+\frac{1}{3}\right)-\cdots\right]$

$x\neq 0$인 모슨 유한식에 대하여 수렴한다.

(5) $y=A\left(\frac{1}{x}+\frac{x^2}{3}-\frac{x^5}{36}+\frac{5x^8}{2268}-\cdots\right)+B\left(x-\frac{x^4}{15}+\frac{x^7}{180}-\frac{7x^{10}}{17820}+\cdots\right)$

(6) $y=A\left[\frac{1}{x^2}-\frac{1}{2}+\frac{x^2}{2\cdot 4}-\frac{x^3}{2\cdot 4\cdot 6}+\cdots+(-1)^{m-1}\frac{x^{2m}}{2\cdot 4\cdot 6\cdots(2m+2)}\right]$

$+B\left[x-\frac{x^3}{5}+\frac{x^5}{5\cdot 7}-\cdots+(-1)^n\frac{x^{2n+1}}{5\cdot 7\cdots(2n+3)}+\cdots\right]$

3. $y=A\left(1-\frac{1}{3x}+\frac{1}{30x^2}-\frac{1}{630x^3}+\cdots\right)+B\sqrt{x}\left(1-\frac{1}{x}+\frac{1}{6x^2}-\frac{1}{90x^3}+\cdots\right)$

$x\neq 0$인 모든 유한값에 대하여 수렴한다.

4. $y=A_2x^2e^x+2x$

제 11 장

[연습문제 11.1]

6. $f(x)=-6P_2(x)+2P_1(x)-12P_0(x)$

[연습문제 11.2]

6. (1) $(s-1)/(s^2-2s+2)^{\frac{3}{2}}$ (2) $\frac{3}{125}$

제 12 장

[연습문제 12.1]

1. $y_1=0.905$, $y_2=0.9143$, $y_3=0.9128$

2. $y_1(x)=x$, $y_2(x)=x+\frac{1}{3}x^3$, $y_3=x+\frac{1}{3}x^3+\frac{2}{15}x^5+\frac{1}{63}x^7$

3. 0.08064

[연습문제 12.2]

1. $y(1)=y_0\left(1+\frac{r}{n}\right)^n=y_0(1+hr)^n$

2. $y_3=256$

3. $y_4=0.758545$

4. 0.8364258

5. 0.948311

6. $x_1=6.269675$, $y_1=4.537881$

7. 1.01

제 13 장

[연습문제 13.1]

1. $f(x)\sim\frac{2}{\pi}-\frac{4}{\pi}\left(\frac{\cos 2x}{2^2-1}+\frac{\cos 4x}{4^2-1}+\frac{\cos 6x}{6^2-1}+\cdots\right)$

2. $f(x)\sim\frac{\pi}{2}-\frac{4}{\pi}\left(\cos x+\frac{\cos 3x}{3^2}+\frac{\cos 5x}{5^2}+\cdots\right)$

3. $x=\frac{\pi}{2}-\frac{4}{\pi}\left(\cos x+\frac{\cos 3x}{3^2}+\frac{\cos 5x}{5^2}+\cdots\right)$

4. (1) $f(x)\sim 2-\frac{16}{\pi^2}\left(\cos\frac{\pi x}{4}+\frac{1}{3^2}\cos\frac{3\pi x}{4}+\frac{1}{5^2}\cos\frac{5\pi x}{4}+\cdots\right)$

   (2) $f(x)\sim 20-\frac{4}{\pi}+\sum_{n=1}^{\infty}\frac{1}{n}\sin\frac{n\pi x}{5}$

   (3) $f(x)\sim\frac{3}{2}+\sum_{n=1}^{\infty}\left(\frac{6(\cos n\pi-1)}{n^2\pi}\cos\frac{n\pi x}{5}-\frac{\cos n\pi}{n\pi}\sin\frac{n\pi x}{5}\right)$

5. $f(x)\sim\sum_{n=1}^{\infty}\frac{\sin nx}{n}$

6. $C=\frac{4C}{\pi}\left(\sin x+\frac{1}{3}\sin 3x+\frac{1}{5}\sin 5x+\cdots\right)$

7. $f(x)=\left(\frac{2}{\pi}+\frac{4}{\pi^2}\right)\sin\frac{\pi x}{2}-\frac{1}{\pi}\sin\frac{2\pi x}{2}+\left(\frac{2}{3\pi}-\frac{4}{3^2\pi^2}\right)\sin\frac{3\pi x}{2}-\frac{1}{2\pi}\sin\frac{4\pi x}{2}+\cdots$

[연습문제 13.2]

2. $x=2\left(\sin x-\frac{1}{2}\sin 2x+\frac{1}{3}\sin 3x-\cdots\right)$

[연습문제 13.3]

1. $\dfrac{2}{\pi}\displaystyle\int_0^\infty \frac{\sin 2\alpha \cos \alpha x}{\alpha} d\alpha$ 2. $\dfrac{2}{\pi}\displaystyle\int_0^\infty \frac{\sin \alpha\pi \sin \alpha x}{1-\alpha^2} d\alpha$ 3. (2) 1

4. $F_s(\alpha)=\dfrac{2\alpha}{(1+\alpha^2)^3}$ 5. (1) $f(x)=\dfrac{2}{\pi x}\left(1-\dfrac{\sin x}{x}\right)$ (2) $f(x)=\dfrac{2x}{\pi(1+x^2)}$

제 14 장

[연습문제 14.1]

1. (1) $u=yf(x)+g(x)$ (2) $u=\frac{1}{2}x^2+xf(x)+g(y)$
   (3) $u=A(x)e^y+B(x)e^{-y}$ (4) $u=g(y)e^x-y$
2. (1) $4z=p^2+q^2$ (2) $xp-yq=0$
   (3) $r=0$, $s=0$ 또는 $t=0$ (4) $q=xp+p^2$
   (5) $pq=xp+yq$
3. $z^2(p^2+q^2+1)=4$ 4. $p-q=0$
5. (1) $2z=xp+xq$ (2) $x(y-z)p+y(z-x)q=z(x-y)$
   (3) $yp+xq=z$ (4) $t-q=0$
   (5) $ps-qr=0$

[연습문제 14.2]

1. (1) $z=e^y\phi(x-y)$
   (2) $3y-4x=f(3z-2x)$ 또는 $\phi(3y-4x,\ 3z-2x)=0$
   (3) $\phi(xy,\ xz)=0$ (4) $y=x\phi(xy-z^2)$
   (5) $x-y=xy\phi(1/x-1/z)$ (6) $\phi(x^2+y^2,\ xy-z)=0$
   (7) $\phi(x^2+y^2,\ y^2+z^2)=0$ (8) $x+z=y\phi(x^2-z^2)$
   (9) $\phi(xyz,\ x+y+z)=0$
2. 일반해 : $\phi(y^2+z^2,\ x^3+y^3)=0$, 완전해 ; $y^2+z^2=\alpha(x^3+y^3)+\beta$
3. 1. 특이해 없다.

[연습문제 14.3]

1. (1) $z=\phi_1(y+3x)+\phi_2(y+5x)$
   (2) $z=\phi_1[y+x(1+\sqrt{2})]+\phi_2[y+x(1-\sqrt{2})]$
   (3) $z=\phi_1(y+2x)+x\phi_2(y+2x)$
   (4) $z=\phi_1(y+x)+\phi_2(y-x)+\phi_3(y-2x)$

(5) $z=\phi_1(y)+x\phi_2(y)+\phi_3(x)+y\phi_4(x)+\phi_5(y-x)$

2. (1) $z=e^{-3x}f_1(y+2x)+e^{-2x}f_2(y-x)$

(2) $z=f_1(2y+x)+e^{-2x}f_2(y-3x)$

(3) $z=e^{-3x}[f_1(y+2x)+xf_2(y+2x)]$

(4) $z=e^{\frac{2}{3}y}[f_1(x)+yf_2(x)]$

3. (1) $z=\phi_1(y-2x)+\phi_2(y+3x)+\frac{1}{3}x^3+\frac{1}{2}x^2y$

(2) $z=\phi_1(y+x)+\phi_2(y-2x)+e^xy$

4. (1) $z=\phi_1(y-2x)+x\phi_2(y-2x)+\frac{5}{64}e^{2x+3y}$

(2) $z=\phi_1(y+x)+\phi_2(y-2x)+\frac{1}{5}\sin(x+2y)$

5. (1) $z=\phi_1(y-2x)+\phi_2(y-3x)+\frac{1}{2}e^{x-y}$

(2) $z=\phi_1(y+ix)+\phi_1(y-ix)+i[\phi_2(y+ix)-\phi_2(y-ix)]+\frac{1}{180}(15x^4y-x^6)$

(3) $z=\phi_1(y-x)+\phi_2(y+2x)+x\phi_3(y+2x)+\frac{1}{6}x^2e^{y+2x}$

(4) $z=\phi_1(y+x)+\phi_2(y-x)+\phi_3(y-2x)+ye^x$

(5) $z=\phi_1(y-2x)+\phi_2(y+2x)+\phi_3(y+3x)+\frac{1}{4}x\sin(y+2x)$

(6) $z=\phi_1(y+x)+x\phi_2(y+x)+\phi_3(y-2x)+\frac{8}{525}(x+2y)^{\frac{1}{2}}$

(7) $z=\phi_1(y)+\phi_2(y+2x)+\phi_3(y-3x)+\frac{2}{15}x^5-\frac{1}{12}x^4y+\frac{1}{6}x^3y^2$

(8) $z=\phi_1(y)+x\phi_2(y)+\phi_3(y+2x)+\frac{1}{4}e^{2x}+\frac{1}{20}x^5y+\frac{1}{60}x^6$

[연습문제 14.4]

1. $u(x,\ t)=\frac{2kc^2}{\pi^2h(c-h)}\sum_{n=1}^{\infty}\frac{1}{n^2}\sin\frac{n\pi h}{c}\sin\frac{n\pi x}{c}\cos\frac{n\pi at}{c}$ $(0<x<)$

2. $u(x,\ t)=\sum_{n=1}^{\infty}(-1)^{n-1}\frac{4}{n\pi}e^{-\frac{3n^2\pi^2}{4}}\sin\frac{n\pi x}{2}$

3. $u(x,\ t)=\frac{2}{\pi}\int_0^{\infty}\frac{1-\cos\lambda}{\lambda}e^{-\lambda^2t}\sin\lambda x d\lambda$

찾아보기

[ㅇ]

[ㅈ]

[ㅊ]

[ㅌ]

[ㅍ]

[ㅎ]

박동근

동아대학교 수학과 교수

정진문

부경대학교 수리과학부 교수

미분방정식정설

2008년 3월 3일 1판 1쇄 발행
2023년 7월 5일 1판 5쇄 발행

저 자 박동근 · 정진문
발행자 오판근
발행처 교우사

주 소 서울특별시 동대문구 약령시로 8 교우빌딩 2층
전 화 925-2861~2, 편집부 / 925-2825, 홈쇼핑 / 969-5762
팩 스 925-2860

E-mail kyowoo@kyowoo.co.kr
홈페이지 http://www.kyowoo.co.kr
북스토어(쇼핑몰) http://www.kyowoo.co.kr

등 록 1994. 3. 24 제6-0256호

ISBN 978-89-8172-720-8 (93410)

값 32,000원